王磊 聂娅 主编

大学物理学
学习指导

清华大学出版社

北京

内 容 简 介

本书是以王磊、陈钢、聂娅主编的《大学物理学》为基础而编写的教学参考书。依据主教材本书分为17章。每章包含四个部分：一、主要内容，这一部分对教材各章的知识点进行归纳、总结，为学生复习、巩固教学内容提供帮助；二、各章主要方法和解题步骤总结，这一部分通过对典型例题的剖析(含重难点解析、一题多解和拓展题讲解)，以帮助学生理清解题思路，掌握解题方法，做到对知识的灵活运用，最后还给出了一些讨论题，启发学生进行讨论和思考，并用解题提示的形式代替详细解答；三、《大学物理学》各章课后题目详解；四、自测题，各章最后给出了自测题，围绕各章基本要求，题目覆盖面广且难易适度，并给出答案，以便学生自我检验。

本书适合作为高校理工类的大学生学习物理的指导书，也可作为工程技术人员自学进修的参考书。

图书在版编目（CIP）数据

大学物理学学习指导/王磊，聂娅主编. —北京：清华大学出版社，2011.7(2024.2 重印)
ISBN 978-7-302-25513-0

Ⅰ．①大…　Ⅱ．①王…　②聂…　Ⅲ．①物理学—高等学校—教学参考资料　Ⅳ．①O4

中国版本图书馆 CIP 数据核字(2011)第 087950 号

责任编辑：邹开颜　赵从棉
责任校对：赵丽敏
责任印制：沈　露

出版发行：清华大学出版社
　　　　　网　　址：https://www.tup.com.cn, https://www.wqxuetang.com
　　　　　地　　址：北京清华大学学研大厦 A 座　　　　邮　　编：100084
　　　　　社 总 机：010-83470000　　　　　　　　　　邮　　购：010-62786544
　　　　　投稿与读者服务：010-62776969，c-service@tup.tsinghua.edu.cn
　　　　　质 量 反 馈：010-62772015，zhiliang@tup.tsinghua.edu.cn
印 装 者：三河市东方印刷有限公司
经　　销：全国新华书店
开　　本：185mm×260mm　　　印　张：24.5　　　字　数：590 千字
版　　次：2011 年 7 月第 1 版　　　印　次：2024 年 2 月第 19 次印刷
定　　价：65.00 元

产品编号：040940-05

前　言

　　本书是王磊、陈钢、聂娅主编的《大学物理学》的配套教学参考书。《大学物理学》已由高等教育出版社出版。

　　作为配套教材，也为了使广大读者开拓思路，编写小组编写了这本《大学物理学学习指导》，希望在大学物理的基本概念、基本理论的深入理解和知识应用方面，以及在解决基本物理问题的思路和分析方法上对读者有所启发和帮助。希望本书对分析、解决《大学物理学》中的习题有所帮助，成为读者的良师益友。

　　书中首先提出各章学习目的和要求，列举出主要内容的基本概念和重要公式、解题方法提示、例题分析和习题的解答。对问题的分析解答层次清楚，深入浅出，强调基础知识的灵活运用。书中"∗"号部分内容，仅供读者参考。参加编写的有王磊、聂娅、陈钢、张纪平、刘彦允、张软玉、廖志君、伍登学等。

　　由于作者经验不足，疏漏之处请予谅解。

编　者
2011 年 4 月

目　录

第一章

质点的运动

一、主要内容

（一）几个重要概念

1.参考系

宇宙中运动是绝对的,而对运动的描述是相对的,要确定地描述物体运动就需先选取一定的参考系。参考系的选择是任意的,选择不同的参考系,对研究对象运动的描述是不同的。

2.坐标系

若要定量描述质点在选定参考系中的运动规律,需在相应参考系中建立适当的时空坐标系。最常用、最直观的坐标系是直角坐标,当质点运动轨迹已知时常用自然坐标系描述质点运动。

3.质点

质点是指其大小和形状均可以忽略的有质量的点,它是研究物体运动时抽象出的一种简单、有效的理想化模型。在两种情形下,物体的运动可当成质点来处理:①当物体作非旋转的平动时,可以用一个点代表整个物体的运动情况;②当物体的几何尺寸与所关注的空间尺度相比足够小时,可将整个物体看成一点来处理。

（二）重要的运动学物理量

1.位置和位移

质点位置随时间的变化规律可用质点运动方程表示为

$$r = r(t) \tag{1-1}$$

在确定的坐标系中由原点指向 t 时刻质点所在处的矢量称为质点的位置矢量,简称位矢。在直角坐标系中质点的位矢表示为

$$r(t) = x(t)i + y(t)j + z(t)k \tag{1-2}$$

位矢 r 的增量称为质点的位移,即

$$\Delta r = r_B - r_A \tag{1-3}$$

Δr 与参考点 O 的选择无关。在直角坐标系中，位移可写为

$$\Delta r = (x_B - x_A)i + (y_B - y_A)j + (z_B - z_A)k \tag{1-4}$$

注意区别"位移"和"路程"的概念：

（1）路程是对质点历经轨迹长度的度量结果，是标量，以 Δs 表示。

（2）位移是质点初位置指向末位置的矢量。位移的大小是质点初末位置间的直线距离。位移和路程通常不相等，但两者有如下关系：

$$| \, dr \, | = ds \tag{1-5}$$

式中，dr 为质点的元位移，ds 为质点的元路程。

2. 速度和速率

运动质点位矢随时间的变化率称为速度。速度是矢量，表示为

$$v = \frac{dr}{dt} \tag{1-6}$$

在直角坐标系中，质点的速度 v 可以表示为

$$v = \frac{dx}{dt}i + \frac{dy}{dt}j + \frac{dz}{dt}k \tag{1-7}$$

路程随时间的变化率称为质点的速率。速率是标量，表示为

$$v = \frac{ds}{dt} \tag{1-8}$$

3. 加速度

速度随时间的变化率称为加速度。加速度是矢量，表示为

$$a = \frac{dv}{dt} = \frac{d^2 r}{dt^2} \tag{1-9}$$

在直角坐标系中，加速度的三个分量 a_x、a_y、a_z 分别是

$$\begin{cases} a_x = \dfrac{dv_x}{dt} = \dfrac{d^2 x}{dt^2} \\[2mm] a_y = \dfrac{dv_y}{dt} = \dfrac{d^2 y}{dt^2} \\[2mm] a_z = \dfrac{dv_z}{dt} = \dfrac{d^2 z}{dt^2} \end{cases} \tag{1-10}$$

加速度矢量可以写作

$$a = a_x i + a_y j + a_z k \tag{1-11}$$

（三）平面曲线运动

1. 抛体运动

质点以一定的初速度 v_0 在地球表面的自由运动称为抛体运动。作抛体运动的质点的加速度恒为 g。若 v_0 与水平地面的夹角为 θ 时，建立如图 1-1 所示的坐标系，抛体运动质点的运动方程可表示为

$$a = g = -gj \tag{1-12}$$

$$\boldsymbol{v} = (v_0 \cos \theta)\boldsymbol{i} + (v_0 \sin \theta - gt)\boldsymbol{j} \qquad (1\text{-}13)$$

$$\boldsymbol{r} = \int_0^t \boldsymbol{v} \mathrm{d}t = \boldsymbol{v}_0 t + \frac{1}{2}\boldsymbol{g}t^2 \qquad (1\text{-}14)$$

抛体运动的轨迹方程为

$$y = x \tan \theta - \frac{gx^2}{2v_0^2 \cos^2 \theta} \qquad (1\text{-}15)$$

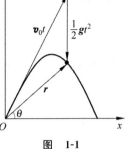

所能达到的最大高度（射高）为

$$y_{\max} = \frac{v_0^2 \sin^2 \theta}{2g} \qquad (1\text{-}16)$$

图 1-1

能达到的水平最远距离（射程）为

$$x_{\max} = \frac{2v_0^2 \sin \theta \cos \theta}{g} = \frac{v_0^2 \sin 2\theta}{g} \qquad (1\text{-}17)$$

2. 圆周运动

曲率半径始终不变的平面曲线运动称为圆周运动。用角量描述圆周运动更为方便。圆周的运动方程、角速度和角加速度分别为

$$\begin{cases} \theta = \theta(t) \\ \omega = \dfrac{\mathrm{d}\theta}{\mathrm{d}t} \\ \alpha = \dfrac{\mathrm{d}\omega}{\mathrm{d}t} = \dfrac{\mathrm{d}^2 \theta}{\mathrm{d}t^2} \end{cases} \qquad (1\text{-}18)$$

角量与线量之间的关系如下：

$$s = r\theta; \quad v = r\omega; \quad a_t = \frac{\mathrm{d}v}{\mathrm{d}t} = r\alpha; \quad a_n = \frac{v^2}{r} = r\omega^2 \qquad (1\text{-}19)$$

3. 自然坐标系中平面曲线运动方程

平面自然坐标系是根据质点运动轨迹建立的。以轨迹上任一点 O 开始计量的轨迹长度 s，来确定质点位置。$\boldsymbol{e}_t$ 为沿轨迹切线的单位矢量，$\boldsymbol{e}_n$ 为指向曲线凹侧的法向单位矢量。彼此正交的 $\boldsymbol{e}_t$、$\boldsymbol{e}_n$ 依赖于质点位置，决定质点的速度和加速度方向。在平面自然坐标中质点的运动方程为

$$\boldsymbol{v} = v\boldsymbol{e}_t = \frac{\mathrm{d}s}{\mathrm{d}t}\boldsymbol{e}_t \qquad (1\text{-}20)$$

$$\boldsymbol{a} = a_t\boldsymbol{e}_t + a_n\boldsymbol{e}_n = \frac{\mathrm{d}v}{\mathrm{d}t}\boldsymbol{e}_t + \frac{v^2}{\rho}\boldsymbol{e}_n \qquad (1\text{-}21)$$

（四）相对运动

在两个相对运动的不同参考系描述同一质点的运动，将得到不同的描述，这就是运动描述的相对性。若 S' 系相对 S 系以速度 $\boldsymbol{u}$ 作匀速直线运动，则在两个坐标系中分别观察某质点 P 的运动，可得到如下关系：

$$\begin{cases} \boldsymbol{r}' = \boldsymbol{r} - \boldsymbol{u}t \\ t' = t \end{cases} \qquad (1\text{-}22)$$

式中，r'、t' 表示从 S' 系中的观测值；r、t 表示从 S 系中的观测值。

S 系和 S' 系中的速度满足下列关系：

$$v' = v - u \tag{1-23}$$

式中，v 为质点相对于 S 系的速度（绝对速度）；v' 为质点相对于 S' 系的速度（相对速度）；u 为 S' 系相对于 S 系的速度（牵连速度）。

二、解题指导

本章问题涉及主要方法如下。

1. 运动方程的求解：运用求导和积分等高等数学知识求解运动学中的"正问题"和"逆问题"。

2. 运动的合成和分解方法：运用矢量运算规则和运动叠加原理求解较复杂的平面曲线运动问题。

3. 选择合适的坐标系描述质点的运动。

4. 相对运动问题：在不同参照系中对同一问题的观察和测量规律的研究。

例 1-1 简答下列问题。

(1) 位移和路程有何区别？在什么情况下两者的量值相等？平均速度和平均速率有何区别？在什么情况下两者的量值相等？

答：位移 Δr 和路程 Δs 是两个不同的概念。路程是在某段时间内，质点所经路径（轨迹）的总长度，一般为曲线的弧长；而位移是在这段时间内，从起始位置引向终止位置的有向线段。路程是标量，只有大小，无方向；而位移是矢量，既有大小又有方向。只有在质点作直线直进运动时，位移的大小与路程的量值才相等（或当 $\Delta t \to 0$ 时，$|\mathrm{d}r| = \mathrm{d}s$）。

平均速度 $\bar{v}$ 和平均速率 $\bar{v}$ 是两个不同的概念。平均速率是运动质点所经过的路程与完成这段路程所需时间的比值，即 $\bar{v} = \dfrac{\Delta s}{\Delta t}$；平均速度是运动质点的位移与完成这段位移所需时间的比值，$\bar{v} = \dfrac{\Delta r}{\Delta t}$。平均速率是标量，平均速度是矢量。只有当质点作直线直进运动时，平均速度的大小与平均速率的量值才相等。

(2) 匀速圆周运动的速度和加速度是否都恒定不变？在什么情况下会有切向加速度？在什么情况下会有法向加速度？

答：在直角坐标系中，匀速圆周运动的速度和加速度都要改变。而在自然坐标系中，匀速圆周运动的速度与加速度却是恒定不变的。

当速度的大小变化时，就有切向加速度；当速度的方向变化时，就有法向加速度。在直线运动中，只有切向加速度，直线运动的加速度实际上就是切向加速度。凡是曲线运动都有法向加速度。在匀速曲线运动中，仅有法向加速度；在变速曲线运动中，不仅有法向加速度，还有切向加速度。

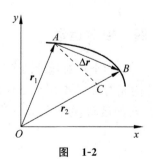

图　1-2

（3）在曲线运动中，Δr 与 $|\Delta r|$ 是否相同？Δv 与 $|\Delta v|$ 是否相同？

答：$\Delta r = |r_2| - |r_1|$ 表示两位置矢量的绝对值之差，而 $|\Delta r| = |r_2 - r_1|$ 表示两位置矢量的差的绝对值。在一般情况下，Δr 与 $|\Delta r|$ 并不相等。在图 1-2 中，设质点从 A 点运动到 B 点，则 $\Delta r = |r_2| - |r_1| = \overline{CB}$，$|\Delta r| = |r_2 - r_1| = \overline{AB}$。二者不相等。

$\Delta v = |v_2| - |v_1|$ 表示两速度矢量的绝对值之差，而 $|\Delta v| = |v_2 - v_1|$ 表示两速度矢量之差的绝对值。在一般情况下，Δv 与 $|\Delta v|$ 不相等。

例 1-2　（由运动方程求运动速度、加速度）一质点的运动方程为 $x = x(t)$，$y = y(t)$，计算质点的速度和加速度时：

（1）有人先求出 $r = \sqrt{x^2 + y^2}$，然后根据 $v = \dfrac{\mathrm{d}r}{\mathrm{d}t}$，$a = \dfrac{\mathrm{d}^2 r}{\mathrm{d}t^2}$，求得 v、a 的值；

（2）有人先计算 $v_x = \dfrac{\mathrm{d}x}{\mathrm{d}t}$，$v_y = \dfrac{\mathrm{d}y}{\mathrm{d}t}$，$a_x = \dfrac{\mathrm{d}^2 x}{\mathrm{d}t^2} = \dfrac{\mathrm{d}v_x}{\mathrm{d}t}$，$a_y = \dfrac{\mathrm{d}^2 y}{\mathrm{d}t^2} = \dfrac{\mathrm{d}v_y}{\mathrm{d}t}$，然后合成求得 v、a 的值，即

$$v = \sqrt{\left(\frac{\mathrm{d}x}{\mathrm{d}t}\right)^2 + \left(\frac{\mathrm{d}y}{\mathrm{d}t}\right)^2}, \quad a = \sqrt{\left(\frac{\mathrm{d}^2 x}{\mathrm{d}t^2}\right)^2 + \left(\frac{\mathrm{d}^2 y}{\mathrm{d}t^2}\right)^2}$$

（3）又有人直接根据 $v = \dfrac{\mathrm{d}y}{\mathrm{d}x}$，$a = \left(\dfrac{\mathrm{d}^2 y}{\mathrm{d}t^2}\right) \Big/ \left(\dfrac{\mathrm{d}^2 x}{\mathrm{d}t^2}\right)$，求得 v、a 的值。

你认为哪种方法正确？方法不正确的错在哪里？

答：第（2）种方法正确。速度和加速度都是矢量，满足关系

$$v = \frac{\mathrm{d}r}{\mathrm{d}t} = \frac{\mathrm{d}}{\mathrm{d}t}(xi + yj) = \frac{\mathrm{d}x}{\mathrm{d}t}i + \frac{\mathrm{d}y}{\mathrm{d}t}j$$

$$a = \frac{\mathrm{d}v}{\mathrm{d}t} = \frac{\mathrm{d}v_x}{\mathrm{d}t}i + \frac{\mathrm{d}v_y}{\mathrm{d}t}j = \frac{\mathrm{d}^2 x}{\mathrm{d}t^2}i + \frac{\mathrm{d}^2 y}{\mathrm{d}t^2}j$$

在上式求导中，因 i、j 是单位恒矢量，所以 $\dfrac{\mathrm{d}i}{\mathrm{d}t} = 0$，$\dfrac{\mathrm{d}j}{\mathrm{d}t} = 0$。所以速度的大小为

$$v = \sqrt{\left(\frac{\mathrm{d}x}{\mathrm{d}t}\right)^2 + \left(\frac{\mathrm{d}y}{\mathrm{d}t}\right)^2}$$

加速度的大小为

$$a = \sqrt{\left(\frac{\mathrm{d}^2 x}{\mathrm{d}t^2}\right)^2 + \left(\frac{\mathrm{d}^2 y}{\mathrm{d}t^2}\right)^2}$$

第（1）种方法只考虑了位置矢量的量值 r 随时间 t 的变化，而没有考虑位置矢量的方向变化，所以是错误的。第（3）种方法则是由于物理概念不清而出现的错误。

例 1-3　（由运动方程讨论运动）一质点的运动方程为 $y = 3t^2 - 2t^3$（SI）。

（1）求质点在任一时刻的速度和加速度；

（2）质点作什么运动？

解：（1）任一时刻的速度

$$v = \frac{\mathrm{d}y}{\mathrm{d}t} = 6t - 6t^2$$

任一时刻的加速度

$$a = \frac{\mathrm{d}v}{\mathrm{d}t} = 6 - 12t$$

(2) 由 $v=6t-6t^2$ 和 $a=6-12t$ 知

$$t=0 \text{ 时}, \quad v_0=0, a_0=6 \text{ m/s}^2$$

$$t=1 \text{ s 时}, \quad v_1=0, a_1=-6 \text{ m/s}^2$$

由此判知,质点在坐标原点从静止开始作变加速直线运动。

例 1-4 (由加速度求速度和运动方程)已知一质点运动的加速度为 $a=2t+4$(SI),初始条件为 $t=0$ 时, $x_0=-2$ m, $v_0=4$ m/s。求:

(1) 第三秒初质点运动的速度;

(2) 质点的运动方程。

解:由题设条件知,此题应用积分法可解。

(1) 根据速度公式

$$v = v_0 + \int_0^t a(t)\mathrm{d}t$$

代入已知初始条件 $a=2t+4, v_0=4$ m/s,得

$$v = v_0 + \int_0^t (2t+4)\mathrm{d}t = t^2 + 4t + 4 \text{(SI)}$$

所以 $v|_{t=2\,\text{s}} = 16$ m/s,即第三秒初质点的速度为 16 m/s。

(2) 根据运动方程一般表达式 $x = x_0 + \int_0^t v(t)\mathrm{d}t$,代入(1)中的速度 v 表达式与 $x_0 = -2$ m,得

$$x = -2 + \int_0^t (t^2 + 4t + 4)\mathrm{d}t = \frac{1}{3}t^3 + 2t^2 + 4t - 2$$

所以,所求质点的运动方程为

$$x = \frac{1}{3}t^3 + 2t^2 + 4t - 2 \text{(SI)}$$

例 1-5 (由加速度和初条件求解运动)一升降机沿竖直方向以加速度 $a=1$ m/s^2 上升,当上升的速度为 $v_0=3.2$ m/s 时,有一颗螺钉从升降机的天花板松落。升降机的天花板与升降机地板间的距离为 2 m。求:

(1) 螺钉从天花板落到地板所需的时间;

(2) 螺钉相对于升降机外固定柱子的下降距离;

(3) 螺钉即将落到地板时的速度。

解法一:(1) 以螺钉松落处的空间点为坐标原点,竖直向下为 x 轴正方向,如图 1-3 所示。以螺钉为研究对象,螺钉作初速度为 v_0 的竖直上抛运动,从松落到与升降机地板相遇的过程中,螺钉的位移为

$$L_1 = -v_0 t + \frac{1}{2}gt^2 \tag{1}$$

以升降机为研究对象,升降机作匀加速直线上升运动,从螺钉松落到升降机的地板与螺钉相遇的过程中,升降机的位移为

$$L_2 = -v_0 t + \frac{1}{2}(-a)t^2 \tag{2}$$

且螺钉的位移与升降机的位移之和就是天花板到地板的距离,即

$$L_1 + L_2 = L \tag{3}$$

联解方程(1)、(2)、(3)得

$$t = \sqrt{\frac{2L}{g+a}} = \sqrt{\frac{2 \times 2}{9.8+1}} = 0.61 \,(\text{s})$$

(2)螺钉相对于升降机外固定点(即所选坐标原点)的位移为

$$L_1 = -v_0 t + \frac{1}{2}gt^2 = -3.2 \times 0.61 + \frac{1}{2} \times 9.8 \times 0.61^2 = -0.13 \,(\text{m})$$

负号说明从螺钉松落至落到升降机地板上的过程中,螺钉相对于升降机外的固定柱子上升了 0.13 m。

(3)因螺钉作竖直上抛运动,所以有

$$v = (-v_0) + gt = -3.2 + 9.8 \times 0.61 = 2.8 \,(\text{m/s})$$

螺钉即将落到升降机地板时,其速度的大小为 2.8 m/s,方向竖直向下。

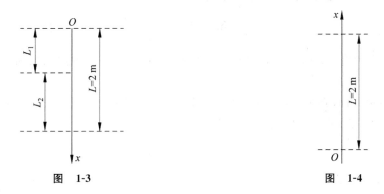

图 1-3   图 1-4

解法二:(1)以螺钉松落时,升降机的地板为坐标原点,竖直向上为 x 轴正方向,如图 1-4 所示。

以螺钉松落时为计时起点,得螺钉的运动方程为

$$L_1 = L + v_0 t - \frac{1}{2}gt^2 \tag{1}$$

升降机的运动方程为

$$L_2 = v_0 t + \frac{1}{2}at^2 \tag{2}$$

相遇时,有 $L_1 = L_2$,代入方程(1)和(2)得

$$t = \sqrt{\frac{2L}{g+a}} = \sqrt{\frac{2 \times 2}{9.8+1}} = 0.61 \,(\text{s})$$

(2)螺钉相对于升降机外固定点的位移为

$$L_1 - L = v_0 t - \frac{1}{2}gt^2 = 3.2 \times 0.61 - \frac{1}{2} \times 9.8 \times 0.61^2 = 0.13 \,(\text{m})$$

$L_1 - L > 0$,表示位移的方向与坐标轴的正方向相同,说明螺钉相对于升降机外的固定点上升了 0.13 m。

(3)螺钉即将与升降机地板相遇时的速度为

$$v = v_0 + (-g)t = 3.2 - 9.8 \times 0.61 = -2.8 \,(\text{m/s})$$

负号表示速度的方向沿 x 轴负方向,即竖直向下。

　　求解这类问题时应注意：①首先需明确研究对象运动过程的特点；②其次要选定坐标原点，建立恰当的坐标系；③运用匀变速直线运动的位移公式和速度公式列方程时，要特别注意各物理量的正、负号，若方程中的各量的正、负号取得不当，将会导致错误的结果。

　　例 1-6　（空中打靶）如图 1-5 所示，当子弹从 O 点射出之时，小球 B 开始自由下落，问仰角 θ 为多大时，子弹正中目标？

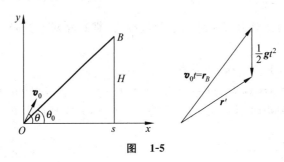

图　1-5

　　解法一：子弹射出后，它的运动由射出方向的匀速运动和竖直方向的匀加速运动叠加而成，因此可用矢量合成进行处理。

　　要使子弹击中目标，必须满足：子弹与靶的轨道相交，子弹与靶同时经过交点。

　　子弹的运动方程写成矢量形式，即

$$\boldsymbol{r} = \boldsymbol{r}_0 + \boldsymbol{v}_0(t - t_0) + \frac{1}{2}\boldsymbol{g}(t - t_0)^2$$

因 $t_0 = 0$ 时，有 $r_0 = 0$，所以

$$\boldsymbol{r} = \boldsymbol{v}_0 t + \frac{1}{2}\boldsymbol{g}t^2$$

上式为两种运动的叠加。

　　对靶 B，初速度为 0，初始位置为 $\boldsymbol{r}_B$，则有

$$\boldsymbol{r}' = \boldsymbol{r}_B + \frac{1}{2}\boldsymbol{g}t^2$$

子弹击中靶，应有 $\boldsymbol{r} = \boldsymbol{r}'$，即 $\boldsymbol{v}_0 t + \frac{1}{2}\boldsymbol{g}t^2 = \boldsymbol{r}_B + \frac{1}{2}\boldsymbol{g}t^2$，可得

$$\boldsymbol{v}_0 t = \boldsymbol{r}_B$$

因 $\boldsymbol{r}_B$ 是常矢量，故只要 $\boldsymbol{v}_0$ 与 $\boldsymbol{r}_B$ 同方向，即仰角 $\theta = \theta_0$，也就是说，只需要瞄准靶 B 即可扳机射击。

　　解法二：子弹的运动也可视为水平匀速运动与竖直上抛运动（初速度不为零）的叠加，因此可用坐标分解法。设子弹的坐标为 x_1、y_1，靶坐标为 x_2、y_2，则有

$$x_1 = v_0 \cos\theta \cdot t, \quad y_1 = v_0 \sin\theta \cdot t - \frac{1}{2}gt^2$$

$$x_2 = s, \quad y_2 = H - \frac{1}{2}gt^2$$

击中目标时，$x_1 = x_2$，$y_1 = y_2$，可得

$$v_0 \cos\theta \cdot t = s$$

$$v_0 \sin\theta \cdot t - \frac{1}{2}gt^2 = H - \frac{1}{2}gt^2$$

联解得

$$\tan \theta = \frac{H}{s}$$

而 $\tan \theta_0 = \frac{H}{s}$，故 $\theta_0 = \theta$，即表明只要瞄准靶射击就可击中靶。

例 1-7 （转动角速度、角加速度）一半径为 0.2 m 的圆盘绕中心轴转动的运动方程为 $\theta = 2 + 2t + 2t^2$（SI）。求：

（1）初始时刻的角速度大小；

（2）第 2 秒末圆盘边缘质点的切向加速度大小和法向加速度大小。

解：由题设条件可知，本题属于运动学正问题，应用微分法求解。

（1）因为角速度

$$\omega = \frac{\mathrm{d}\theta}{\mathrm{d}t} = \frac{\mathrm{d}}{\mathrm{d}t}(2 + 2t + 2t^2) = 2 + 4t$$

所以初始时刻 $t = 0$ 时的角速度大小为

$$\omega_0 = 2 \text{ rad/s}$$

（2）因为角加速度

$$\alpha = \frac{\mathrm{d}\omega}{\mathrm{d}t} = \frac{\mathrm{d}}{\mathrm{d}t}(2 + 4t) = 4 \text{ rad/s}^2$$

所以在第 2 秒末边缘质点的切向加速度大小

$$a_t = r\alpha = 0.8 \text{ m/s}^2$$

在第 2 秒末边缘质点的法向加速度大小

$$a_n = r\omega^2 = 20 \text{ m/s}^2$$

例 1-8 （抛体运动的轨道曲率半径）如图 1-6 所示，以初速度 v_0、抛射角 θ 抛出一小球，试求任一时刻 t 小球所在处轨道的曲率半径。

解法一：设抛出瞬时为计时零点，以抛出点为坐标原点 O，在小球轨道平面内建立 Oxy 直角坐标。

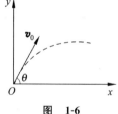

图 1-6

任意时刻 t 小球的速度为

$$v_x = v_0 \cos \theta, \quad v_y = v_0 \sin \theta - gt$$

$$v = \sqrt{(v_0 \cos \theta)^2 + (v_0 \sin \theta - gt)^2}$$

切向加速度

$$a_t = \frac{\mathrm{d}v}{\mathrm{d}t} = -\frac{v_0 \sin\theta - gt}{\sqrt{(v_0 \cos \theta)^2 + (v_0 \sin \theta - gt)^2}} g$$

法向加速度

$$a_n = \sqrt{g^2 - a_t^2} = \frac{v_0 \cos \theta}{\sqrt{(v_0 \cos \theta)^2 + (v_0 \sin \theta - gt)^2}}$$

此时刻小球所在处轨道曲率半径为

$$\rho = \frac{v^2}{a_n} = \frac{1}{v_0 g\cos \theta}\left[v_0^2 \cos^2\theta + (v_0 \sin \theta - gt)^2\right]^{\frac{3}{2}}$$

解法二：设 t 时刻小球速度方向与 x 轴夹角为 φ，则有

$$\tan \varphi = \frac{v_y}{v_x} = \frac{v_0 \sin \theta - gt}{v_0 \cos \theta}$$

由于小球加速度竖直向下，大小为 g，故 t 时刻小球的法向加速度大小为

$$a_n = g \cos \varphi = g \left(\frac{1}{1 + \tan^2 \varphi} \right)^{\frac{1}{2}} = \frac{v_0 \cos \theta}{\sqrt{(v_0 \cos \theta)^2 + (v_0 \sin \theta - gt)^2}}$$

所以，在该时刻小球轨道的曲率半径为

$$\rho = \frac{v^2}{a_n} = \frac{1}{v_0 g \cos \theta} \left[v_0^2 \cos^2 \theta + (v_0 \sin \theta - gt)^2 \right]^{\frac{3}{2}}$$

例 1-9 如图 1-7 所示，河宽 100 m，水流速度为 2 m/s。若船沿垂直于河岸方向划，则将在正对岸下游 50 m 处靠岸。如果要求船在正对岸靠岸，船应向什么方向划？

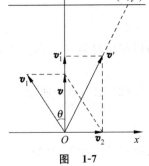

图 1-7

解：以船为运动质点，岸为静止参考系，流水为运动参考系。题中给出两种不同的划行情况。在两种情况中流速（牵连速度）v_2 是不变的，即 $v_2 = 2$ m/s，方向沿河岸向下。第一种情况已知划速（即相对速度）v_1' 和绝对速度 v' 的方向；第二种情况是绝对速度 v 的方向已知，划速 v_1 的大小不变但方向未知。

如图 1-7 所示建立坐标系，应用相对运动的速度合成方程，根据第一种情况有

$$\boldsymbol{v}' = \boldsymbol{v}_1' + \boldsymbol{v}_2 \tag{1}$$

已知 v_1' 沿 y 轴方向，v_2 沿 x 轴方向，有

$$v_x' = |\boldsymbol{v}_2| = v_2, \quad v_y' = |\boldsymbol{v}_1'| = v_1'$$

船在对岸靠岸点 P 的坐标为 $x' = 50$ m，$y' = 100$ m，设所经历的时间为 t，则有

$$v_1' t = y', \quad v_2 t = x'$$

由此可求得划速的大小为

$$v_1' = v_2 \frac{y'}{x'} = 2 \times \frac{100}{50} = 4 \ (\text{m/s}) \tag{2}$$

第二种情况：

$$\boldsymbol{v} = \boldsymbol{v}_1 + \boldsymbol{v}_2 \tag{3}$$

已知 v 与岸垂直，即 $v_x = 0$，设划速与 y 轴的夹角为 θ，将式(3)向 x 轴投影，得

$$v_x = -v_1 \sin \theta + v_2 = 0$$

由此解得

$$\theta = \arcsin \frac{v_2}{v_1} = \arcsin \frac{2}{4} = 30°$$

即，要使船在正对岸靠岸，船应偏向上游与河岸的垂线呈 30° 的方向划行。

例 1-10 （相对运动）一架飞机从 A 地向北飞到 B 地，然后又飞回 A 地，设飞机相对于空气的速率为 v，空气相对于地的速率（风速）为 u，A、B 两地相距 l。若无风时，来回飞行需时 $t_0 = \dfrac{2l}{v}$，如果风速由南向北，试证明来回飞行需时

$$t_1 = t_0 \bigg/ \left(1 - \frac{u^2}{v^2} \right)$$

证明：据题意，以飞机为运动质点，空气为运动参考系，飞机相对于空气的速度为相对速度v，已知其大小为v，地为静止参考系，风速为牵连速度u，已知其大小为u。飞机相对于地的运动为绝对运动，绝对速度设为V。

根据速度合成定理，有

$$V = v + u \tag{1}$$

飞机从 A 到 B，相对速度v和绝对速度V_1的方向都是由南向北，据式(1)有

$$V_1 = v + u$$

所以从 A 到 B 所需时间为

$$t_{A \to B} = \frac{l}{V_1} = \frac{l}{v+u} \tag{2}$$

飞机从 B 到 A，绝对速度V_2和相对速度v的方向都向南，与风速相反，故有

$$V_2 = v - u$$

所以从 B 到 A 所需时间

$$t_{B \to A} = \frac{l}{V_2} = \frac{l}{v-u} \tag{3}$$

飞机来回飞行所需时间为

$$t = t_{A \to B} + t_{B \to A} = \frac{l}{v+u} + \frac{l}{v-u} = t_0 \Big/ \left(1 - \frac{u^2}{v^2}\right)$$

证毕。

三、习题解答

1-1　一质点在Oxy平面上运动，运动方程为$x=3t, y=3t^2-5$(SI)。(1)求质点运动的轨道方程；(2)求$t_1=0$ s 和 $t_2=120$ s 时质点的速度和加速度。

解：(1) 由运动参数方程 $\begin{cases} x=3t \\ y=3t^2-5 \end{cases}$，消去时间$t$可得轨迹方程为

$$x^2 - 3y - 5 = 0$$

(2)

$$v_x = \frac{\mathrm{d}x}{\mathrm{d}t} = 3$$

$$v_y = \frac{\mathrm{d}y}{\mathrm{d}t} = 6t$$

将$t=0$代入速度方程，得

$$\begin{cases} v_x(0) = 3 \\ v_y(0) = 0 \end{cases}$$

所以有

$$\begin{cases} v_x(120) = 3 \\ v_y(120) = 720 \end{cases}$$

$$v(0) = 3i \text{(SI)}; \quad v(120) = 3i + 720j \text{(SI)}$$

由定义

$$a_x = \frac{\mathrm{d}v_x}{\mathrm{d}t} = 0$$

$$a_y = \frac{\mathrm{d}v_y}{\mathrm{d}t} = 6$$

得

$$\boldsymbol{a}(0) = \boldsymbol{0}, \quad \boldsymbol{a}(120) = 6\boldsymbol{j}(\mathrm{SI})$$

1-2 在与速率成正比的阻力影响下,一个质点具有加速度 $\boldsymbol{a}$,其大小为 $-0.1v$。求需多长时间才能使质点的速率减小到原来速率的一半。

解:据题意

$$\boldsymbol{F}_{阻} = -k\boldsymbol{v}, \quad \boldsymbol{a} = -0.1\boldsymbol{v}$$

又由

$$a = \frac{\mathrm{d}v}{\mathrm{d}t}$$

得

$$\mathrm{d}v = a\mathrm{d}t = -0.1v\mathrm{d}t$$

$$\frac{1}{v}\mathrm{d}v = -0.1\mathrm{d}t$$

上式两边积分,时间从 0 到 t 时,质点速率减小如原来一半,

$$\int_v^{v/2} \frac{1}{v}\mathrm{d}v = -0.1\int_0^t \mathrm{d}t$$

计算可得

$$\ln v \Big|_v^{\frac{v}{2}} = -0.1t, \quad t = 10\ln 2 = 6.93(\mathrm{s})$$

1-3 一质点沿 x 轴运动,其加速度为 $a = -kx^{-3/2}$,式中 k 为比例常数。质点从 $x = x_0$ ($x_0 > 0$)由静止出发,求质点达到 $x_0/4$ 时的速率。

解:由

$$a = \frac{\mathrm{d}v}{\mathrm{d}t} = -kx^{-3/2}$$

有

$$\frac{\mathrm{d}v}{\mathrm{d}x} \cdot \frac{\mathrm{d}x}{\mathrm{d}t} = \frac{\mathrm{d}v}{\mathrm{d}x}v = -kx^{-3/2}$$

分离变量

$$v\mathrm{d}v = -kx^{-3/2}\mathrm{d}x$$

两边积分得

$$\int_0^v v\mathrm{d}v = -k\int_{x_0}^{\frac{x_0}{4}} x^{-3/2}\mathrm{d}x$$

$$v = 2\sqrt{k/\sqrt{x_0}}$$

1-4 一质点具有恒定加速度为 $\boldsymbol{a} = 2\boldsymbol{i} + 3\boldsymbol{j}(\mathrm{SI})$,当 $t = 0$ 时,$v = 0$,$\boldsymbol{r}_0 = 10\boldsymbol{i}$ (SI)。求:(1)质点任意时刻的速度和位置矢量;(2)质点在 Oxy 平面的轨迹方程。

解:(1)据题意可得

$$a_x = 2, \quad \mathrm{d}v_x = 2\mathrm{d}t$$

$$a_y = 3, \quad \mathrm{d}v_y = 3\mathrm{d}t$$

$$\int_0^{v_x} \mathrm{d}v_x = 2\int_0^t \mathrm{d}t$$

$$\int_0^{v_y} \mathrm{d}v_y = 3\int_0^t \mathrm{d}t$$

得

$$v_x = 2t$$
$$v_y = 3t$$
$$\boldsymbol{v} = 2t\boldsymbol{i} + 3t\boldsymbol{j}$$

又由

$$\frac{\mathrm{d}x}{\mathrm{d}t} = 2t$$

$$\frac{\mathrm{d}y}{\mathrm{d}t} = 3t$$

得

$$\begin{cases} \int_0^x \mathrm{d}x = 2\int_0^t t\mathrm{d}t \\ \int_0^y \mathrm{d}y = 3\int_0^t t\mathrm{d}t \end{cases} \Rightarrow \begin{cases} x - 10 = t^2 \\ y = \dfrac{3t^2}{2} \end{cases}$$

故

$$\boldsymbol{r} = (t^2 + 10)\boldsymbol{i} + \frac{3t^2}{2}\boldsymbol{j}$$

（2）轨迹方程：将 $t^2 = x - 10$ 代入 $y = \dfrac{3t^2}{2}$，得

$$2y = 3(x - 10)$$

1-5 一质点在水平面内以顺时针方向沿半径为 2 m 的圆形轨道运动。此质点的角速度与运动时间的平方成正比，即 $\omega = kt^2$（SI 制），式中 k 为常数。已知质点在第 2 s 末的线速度为 32 m/s，试求 $t = 0.50$ s 时质点的线速度与加速度。

解：由题设条件可得

$$v = \omega R = 2kt^2$$

将 $t = 2$ s 时 $v = 32$ m/s 代入上式得

$$k = \frac{32}{2 \times 4} = 4$$

则得

$$v = 8t^2, \quad v(0.50) = 2.00 \text{ m/s}$$

法向加速度为

$$a_n = \frac{v^2}{R} = \frac{64t^4}{2} = 32t^4, \quad a_n(0.50) = 2 \text{ m/s}^2$$

切向加速度为

$$a_t = \frac{\mathrm{d}v}{\mathrm{d}t} = 16t, \quad a_t(0.50) = 8 \text{ m/s}^2$$

加速度大小为

$$a(0.50) = \sqrt{a_n(0.50)^2 + a_t(0.50)^2} = 8.20 \text{ m/s}^2$$

设 θ 为加速度与切向的夹角,则

$$\tan\theta = \frac{a_n}{a_t} = 2t^3 = 0.25$$

$$\theta = 14.04°$$

1-6　如图 1-8 所示,有一小球从高为 H 处自由下落,在途中 h 处碰到一个 45° 的光滑固定斜面并且碰后小球速率与碰前相同,水平向右运动。试计算斜面碰撞点高 H' 为多少时能使小球弹得最远。

解:由题图知

$$v = \sqrt{2gh} = \sqrt{2g(H-H')}$$

质点在高度为 H' 处以初速度 v 开始平抛,直到落地前的飞行时间为 t,有

$$H' = \frac{1}{2}gt^2, \quad \text{则} \quad t = \sqrt{\frac{2H'}{g}}$$

$$X = vt = \sqrt{4H'(H-H')}$$

对 X 求导可求解 X 的极值

$$\frac{\mathrm{d}X}{\mathrm{d}H'} = \frac{1}{2} \cdot \frac{4H - 8H'}{\sqrt{4H'(H-H')}}$$

令 $\dfrac{\mathrm{d}X}{\mathrm{d}H'}=0$,有

$$4H - 8H' = 0, \quad \text{则} \quad H' = \frac{H}{2}$$

即,当 $H'=\dfrac{H}{2}$ 时有

$$X_{\max} = H$$

1-7　一个人扔石头的最大出手速率 $v_0 = 25$ m/s,他能击中一个与他的手水平距离 $L = 50$ m,高 $h = 13$ m 处的目标吗? 在这个距离内他能击中的目标的最高高度是多少?

解:设石头初速度 v_0 与水平面夹角为 θ,有

$$v_{x0} = 25\cos\theta$$

$$v_{y0} = 25\sin\theta$$

所以

$$x = v_{x0}t = 25t\cos\theta \tag{1}$$

$$y = v_{y0}t - \frac{1}{2}gt^2 = 25t\sin\theta - 4.9t^2 \tag{2}$$

令 $x=L=50$ m,可得

$$t = \frac{2}{\cos\theta} \tag{3}$$

将 $h=13$ m 和式(3)代入式(2)得

$$13 = 50 \times \frac{\sin\theta}{\cos\theta} - 4.9 \times \frac{4}{\cos^2\theta}$$

整理上式可得

$$19.6\tan^2\theta - 50\tan\theta + 32.6 = 0$$
$$\Delta = 50^2 - 4 \times 19.6 \times 32.6 < 0$$

此结果说明，$\tan\theta$ 无解，即方程(1)和(2)描述的运动不可能发生，石头不能击中 $L=50\text{ m}$，$h=13\text{ m}$ 处的目标。

当 $L=50\text{ m}$ 时，将式(3)代入式(2)可得

$$h = 50\tan\theta - 19.6(\tan^2\theta + 1)$$

作变量代换，令 $k=\tan\theta$，有

$$h = 50k - 19.6k^2 - 19.6$$

求导，令 $\dfrac{\mathrm{d}h}{\mathrm{d}k} = 50 - 39.2x = 0$，得到

$$当 \quad k = \frac{50}{39.2} \quad 时，\quad h = h_{\max} = 12.23\ (\text{m})$$

此时 $\theta = 51.90°$。

1-8 月亮绕地球运行的轨道近似为圆形，半径为 $3.85 \times 10^8\text{ m}$，周期为 27.3 天，求月亮相对地球运动的向心加速度是多少。

解： 设月球绕地球作匀速圆周运动

$$T = 27.3\text{ d} = 2358720\text{ s}$$

则

$$\omega = \frac{2\pi}{T}, \quad a_n = \omega^2 R = \left(\frac{2\pi}{T}\right)^2 \times 3.85 \times 10^8 = 2.73 \times 10^{-3}\ (\text{m/s}^2)$$

1-9 一质点从静止出发沿半径为 $R=3\text{ m}$ 的圆周运动，如图 1-9 所示。已知切向加速度为 $a_t = 3\text{ m/s}$，问：该质点的速率为多少？加速度为多少？

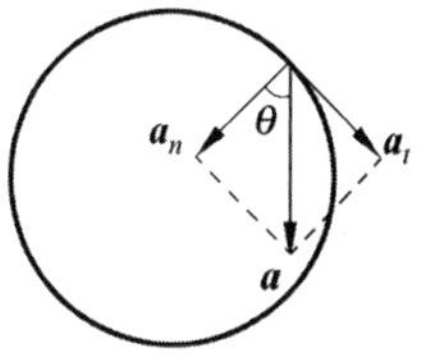

解：

$$a_t = \frac{\mathrm{d}v}{\mathrm{d}t} = 3$$

则有

$$\int_0^v \mathrm{d}v = \int_0^t 3\mathrm{d}t$$

$$v = 3t$$

$$a_n = \frac{v^2}{R} = \frac{9t^2}{3} = 3t^2$$

$$a = \sqrt{a_n^2 + a_t^2} = 3\sqrt{1 + t^4}$$

图 1-9

也可表示为

$$\boldsymbol{a} = a_n\boldsymbol{e}_n + a_t\boldsymbol{e}_t = 3t^2\boldsymbol{e}_n + 3\boldsymbol{e}_t$$

1-10 一赛车沿半径为 R 的圆轨道运动，其切向加速度为法向加速度的 $-2k$ 倍，k 为常数。如果赛车出发时的速率为 v_0，试求赛车再一次到达出发点时的速率。

解： 由题设 $a_t = -2ka_n$ 可得微分方程

$$\frac{\mathrm{d}v}{\mathrm{d}t} = -2k\frac{v^2}{R}$$

整理得

$$\frac{\mathrm{d}v}{\mathrm{d}s}v = -2k\frac{v^2}{R}$$

分离变量

$$\frac{\mathrm{d}v}{v} = -2k\mathrm{d}s$$

积分

$$\int_{v_0}^{v}\frac{\mathrm{d}v}{v} = -2k\int_{0}^{2\pi R}\mathrm{d}s$$

解得

$$\ln\frac{v}{v_0} = -4\pi k, \quad v = v_0\mathrm{e}^{-4\pi k}$$

1-11 一物体作如图 1-10 所示的斜抛运动,测得在轨道 A 点处的速度大小为 v,其方向与水平方向夹角成 $30°$,求物体在 A 点的切向加速度 a_t 和轨道的曲率半径 ρ。

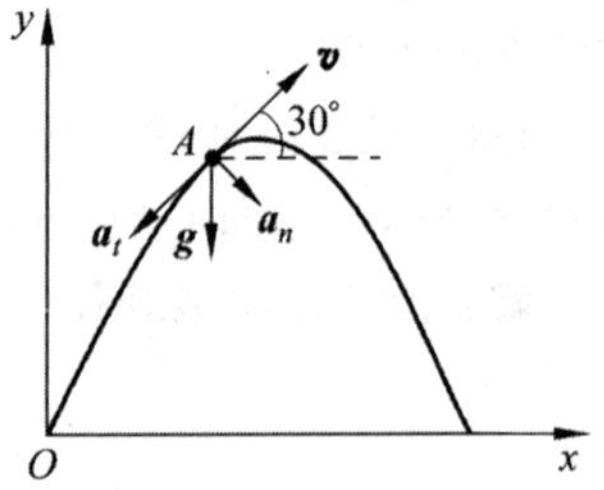

解：根据题图可得

$$\frac{a_t}{a_n} = \tan30°$$

$$a = \sqrt{a_n^2 + a_t^2} = g$$

所以

$$a_n = \sqrt{3}a_t$$
$$2a_t = g$$

图   1-10

得

$$a_t = \frac{g}{2}, \quad a_n = \frac{\sqrt{3}}{2}g$$

$$\rho = \frac{v^2}{a_n} = \frac{2v^2}{\sqrt{3}g}$$

1-12 一电子在电场中运动,其运动方程为 $x=3t, y=12-3t^2$(SI)。

(1) 计算电子的运动轨迹;

(2) 计算 $t=1$ s 时电子的切向加速度、法向加速度及轨道上该点处的曲率半径;

(3) 在什么时刻电子的位矢与其速度矢量恰好垂直?

(4) 在什么时刻电子离原点最近?

解：(1) 运动轨迹：

由电子的运动方程 $x=3t, y=12-3t^2$ 可得

$$y = 12 - \frac{x^2}{3}$$

(2) 电子运动的速度方程和加速度方程分别为

$$\begin{cases} v_x = \dfrac{\mathrm{d}x}{\mathrm{d}t} = 3 \\ v_y = \dfrac{\mathrm{d}y}{\mathrm{d}t} = -6t \end{cases}, \quad \begin{cases} a_x = 0 \\ a_y = -6 \end{cases}$$

所以加速度可表示为

$$\boldsymbol{a} = -6\boldsymbol{j}\,(\mathrm{m/s^2})$$

电子运动速率为

$$v = \sqrt{v_x^2 + v_y^2} = \sqrt{9 + 36t^2}$$

切向加速度：

$$a_t = \frac{\mathrm{d}v}{\mathrm{d}t} = \frac{1}{2} \cdot \frac{72t}{\sqrt{9 + 36t^2}}$$

所以

$$v(1) = \sqrt{45} = 3\sqrt{5}\,(\mathrm{m/s})$$

$$a_t(1) = \frac{1}{2} \cdot \frac{72}{\sqrt{45}} = 5.37\,(\mathrm{m/s^2})$$

又因为 $a_n = \sqrt{a^2 - a_t^2}$，可得

$$a_n(1) = \sqrt{36 - \frac{144}{5}} = 2.68\,(\mathrm{m/s^2})$$

曲率半径

$$\rho = \frac{v^2}{a_n} = \frac{45}{\sqrt{7.2}} = 16.77\,(\mathrm{m})$$

（3）设电子位矢与 x 轴夹角为 θ，速度 $\boldsymbol{v}$ 与 x 轴的夹角为 φ，则有

$$\tan\theta = \frac{y}{x} = \frac{12 - 3t^2}{3t} \tag{1}$$

$$\tan\varphi = \frac{v_y}{v_x} = 2t \tag{2}$$

因为

$$\theta + \varphi = \frac{\pi}{2} \tag{3}$$

将式（3）代入式（2）有

$$\tan\left(\frac{\pi}{2} - \theta\right) = \frac{1}{\tan\theta} = 2t \tag{4}$$

将式（4）代入式（1）得

$$\frac{1}{2t} = \frac{12 - 3t^2}{3t}$$

所以

$$t = \sqrt{3.5} = 1.87\,(\mathrm{s})$$

（4）$r = \sqrt{x^2 + y^2} = \sqrt{9t^2 + (12 - 3t^2)^2}$，令

$$\frac{\mathrm{d}r}{\mathrm{d}t} = \frac{1}{2} \cdot \frac{18t + 2(12 - 3t^2)(-6t)}{\sqrt{9t^2 + (12 - 3t^2)^2}} = 0$$

即

$$18t - 12t(12 - 3t^2) = 0$$

解得

$$t = \sqrt{3.5}\,\mathrm{s}$$

$$r = \sqrt{9 \times 3.5 + (12 - 3 \times 3.5)^2} = \sqrt{33.75} = 5.81 \, (\text{m})$$

1-13 质点在 Oxy 平面内运动,其运动方程为 $\boldsymbol{r}(t) = 3.0t\boldsymbol{i} + (12t - 2t^2)\boldsymbol{j}$ (SI),求:(1)质点的轨迹方程;(2)在 $t_1 = 1.0 \, \text{s}$ 到 $t_2 = 2.0 \, \text{s}$ 时间内的平均速度;(3)$t_1 = 1.0 \, \text{s}$ 时的速度及加速度;(4)$t = 1.0 \, \text{s}$ 时质点所在处轨道的曲率半径 r。

解:(1) 由质点运动方程 $\boldsymbol{r}(t) = 3.0t\boldsymbol{i} + (12t - 2t^2)\boldsymbol{j}$ 可得运动参数方程为 $\begin{cases} x = 3.0t \\ y = 12t - 2t^2 \end{cases}$,消去 t 得轨迹方程

$$y = 4x - \frac{2}{9}x^2$$

(2) ($t_1 = 1.0 \, \text{s}$ 到 $t_2 = 0.2 \, \text{s}$ 时间内)平均速度

$$\overline{v_x} = \frac{x_2 - x_1}{\Delta t} = \frac{6 - 3}{1} = 3 \, (\text{m/s})$$

$$\overline{v_y} = \frac{y_2 - y_1}{\Delta t} = \frac{(12 \times 2 - 2 \times 4) - (12 \times 1 - 2 \times 1)}{1} = 6 \, (\text{m/s})$$

所以质点的平均速度为

$$\overline{\boldsymbol{v}} = 3\boldsymbol{i} + 6\boldsymbol{j} \, (\text{m/s})$$

(3) 瞬时速度方程为

$$\begin{cases} v_x = 3 \\ v_y = 12 - 4t \end{cases}$$

速率表示为

$$v = \sqrt{9 + (12 - 4t)^2}$$

第一秒末的速度

$$\boldsymbol{v}_1 = 3\boldsymbol{i} - 8\boldsymbol{j} \, (\text{m/s})$$

加速度为

$$\begin{cases} a_x = 0 \\ a_y = -4 \end{cases}$$

第一秒末的加速度为

$$\boldsymbol{a}_1 = -4\boldsymbol{j} \, (\text{m/s}^2)$$

(4) 第一秒末的速率为

$$v_1 = \sqrt{v_x^2 + v_y^2} = \sqrt{9 + (12 - 4)^2} = \sqrt{73} \, (\text{m/s})$$

切向及法向加速度为

$$a_{1t} = \frac{\mathrm{d}v}{\mathrm{d}t} = -\frac{32}{\sqrt{73}} \, (\text{m/s}^2)$$

$$a_{1n} = \sqrt{a_1^2 - a_{1t}^2} = \sqrt{16 - \frac{32^2}{73}} = 1.404 \, (\text{m/s}^2)$$

此时质点的曲率半径为

$$\rho_1 = \frac{v_1^2}{a_{1n}} = 52.0 \, (\text{m})$$

1-14 如图 1-11 所示,离水面高度为 h 的岸上有人用绳索拉船靠岸。人以恒定速率 v_0

拉绳,求当船离岸的距离为 x 时船的速度和加速度。

解:设船沿水面移动的速度为 v_x,有

$$v_x = \frac{-v_0}{\cos\theta}$$

$$\cos\theta = \frac{x}{\sqrt{x^2 + h^2}}$$

所以船的速度

$$v_x = \frac{-v_0}{x}\sqrt{x^2 + h^2} = -v_0\sqrt{1 + \frac{h^2}{x^2}}$$

船的加速度

$$a_x = \frac{\mathrm{d}v_x}{\mathrm{d}t} = \frac{\mathrm{d}v_x}{\mathrm{d}x} \cdot \frac{\mathrm{d}x}{\mathrm{d}t} = v_x\frac{\mathrm{d}v_x}{\mathrm{d}x} = -\frac{v_0^2 h^2}{x^3}$$

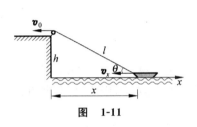

图　1-11

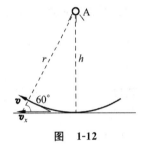

图　1-12

1-15　距海岸(视为直线)$h=500$ m 处有一艘静止的船 A,船上的探照灯以每分钟 1 转的转速旋转,当光束与岸边成角 $\theta=60°$ 时,光点沿岸边移动速度多大?

解:探照灯的角速度

$$\omega = \frac{2\pi}{60}$$

根据图 1-12 可知

$$v_x = \frac{v}{\sin 60°} = \frac{\omega r}{\sin 60°}$$

所以

$$v_x = \frac{\omega h}{\sin^2 60°} = \frac{2\pi \times 500}{60 \times \frac{3}{4}} = 69.81 \ (\text{m/s})$$

1-16　半径为 R 的圆盘在固定支撑面上向右滚动,圆盘质心 C 运动速度为 v_C,圆盘绕质心转动的角速度为 ω,如图 1-13 所示。求圆盘边缘上 A、B、O 三点的线速度。

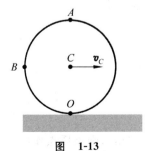

图　1-13

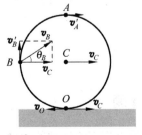

图　1-14

解：盘上各点均可看成随质心以速度 v_C 平动与绕质心圆运动的合成。盘边缘各点绕盘转动的速率均为 $v'=\omega R$，方向各不相同。

据图 1-14 可知

$$v_A = v'_A + v_C = \omega R + v_C \quad （方向向右）$$

$$v_B = \sqrt{v'^2 + v_C^2} = \sqrt{(\omega R)^2 + v_C^2}$$

$$\tan\theta_B = \frac{\omega R}{v_C}$$

$$v_O = v_C - \omega R, \begin{cases} v_C > \omega R \ 时，v_O \ 方向向右 \\ v_C < \omega R \ 时，v_O \ 方向向左 \end{cases}$$

1-17　雨滴竖直下落，其运动方程为 $r = \left(10 - \dfrac{1}{2}gt^2\right)j$，一人骑自行车在雨中行进，其运动规律为 $r_2 = -2ti$，求 t 时刻雨滴对骑车人的速度。

解：根据相对运动速度方程可得

$$\boldsymbol{v}_绝 = \boldsymbol{v}_{雨对地} = -gt\boldsymbol{j}$$

$$\boldsymbol{v}_牵 = \boldsymbol{v}_{人对地} = -2\boldsymbol{i}$$

$$\boldsymbol{v}_{雨对人} = \boldsymbol{v}_绝 - \boldsymbol{v}_牵 = 2\boldsymbol{i} - gt\boldsymbol{j}$$

1-18　船以 $15\ \text{km/h}$ 的速度向正北方航行时，船上的人观察到船上的烟囱冒出的烟飘向正东方。当船以 $24\ \text{km/h}$ 的速度向正东方航行，船上的人观察烟飘向正西北方向。若风速一直不变，求风速和风向。

解：据题意，建立以正北为 y 方向，正东为 x 方向的直角坐标系。有

$$\boldsymbol{v}_{船1} = 15\boldsymbol{j}, \quad \boldsymbol{v}_{风对船1} = x_1\boldsymbol{i}$$

$$\boldsymbol{v}_{船2} = 24\boldsymbol{i}, \quad \boldsymbol{v}_{风对船} = -x_2\boldsymbol{i} + x_2\boldsymbol{j}$$

$$\boldsymbol{v}_风 = \boldsymbol{v}_船 + \boldsymbol{v}_{风对船}$$

将数据代入得

$$x_1\boldsymbol{i} + 15\boldsymbol{j} = (24 - x_2)\boldsymbol{i} + x_2\boldsymbol{j}$$

所以有

$$x_1 = 24 - x_2$$

$$x_2 = 15\boldsymbol{j}$$

得

$$x_1 = 9\ \text{km}$$

$$\boldsymbol{v}_风 = 9\boldsymbol{i} + 15\boldsymbol{j}\ (\text{km/h})$$

$$v_风 = 17.5\ \text{km/h}$$

方向：设风向与正东方向的夹角为 θ，$\tan\theta = \dfrac{15}{9}$，$\theta = 59°$（吹向东偏北）。

四、自　测　题

（一）选择题

1. 某质点作直线运动的运动学方程为 $x = 3t - 5t^3 + 6$ (SI)，则该质点作（　　）。

A. 匀加速直线运动,加速度沿 x 轴正方向

B. 匀加速直线运动,加速度沿 x 轴负方向

C. 变加速直线运动,加速度沿 x 轴正方向

D. 变加速直线运动,加速度沿 x 轴负方向

2. 图 1-15 中 p 是一圆的竖直直径 pc 的上端点,一质点从 p 点开始分别沿不同的弦无摩擦下滑时,到达各弦的下端所用的时间相比较是(   )。

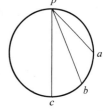

图 1-15

A. 到 a 用的时间最短

B. 到 b 用的时间最短

C. 到 c 用的时间最短

D. 所用时间都一样

3. 几个不同倾角的光滑斜面,有共同的底边,顶点也在同一竖直面上。若使一物体(视为质点)从斜面上端由静止滑到下端的时间最短,则斜面的倾角应选(   )。

A. 60°   B. 45°   C. 30°   D. 15°

4. 一运动质点在某瞬时位于矢径 $\boldsymbol{r}(x,y)$ 的端点处,其速度大小为(   )。

A. $\dfrac{\mathrm{d}r}{\mathrm{d}t}$

B. $\dfrac{\mathrm{d}\boldsymbol{r}}{\mathrm{d}t}$

C. $\dfrac{\mathrm{d}|\boldsymbol{r}|}{\mathrm{d}t}$

D. $\sqrt{\left(\dfrac{\mathrm{d}x}{\mathrm{d}t}\right)^2+\left(\dfrac{\mathrm{d}y}{\mathrm{d}t}\right)^2}$

5. 质点沿半径为 R 的圆周作匀速率运动,每 T 秒转一圈。在 $2T$ 时间间隔中,其平均速度大小与平均速率大小分别为(   )。

A. $2\pi R/T,\ 2\pi R/T$

B. $0,2\pi R/T$

C. $0,0$

D. $2\pi R/T,\ 0$

6. 在相对地面静止的坐标系内,A、B 二船都以 $2\ \mathrm{m/s}$ 的速率匀速行驶,A 船沿 x 轴正向,B 船沿 y 轴正向。今在 A 船上设置与静止坐标系方向相同的坐标系(x、y 方向单位矢用 $\boldsymbol{i}$、$\boldsymbol{j}$ 表示),那么在 A 船上的坐标系中,B 船的速度(以 $\mathrm{m/s}$ 为单位)为(   )。

A. $2\boldsymbol{i}+2\boldsymbol{j}$

B. $-2\boldsymbol{i}+2\boldsymbol{j}$

C. $-2\boldsymbol{i}-2\boldsymbol{j}$

D. $2\boldsymbol{i}-2\boldsymbol{j}$

7. 一飞机相对空气的速度大小为 $200\ \mathrm{km/h}$,风速为 $56\ \mathrm{km/h}$,方向从西向东。地面雷达站测得飞机速度大小为 $192\ \mathrm{km/h}$,方向是(   )。

A. 南偏西 16.3°

B. 北偏东 16.3°

C. 向正南或向正北

D. 西偏北 16.3°

E. 东偏南 16.3°

(二)填空题

1. 两辆车 A 和 B,在笔直的公路上同向行驶,它们从同一起始线上同时出发,并且由出发点开始计时,行驶的距离 x 与行驶时间 t 的函数关系式为 $x_A=4t+t^2$,$x_B=2t^2+2t^3$(SI)。

(1)它们刚离开出发点时,行驶在前面的一辆车是_____;

（2）出发后，两辆车行驶距离相同的时刻是_____；

（3）出发后，B 车相对 A 车速度为零的时刻是_____。

2．一质点沿 x 方向运动，其加速度随时间变化关系为

$$a = 3 + 2t \,(\text{SI})$$

如果初始时质点的速度 v_0 为 $5\ \text{m/s}$，则当 t 为 $3\ \text{s}$ 时，质点的速度 $v=$_____。

3．一质点沿直线运动，其运动学方程为 $x = 6t - t^2 \,(\text{SI})$，则在 t 由 0 至 $4\ \text{s}$ 的时间间隔内，质点的位移大小为_____，在 t 由 0 到 $4\ \text{s}$ 的时间间隔内质点走过的路程为_____。

4．一物体在某瞬时以初速度 v_0 从某点开始运动，在 Δt 时间内，经一长度为 s 的曲线路径后，又回到出发点，此时速度为 $-v_0$，则在这段时间内：

（1）物体的平均速率是_____；

（2）物体的平均加速度是_____。

5．一质点作半径为 $0.1\ \text{m}$ 的圆周运动，其角位置的运动学方程为

$$\theta = \frac{\pi}{4} + \frac{1}{2}t^2 \,(\text{SI})$$

则其切向加速度为 $a_t =$_____。

6．质点沿半径为 R 的圆周运动，运动学方程为 $\theta = 3 + 2t^2 \,(\text{SI})$，则 t 时刻质点的法向加速度大小为 $a_n=$_____；角加速度 $\beta =$_____。

7．在一个转动的齿轮上，一个齿尖 P 沿半径为 R 的圆周运动，其路程 s 随时间的变化规律为 $s = v_0 t + \dfrac{1}{2}bt^2$，其中 v_0 和 b 都是正的常量。则 t 时刻齿尖 P 的速度大小为_____，加速度大小为_____。

8．已知质点的运动学方程为

$$\boldsymbol{r} = \left(5 + 2t - \frac{1}{2}t^2\right)\boldsymbol{i} + \left(4t + \frac{1}{3}t^3\right)\boldsymbol{j} \,(\text{SI})$$

当 $t = 2\ \text{s}$ 时，加速度的大小为 $a=$_____；加速度 $\boldsymbol{a}$ 与 x 轴正方向间夹角 $\alpha=$_____。

（三）计算题

1．一质点从静止开始作直线运动，开始时加速度为 a_0，此后加速度随时间均匀增加，经过时间 τ 后，加速度为 $2a_0$，经过时间 2τ 后，加速度为 $3a_0$，⋯求经过时间 $n\tau$ 后，该质点的速度和走过的距离。

2．有一质点沿 x 轴作直线运动，t 时刻的坐标为 $x = 4.5\,t^2 - 2\,t^3 \,(\text{SI})$。试求：

（1）第 2 秒内的平均速度；

（2）第 2 秒末的瞬时速度；

（3）第 2 秒内的路程。

3．（1）对于在 xy 平面内，以原点 O 为圆心作匀速圆周运动的质点，试用半径 r、角速度 ω 和单位矢量 $\boldsymbol{i}$，$\boldsymbol{j}$ 表示其 t 时刻的位置矢量。已知在 $t = 0$ 时，$y = 0$，$x = r$，角速度为 ω，如图 1-16 所示；

（2）由（1）导出速度 $\boldsymbol{v}$ 与加速度 $\boldsymbol{a}$ 的矢量表示式；

（3）试证加速度指向圆心。

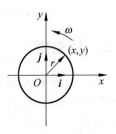

图 1-16

4. 由楼窗口以水平初速度 v_0 射出一发子弹,取枪口为原点,沿 v_0 方向为 x 轴,竖直向下为 y 轴,并取发射时刻 t 为 0。试求:

(1) 子弹在任一时刻 t 的位置坐标及轨迹方程;

(2) 子弹在 t 时刻的速度,切向加速度和法向加速度。

5. 一男孩乘坐一铁路平板车,在平直铁路上作匀加速行驶,其加速度为 a,他向车前进的斜上方抛出一球,设抛球过程对车的加速度 a 的影响可忽略,如果他不必移动在车中的位置就能接住球,则抛出的方向与竖直方向的夹角 θ 应为多大?

附：自测题答案

（一）选择题

1. D；　　2. D；　　3. B；　　4. D；　　5. B；　　6. B；　　7. C

（二）填空题

1. (1) A；(2) $t=1.19$ s；(3) $t=0.67$ s

2. 23 m/s

3. 8 m,10 m

4. (1) $\dfrac{s}{\Delta t}$；(2) $-\dfrac{2v_0}{\Delta t}$

5. 0.1 m/s²

6. $16Rt^2$,4 rad/s²

7. v_0+bt,$\sqrt{b^2+(v_0+bt)^4/R^2}$

8. 2.24 m/s²,104°

（三）计算题

1. $v_m=\dfrac{1}{2}n(n+2)a_0\tau$,$s_m=\dfrac{1}{6}n^2(n+3)a_0\tau^2$

2. (1) $\bar{v}=-0.5$ m/s；　　(2) $v(2)=-6$ m/s；　　(3) $S=2.25$ m

3. (1) $\boldsymbol{r}=x\boldsymbol{i}+y\boldsymbol{j}=r\cos\omega t\boldsymbol{i}+r\sin\omega t\boldsymbol{j}$；

(2) $\boldsymbol{v}=\dfrac{\mathrm{d}\boldsymbol{r}}{\mathrm{d}t}=-r\omega\sin\omega t\boldsymbol{i}+r\omega\cos\omega t\boldsymbol{j}$；$\boldsymbol{a}=\dfrac{\mathrm{d}\boldsymbol{v}}{\mathrm{d}t}=-r\omega^2\cos\omega t\boldsymbol{i}-r\omega^2\sin\omega t\boldsymbol{j}$；

(3) $\boldsymbol{a}=-\omega^2(r\cos\omega t\boldsymbol{i}+r\sin\omega t\boldsymbol{j})=-\omega^2\boldsymbol{r}$

这说明 $\boldsymbol{a}$ 与 $\boldsymbol{r}$ 方向相反,即 $\boldsymbol{a}$ 指向圆心。

4. (1) $y=\dfrac{1}{2}x^2g/v_0^2$；

(2) $a_t=\mathrm{d}v/\mathrm{d}t=g^2t/\sqrt{v_0^2+g^2t^2}$,与 $\boldsymbol{v}$ 同向,$a_n=v_0g/\sqrt{v_0^2+g^2t^2}$,方向与 $\boldsymbol{a}_t$ 垂直。

5. $\theta=\arctan\dfrac{a}{g}$

第二章

质点的运动定理

一、主要内容

（一）牛顿运动定律

1. 牛顿三定律

牛顿第一定律：任何物体都将保持静止或匀速直线运动的状态，除非作用在它上面的力迫使它改变这种状态。

牛顿第二定律：物体受到外力作用时，物体运动的变化与合外力的大小成正比，并且运动改变发生在合外力的方向上。用公式表示为

$$F = \frac{\mathrm{d}(m\boldsymbol{v})}{\mathrm{d}t} = m\boldsymbol{a} \tag{2-1}$$

牛顿第三定律：两物体之间的作用力 $\boldsymbol{F}_1$ 和反作用力 $\boldsymbol{F}_2$ 彼此方向相反且大小相等，在同一直线上。

2. 非惯性系中运用牛顿定律

为了在非惯性系中运用牛顿定律解决物体运动问题，需引入一个作用在被研究物体上的惯性力。以下给出常见的非惯性系中运用牛顿定律的方法。

（1）以加速度 $\boldsymbol{a}_0$ 平动的参照系中，分析质量为 m 的质点的受力情况时，需要引入惯性力：

$$\boldsymbol{F}_\mathrm{i} = -m\boldsymbol{a}_0 \tag{2-2}$$

称为平移惯性力，$\boldsymbol{a}_0$ 表示小车（非惯性系）相对于地面（惯性系）的加速度，负号表示力 $\boldsymbol{F}_\mathrm{i}$ 与加速度 $\boldsymbol{a}_0$ 方向相反。

（2）以角速度 ω 匀速转动的参照系中，分析质量为 m 的质点的受力情况时，需要引入惯性力如下：

$$\boldsymbol{F}_r = m\omega^2 \boldsymbol{r} \tag{2-3}$$

该惯性力与 $\boldsymbol{r}$ 同向，沿半径向外，称为惯性离心力。

（二）质点的动量定理

1. 冲量

作用力关于时间的累积量定义为冲量，表示为

$$\mathrm{d}\boldsymbol{I} = \boldsymbol{F}(t)\mathrm{d}t \tag{2-4}$$

$\mathrm{d}I$ 表示力 $F(t)$ 在 $\mathrm{d}t$ 时间内的积累量。在 t_1 到 t_2 的有限时间内,质点受到合外力的冲量为

$$I = \int_{t_1}^{t_2} F(t)\mathrm{d}t \tag{2-5}$$

作用于质点的合力的冲量 I 等于作用于质点的各个力 $F_i(t)$ 的冲量 I_i 的矢量和:

$$I = \sum_i I_i \tag{2-6}$$

2. 质点动量定理

质点运动过程中所受合外力的冲量,等于该质点动量的增量。表示为

$$I = \int_{t_1}^{t_2} F(t)\mathrm{d}t = \int_{p_1}^{p_2} \mathrm{d}p = p_2 - p_1 \tag{2-7}$$

冲量和动量都是矢量,动量定理具有矢量性。在直角坐标系中,动量定理方程有分量式

$$\begin{cases} I_x = \int_{t_1}^{t_2} F_x(t)\mathrm{d}t = p_{2x} - p_{1x} \\[2mm] I_y = \int_{t_1}^{t_2} F_y(t)\mathrm{d}t = p_{2y} - p_{1y} \\[2mm] I_z = \int_{t_1}^{t_2} F_z(t)\mathrm{d}t = p_{2z} - p_{1z} \end{cases} \tag{2-8}$$

表明物体沿某方向的动量改变,取决于该方向上所受外力的冲量。

(三) 质点的动能定理

1. 功和功率

力关于空间的累积量定义为功,表示为

$$\mathrm{d}A = F \cdot \mathrm{d}r = F \mid \mathrm{d}r \mid \cos\theta \tag{2-9}$$

$\mathrm{d}A$ 称为力作用于质点的元功,它是力 F 与元位移 $\mathrm{d}r$ 的标积。

功对时间的变化率称为瞬时功率,简称功率,表示为

$$P = \frac{\mathrm{d}A}{\mathrm{d}t} = \frac{F \cdot \mathrm{d}r}{\mathrm{d}t} = F \cdot v \tag{2-10}$$

在国际单位制(SI)中,功的单位为焦耳,符号为 J,1 J = 1 N · m;功率的单位是瓦特,符号为 W,1 W = 1 J/s。

2. 质点的动能定理

质点动能的改变量等于合力对质点所做的功,表示为

$$A_{ab} = \int_{a\,(l)}^{b} F \cdot \mathrm{d}r = \frac{1}{2}mv_b^2 - \frac{1}{2}mv_a^2 = E_k(b) - E_k(a) \tag{2-11}$$

动能定理的形式与参考系的选取无关,在不同的参考系中动能定理具有相同的形式。

(四) 质点的角动量定理

1. 力矩

作用力 F 对 O 点的力矩 M 定义为

$$M = r \times F$$

力矩 M 的大小为 $M = rF\sin\theta$,方向垂直于 r 和 F 决定的平面并服从右手螺旋法则,(绕 z 轴转动的质点所受力矩 $M_z = r_{xy}F_{xy}\sin\varphi = F_{xy}d$)如图 2-1 所示。

在国际单位制(SI)中,力矩的单位为牛·米,符号为 N·m。

图 2-1   图 2-2

2. 角动量

质点对 O 点的角动量 L 定义为:从定点 O 引向质点的矢径 r 与质点动量 mv 的矢积,表示为

$$L = r \times mv \tag{2-12}$$

L 的方向垂直于 r 和 mv 所构成的平面,指向满足右手螺旋定则;大小 $L = rmv\sin\theta$,式中 θ 为 r 与 v 之间的夹角,如图 2-2 所示。

3. 质点的角动量定理和角动量守恒

作用于质点的合外力对任一固定点的力矩等于质点对同一固定点的角动量随时间的变化率,此规律称为质点的角动量定理,表示为

$$M = \frac{\mathrm{d}L}{\mathrm{d}t} \tag{2-13}$$

角动量定理的微分形式为

$$M\mathrm{d}t = \mathrm{d}L \tag{2-14}$$

积分形式为

$$L_2 - L_1 = \int_{t_1}^{t_2} M\mathrm{d}t \tag{2-15}$$

在运动过程中,若 $M = 0$,则 $\dfrac{\mathrm{d}L}{\mathrm{d}t} = 0$,$L = r \times mv \equiv$ 常矢量,此时,质点对 O 点的角动量的大小和方向都保持不变,称为角动量守恒,即

$$r_1 mv_1 \sin\theta_1 = r_2 mv_2 \sin\theta_2 \tag{2-16}$$

质点始终在由位置矢量 r 和动量 mv 构成的平面内运动。

二、解 题 指 导

本章问题涉及的主要方法如下。

1. 运用牛顿定律解决质点运动问题。

2. 求变力的冲量。

3. 动量定理的矢量性问题。

4. 求变力的功。

5. 运用动能定理求解质点运动问题。

6. 角动量定理的应用。

7. 角动量守恒的判断和应用。

例 2-1　（由质点运动方程，求受力）质量为 $m=0.5$ kg 的质点作直线运动，其运动方程式为 $x=t^3-2t^2+5$(SI)。求 $t=2$ s 时，质点所受的作用力。

解：由运动方程可得其加速度为

$$a = \frac{\mathrm{d}^2 x}{\mathrm{d}t^2} = \frac{\mathrm{d}^2}{\mathrm{d}t^2}(t^3 - 2t^2 + 5) = 6t - 4$$

由牛顿第二定律得 $F=ma=0.5(6t-4)$，所以

$$F_{t=2\,\mathrm{s}} = 4\ \mathrm{N}$$

例 2-2　（由受力初条件求速度、加速度）质量 $m=2$ kg 的质点沿 x 轴运动，已知 $t=0$ 时，质点的速度 $v_0=0$，位置 $x_0=0$，不计摩擦。若质点所受作用力 $F=3+4t$（N）。求 $t=3$ s 时：

（1）质点的加速度是多少？

（2）质点的速度是多少？

解：先用牛顿第二定律求出加速度为

$$a = \frac{F}{m} = \frac{3+4t}{2}$$

再用积分法求速度为

$$\int_0^v \mathrm{d}v = \int_0^t a\,\mathrm{d}t = \int_0^t \frac{1}{2}(3+4t)\,\mathrm{d}t$$

得

$$v = 1.5t + t^2$$

所以

$$a\,|_{t=3\,\mathrm{s}} = \frac{1}{2}(3+4t)\,|_{t=3} = 2.5\ (\mathrm{m/s^2})$$

$$v\,|_{t=3\,\mathrm{s}} = \left(\frac{3}{2}t + t^2\right)\Big|_{t=3} = 13.5\ (\mathrm{m/s})$$

例 2-3　（牛顿第二定律应用）如图 2-3(a)所示，已知 $m_1=2$ kg，$m_2=1$ kg，m_1 与 m_2 间的摩擦系数为 $\mu_1=0.5$，m_2 与平面间的摩擦系数 $\mu_2=0.2$，当外力 $F=12$ N 时，求 m_1 的加速度 a_1 和 m_2 的加速度 a_2 各是多大。（$g=10$ m/s^2）

解：此类问题求解很易出错，现举例如下。

（1）分别作 m_1、m_2 的示力图，并选定坐标如图 2-3(a)所示，列牛顿第二定律分量方程。

对 m_1，

$$F - f_1 = m_1 a_1$$
$$N_1 - m_1 g = 0$$
$$f_1 = \mu_1 N_1 = \mu_1 m_1 g$$

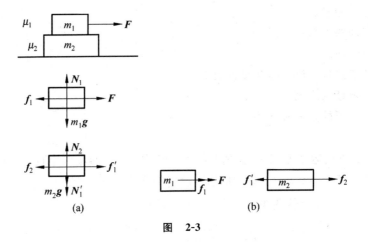

图　2-3

由此解得

$$f_1 = \mu_1 m_1 g = 0.5 \times 2 \times 10 = 10 \,(\text{N})$$

$$a_1 = \frac{F - f_1}{m_1} = \frac{12 - 10}{2} = 1 \,(\text{m/s}^2)$$

对 m_2，

$$f_1 - f_2 = m_2 a_2$$

$$N_2 - N_1 - m_2 g = 0$$

$$f_2 = \mu_2 N_2 = \mu_2 (m_1 + m_2) g$$

由此解得

$$f_2 = \mu_2 (m_1 + m_2) g = 6 \,(\text{N})$$

$$a_2 = \frac{f_1 - f_2}{m_2} = \frac{10 - 6}{1} = 4 \,(\text{m/s}^2)$$

有 $a_2 > a_1$。显然这个结果是不合理的。

（2）有人认为上述错误是由于摩擦力的方向分析错了，因此他把摩擦力改为图 2-3(b) 所示，列牛顿第二定律分量方程。

对 m_1，

$$F + f_1 = m_1 a_1$$

$$N_1 - m_1 g = 0$$

$$f_1 = \mu_1 N_1$$

解得

$$f_1 = \mu_1 N_1 = 10 \,(\text{N}), \quad a_1 = \frac{12 + 10}{2} = 11 \,(\text{m/s}^2)$$

对 m_2，

$$f_2 - f_1 = m_2 a_2$$

$$N_2 - N_1 - m_2 g = 0$$

$$f_2 = \mu_2 N_2$$

由此解得

$$a_2 = \frac{6-10}{1} = -4 \ (\text{m/s}^2)$$

可见：a_2 向左，a_1 向右，这个结果显然更不合理。又错在哪里呢？

本题的正确解法如下。

分别作 m_1、m_2 的示力图同图 2-3(a)，分析运动时，由于不知道 m_1 和 m_2 是否有相对运动，故无法判断静摩擦力值，为此可先设 $a_1 = a_2$，列出方程：

$$F - f_1 = m_1 a_1 \tag{1}$$

$$f_1' - f_2 = m_2 a_2 \tag{2}$$

$$f_2 = \mu_2 N_2 = \mu_2 (m_1 + m_2) g \tag{3}$$

$$f_1' = f_1, \quad a_1 = a_2 = a$$

由式(3)得 $f_2 = 0.2 \times (1+2) \times 10 = 6$ (N)。由式(1)、式(2)联解得

$$a = \frac{F-f}{m_1+m_2} = \frac{12-6}{2+1} = 2 \ (\text{m/s}^2)$$

将结果代回原式检验：

$$f_1 = F - m_1 a = 12 - 2 \times 2 = 8 \ (\text{N})$$

而 $f_{1\max} = \mu_1 m_1 g = 10$ N，$f_{2\max} = 6$ N，所以判知 m_1 与 m_2 确无相对运动，但 m_1 却带动了 m_2 一起运动。即 m_1 和 m_2 以共同的加速度 $a = 2$ m/s^2 向右运动为正确答案。

例 2-4　（牛顿第二定律应用）在水平光滑桌面上有一柔软均匀的绳子，长为 l。起初，绳静止地自桌边下垂一段，下垂部分长为 a。求在任意时刻 t 绳自桌边下垂的长度。

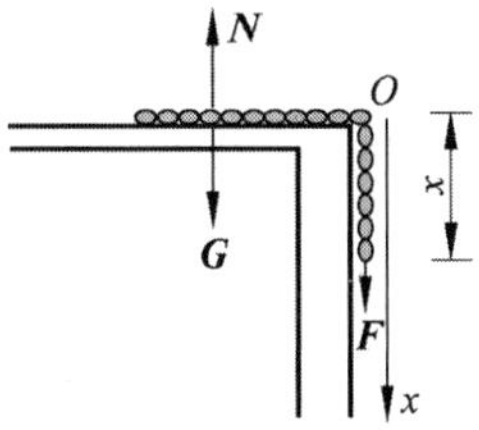

解：本题应用牛顿定律求解。

如图 2-4 所示，取桌面处 O 点为坐标原点，Ox 轴向下为正。设开始下滑后某一时刻 t，绳下垂长度为 $x (x > a)$，在桌面上的那段绳所受合外力等于绳的下垂部分所受的重力 $F = \dfrac{m}{l} x g$，式中的 m 是绳的总质量。

图　2-4

由题知整个绳作同一运动，因而其运动微分方程为

$$F = \frac{m}{l} x g = m \frac{\mathrm{d}^2 x}{\mathrm{d} t^2}$$

消去 m，并乘以 $2 \dfrac{\mathrm{d} x}{\mathrm{d} t}$，可得

$$2 \frac{\mathrm{d} x}{\mathrm{d} t} \cdot \frac{\mathrm{d}^2 x}{\mathrm{d} t^2} = 2 \frac{\mathrm{d} x}{\mathrm{d} t} \cdot \frac{g}{l} x$$

即

$$\frac{\mathrm{d}}{\mathrm{d} t} \left(\frac{\mathrm{d} x}{\mathrm{d} t} \right)^2 = 2 \frac{g}{l} x \frac{\mathrm{d} x}{\mathrm{d} t}$$

在上式两边消去一个 $\mathrm{d} t$，并进行积分。当初始条件 $t = 0$ 时，$x = a$，$v = \dfrac{\mathrm{d} x}{\mathrm{d} t} = 0$，从而有

$$\int_0^{\frac{\mathrm{d} x}{\mathrm{d} t}} \mathrm{d} \left(\frac{\mathrm{d} x}{\mathrm{d} t} \right)^2 = 2 \frac{g}{l} \int_a^x x \, \mathrm{d} x$$

可得

$$\left(\frac{\mathrm{d}x}{\mathrm{d}t}\right)^2 = \frac{g}{l}(x^2 - a^2)$$

即

$$\frac{\mathrm{d}x}{\mathrm{d}t} = \sqrt{\frac{g}{l}(x^2 - a^2)}$$

对上式分离变量并积分,有

$$\int_a^x \frac{\mathrm{d}x}{\sqrt{x^2 - a^2}} = \sqrt{\frac{g}{l}} \int_0^t \mathrm{d}t$$

得

$$\ln\left(x + \sqrt{x^2 - a^2}\right) - \ln a = \sqrt{\frac{g}{l}}t$$

在任意时刻 t 自桌边下垂的绳长

$$x = \frac{a}{2}(l^{\sqrt{\frac{g}{l}}t} + l^{-\sqrt{\frac{g}{l}}t})$$

例 2-5　(圆锥摆的冲量)如图 2-5 所示,一质点作半径为 r、半锥角为 θ 的圆锥摆运动,其质量为 m,速率为 v。当质点由 a 到 b 绕行半周时,求:

(1) 作用在质点上的重力 G 的冲量 $\boldsymbol{I}_1$;

(2) 张力 f 的冲量 $\boldsymbol{I}_2$。

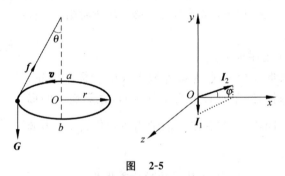

图　2-5

解:本题为恒力和变力的冲量计算,即力对时间的累积。

(1) 因为在质点运动过程中,重力 G 为恒力,据冲量的定义式

$$\boldsymbol{I} = \int_{t_0}^t \boldsymbol{F}\mathrm{d}t = \boldsymbol{p} - \boldsymbol{p}_0$$

重力的冲量为

$$\boldsymbol{I}_1 = \int_{t_0}^t \boldsymbol{G}\mathrm{d}t = \boldsymbol{G}\int_{t_0}^t \mathrm{d}t = \boldsymbol{G}(t - t_0)$$

当质点沿圆周运动一周时,所需时间为

$$T = \frac{2\pi r}{v}$$

由此可得

$$\boldsymbol{I}_1 = \boldsymbol{G}(t - t_0) = \boldsymbol{G} \cdot \frac{T}{2} = \frac{m\pi r}{v}\boldsymbol{g}$$

方向向下。

（2）在质点运动过程中，f 为变力，其大小虽然不变，但方向不断变化，因而其积分需要分量式。

为方便起见，取 $t_0 = 0$。质点作水平圆周运动的角速度为 ω，按图中直角坐标有

$$f_x = f\sin\theta \cdot \sin\omega t$$
$$f_y = f\cos\theta$$
$$f_z = f\sin\theta \cdot \cos\omega t$$

则

$$I_{2x} = \int_{t_0}^{\frac{T}{2}} f_x \mathrm{d}t = \int_{t_0}^{\frac{T}{2}} f\sin\theta \cdot \sin\omega t \cdot \mathrm{d}t$$

$$= \frac{f\sin\theta}{\omega}(-\cos\omega t)\Big|_0^{T/2} = 2f\sin\theta \cdot \frac{r}{v}$$

$$= 2m\frac{v^2}{r} \cdot \frac{r}{v} = 2mv$$

$$I_{2y} = \int_{t_0}^{\frac{T}{2}} f_y \mathrm{d}t = \int_{t_0}^{\frac{T}{2}} f\cos\theta \cdot \mathrm{d}t = f\cos\theta \cdot \frac{T}{2}$$

$$= mg \cdot \frac{T}{2} = mg\frac{\pi r}{v}$$

$$I_{2z} = \int_{t_0}^{\frac{T}{2}} f_z \mathrm{d}t = \int_{t_0}^{\frac{T}{2}} f\sin\theta \cdot \cos\omega t \cdot \mathrm{d}t = 0$$

所以

$$\boldsymbol{I}_2 = \boldsymbol{I}_{2x} + \boldsymbol{I}_{2y} = 2mv\boldsymbol{i} + mg\frac{\pi r}{v}\boldsymbol{j}$$

其值为

$$I_2 = \sqrt{I_{2x}^2 + I_{2y}^2} = m\sqrt{(2v)^2 + \left(g\frac{\pi r}{v}\right)^2}$$

与 x 轴夹角为

$$\varphi = \arctan\frac{I_{2y}}{I_{2x}} = \arctan\left(\frac{\pi gr}{2v^2}\right)$$

例 2-6　（功的计算）一个人从 $h = 10$ m 深的水井中提水。开始时，桶中装有 $M = 10$ kg 的水，桶的质量忽略，由于水桶漏水，每升高 1 m 要漏出 0.2 kg 的水。求水桶匀速地从井中水面提到井口的过程中，人所做的功。

解： 由于是变力作用，亦即变力功的问题。求解此类问题，首先需要正确表示出元功，然后积分，即可得变力的功。

取水面为坐标原点 O，Oy 轴向上为正。以水桶及其中的水为研究对象，当水桶在上升过程中任意位置 y 处时，其质量为 m，受到向上的拉力 F 和向下重力 mg 的作用，移动 $\mathrm{d}y$ 时的元功为

$$\mathrm{d}A = \boldsymbol{F} \cdot \mathrm{d}\boldsymbol{r} = F\mathrm{d}y$$

因为水桶匀速上升，所以由牛顿第二定律有

$$\boldsymbol{F} + m\boldsymbol{g} = \boldsymbol{F} - mg\boldsymbol{j} = 0$$

元功即为

$$dA = mg\,dy$$

又因为水桶每升高 1 m 的漏水量为 $k=0.2\,\mathrm{kg/m}$，故水桶在 y 处时已漏出的水量为 ky，此时桶中的水的质量为 $m=M-ky$，则

$$dA = (M - ky)g\,dy$$

对上式积分，并代入上下限，有

$$A = \int dA = \int_0^h (M - ky)g\,dy = \int_0^{10}(10 - 0.2y)\times 9.8\,dy = 882\,(\mathrm{J})$$

例 2-7　（质点的动能定理）质量为 m 的质点受到一个方向朝着坐标原点的作用力，这个力的变化规律为 $F=-bx^2$，其中 b 为常数，x 为质点的坐标。已知质点在位置 $x=x_0$ 处的速度为零，求质点运动到原点的速率。

解：根据质点的动能定理有

$$\int_{x_0}^x F\,dx = \frac{1}{2}mv^2 - \frac{1}{2}mv_0^2$$

其中 $F=-bx^2$。已知 $x=x_0$ 时，$v_0=0$。设 $x=0$ 时质点的速度为 v，故有

$$\frac{1}{2}mv^2 = \int_{x_0}^x (-bx^2)\,dx = \frac{1}{3}bx_0^3$$

解出

$$v = \sqrt{\frac{2b}{3m}x_0^3}$$

此即质点运动到原点时的速率。

例 2-8　（动能定理）在坐标系 Oxy 中，有一质量为 m 的静止物体，现有一恒力 $\boldsymbol{F}=F\hat{x}$ 作用其上 Δt 时间。另有一坐标系 $O'x'y'$ 相对于 Oxy 以 $\boldsymbol{u}=-u\hat{x}$ 作匀速运动，试回答以下问题：

（1）在这两个坐标系中力 $\boldsymbol{F}$ 的功是否一样？各为多少？

（2）试验证在这两个坐标系中，动能定理都成立。

解：（1）如图 2-6 所示，坐标系 $O'x'y'$ 相对于 Oxy 以匀速 $\boldsymbol{u}$ 向 $-x$ 方向运动。在 Oxy 系中物体在力 $\boldsymbol{F}$ 作用下在 Δt 时间内的位移为

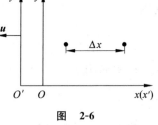

图　2-6

$$\Delta x = \frac{1}{2}a\Delta t^2 = \frac{1}{2}\cdot\frac{F}{m}\Delta t^2$$

此力的功为

$$A = F\Delta x = \frac{1}{2}\cdot\frac{F^2}{m}\Delta t^2$$

由于在 Δt 时间内 Oxy 相对于 $O'x'y'$ 的位移为 $u\Delta t$，根据运动的相对性，可求出在 $O'x'y'$ 系中的物体在同一时间 Δt 内的位移 $\Delta x'$：

$$\Delta x' = \Delta x + u\Delta t$$

而力 $\boldsymbol{F}$ 所做的功为

$$A' = F\Delta x' = F(\Delta x + u\Delta t) = \frac{F^2\Delta t^2}{2m} + Fu\Delta t$$

由此可见,一个力的功的数值与参照系的选择有关,其根源在于物体的位移与参照系有关。

(2) 在 Oxy 系中物体的动能的增量为

$$\Delta E_k = \frac{1}{2}mv^2 - \frac{1}{2}mv_0^2 = \frac{1}{2}mv^2$$

$$= \frac{1}{2}m(a\Delta t)^2 = \frac{1}{2} \cdot \frac{F^2}{m}\Delta t^2$$

与(1)中的 A 值相比较可知

$$\Delta E_k = A$$

所以动能定理在 Oxy 系中成立。

在 $O'x'y'$ 系中,动能的增量为

$$\Delta E_k' = \frac{1}{2}m(u + a\Delta t)^2 - \frac{1}{2}mu^2 = Fu\Delta t + \frac{F^2\Delta t^2}{2m}$$

与(1)中 A' 的值相比较有

$$\Delta E_k' = A'$$

即动能定理也成立。可见动能与功的数值都与参照系有关,但在一切惯性系中动能定理均成立。

例 2-9 (角动量、机械能守恒)地球可看作是半径 $R=6400$ km 的球体,一颗人造地球卫星在地面上空 $h=800$ km 的圆形轨道上,以 $v_1=7.5$ km/s 的速度绕地球运动。今在卫星外侧点燃一火箭,其反冲力指向地心,因而给卫星附加一个指向地心的分速度 $v_2=0.2$ km/s。求此后卫星轨道的最低点和最高点位于地面上空多少千米处。

解: 火箭点燃后,使卫星获得了径向速度 v_2,所以点燃火箭的作用是使卫星的运动速度由 v_1(切向速度)变为 $v_1 + v_2$。由于火箭反冲力指向地心,对地心的力矩为零,所以卫星在火箭点燃前后对地心的角动量始终不变,是守恒的。火箭点燃后瞬时,可以认为卫星对地心的位矢不变,仍为 r,速度为 $v_1 + v_2$。以后卫星进入椭圆轨道时,设 r' 为其远地点(或近地点)的位矢,v' 为该处速度,根据角动量守恒定律有

$$\boldsymbol{r} \times m(\boldsymbol{v}_1 + \boldsymbol{v}_2) = \boldsymbol{r}' \times m\boldsymbol{v}'$$

因为 $\boldsymbol{r} /\!/ \boldsymbol{v}_2$,$\boldsymbol{r}' \perp \boldsymbol{v}'$,上式也可以写为

$$mv_1r = mv'r' \tag{1}$$

同时,卫星、地球系统只有万有引力作用,这是保守内力,所以系统机械能守恒,对应式(1)中的两个状态有

$$\frac{1}{2}m(v_1^2 + v_2^2) - G\frac{Mm}{r} = \frac{1}{2}mv'^2 - G\frac{Mm}{r'} \tag{2}$$

对于卫星原来的圆周运动,牛顿定律给出

$$G\frac{Mm}{r^2} = m\frac{v_1^2}{r} \tag{3}$$

联立式(1)~式(3)有

$$(v_1^2 - v_2^2)r'^2 - 2v_1^2rr' + v_1^2r^2 = 0$$

$$[(v_1 + v_2)r' - v_1r][(v_1 - v_2)r' - v_1r] = 0$$

可得

$$r_1' = \frac{v_1r}{v_1 - v_2} = \frac{7.5 \times 7200}{7.5 - 0.2} = 7397 \text{ (km)}$$

$$r'_2 = \frac{v_1 r}{v_1 + v_2} = 7013\,(\text{km})$$

所以远地点高度为

$$h_1 = r'_1 - R = 997\,(\text{km})$$

近地点高度为

$$h_2 = r'_2 - R = 613\,(\text{km})$$

例 2-10　（角动量守恒定理）质量相同的甲乙二人，分别从轻质滑轮两边的绳子往上攀（如图 2-7 所示），开始他们相对静止，且离开地面的高度相同，但攀绳速度甲比乙快。试从角动量的角度，讨论他们哪一个先攀上顶点。

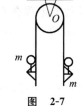

图　2-7

答：他们将同时攀上顶点，而与各自攀绳的快慢无关。因为是轻质定滑轮，滑轮两边绳的张力是相同的，对转轴 O，外力矩为零，整个系统的角动量守恒。

设任意时刻甲相对于绳的速度为 v'_1，乙相对于绳的速度为 v'_2，绳相对于顶点 O 的速度为 v，则甲相对于 O 的速度是 $v'_1 - v$，乙相对于 O 点的速度是 $v'_2 + v$。

开始时二人静止，系统对 O 点的角动量为零。由于角动量守恒，任意时刻系统的角动量也应为零，即

$$mr(v'_1 - v) = mr(v'_2 + v) = 0$$

其中 r 是滑轮的半径，m 是人的质量。由于二人质量相同，因此，任意时刻，他们对地的攀爬速度也是相同的，则

$$v_1 = v'_1 - v, \quad v_2 = v'_2 + v, \quad v_1 = v_2$$

再注意到开始离地高度相同，他们将同时攀上顶点，上面的讨论对任意时刻二人的攀绳速度没有限制，其结论总是成立的。

三、习 题 解 答

2-1　光滑的水平桌面上放置一固定的圆环带，半径为 R。一物体贴着环带内侧运动，如图 2-8 所示，物体与环带间的动摩擦系数为 μ_k。设物体在某一时刻经 P 点时速率为 v_0，求此后 t 时刻物体的速率以及从 P 点开始所经过的路程。

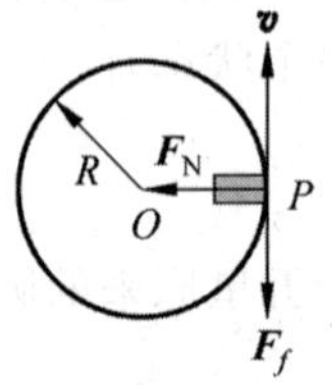

解：由题图可列牛顿定律方程

$$F_N = m\frac{v^2}{R} \tag{1}$$

$$F_f = \mu_k F_N = -m\frac{\mathrm{d}v}{\mathrm{d}t} \tag{2}$$

将式（1）代入式（2）得

$$\frac{\mathrm{d}v}{v^2} = \frac{\mu_k}{R}\mathrm{d}t \tag{3}$$

对式（3）两边积分：

图　2-8

$$\int_{v_0}^{v} \frac{\mathrm{d}v}{v^2} = -\int_0^t \frac{\mu_k}{R}\mathrm{d}t$$

得

$$v = \frac{Rv_0}{\mu_k v_0 t + R}$$

$$s = \int_0^t v\mathrm{d}t = v_0 R\int_0^t \frac{\mathrm{d}t}{\mu_k v_0 t + R} = \frac{R}{\mu_k}\ln\left(1 + \frac{\mu_k v_0 t}{R}\right)$$

2-2　一质量为 $2\,\mathrm{kg}$ 的质点 A，在 Oxy 平面上运动，受到外力 $\boldsymbol{F}=4\boldsymbol{i}-24t^2\boldsymbol{j}\,(\mathrm{N})$ 的作用，$t=0\,\mathrm{s}$ 时 A 位于 P 点，坐标为 $(2,6)\,(\mathrm{m})$，具有初速度的大小为 $v_0=5\,\mathrm{m/s}$，方向与 x 轴正向夹角为 $53°$（取 $\sin 53°\approx0.8$），如图 2-9 所示。求：

（1）质点的运动学方程；

（2）$t=1\,\mathrm{s}$ 时，A 受到的法向力 $\boldsymbol{F}_n$ 的大小。

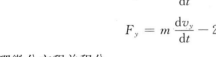

图　**2-9**

解：（1）由题设 $\boldsymbol{F}=4\boldsymbol{i}-24t^2\boldsymbol{j}\,(\mathrm{N})$，及牛顿定律可得

$$F_x = m\frac{\mathrm{d}v_x}{\mathrm{d}t} = 4$$

$$F_y = m\frac{\mathrm{d}v_y}{\mathrm{d}t} - 24t^2$$

整理微分方程并积分：

$$\int_{v_{x0}}^{v_x} \mathrm{d}v_x = \int_0^t 2\mathrm{d}t$$

$$\int_{v_{y0}}^{v_y} \mathrm{d}v_y = \int_0^t 12t^2\mathrm{d}t$$

解得

$$\begin{cases} v_x = 2t + v_{x0} \\ v_y = v_{y0} - 4t^3 \end{cases} \tag{1}$$

由图示可得

$$\frac{v_{y0}}{v_{x0}} = \sin 53° = 0.8$$

又因为

$$v_0 = 5\,\mathrm{m/s}$$

可得

$$v_{x0} = 3\,\mathrm{m/s}, \quad v_{y0} = 4\,\mathrm{m/s} \tag{2}$$

由图可得

$$\begin{cases} x_0 = 2 \\ y_0 = 6 \end{cases} \tag{3}$$

将式（2）代入式（1）得

$$\begin{cases} v_x = \dfrac{\mathrm{d}x}{\mathrm{d}t} = 2t + 3 \\ v_y = \dfrac{\mathrm{d}y}{\mathrm{d}t} = 4 - 4t^3 \end{cases} \tag{4}$$

整理并积分：

$$\int_{x_0}^{x} \mathrm{d}x = \int_0^t (2t+3)\mathrm{d}t$$

$$\int_{y_0}^{y} \mathrm{d}y = \int_0^t (4-4t^3)\mathrm{d}t$$

再将式(3)代入可得质点运动方程

$$\begin{cases} x = t^2 + 3t + 2 \\ y = 4t - t^4 + 6 \end{cases}$$

又可写成

$$\boldsymbol{r} = (t^2 + 3t + 2)\boldsymbol{i} + (4t - t^4 + 6)\boldsymbol{j} \ (\text{SI})$$

（2）由式(4)可知，$t=1$ s 时，$v_x(1)=5$ (m/s)，$v_y(1)=0$，又可表示为 $\boldsymbol{v}(1)=5\boldsymbol{i}$，此时质点沿 x 轴运动，其法线方向即为 y 轴方向。则有

$$F_n = F_y = 24 \text{ N}$$

2-3　如图 2-10 所示为未来太空站的设计。它是一个直径为 1.5 km、位于太空中的密闭圆柱壳。如果要在圆柱壳壁内产生重力加速度，圆柱要绕所示的轴 O 转动的转速应为多大？

解：旋转的柱体太空站的向心加速度即为重力加速度

$$a_n = \omega^2 R$$

令 $a_n = g$，得

$$\omega = \sqrt{\frac{g}{R}} = \sqrt{\frac{9.8}{1.5 \times 10^3}} = 0.081(\text{s}^{-1}) = 46.22 \ (\text{r/h})$$

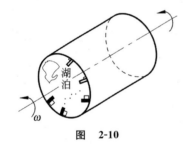

图　2-10

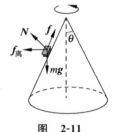

图　2-11

2-4　如图 2-11 所示，在圆锥表面放置一个质量为 m 的小物体，圆锥体以角速度 ω 绕竖直对称轴旋转，从对称轴到物体的垂直距离为 R。为了使物体保持相对于锥面静止，物体与锥面间的静摩擦系数至少为多少？

解：以旋转的锥体为参照系，这是非惯性系，需引入惯性离心力 $f_{离}$，对物体进行受力分析，假设摩擦力沿锥面向上。

列牛顿方程

$$mg = N\sin\theta + f\cos\theta$$

$$f_{离} + N\cos\theta = f\sin\theta$$

$$f \leqslant N\mu$$

$$f_{离} = m\omega^2 R$$

解方程组可得

$$\mu_{\min} = \frac{\omega^2 R\sin\theta + g\cos\theta}{g\sin\theta - \omega^2 R\cos\theta}$$

2-5 直九型直升机的每片旋翼长 L。若按宽度一定、厚度均匀的薄片计算,求旋翼以转速 ω 旋转时,旋翼根部受的拉力为多少。

解:螺旋桨根部的拉力来自叶片各部分共同的惯性离心力的合力。由于各部分的旋转半径不同,所以惯性离心力的大小不相同。如图 2-12 所示,将叶片沿径向分割为若干 dm 质元,每个质元的离心力为 dF,有

$$dF = \omega^2 r\, dm$$

$$dm = \frac{m}{L}dr$$

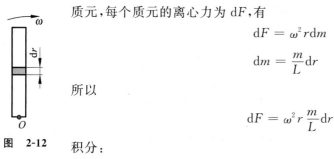

图 **2-12**

所以

$$dF = \omega^2 r\,\frac{m}{L}dr$$

积分:

$$\int_0^F dF = \int_0^L \omega^2 r\,\frac{m}{L}dr$$

解得

$$F = \frac{m\omega^2 L}{2}$$

2-6 一质量 $m = 50\ \text{g}$ 的小球,以速率 $v = 20\ \text{m/s}$ 作匀速圆周运动,在 1/2 周期内向心力的冲量是多大?

解:质点在半个周期的起始点的动量为 p_1,终止点的动量为 p_2,有

$$p_1 = mv$$

$$p_2 = -mv$$

由动量定理得

$$I = p_2 - p_1 = -2mv = -50 \times 10^{-3} \times 20 \times 2 = -2\ (\text{kg}\cdot\text{m/s})$$

负号表示冲量方向与 p_2 的方向相同。

2-7 如图 2-13 所示,质量为 m 的小球在水平面内作半径为 R 的匀速圆周运动,角速度为 ω。试通过小球受到合外力的时间积分计算,小球在经过

(1) 1/4 圆周;

(2) 1/2 圆周;

(3) 3/4 圆周;

(4) 整个圆周。

几个过程中向心力的冲量,以及由动量定理得出这几个过程中的冲量。

解:(1) 因为 $d\boldsymbol{I} = \boldsymbol{F}dt$,$T = \dfrac{2\pi}{\omega}$,得

$$dI_x = F_x dt = -m\omega^2 R\cos\omega t\, dt$$

$$dI_y = F_y dt = -m\omega^2 R\sin\omega t\, dt$$

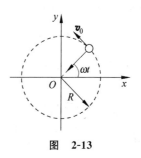

图 **2-13**

①

$$I_x(T/4) = -m\omega^2 R \int_0^{T/4} \cos \omega t \, dt = -m\omega R i$$

$$I_y(T/4) = -m\omega^2 R \int_0^{T/4} \sin \omega t \, dt = -m\omega R j$$

②

$$I_x(T/2) = -m\omega^2 R \int_0^{T/2} \cos \omega t \, dt = 0$$

$$I_y(T/2) = -m\omega^2 R \int_0^{T/2} \sin \omega t \, dt = -2m\omega R j$$

③

$$I_x(3T/4) = -m\omega^2 R \int_0^{3T/4} \cos \omega t \, dt = m\omega R i$$

$$I_y(3T/4) = -m\omega^2 R \int_0^{3T/4} \sin \omega t \, dt = -m\omega R j$$

④

$$I_x(T) = -m\omega^2 R \int_0^{T} \cos \omega t \, dt = 0$$

$$I_y(T) = -m\omega^2 R \int_0^{T} \sin \omega t \, dt = 0$$

（2）用动量定理计算

①

$$I_x(T/4) = \Delta p_x = p_x(T/4) - p_x(0) = -m\omega R i$$

$$I_y(T/4) = \Delta p_y = p_y(T/4) - p_y(0) = -m\omega R j$$

②

$$I_x(T/2) = \Delta p_x = p_x(T/2) - p_x(0) = 0$$

$$I_y(T/2) = \Delta p_y = p_y(T/2) - p_y(0) = -2m\omega R j$$

③

$$I_x(3T/4) = \Delta p_x = p_x(3T/4) - p_x(0) = m\omega R i$$

$$I_y(3T/4) = \Delta p_y = p_y(3T/4) - p_y(0) = -m\omega R j$$

④

$$I_x(T) = \Delta p_x = p_x(T) - p_x(0) = 0$$

$$I_y(T) = \Delta p_y = p_y(T) - p_y(0) = 0$$

2-8　一颗子弹从枪口飞出的速度是 300 m/s，在枪口内子弹所受合力的大小由下式给

出：$F = 400 - \dfrac{4 \times 10^5}{3} t$，其中 F 以 N 为单位，t 以 s 为单位。求：

（1）子弹通过枪筒长度所花费的时间，假定子弹到枪口时所受的力刚好为零；

（2）枪筒内子弹受到的冲量大小；

（3）子弹的质量。

解：由题设 $F = 400 - \dfrac{4 \times 10^5}{3} t$ 求解如下。

（1）$F = 0$ 时解得

$$t = 3 \times 10^{-3} \text{ s}$$

（2）由 $\mathrm{d}\boldsymbol{I} = \boldsymbol{F}\mathrm{d}t$ 得

$$I = \int_0^{3\times10^{-3}} \left(400 - \frac{4\times10^5}{3}t\right)\mathrm{d}t = 0.6\,(\text{N}\cdot\text{s})$$

（3）由动量定理得

$$I = mv - 0 = mv$$

$$m = \frac{I}{v} = \frac{0.6}{300} = 2\times10^{-3}\,(\text{kg})$$

2-9 质点沿 x 轴运动，它受的力沿 x 轴，是坐标 x 的函数：$F=5-2x$（SI）。求质点从 $x_1=0$ 到 $x_2=2.5$ m 的过程中，力 F 所做的功。

解：由 $\mathrm{d}A = F\mathrm{d}x$，$F=5-2x$ 和 $x_1=0, x_2=2.5$ m 得

$$A = \int_{x_1}^{x_2}(5-2x)\mathrm{d}x = (5x-x^2)\Big|_{x_1}^{x_2} = 6.25\,(\text{J})$$

2-10 质点在几个力的作用下沿曲线 $x=t, y=t^2$（SI）运动。其中一个力为 $\boldsymbol{F}=5t\boldsymbol{i}$（SI），求该力在 $t=1$ s 到 $t=2$ s 时间内做的功。

解：由 $x=t, y=t^2$ 和 $\boldsymbol{F}=5t\boldsymbol{i}$ 知：F 的方向沿 x 轴，

$$v_x = \frac{\mathrm{d}x}{\mathrm{d}t} = 1$$

所以

$$\mathrm{d}A = F\mathrm{d}x = F\mathrm{d}t\frac{\mathrm{d}x}{\mathrm{d}t} = Fv_x\mathrm{d}t = F\mathrm{d}t$$

积分得 F 在 1 s 到 2 s 内所做的功为

$$A = \int_1^2 5t\mathrm{d}t = \frac{5}{2}t^2\Big|_1^2 = 7.5\,(\text{J})$$

2-11 质量为 60 kg 的跳伞运动员，以零初速跳离停留在高空的直升机。运动员在不张伞的情况下在大气中下落 400 m 后速度达到收尾速度 $v_\mathrm{f}=50$ m/s，求大气阻力在这段过程中对运动员所做的功。运动员达到收尾速度后，阻力的功率等于多少？（收尾速度即运动员所受重力与阻力大小相等时作匀速直线运动的速度。）

解：由动能定理可得

$$\Delta E_\mathrm{k} = A_G + A_{阻}$$

$$A_G = mgH$$

因此

$$A_{阻} = \Delta E_\mathrm{k} - A_G = \frac{1}{2}mv_\mathrm{f}^2 - mgH$$

$$= 1.602\times10^5\,(\text{J})$$

当人达到终极速度后满足 $F_{阻}=mg$，阻力的功率

$$P_{阻} = F_{阻}\cdot v = -mgv = 2.94\times10^4\,(\text{W})$$

2-12 如图 2-14 所示，弹簧原长为 AB，劲度系数为 k，下端固定在 A 点，上端与一质量为 m 的木球相连，木球总靠在一半径为 a 的半圆柱的光滑表面上。今沿半圆的切向用力 $\boldsymbol{F}$ 拉木球使其极缓慢地移至球冠顶，移过 θ 角。求在这一过程中力 $\boldsymbol{F}$ 做的功。

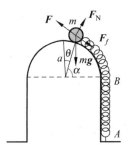

图 2-14

解：在木球缓慢运动过程中认为其动能不变，所以 **F** 做的功应等于重力和弹力总功的负值。由题图可见小球是从球冠半径连线与水平位置夹角 α 处移至球冠的顶部。

重力的功

$$A_G = -mga(1 - \cos\theta)$$

弹力的功

$$A_T = \int \mathrm{d}A_T = -\int_0^s F_f \mathrm{d}s = -\int_{\frac{\pi}{2}-\theta}^{\frac{\pi}{2}} ka^2 \varphi \mathrm{d}\varphi$$

$$= -\frac{1}{2}ka^2\varphi^2 \Big|_{\frac{\pi}{2}-\theta}^{\frac{\pi}{2}} = -\frac{1}{2}ka^2\theta(\pi - \theta)$$

所以 **F** 的功

$$A_F = -(A_G + A_T) = mga(1 - \cos\theta) + \frac{1}{2}ka^2\theta(\pi - \theta)$$

2-13　质量为 50 kg 的箱子沿倾角为 30° 的斜面滑下，初速度为零。箱子的加速度为 2.0 m/s²，斜面长 10 m。求：(1) 箱子到达斜面底部的动能为多大；(2) 克服摩擦做了多少功；(3) 求箱子在下滑过程中受到摩擦力的大小。

解：(1) 因为箱子匀加速下滑，由匀加速运动方程可得箱子滑到底部时的速度

$$v^2 = 2aL$$

所以箱子的动能为

$$E_k = \frac{1}{2}mv^2 = maL = 1000 \text{ J}$$

（2）由动能定理

$$\Delta E_k = mgh + A_f$$

$$A_f = -(mgh - \Delta E_k) = 1000 - mgh = -1450 \text{ J}$$

即克服摩擦力做的功为 1450 J。

（3）由牛顿定律

$$mg\sin\theta - f = ma$$

则

$$f = mg\sin\theta - ma = 145 \text{ (N)}$$

2-14　质点在力的作用下，由位置 r_a 运动到位置 r_b，经过路程为 s，如图 2-15 所示。如果力的函数分别为 $\boldsymbol{F}_1 = k\boldsymbol{e}_r$ 和 $\boldsymbol{F}_2 = k\boldsymbol{e}_v$，其中 k 为常数，$\boldsymbol{e}_r$、$\boldsymbol{e}_v$ 分别是沿矢径和速度 $\boldsymbol{r}$、$\boldsymbol{v}$ 的单位矢量，

（1）分别求两种力 $\boldsymbol{F}_1$、$\boldsymbol{F}_2$ 在该过程中做的功；

（2）说明哪个力是保守力。

解：由题意可知 $\boldsymbol{F}_1$ 的功为

$$\mathrm{d}A_1 = k\boldsymbol{e}_r \cdot \mathrm{d}\boldsymbol{r} = k\mathrm{d}r$$

$$A_1 = k(r_b - r_a)$$

所以 $\boldsymbol{F}_1$ 的功与路径无关，$\boldsymbol{F}_1$ 为保守力。

$\boldsymbol{F}_2$ 的功为

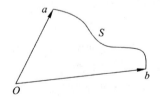

图　2-15

$$dA_2 = k\boldsymbol{e}_v \cdot d\boldsymbol{r} = kds$$

$$A_2 = ks$$

可见 $\boldsymbol{F}_2$ 的功与经历的路径有关,$\boldsymbol{F}_2$ 为非保守力。

2-15　设电子在其半径为 5.3×10^{-11} m 的圆周上绕氢核作匀速率运动。已知电子的基态角动量为 $h/2\pi$,求其角速度。(h 为普朗克常量,$h = 6.63 \times 10^{-34}$ J·s,电子质量为 9.1×10^{-31} kg)

解: $L = mrv$。

因此

$$v = \frac{L}{mr} = \frac{h}{2\pi} \cdot \frac{1}{5.3 \times 10^{-11} \times 9.11 \times 10^{-31}} = 2.1 \times 10^6 (\text{m/s})$$

$$\omega = \frac{v}{r} = \frac{2.1 \times 10^6}{5.3 \times 10^{-11}} = 4.12 \times 10^{16} (\text{s}^{-1})$$

2-16　如图 2-16 所示,一质量为 m 的汽车以速度 v 沿一平直公路开行。求汽车对公路一侧距公路 d 的一点 P_1 的角动量是多大,对公路上任一点的角动量又是多大。

解: 由定义 $\boldsymbol{L} = m\boldsymbol{r} \times \boldsymbol{v}$,得

$$L_1 = mrv\sin\varphi = mvd$$

$$L_2 = 0$$

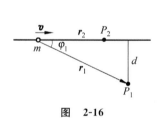

图　2-16

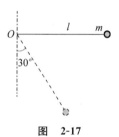

图　2-17

2-17　如图 2-17 所示,长为 l 的轻绳一端固定于点 O,另一端悬一质量为 m 的小球,将绳拉直至水平位置,然后以初速度为零释放小球。试求:(1)当绳摆至与铅直方向成 $30°$ 角时,小球对 O 点的角动量以及角动量的变化率;(2)当绳摆至铅直方位时,小球的角动量和角动量的变化率。

解: 摆球下摆的过程中重力做功改变球的动能。由动能定理得

$$\frac{1}{2}mv^2 = mgl\cos\theta$$

$$v = \sqrt{2gl\cos\theta}$$

$$L = lmv = ml\sqrt{2gl\cos\theta} \tag{1}$$

由角动量定理得

$$\frac{dL}{dt} = M = mgl\sin\theta \tag{2}$$

(1) 将 $\theta = 30°$ 代入式(1)、(2),得

$$L = ml\sqrt{2gl\cos 30°}$$

$$\frac{dL}{dt}=\frac{1}{2}mgl$$

(2) 将 $\theta=0°$代入式(1)、(2),得

$$L=ml\sqrt{2gl}$$

$$\frac{dL}{dt}=0$$

2-18 一质量为 m 的质点沿一条由 $\boldsymbol{r}=a\cos\omega t\boldsymbol{i}+b\sin\omega t\boldsymbol{j}$ 定义的空间曲线运动,其中 a、b 及 ω 均为常数,求此质点所受的对原点的力矩和角动量。

解:由 $\boldsymbol{r}=a\cos\omega t\boldsymbol{i}+b\sin\omega t\boldsymbol{j}$ 可得

$$\boldsymbol{x}=a\cos\omega t\boldsymbol{i},\quad \boldsymbol{y}=b\sin\omega t\boldsymbol{j}$$

由速度的定义得

$$\boldsymbol{v}_x=-a\omega\sin\omega t\boldsymbol{i},\quad \boldsymbol{v}_y=b\omega\cos\omega t\boldsymbol{j}$$

由加速度定义和牛顿第二定律有

$$\boldsymbol{F}_x=m\boldsymbol{a}_x=-ma\omega^2\cos\omega t\boldsymbol{i}$$

$$\boldsymbol{F}_y=m\boldsymbol{a}_y=-mb\omega^2\sin\omega t\boldsymbol{j}$$

则

$$\boldsymbol{M}=\boldsymbol{r}\times\boldsymbol{F}=(a\cos\omega t\boldsymbol{i}+b\sin\omega t\boldsymbol{j})\times(-ma\omega^2\cos\omega t\boldsymbol{i}-mb\omega^2\sin\omega t\boldsymbol{j})=\boldsymbol{0}$$

$$\begin{aligned}\boldsymbol{L}&=\boldsymbol{r}\times m\boldsymbol{v}\\&=m(a\cos\omega t\boldsymbol{i}+b\sin\omega t\boldsymbol{j})\times(-a\omega\sin s\omega t\boldsymbol{i}+b\omega\cos\omega t\boldsymbol{j})\\&=m[\omega ab\cos^2\omega t(\boldsymbol{i}\times\boldsymbol{j})-\omega ab\sin^2\omega t(\boldsymbol{j}\times\boldsymbol{i})]\\&=mab\omega\boldsymbol{k}\end{aligned}$$

四、自 测 题

(一) 选择题

1. 一光滑的内表面半径为 10 cm 的半球形碗,以匀角速度 ω 绕其对称 OC 旋转。已知放在碗内表面上的一个小球 P 相对于碗静止,其位置高于碗底 4 cm,则由此可推知碗旋转的角速度约为(　　)。

A. 10 rad/s　　B. 13 rad/s

C. 17 rad/s　　D. 18 rad/s

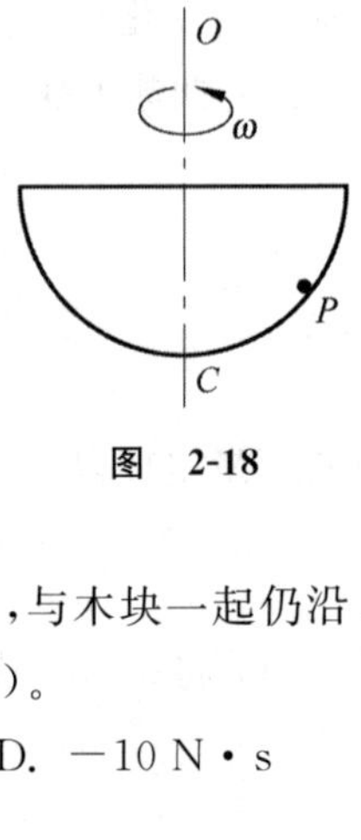

图 2-18

2. 已知水星的半径是地球半径的 0.4 倍,质量为地球的 0.04 倍。设在地球上的重力加速度为 g,则水星表面上的重力加速度为(　　)。

A. 0.1 g　　B. 0.25 g

C. 2.5 g　　D. 4 g

3. 质量为 20 g 的子弹沿 x 轴正向以 500 m/s 的速率射入一木块后,与木块一起仍沿 X 轴正向以 50 m/s 的速率前进,在此过程中木块所受冲量的大小为(　　)。

A. 9 N·s　　B −9 N·s　　C. 10 N·s　　D. −10 N·s

4. 一质量为 M 的斜面原来静止于水平光滑平面上,将一质量为 m 的木块轻轻放于斜面上,如图 2-19 所示。如果此后木块能静止于斜面上,则斜面将(　　)。

图　2-19

  A. 保持静止   B. 向右加速运动

  C. 向右匀速运动 D. 向左加速运动

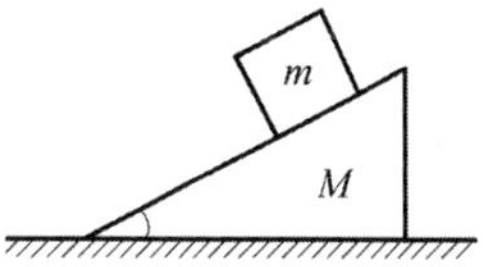

5. 一质点作匀速率圆周运动时,(　　)。

  A. 它的动量不变,对圆心的角动量也不变

  B. 它的动量不变,对圆心的角动量不断改变

  C. 它的动量不断改变,对圆心的角动量不变

  D. 它的动量不断改变,对圆心的角动量也不断改变

6. 一辆汽车从静止出发在平直公路上加速前进。如果发动机的功率一定,下面哪一种说法是正确的?(　　)

  A. 汽车的加速度是不变的

  B. 汽车的加速度随时间减小

  C. 汽车的加速度与它的速度成正比

  D. 汽车的速度与它通过的路程成正比

  E. 汽车的动能与它通过的路程成正比

7. 质量为 $m = 0.5\ \text{kg}$ 的质点,在 Oxy 坐标平面内运动,其运动方程为 $x = 5t$, $y = 0.5t^2 (\text{SI})$,从 $t = 2\ \text{s}$ 到 $t = 4\ \text{s}$ 这段时间内,外力对质点做的功为(　　)。

  A. 1.5 J   B. 3 J   C. 4.5 J   D. −1.5 J

8. 已知两个物体 A 和 B 的质量以及它们的速率都不相同,若物体 A 的动量在数值上比物体 B 的大,则 A 的动能 E_{kA} 与 B 的动能 E_{kB} 之间(　　)。

  A. E_{kB} 一定大于 E_{kA} B. E_{kB} 一定小于 E_{kA}

  C. $E_{kB} = E_{kA}$ D. 不能判定谁大谁小

(二)填空题

1. 如果一个箱子与货车底板之间的静摩擦系数为 μ,当这货车爬一与水平方向成 θ 角的平缓山坡时,要使箱子不在车底板上滑动,车的最大加速度 $a_{max} = $ _____。

2. 如图 2-20 所示,质量 $m = 40\ \text{kg}$ 的箱子放在卡车的车厢底板上,已知箱子与底板之间的静摩擦系数为 $\mu_s = 0.40$,滑动摩擦系数为 $\mu_k = 0.25$,试分别写出在下列情况下,作用在箱子上的摩擦力的大小和方向。

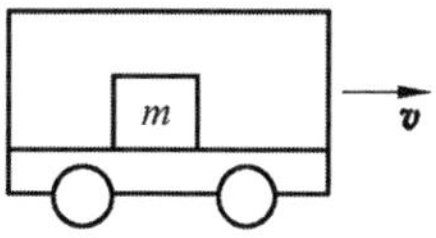

图　2-20

(1) 卡车以 $a = 2\ \text{m/s}^2$ 的加速度行驶,$f = $ _____,方向 _____。

(2) 卡车以 $a = -5\ \text{m/s}^2$ 的加速度急刹车,$f = $ _____,方向 _____。

3. 质量 $m = 10\ \text{kg}$ 的木箱放在地面上,在水平拉力 F 的作用下由静止开始沿直线运动,其拉力随时间的变化关系如图 2-21 所示。若已知木箱与地面间的摩擦系数 $\mu = 0.2$,那么

在 $t=4$ s 时,木箱的速度大小为_____;在 $t=7$ s 时,木箱的速度大小为_____。(g 取 10 m/s^2)

4. 一质量为 m 的物体,原来以速率 v 向北运动,突然受到外力打击,变为向西运动,速率仍为 v,则外力的冲量大小为_____,方向为_____。

5. 在光滑的水平面上,一根长 $L=2$ m 的绳子,一端固定于 O 点,另一端系一质量 $m=0.5$ kg 的物体。开始时,物体位于位置 A,OA 间距离 $d=0.5$ m,绳子处于松弛状态。现在使物体以初速度 $v_A=4$ m/s 垂直于 OA 向右滑动,如图 2-22 所示。设以后的运动中物体到达位置 B,此时物体速度的方向与绳垂直。则此时刻物体对 O 点的角动量的大小 $L_B=$_____,物体速度的大小 $v=$_____。

6. 地球的质量为 m,太阳的质量为 M,地心与日心的距离为 R,引力常量为 G,则地球绕太阳作圆周运动的轨道角动量为 $L=$_____。

7. 已知地球质量为 M,半径为 R。一质量为 m 的火箭从地面上升到距地面高度为 $2R$ 处。在此过程中,地球引力对火箭做的功为_____。

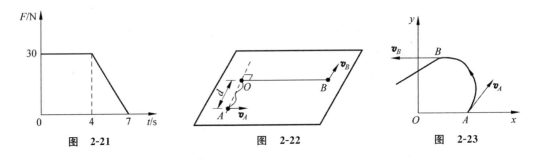

图 2-21   图 2-22   图 2-23

(三) 计算题

1. 一质点的运动轨迹如图 2-23 所示。已知质点的质量为 20 g,在 A、B 二位置处的速率都为 20 m/s,v_A 与 x 轴成 $45°$ 角,v_B 垂直于 y 轴,求质点由 A 点到 B 点这段时间内,作用在质点上外力的总冲量。

2. 一物体按规律 $x=ct^3$ 在流体媒质中作直线运动,式中 c 为常量,t 为时间。设媒质对物体的阻力正比于速度的平方,阻力系数为 k,试求物体由 $x=0$ 运动到 $x=l$ 时,阻力所做的功。

3. 质量 $m=2$ kg 的物体沿 x 轴作直线运动,所受合外力 $F=10+6x^2$(SI)。如果在 $x=0$ 处时速度 $v_0=0$,试求该物体运动到 $x=4$ m 处时速度的大小。

4. 试证明:若质点只受有心力作用,则该质点作平面运动。

附：自测题答案

(一) 选择题

1. B;   2. B;   3. A;   4. A;   5. C;   6. B;   7. B;   8. D

（二）填空题

1. $(\mu\cos\theta-\sin\theta)g$

2. （1）80 N,与车行方向相同； （2）98 N,与车行方向相反

3. 4 m/s,2.5 m/s

4. $\sqrt{2}mv$,指向正西南或南偏西 $45°$

5. 1 kg·m²/s,1 m/s

6. $m\sqrt{GMR}$

7. $GMm\left(\dfrac{1}{3R}-\dfrac{1}{R}\right)$或$-\dfrac{2GMm}{3R}$

（三）计算题

1. $I=0.739$ N·s,方向：$\theta_1=202.5°$

2. $A=\dfrac{-27kc^{\frac{2}{3}}l^{\frac{7}{3}}}{7}$

3. $v=13$ m/s

4. （略）

第三章

质点系的运动定理

一、主要内容

（一）质心 质心运动定理

1. 质心

质点系中一个特殊的几何点 C，它的运动与质点间的相互作用力无关，其运动代表了质点系的整体运动，称 C 为质点系的质心。

如果质点系中质量为 m_1、m_2、$\cdots$、m_i、$\cdots$、m_n 的各个质点分别分布于 r_1、r_2、$\cdots$、r_i、$\cdots$、r_n 等位置处，则质点系质心的位置矢量为

$$r_C = \frac{m_1 r_1 + m_2 r_2 + \cdots + m_n r_n}{m_1 + m_2 + \cdots + m_n} = \frac{\sum m_i r_i}{\sum m_i} \tag{3-1}$$

其中 $m = \sum m_i$ 是质点系的总质量。质心位矢的直角坐标分量式为

$$\begin{cases} x_C = \dfrac{m_1 x_1 + m_2 x_2 + \cdots + m_n x_n}{m_1 + m_2 + \cdots + m_n} = \dfrac{\sum m_i x_i}{m} \\[3mm] y_C = \dfrac{m_1 y_1 + m_2 y_2 + \cdots + m_n y_n}{m_1 + m_2 + \cdots + m_n} = \dfrac{\sum m_i y_i}{m} \\[3mm] z_C = \dfrac{m_1 z_1 + m_2 z_2 + \cdots + m_n z_n}{m_1 + m_2 + \cdots + m_n} = \dfrac{\sum m_i z_i}{m} \end{cases} \tag{3-2}$$

质量连续分布的物体系，其质心位矢的表达式为

$$r_C = \frac{\int r \mathrm{d}m}{\int \mathrm{d}m} = \frac{\int r \mathrm{d}m}{m} \tag{3-3}$$

其中 $\mathrm{d}m$ 是质元的质量，$m = \int \mathrm{d}m$ 是物体的质量。上式的直角坐标分量式为

$$x_C = \frac{\int x \mathrm{d}m}{m}, \quad y_C = \frac{\int y \mathrm{d}m}{m}, \quad z_C = \frac{\int z \mathrm{d}m}{m} \tag{3-4}$$

2. 质心运动定理

（1）质心的速度和加速度
质点系质心的速度为

$$\boldsymbol{v}_C = \frac{\mathrm{d}}{\mathrm{d}t}\boldsymbol{r}_C = \frac{1}{m}\sum_i m_i \frac{\mathrm{d}\boldsymbol{r}_i}{\mathrm{d}t} = \frac{1}{m}\sum_i m_i\boldsymbol{v}_i \tag{3-5}$$

式中 m_i 为质点系中第 i 个质点的质量，m 为质点系的总质量。

质心加速度为

$$\boldsymbol{a}_C = \frac{\mathrm{d}\boldsymbol{v}_C}{\mathrm{d}t} = \frac{1}{m}\sum_i m_i \frac{\mathrm{d}\boldsymbol{v}_i}{\mathrm{d}t} = \frac{\sum_i m_i\boldsymbol{a}_i}{m} \tag{3-6}$$

（2）质心运动定理

$$\sum \boldsymbol{F}_i = m\boldsymbol{a}_C \tag{3-7}$$

其中 $\sum \boldsymbol{F}_i$ 为质点系所受合外力。

（二）质点系的动量定理和动量守恒

1. 质点系的动量

质点系的动量可表示为

$$\boldsymbol{p} = \sum_i m_i\boldsymbol{v}_i = m\boldsymbol{v}_C \tag{3-8}$$

2. 质点系的动量定理 动量守恒

（1）质点系动量定理的微分形式

$$\mathrm{d}\boldsymbol{p} = \mathrm{d}(m\boldsymbol{v}_C) = \left(\sum \boldsymbol{F}_i\right)\mathrm{d}t \tag{3-9}$$

质点系所受合外力 $\sum \boldsymbol{F}_i$ 在 $\mathrm{d}t$ 时间内的元冲量等于质点系总动量的元增量。质点系动量定理的积分形式为

$$\boldsymbol{p} - \boldsymbol{p}_0 = \boldsymbol{I} \tag{3-10}$$

在一段时间内，质点系总动量的增量等于质点系所受外力的总冲量。式中 $\boldsymbol{p}_0 = \sum_i m_i\boldsymbol{v}_{i0}$，$\boldsymbol{p} = \sum_i m_i\boldsymbol{v}_i$ 分别为质点系初、末状态的动量，$\boldsymbol{v}_{i0}$、$\boldsymbol{v}_i$ 分别为第 i 个质点的初、末速度，$\boldsymbol{I}$ 为合外力在 $t \to t'$ 时间内对质点系的总冲量，即

$$\boldsymbol{I} = \int_t^{t'} \left(\sum \boldsymbol{F}_i\right)\mathrm{d}t$$

在直角坐标系中，质点系动量定理的分量表达式为

$$\begin{cases} \sum_i m_i v_{ix} - \sum_i m_i v_{i0x} = \int_t^{t'}\left(\sum_i F_{ix}\right)\mathrm{d}t \\ \sum_i m_i v_{iy} - \sum_i m_i v_{i0y} = \int_t^{t'}\left(\sum_i F_{iy}\right)\mathrm{d}t \\ \sum_i m_i v_{iz} - \sum_i m_i v_{i0z} = \int_t^{t'}\left(\sum_i F_{iz}\right)\mathrm{d}t \end{cases} \tag{3-11}$$

（2）质点系的动量守恒

由质点系的动量定理可知，当合外力为零时，质点系动量守恒，即

$$\sum_i m_i\boldsymbol{v}_i = 恒矢量 \tag{3-12}$$

若质点系在某方向不受外力,或合外力在某一方向上的分量为零,则沿该方向动量守恒,在直角坐标系中有

$$
\begin{cases}
\text{若} \sum_i F_{ix} = 0, & \sum_i m_i v_{ix} = \sum_i m_i v_{iOx} \\
\text{若} \sum_i F_{iy} = 0, & \sum_i m_i v_{iy} = \sum_i m_i v_{iOy} \\
\text{若} \sum_i F_{iz} = 0, & \sum_i m_i v_{iz} = \sum_i m_i v_{iOz}
\end{cases}
\tag{3-13}
$$

3. 变质量问题

忽略外力对火箭的作用,火箭受到的推进力

$$
\boldsymbol{F} = \boldsymbol{u} \frac{\mathrm{d}m}{\mathrm{d}z}
\tag{3-14}
$$

(三) 质点系的动能定理和机械能守恒

1. 质点系的动能 质点系的动能定理

(1) 质点系的动能

质点系的总动能为各个质点的动能之和:

$$
E_{\mathrm{k}} = \sum_i \frac{1}{2} m_i v_i^2
\tag{3-15}
$$

(2) 质点系动能定理

质点系的动能定理表示为

$$
A_{\mathrm{ext}} + A_{\mathrm{int}} = E_{\mathrm{k}B} - E_{\mathrm{k}A}
\tag{3-16}
$$

即系统总动能的增量等于所有外力对质点系所做的功和内力对质点系所做的功之和。其中,所有外力所做的功

$$
A_{\mathrm{ext}} = \sum_i A_{i,\mathrm{ext}} = \sum_i \int_A^B \boldsymbol{F}_i \cdot \mathrm{d}\boldsymbol{r}_i
$$

所有内力所做的功

$$
A_{\mathrm{int}} = \sum_i A_{i,\mathrm{int}} = \sum_i \sum_{j \neq i} \int_A^B \boldsymbol{F}_{ij}^{\mathrm{int}} \cdot \mathrm{d}\boldsymbol{r}_i
$$

质点系总的初动能

$$
E_{\mathrm{k}A} = \sum_i \frac{1}{2} m_i v_{iA}^2
$$

质点系总的末动能

$$
E_{\mathrm{k}B} = \sum_i \frac{1}{2} m_i v_{iB}^2
$$

2. 一对内力的功

$$
\boldsymbol{F}_{21}^{\mathrm{int}} \cdot \mathrm{d}\boldsymbol{r}_2 + \boldsymbol{F}_{12}^{\mathrm{int}} \cdot \mathrm{d}\boldsymbol{r}_1 = \boldsymbol{F}_{21}^{\mathrm{int}} \cdot \mathrm{d}\boldsymbol{r}_{21}
\tag{3-17}
$$

即一对内力的功之和等于其中一个质点所受的力与该质点相对于另一个质点的元位移的标积,与参考系无关,只与两质点的相对位移有关。

3. 保守力的功　势能

（1）保守力的功

万有引力做的功为

$$A_{ab} = -Gm_1m_2 \int_{(L)r_a}^{r_b} \frac{1}{r^2} dr = \left(\frac{-Gm_1m_2}{r_a}\right) - \left(\frac{-Gm_1m_2}{r_b}\right) \tag{3-18}$$

式中 r_a、r_b 分别为系统初、末状态时两个质点之间的相对距离。

重力的功

$$A_{ab} = mgh_a - mgh_b \tag{3-19}$$

式中 h_a、h_b 分别为质点在 a、b 位置处时距离地面的高度。

弹力做的功

$$A_{ab} = \int_a^b F dx = -\int_a^b kx dx = \frac{1}{2}k(x_a^2 - x_b^2) \tag{3-20}$$

式中 x_a、x_b 分别为质点在 a、b 位置处的坐标。

做功与路径无关，具有这种特性的一类内力称为保守力。保守力闭合路径积分为 0。

$$\oint_l \boldsymbol{F}_C \cdot d\boldsymbol{r} = 0 \tag{3-21}$$

（2）势能

保守力做功等于系统势能的减少量（即势能增量的负值）：

$$E_p(a) - E_p(b) = \int_a^b \boldsymbol{F}_C \cdot d\boldsymbol{r} \tag{3-22}$$

势能值是相对的，与势能零点的选择有关，有

$$E_p(a) = \int_a^{参考点} \boldsymbol{F}_C \cdot d\boldsymbol{r} \tag{3-23}$$

4. 机械能守恒

机械能守恒定律

质点系的动能定理为

$$A_{ext} + A_{int, nc} = (E_{kB} + E_{pB}) - (E_{kA} + E_{pA}) \tag{3-24}$$

系统的总动能和势能之和称为系统的机械能，即

$$E = E_k + E_p$$

质点系的功能原理为

$$A_{ext} + A_{int, nc} = E_B - E_A \tag{3-25}$$

式中 E_A、E_B 分别为系统初末状态的机械能。系统所受的外力的功和非保守内力的功之和等于系统机械能的增量。

对于一个孤立系统，$A_{ext} = 0$，若非保守内力做功也为零，即 $A_{int, nc} = 0$，则系统机械能守恒：

$$E_k + E_p = 常数 \tag{3-26}$$

5. 两体碰撞

（1）一维碰撞

碰撞前后的总动量守恒：

$$m_1 \boldsymbol{v}_{10} + m_2 \boldsymbol{v}_{20} = m_1 \boldsymbol{v}_1 + m_2 \boldsymbol{v}_2 \tag{3-27}$$

碰撞前后系统动能的增量为

$$\Delta E_k = \left(\frac{1}{2} m_1 v_1^2 + \frac{1}{2} m_2 v_2^2 \right) - \left(\frac{1}{2} m_1 v_{10}^2 + \frac{1}{2} m_2 v_{20}^2 \right) \tag{3-28}$$

在碰撞过程中，如果机械能损失 $\Delta E_k \neq 0$ 为非弹性碰撞；当两物体碰撞后以相同速度运动，不再分离，此时 ΔE_k 最大，称为完全非弹性碰撞。

在碰撞过程中，如果两物体系统机械能守恒即 $\Delta E_k = 0$ 为完全弹性碰撞，简称弹性碰撞。

碰撞恢复系数定义为两质点分离速度与接近速度之比：

$$e = \left| \frac{\boldsymbol{v}_2 - \boldsymbol{v}_1}{\boldsymbol{v}_{10} - \boldsymbol{v}_{20}} \right| \tag{3-29}$$

其中，$e=1$，为完全弹性碰撞；$e=0$，为完全非弹性碰撞；$0<e<1$，为一般的非弹性碰撞。

（2）二维碰撞

如图 3-1 所示，两质点碰前运动速度方向不共线，或两质点作非对心碰撞，称为二维碰撞。碰撞过程中动量守恒：

$$m_1 \boldsymbol{v}_{10} + m_2 \boldsymbol{v}_{20} = m_1 \boldsymbol{v}_1 + m_2 \boldsymbol{v}_2 \tag{3-30a}$$

动量守恒的分量形式为

$$m_1 v_{10x} + m_2 v_{20x} = m_1 v_{1x} + m_2 v_{2x} \tag{3-30b}$$

$$m_1 v_{10y} + m_2 v_{20y} = m_1 v_{1y} + m_2 v_{2y} \tag{3-30c}$$

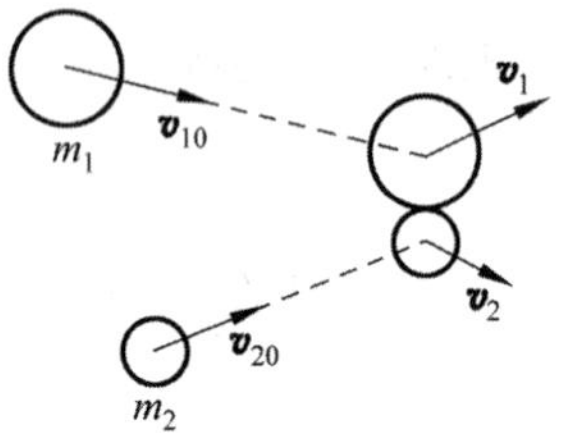

对于完全非弹性碰撞，碰后两质点速度相同，则

$$v_1 = v_2 = (m_1 v_{10} + m_2 v_{20})/(m_1 + m_2) \tag{3-31}$$

图　3-1

对于完全弹性碰撞，碰撞过程中机械能守恒，即

$$\frac{1}{2} m v_{10}^2 + \frac{1}{2} m v_{20}^2 = \frac{1}{2} m v_1^2 + \frac{1}{2} m v_2^2 \tag{3-32}$$

（四）质点系的角动量定理和角动量守恒

1. 质点系的角动量定理

质点系对定点 O 的角动量 $\boldsymbol{L}$ 等于各质点对定点 O 的角动量 $\boldsymbol{L}_i$ 之和：

$$\boldsymbol{L} = \sum_i \boldsymbol{L}_i = \sum_i \boldsymbol{r}_i \times m_i \boldsymbol{v}_i \tag{3-33}$$

质点系角动量定理的微分形式为

$$\mathrm{d}\boldsymbol{L} = \boldsymbol{M} \mathrm{d}t \tag{3-34}$$

$\boldsymbol{M} = \sum_i \boldsymbol{M}_i$ 为质点系所受的对 O 点的总力矩。

总力矩即是外力矩的矢量和，称为合外力矩，表示为

$$\boldsymbol{M} = \sum \boldsymbol{r}_i \times \boldsymbol{F}_i \tag{3-35}$$

质点系角动量定理的积分形式为

$$\boldsymbol{L}_2 - \boldsymbol{L}_1 = \int_{t_1}^{t_2} \boldsymbol{M} \mathrm{d}t \qquad (3-36)$$

式中 $\boldsymbol{L}_1$ 和 $\boldsymbol{L}_2$ 分别为 t_1 和 t_2 时刻质点系对 O 点的角动量。

2. 质点系的角动量守恒

对定点 O,若作用于质点系的合外力矩为零,则质点系对 O 点的角动量守恒:

$$\boldsymbol{M} = \boldsymbol{0}, \quad \boldsymbol{L} = \sum_i \boldsymbol{L}_i = 常矢量 \qquad (3-37)$$

质点系对 z 轴的外力矩代数和为零时,对 z 轴的角动量守恒,即

$$M_z = 0, \quad L_z = \sum_i L_{iz} = 常量 \qquad (3-38)$$

(五) 有心力作用下的运动*

1. 角动量守恒

如图 3-2 所示,质点在有心力作用下,它对力心的角动量守恒,$\boldsymbol{L}=$常矢量,有

$$L = mrv\sin\varphi = 常量 \qquad (3-39)$$

远日点和近日点角动量相同:

$$mr_{远} v_{远} = mr_{近} v_{近} \qquad (3-40)$$

2. 机械能守恒

系统的机械能守恒,有

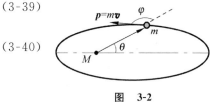

图 3-2

$$\frac{1}{2}mv^2 - G\frac{mM}{r} = 常量 \qquad (3-41)$$

3. 轨迹方程

质点在有心力场中作平面运动。

在行星绕日的椭圆轨道运动中,近日点与远日点的角动量

$$L = mvr = 常量 \qquad (3-42)$$

而机械能守恒定律则为

$$\frac{1}{2}mv^2 + E_p(r) = E = 常量 \qquad (3-43)$$

质点在与距离平方成反比的引力作用下的轨迹方程为

$$\frac{1}{r} = \frac{1}{p}(1 + \varepsilon\cos\theta) \qquad (3-44)$$

这是圆锥曲线方程。式中 p 是个决定图形尺寸的常量,称为半正焦弦;ε 是偏心率。如果 $\varepsilon<1$,曲线轨迹是圆或椭圆;$\varepsilon=1$,轨迹是抛物线;$\varepsilon>1$,轨迹是双曲线。

4. 三种宇宙速度

(1) 第一宇宙速度

人造卫星的速度

$$v_1 = \sqrt{gR_E} = 7.91 \times 10^3 \text{ m/s}$$

这就是第一宇宙速度,或称为环绕速度。该速度也就是在地球表面附近发射人造地球卫星的最低速度。

（2）第二宇宙速度

人造行星的速度

$$v_2 = \sqrt{\frac{2GM}{R_E}} = \sqrt{2gR_E} = \sqrt{2}v_1 = 11.2 \times 10^3 \text{ m/s}$$

它是使从地面发射的物体能脱离地球引力作用范围所必须具有的最小发射速度,称为第二宇宙速度,又称为逃逸速度。

（3）第三宇宙速度(飞出太阳系的速度)

从地面上发射物体,使物体脱离太阳系所需的最小速度叫做第三宇宙速度：

$$v_3 = 16.7 \times 10^3 \text{ m/s}$$

二、解 题 指 导

本章问题涉及的主要方法如下：

1. 本章主要涉及质点系的力学问题,首先根据定义求取在一定坐标系下离散或连续分布的质点系的质心位置。把握质心的运动与系统内力无关,利用质心运动定理,由合外力得到质点系的质心加速度及其运动状况。

2. 考查质点系的整体运动状况时,利用质点系的动量定理和角动量定理知,内力和内力矩的作用不改变系统动量及角动量。内力的功将改变系统的动能,内力的功只与内力和内力作用下系统中质点间的相对位移有关。

3. 考查质点系的各个质点的运动状况时,需隔离物体,分别运用牛顿运动定律,建立运动学方程。注意内力总是成对的,分析各质点间的相对运动关系建立关联方程。

例 3-1 (质点系力学问题)如图 3-3 所示,质量为 M 的长平板以速度 v 在光滑平面上作直线运动,现将一速度为零、质量为 m 的物体放在平板上,设物体与板间的滑动摩擦系数为 μ。求物体在平板上滑行多远才能与板取得共同速度。

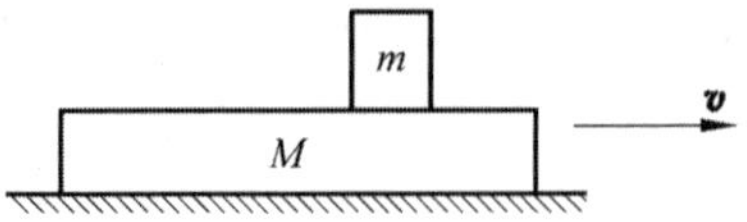

图 3-3

解法一：以物体和平板为系统,摩擦力是系统内力,系统的动量守恒,故两者的共同速度为

$$v' = \frac{Mv}{M+m}$$

物体与平板间的摩擦力

$$f = \mu mg$$

物体的加速度

$$a_1 = \frac{f}{m} = \mu g$$

平板的加速度

$$a_2 = \frac{f}{M} = \frac{\mu m g}{M}$$

从把物体放到平板上到两者得到共同的速度 v' 这一段时间内,物体相对于地面运动的距离

$$s_1 = \frac{v'^2}{2a_1}$$

平板相对于地面运动的距离

$$s_2 = \frac{v^2 - v'^2}{2a_2}$$

物体在平板上运动的距离

$$s = s_2 - s_1 = \frac{v^2 - v'^2}{2a_2} - \frac{v'^2}{2a_1}$$

则

$$s = \frac{Mv^2}{2(M+m)\mu g}$$

　　此种解法通过分析系统的受力状况,从系统的整体再到系统内的各个质点进行分析。首先,运用系统动量守恒定律得到系统的运动速度(两板的共同速度),再隔离物体分别分析二物体的受力和达到共同速度的运动距离,最后由相对运动关系得出物体在板上的运动距离。

　　解法二: 物体相对于平板的加速度

$$\boldsymbol{a} = \boldsymbol{a}_1 + \boldsymbol{a}_2$$

　　物体相对于平板的初速度大小为 v,方向与平板对地运动速度方向相反;物体相对于平板的末速度为零,故物体相对于平板的运动距离为

$$s = \frac{v^2}{2a} = \frac{v^2}{2(a_1 + a_2)}$$

将解法一中的 a_1、a_2 代入,得

$$s = \frac{Mv^2}{2(M+m)\mu g}$$

　　此种解法是从物体平板的相对运动情况,直接运用运动学的结论得到共同运动时(相对运动速度为零)物体对平板的运动距离。

　　解法三: 设物体相对于平板的运动距离为 s,则一对摩擦力做的功为

$$A_f = -fs = -\mu m g s$$

　　由系统的动能定理知,这一对摩擦力做的功应等于物体和平板这个系统的动能增量,即

$$A_f = \frac{1}{2}(M+m)v'^2 - \frac{1}{2}Mv^2$$

于是

$$-\mu m g s = \frac{1}{2}(M+m)v'^2 - \frac{1}{2}Mv^2$$

$$s = -\left[\frac{1}{2}(M+m)v'^2 - \frac{1}{2}Mv^2\right] \Big/ \mu m g$$

将解法一中的 v' 代入得

$$s = \frac{Mv^2}{2(M+m)\mu g}$$

此种解法是从系统一对内力的摩擦力做功等于系统的动能改变量,从摩擦力做功仅与相对位移有关这一结论出发,得出达到共同速度时物体相对平板的运动距离。

例 3-2　（质点系动量守恒、质心运动定理）质量为 M、长为 l 的木船浮在静止的水面上,一质量为 m 的人以不规则速率从船尾走到船头,问船相对岸移动了多少距离? 不计船与水间的摩擦。

解法一：以人和船组成系统,整个系统不受水平外力,故系统水平方向动量守恒。设 $\mathbf{V}$ 和 v 表示船和人任意时刻对岸的速度,有

$$m\mathbf{v} + M\mathbf{V} = \mathbf{0}, \quad \mathbf{V} = -\frac{m}{M}\mathbf{v}$$

负号表示船的速度与人走的速度反向。人从船尾走到船头时,船相对于岸移动的距离

$$S = \int_0^t V \mathrm{d}t = \int_0^t \frac{m}{M}v\mathrm{d}t = \frac{m}{M}s$$

其中人对岸移动的距离

$$s = \int_0^t v\mathrm{d}t$$

人相对于船移动的距离为 L,人相对于船的速度为 $v-V$,则有

$$\int_0^t (v-V)\mathrm{d}t = L$$

$$\int_0^t \left(v + \frac{m}{M}v\right)\mathrm{d}t = L$$

人与船移动的距离和为船的长度：

$$S + s = L$$

所以

$$S = \frac{m}{M+m}L$$

解法一中注意人和船均为相对于岸的运动速度,而人相对于船的运动速度为 $v-V$,相对运动距离始终为 L。

解法二：运用质心运动定理。

如图 3-4 所示,以船和人为系统,在水平方向不受外力,质心加速度为零。由于系统最初静止,其后系统质心保持静止,取 x 沿水平方向,坐标原点任意选取。人在船尾时质心坐标为

$$x_C = \frac{mx_1 + Mx_2}{m + M}$$

当人走到船头时,系统质心的坐标为

$$x_C' = \frac{mx_1' + Mx_2'}{m + M}$$

由于质心的位置不变,即 $x_C = x_C'$,船移动的距离为 $x_2' - x_2 = S$,人对岸移动的距离为 $x_1' - x_1$

$=s$,且有 $S+s=L$,这样有

$$S = \frac{m}{m+M}L$$

解法二中,利用质心运动定理,当系统水平方向外力为零时,系统质心水平加速度为零,当质心初速度为零时,系统质心位置保持不变。

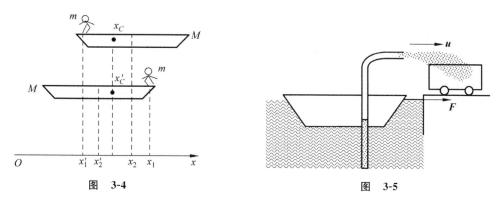

图 3-4

图 3-5

例 3-3 (变质量问题求解)如图 3-5 所示,挖泥船质量为 m,按提取率 μ 从河底吸进泥砂后,以水平速率 u 排出装车,求固定船位的水平力。

解: 问题中,同时有物质加入和排出,但"变质量物体"的质量(船的主体质量)并不变化。

以排砂水平方向为正方向,则

$$u_1 = 0, \quad u_2 = u$$

根据题设,单位时间船体吸入质量即吸砂率为 $\frac{dm_1}{dt} = \mu$,水平相对速度为零;即排砂率 $\frac{dm_2}{dt} = -\mu$,在 Δt 时间内的排砂量为 $\mu\Delta t$,喷砂相对于变质量的砂船主体的水平速度为 u,喷砂的动量为 $\Delta p = \Delta mu = \mu\Delta tu$。

根据动量定理,喷砂使船受到反向推力,其大小等于固定船位的水平力,表示为

$$F = u\frac{dm_1}{dt} = \mu u$$

解题过程中需分清主体质量和变化质量及其带来的动量变化关系,抓住系统在 Δt 时间内的总动量变化等于系统受到的冲量,利用质点系动量定理是解决问题的关键。

例 3-4 (变质量问题求解)如图 3-6 所示,长为 l、线密度为 λ 的柔软绳索,原先两端 A、B 并合在一起,悬挂在支点上。现在让 B 端脱离支点自由下落。求当 B 端下落了 x 时,支点上所受的力。

解: 以整条绳索作为研究系统,它仅受重力 G 和支点的拉力 T 的作用。系统的动量也就是右半部分(落下部分)绳索的动量,右半部分的运动不受左半部分的影响,它的运动是自由落体运动。

当 B 端下落 x 时,右半部分的绳长为 $l' = \frac{l-x}{2}$,速率为 $v = \sqrt{2gx}$,

动量为 $p = \frac{l-x}{2}\lambda\sqrt{2gx}$。

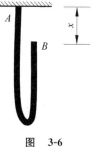

图 3-6

经过 dt 时间后，B 端下落垂直距离为 $x+dx$，系统动量变化率为

$$\frac{dp}{dt} = \left(-\frac{\lambda}{2}\sqrt{2gx} + \frac{l-x}{2}\lambda\frac{g}{\sqrt{2gx}}\right)\frac{dx}{dt}$$

因为 $\frac{dx}{dt} = \sqrt{2gx}$，有

$$\frac{dp}{dt} = -\lambda gx + \frac{l-x}{2}\lambda g$$

由系统的动量定理 $mg - T = \frac{dp}{dt}$，则

$$\lambda lg - T = -\lambda gx + \frac{l-x}{2}\lambda g = \frac{\lambda lg}{2} - \frac{3}{2}\lambda gx$$

因此

$$T = \lambda lg - \frac{\lambda lg}{2} + \frac{3}{2}\lambda xg = \frac{l+x}{2}\lambda g + \lambda xg$$

本题是通过分析系统的动量为右半部分（落下部分）绳索的动量 $p = \frac{l-x}{2}\lambda\sqrt{2gx}$，研究在 dt 时间段系统动量的变化，利用系统动量定理即系统动量变化率为系统所受外力从而使问题得解。

例 3-5　（质点系角动量守恒）两个质量为 m 的小球，用长为 l 的细绳连接起来，放在光滑的水平桌面上。给其中一个小球以垂直绳方向的速度 v_0，如图 3-7 所示。求此系统的运动规律及绳中的张力。

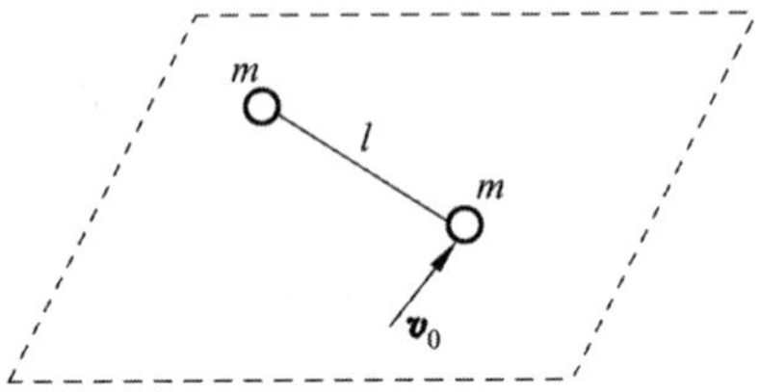

解：对整个系统而言，在水平方向不受外力，系统在水平方向动量守恒。设系统质心的运动速度为 v_C，按质心运动规律有

$$mv_0 = 2mv_C$$

图　3-7

式中 v_C 为质心的速度，由此得 $v_C = \frac{1}{2}v_0$，方向与 v_0 相同，所以系统的质心以 $v_C = \frac{1}{2}v_0$ 的速度作匀速直线运动。

两小球的质心为绳的中点，设 ω 为两个小球相对质心转动的角速度。由于整个系统对质心的外力矩为零，故系统对质心的角动量守恒，即

$$mv_0\frac{l}{2} = m\omega\left(\frac{l}{2}\right)^2 + m\omega\left(\frac{l}{2}\right)^2$$

有

$$\omega = \frac{v_0}{l}$$

即两小球绕质心作匀速圆周运动，同时质心作匀速直线运动。

绳中张力为各小球作圆周运动的向心力，有

$$T = m\omega^2\left(\frac{l}{2}\right) = \frac{1}{2}m\frac{v_0^2}{l}$$

本题是考虑由细绳连接起来的二相同质量小球，在水平面内无外力情况下，系统动量守

恒,系统质心速度为恒矢量,同时二小球绕质心转动时,系统的角动量守恒。

三、习 题 解 答

3-1 三个微粒的质量分别为 $2\,kg$、$4\,kg$ 和 $6\,kg$,且分别位于边长为 $0.5\,m$ 的等边三角形的三个角上。若 $2\,kg$ 的微粒位于原点,$4\,kg$ 的微粒在 x 轴的正方向上,求该体系的质心。

解:如图 3-8 所示,该三质点的质心的 x、y 坐标分别为

$$x_C = \frac{0.5 \times \cos 60° \times 6 + 0.5 \times 4}{2 + 6 + 4} = 0.29$$

$$y_C = \frac{0.5 \times \sin 60° \times 6}{2 + 6 + 4} = \frac{\sqrt{3}}{8}$$

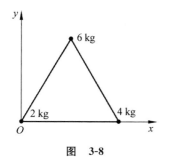

图 3-8

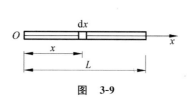

图 3-9

3-2 一端在原点、沿 X 方向放置的细杆,质量线密度为 $\lambda = \lambda_0 + kx$,其中 k 是常数,细杆的总质量为 M,长度为 L。求该杆的质心位置 x_C。

解:杆的质量分布于 x 轴上,质心位置也只在 x 轴上。

如图 3-9 所示,在杆上距原点 x 处取一元段 dx,该元段质量 $dm = \lambda dx = (\lambda_0 + kx)dx$,则该直杆的质心位置为

$$x_C = \frac{\int_0^L x\,dm}{m} = \frac{\int_0^L (\lambda_0 + kx)x\,dx}{\int_0^L (\lambda_0 + kx)\,dx} = \frac{\lambda_0 L + \frac{2}{3}kL^2}{2\lambda_0 + kL}$$

3-3 一匀质薄板,其形状由抛物线 $y = x^2$ 和直线 $y = a$ 围成($a > 0$),求其质心位置。

解:如图 3-10 所示,质量分布在由抛物线和直线所围得区域的薄板上,设质量面密度为 σ。根据质量分布以 y 轴对称,可知质心分布在 y 轴上。薄板上取质量元为任意一条平行于 x 轴的窄条,质量元

$$dm = \sigma 2x\,dy = 2\sigma y^{1/2}\,dy$$

薄板的质量为

$$m = 2\int_0^a \sigma y^{1/2}\,dy = \frac{4}{3}\sigma a^{3/2}$$

$$y_C = \frac{\int_0^a y\,dm}{m} = \frac{\int_0^a 2y\sigma y^{1/2}\,dy}{m} = \frac{3}{5}a$$

$$(x_C = 0)$$

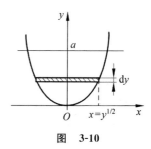

图 3-10

3-4 弹簧发射筒装弹后的总质量为 $m_1 = 0.5 \text{ kg}$，将此发射筒放在高为 1.23 m 的桌边，发射筒水平弹射出质量 $m_2 = 0.1 \text{ kg}$ 的弹丸，弹丸落在地上的水平距离为 2 m。已知发射筒与桌面的摩擦系数为 $\mu = 0.2$，发射弹丸历时 0.1 s，求弹丸被弹出发射筒时发射筒的反冲速度，并求出弹丸被弹出后发射筒的反冲距离。

解：如图 3-11 所示，根据题意有：弹丸落地时间为

$$t_2 = \sqrt{2h/g} = 0.495 \text{ s}$$

弹丸水平飞行距离为

$$v_2 t_2 = 2 \text{ m}$$

弹丸出射水平速度

$$v_2 = 4 \text{ m/s}$$

弹丸出射时，发射筒和弹丸系统动量有

$$-\mu m_1 g \Delta t = m_1 v_1 - m_2 v_2$$

得发射筒的反冲速度

$$v_1 = 0.76 \text{ m/s}$$

$$l = v_1 \Delta t - \frac{1}{2} a \Delta t^2, \quad a = \frac{\mu m_1 g}{m_1}$$

得发射筒的反冲距离 $l = 0.145 \text{ m}$。

图　3-11　　　　　　　　　　　　　　图　3-12

3-5 某一最初静止的原子核，由于放射出一个电子和一个中子而衰变。电子与中子的运动方向相互垂直，动量分别为 $1.2 \times 10^{-23} \text{ kg} \cdot \text{m/s}$ 和 $4.12 \times 10^{-23} \text{ kg} \cdot \text{m/s}$。(1)求反冲核的动量的大小和方向；(2)假设反冲核的质量为 $5.8 \times 10^{-26} \text{ kg}$，试求它的动能。

解：(1) 如图 3-12 所示，由动量守恒，有

$$p_e \sin \theta = p_n \sin \left(\frac{\pi}{2} - \theta \right)$$

$$p = p_e \cos \theta + p_n \cos \left(\frac{\pi}{2} - \theta \right)$$

解得

$$\theta = 74°, \quad p = 4.3 \times 10^{-23} \text{ kg} \cdot \text{m/s}$$

(2) $E = \dfrac{p^2}{2m} = 1.6 \times 10^{-20} \text{ J}$。

3-6 一火箭竖直向上发射，当它达到最高点时炸裂成三个等质量的碎片。观察到其中一块碎片经时间 t_1 垂直地落到地上，而其他两块碎片在炸裂后的 t_2 时刻落到地上，求火箭炸裂时离地面的高度。

解：如图 3-13 所示，由炸裂时动量守恒，有

$$v_1 = v_{2\perp} + v_{3\perp}$$

$$v_{2/\!/} = v_{3/\!/}$$

又第二块碎片与第三块碎片的落地时间相同,根据抛体运动规律,有 $v_{2\perp}=v_{3\perp}$,再由第一块碎片和第二块碎片的落地竖直高度相等,以向上为正,有

$$-v_1t_1-\frac{1}{2}gt_1^2=v_{2\perp}t_2-\frac{1}{2}gt_2^2,\quad v_1=2v_{2\perp}$$

解得

$$v_1=\frac{g(t_2^2-t_1^2)}{2t_1+t_2}$$

再由

$$h=v_1t_1+\frac{1}{2}gt_1^2\quad(以向下为正)$$

得

$$h=\frac{gt_1t_2(2t_2+t_1)}{2(2t_1+t_2)}$$

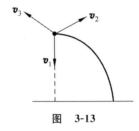

图　3-13

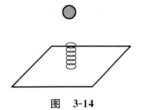

图　3-14

3-7　如图 3-14 所示,质量为 5.0 kg 的静止球,自由下落了 3.0 m 后与一劲度系数为 400 N/m 的轻弹簧相碰,求弹簧被压缩的距离。

解:设弹簧压缩后的小球位置为重力势能零点,弹簧原长时小球位置为弹性势能零点,由小球弹簧系统的机械能守恒:

$$mgh+mgx=\frac{1}{2}kx^2$$

得

$$x=1.0\text{ m}$$

3-8　一个球形行星,在其赤道表面上的自转速率为 v_0,静止物体在赤道上的加速度是其在两极处加速度的一半。问物体从极点逃逸的速度为多大?

解:物体在两极的加速度为 $a_{极}$,赤道上的加速度为 $a_{赤}$,根据题意

$$a_{极}=2a_{赤}$$

$$\frac{Gm_s}{R^2}=2R\omega^2=2\frac{v_0^2}{R}\tag{1}$$

若质量为 m 的物体以速度 v 从极点逃逸,物体的动能要刚好克服引力势能,则

$$\frac{1}{2}mv^2=\frac{Gmm_s}{R}\tag{2}$$

由式(1)、式(2)得到

$$v^2=\frac{2Gm_s}{R}=4v_0^2$$

$$v=2v_0$$

3-9　桌面上堆放一串柔软的长链,今拉住长链的一端竖直向上并以恒定的速度 v_0 上

提,如图 3-15 所示。试证明:当提起的长度为 l 时,所用的向上的力 $F = \rho l g + \rho v_0^2$,其中 ρ 为长链单位长度的质量。

解:以即将提起的质量元 $dm = \rho dl$ 为研究对象,已经提起的绳 $m = l\rho$,有 $mg = \rho l g$,$v_0 = \dfrac{dl}{dt}$。

即将提起的质量元在力 $F_1 = F - mg$ 的作用下,获得 dmv_0 的动量,由动量定理:

$$(F - mg)dt = dmv_0$$

得

$$F = \frac{dm}{dt}v_0 + mg = \rho v_0^2 + \rho l g$$

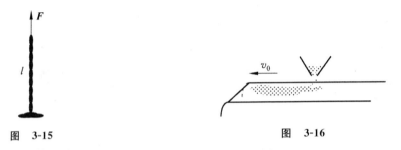

图 3-15   图 3-16

3-10 如图 3-16 所示,矿砂由料槽均匀落在水平运动的传送带上,落砂流量 $q = 50\ \text{kg/s}$。传送带匀速移动,速率为 $v = 1.5\ \text{m/s}$。求电动机拖动皮带的功率,这一功率是否等于单位时间内落砂获得的动能?为什么?

解:以即将落到传动带上的砂子质量元 dm 为研究对象,传动带作用于 dm 的砂子,使其获得水平动量 dmv,由动量定理:

$$Fdt = dmv$$

有

$$F = \frac{dm}{dt}v = qv = 75\ (\text{N})$$

单位时间内落砂获得的动能为

$$\frac{dE}{dt} = \frac{1}{2} \cdot \frac{dm}{dt}v^2 = \frac{1}{2}qv^2$$

电动机拖动传动带的功率为

$$P = Fv = qv^2$$

可见,电动机拖动传动带的功率是落砂单位时间获得动能的 2 倍,另一部分功率用作使落砂获得恒定速度的动量。

3-11 如图 3-17 所示,一高尔夫球从 2.00 m 的高度落到人行道地面上并反弹到 1.50 m 的高处,地面对其冲量为多大?设球与地面接触 7.0 ms,求碰撞过程中高尔夫球的平均加速度及恢复系数。已知球的质量为 45.8 g。

解:小球与地面碰撞,地面速度始终为零。由恢复系数的定义式 $e = \left| \dfrac{v_2 - v_1}{v_{10} - v_{20}} \right|$,以向下为正,$v_{10}$ 为小球落到地面的速度(碰撞前与地面的接近速度),v_1 为小球弹起的速度(碰后与地面的分离速度),如图所示。有

$$e = \left| \frac{0 - v_1}{v_{10} - 0} \right| = \left| \frac{v_1}{v_{10}} \right|$$

由于

$$v_{10} = \sqrt{2gh}, \quad v_1 = -\sqrt{2gh'}$$

故恢复系数为

$$e = \left| \frac{v_1}{v_{10}} \right| = \sqrt{\frac{h'}{h}} = \sqrt{\frac{1.50}{2.00}} = 0.866$$

由动量定理，$mv_1 - mv_{10} = F\Delta t$，地面对小球的冲量（向下为正）

$$F\Delta t = m(v_1 - v_{10}) = \frac{45.8 \times 10^{-3}}{7 \times 10^{-3}}(-\sqrt{2 \times 9.8 \times 1.5} - \sqrt{2 \times 9.8 \times 2.0})$$

$$= -0.535 \, (\text{N} \cdot \text{s})$$

小球的平均加速度为

$$\bar{a} = \frac{v_1 - v_{10}}{\Delta t} = \frac{-\sqrt{2 \times 9.8 \times 1.5} - \sqrt{2 \times 9.8 \times 2.0}}{7 \times 10^{-3}} = -1.67 \times 10^3 \, (\text{m/s}^2)$$

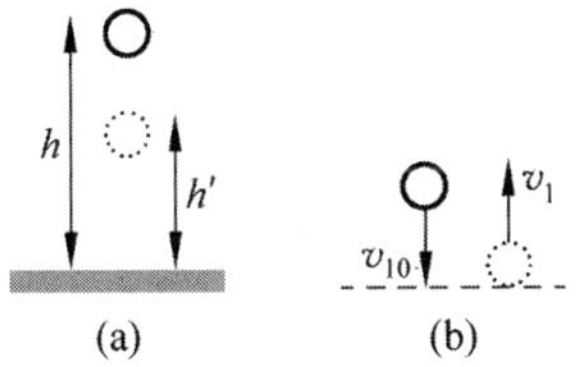

图　3-17 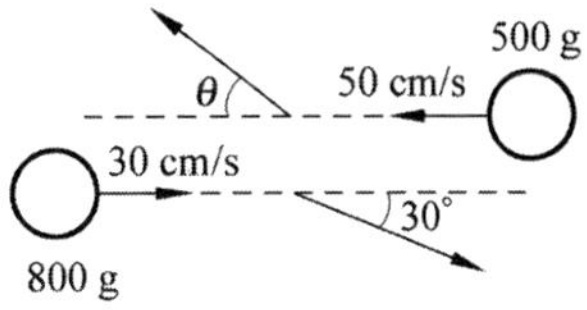　　　　　　　　　　　　　图　3-18

3-12　如图 3-18 所示，两小球质量分别为 500 g 和 800 g，速度分别为 50 cm/s 和 30 cm/s，两球相撞并按图中的方向弹开。（1）如果碰后 800 g 的小球的速率是 15 cm/s，求 500 g 小球的末速度；（2）此碰撞是否为弹性碰撞？

解：（1）如图 3-18 所示，二小球为平面碰撞，小球碰撞过程动量守恒，在 x、y 方向上的方程为

$$800 \times 10^{-3} \times 30 \times 10^{-3} - 500 \times 10^{-3} \times 50 \times 10^{-3}$$

$$= 800 \times 10^{-3} \times \frac{\sqrt{3}}{2} \times 15 \times 10^{-3} - 500 \times 10^{-3} \times v_2' \cos\theta \quad (1)$$

$$800 \times 10^{-3} \times 15 \times 10^{-3} \sin 30° = 500 \times 10^{-3} v_2' \sin\theta \quad (2)$$

解得

$$v_2' = 26 \times 10^{-3} \, \text{m/s} = 26 \, \text{cm/s}, \quad \theta = 28°$$

（2）为非弹性碰撞。

3-13　如图 3-19 所示，一质量为 m_0 的粒子以速率 v_0 运动，碰上一个质量为 $2m_0$ 的静止粒子，碰后质量为 m_0 的粒子运动方向偏转了 $45°$，速率变为 $v_0/2$。求质量为 $2m_0$ 的粒子碰后的速率和运动方向。

解：如图 3-19 所示，二小球为平面碰撞，建立二维动量守恒方程，有

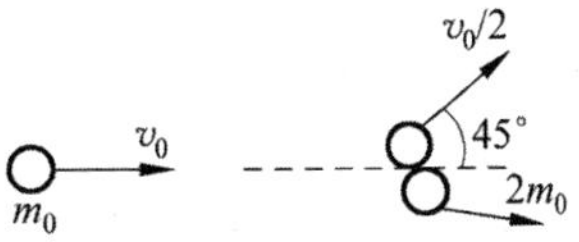

$$m_0 v_0 = m_0 \frac{v_0}{2}\cos 45° + 2m_0 v_B \cos\beta \quad (1)$$

图　3-19

$$m_0 v_0 \sin 45° = 2m_0 v_B \sin\beta \qquad\qquad (2)$$

解得

$$v_B = 0.368 v_0, \qquad |\beta| = 28°41'$$

3-14 在半径为 r 的圆轨道上作匀速率运动的一个质量为 m 的卫星,它对地的角动量是多少?结果用 r、m、G、m_E(地球质量)表示。

解:卫星绕地球作圆轨道运动,万有引力作为向心力,有

$$m\frac{v^2}{r} = \frac{Gm_E m}{r^2}$$

又卫星绕地球运动的角动量为

$$L = rmv = (Gm_E m^2 r)^{1/2}$$

3-15 如图 3-20 所示,某星球质量为 M,半径为 R。在距离此星球中心 $s=10R$ 处有一物体正沿着它与星球中心连线成 30°角的方向运动。此物体的速度必须满足什么条件才能避免撞击星球?

解:如题图所示,假设质量为 m_0 的物体刚好掠过星球,轨道上起始点和地面附近点角动量守恒,有

$$m_0 v R = m_0 v_0 s \sin 30° \qquad\qquad (1)$$

m_0 物体刚好掠过星球的最小起始动能为 $\frac{1}{2}m_0 v_0^2$,轨道上起始点和地面附近点机械能守恒,有

$$\frac{1}{2}m_0 v_0^2 - G\frac{mm_0}{s} = \frac{1}{2}m_0 v^2 - G\frac{mm_0}{R} \qquad\qquad (2)$$

由式(1),有 $v=5v_0$,又由式(2)可得

$$v_0 \geqslant \sqrt{\frac{3Gm}{40R}}$$

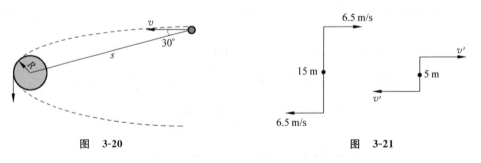

图 3-20　　　　　　　　　　　　　　　　图 3-21

3-16 两个质量各为 50 kg 的滑冰者,以 6.5 m/s 的速率相向滑行,他们滑行路线间的垂直距离为 15 m,设冰面摩擦可略。当他们相距最近时各抓住同一根 15 m 长的不可伸长轻绳的一端,其中一人用力收绳子,直到绳长为 5 m 时:(1)它们各自的速率是多少?(2)求二者之间的绳长从 15 m 变成 5 m 时,系统的总动能增加了多少?(3)两人相距 5 m 时绳中的张力为多少?

解:如图 3-21 所示,由于二人质量相同,二人相对于系统质心运动。二人系统不受外力作用,质心位置始终不变。在轻绳缩短前后,二人运动对质心的角动量守恒:

$$\frac{d}{2}mv_0 + \frac{d}{2}mv_0 = \frac{d'}{2}mv' + \frac{d'}{2}mv'$$

$$v' = \frac{d}{d'}v_0 = 19.5 \ (\text{m/s})$$

收绳前后系统的动能变化

$$\Delta E_k = \frac{1}{2}mv'^2 - \frac{1}{2}mv_0^2 = 16900 \ (\text{J})$$

相距 5 m 时绳的张力

$$F = \frac{mv'^2}{r} = \frac{50 \times 19.5^2}{2.5} = 7605 \ (\text{N})$$

3-17　质量 $m = 0.2$ kg 的小球 A，用弹性绳在光滑水平面上与固定点 O 相连，弹性绳的劲度系数 $k = 8$ N/m，其自由伸展长度为 $l_0 = 0.6$ m。最初小球的位置及速度 v_0 如图 3-22 所示。当小球的速率变为 v 时，它与 O 点的距离最大且等于 0.8 m。求此时小球的速率 v 及初速率 v_0。

解：由小球运动过程中受到绳的拉力始终指向 O，且绳是弹性绳，则运动过程中小球对 O 的角动量守恒，绳和小球系统的机械能守恒。因此有

$$mdv_0\sin 30° = mlv \tag{1}$$

$$d = 0.4 \text{ m}$$

$$\frac{1}{2}mv_0^2 = \frac{1}{2}mv^2 + \frac{1}{2}k(l - l_0)^2 \tag{2}$$

联立式(1)、(2)解得

$$v_0 = \sqrt{\frac{16k(l - l_0)^2}{15m}} = 1.306 \text{ m/s}, \quad v = 0.327 \text{ m/s}$$

3-18　当地球处于远日点时，到太阳的距离为 1.52×10^{11} m，轨道速度为 2.93×10^4 m/s。半年后，地球处于近日点，到太阳的距离为 1.47×10^{11} m。求：

(1) 地球在近日点的轨道速度；

(2) 两种情况下，地球的角速度。

解：有心力作用下的绕日运动，地球远日点和近日点角动量守恒，有

$$r_A m_E v_A = r_B m_E v_B$$

即

$$v_B = \frac{r_A}{r_B}v_A = \frac{1.52 \times 10^{11}}{1.47 \times 10^{11}} \times 2.93 \times 10^4 = 3.03 \times 10^4 \ (\text{m/s})$$

远日点和近日点绕日运动速度正好与径向垂直，角速度分别为

$$\omega_A = \frac{v_A}{r_A} = 1.93 \times 10^{-7} \ (\text{rad/s})$$

$$\omega_B = \frac{v_B}{r_B} = 2.06 \times 10^{-7} \ (\text{rad/s})$$

3-19　角动量为 L、质量为 m 的人造卫星，在半径为 r 的圆轨迹上运行。试求它的动能、势能和总能量。

解：在圆轨道运动的卫星其角动量表示为

$$L = rmv$$

有

$$v = \frac{L}{mr}$$

卫星的动能为

$$E_k = \frac{1}{2}mv^2 = \frac{1}{2}m\left(\frac{L}{mr}\right)^2 = \frac{L^2}{2mr^2}$$

万有引力为向心力

$$\frac{mv^2}{r} = \frac{Gmm_E}{r^2}$$

有

$$\frac{Gm_E}{r} = v^2$$

卫星的势能为

$$E_p = -\frac{Gmm_E}{r} = -\frac{L^2}{mr^2}$$

卫星的总能量

$$E = E_k + E_p = \frac{L^2}{2mr^2} - \frac{L^2}{mr^2} = -\frac{L^2}{2mr^2}$$

讨论题

3-1　由势能曲线求保守力，并分析质点的运动。

在一维的情况中，势能是 x 的函数，即 $E_p = E_p(x)$，而保守力做功等于势能的减少量，于是有

$$Fdx = -dE_p(x)$$

故

$$F = -\frac{dE_p(x)}{dx}$$

上式表明，我们可以通过对势能函数求微商而获得与之对应的保守力，负号意味着保守力总是指向势能减小的方向。试利用上述求微商的方法写出重力势能、万有引力势能和弹性势能所对应的保守力。

如图 3-23 所示为一维势能曲线，试定性分析质点在该保守力场中的运动情况。

提示：

重力

$$-\frac{d}{dh}(mgh) = -mg$$

万有引力

$$-\frac{d}{dr}\left(-Gm_1m_2\frac{1}{r}\right) = -Gm_1m_2\frac{1}{r^2}$$

弹性力

$$-\frac{\mathrm{d}}{\mathrm{d}x}\left(\frac{1}{2}kx^2\right)=-kx$$

在势能曲线上,过任意一点的曲线的斜率的负值表示该点处的保守力。a、b、c这三点处,斜率为零,保守力为零,是平衡位置。其中 b 点是非稳定平衡点,a 和 c 是稳定平衡点。质点在 a 或 c 点附近将受到一个指向平衡点的保守力作用,而在平衡点附近来回振动,实现势能和动能的相互交换。假设质点从 a 处出发,若具有足够的动能,则能够克服势垒 $\Delta E = E(b) - E(a)$,而进入 bc 区域。

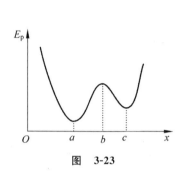

图　3-23

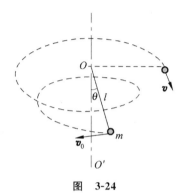

图　3-24

3-2　如图 3-24 所示,一小球用长为 l 的轻绳系于 O 点,将小球移开,使绳与竖直方向成 θ 角,并给小球一个水平初速度 v_0,v_0 的方向垂直于绳所在的铅垂面,使小球盘旋上升。如果在小球运动过程中,绳偏离铅垂面的最大角度等于 $90°$,那么小球的初速度应该给多大?

提示:小球在盘旋上升过程受的绳的拉力对 O 点的力矩为零,作用于小球的重力对 OO' 的矩为零,故小球运动对 OO' 轴的角动量守恒,小球对 O 点的角动量在 OO' 轴的分量守恒。

设小球的质量为 m,在偏离垂线最大角度时的速度大小为 v,由角动量守恒,有

$$mlv_0 \sin\theta = mlv \tag{1}$$

在重力场中,小球受拉力不做功,球的机械能守恒,有

$$\frac{1}{2}mv_0^2 = \frac{1}{2}mv^2 + mgl\cos\theta \tag{2}$$

解式(1)、式(2)得

$$v_0 = \sqrt{\frac{2gl}{\cos\theta}}$$

四、自　测　题

(一)选择题

1. 质量分别为 m_A 和 $m_B(m_A > m_B)$、速度分别为 $\boldsymbol{v}_A$ 和 $\boldsymbol{v}_B(v_A > v_B)$ 的两质点 A 和 B,受到相同的冲量作用,则(　　)。

A. A 的动量增量的绝对值比 B 的小

B. A 的动量增量的绝对值比 B 的大

C. A、B 的动量增量相等

D. A、B 的速度增量相等

2. 如图 3-25 所示,质量为 20 g 的子弹,以 400 m/s 的速率沿图示方向射入一原来静止的质量为 980 g 的摆球中,摆线长度不可伸缩。子弹射入后开始与摆球一起运动的速率为(　　)。

A. 2 m/s   B. 4 m/s   C. 7 m/s   D. 8 m/s

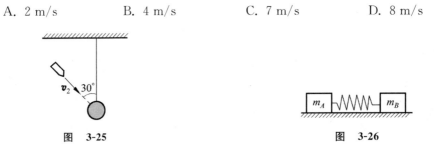

图　3-25   图　3-26

3. A、B 两木块质量分别为 m_A 和 m_B,且 $m_B = 2m_A$,两者用一轻弹簧连接后静止于光滑水平桌面上,如图 3-26 所示。若用外力将两木块压近使弹簧被压缩,然后将外力撤去,则此后两木块运动动能之比 E_{kA}/E_{kB} 为(　　)。

A. $\dfrac{1}{2}$ B. $\sqrt{2}/2$ C. $\sqrt{2}$ D. 2

4. 一质点作匀速率圆周运动时,(　　)。

A. 它的动量不变,对圆心的角动量也不变

B. 它的动量不变,对圆心的角动量不断改变

C. 它的动量不断改变,对圆心的角动量不变

D. 它的动量不断改变,对圆心的角动量也不断改变

5. 人造地球卫星绕地球作椭圆轨道运动,卫星轨道近地点和远地点分别为 A 和 B。用 L 和 E_k 分别表示卫星对地心的角动量及其动能的瞬时值,则应有(　　)。

A. $L_A > L_B$,$E_{kA} > E_{kB}$ B. $L_A = L_B$,$E_{kA} < E_{kB}$

C. $L_A = L_B$,$E_{kA} > E_{kB}$ D. $L_A < L_B$,$E_{kA} < E_{kB}$

6. 质量为 $m = 0.5$ kg 的质点,在 Oxy 坐标平面内运动,其运动方程为 $x = 5t$,$y = 0.5t^2$ (SI),从 $t = 2$ s 到 $t = 4$ s 这段时间内,外力对质点做的功为(　　)。

A. 1.5 J   B. 3 J   C. 4.5 J   D. -1.5 J

7. 质量为 m 的一艘宇宙飞船关闭发动机返回地球时,可认为该飞船只在地球的引力场中运动。已知地球质量为 M,万有引力恒量为 G,则当它从距地球中心 R_1 处下降到距地球中心 R_2 处时,飞船增加的动能应等于(　　)。

A. $\dfrac{GMm}{R_2}$ B. $\dfrac{GMm}{R_2^2}$ C. $GMm\dfrac{R_1 - R_2}{R_1 R_2}$ D. $GMm\dfrac{R_1 - R_2}{R_1^2}$

E. $GMm\dfrac{R_1 - R_2}{R_1^2 R_2^2}$

8. 已知水星的半径是地球半径的 0.4 倍,质量为地球的 0.04 倍。设在地球上的重力

加速度为 g,则水星表面上的重力加速度为( )。

    A. $0.1g$ B. $0.25g$ C. $2.5g$ D. $4g$

9. 两辆小车 A、B,可在光滑平直轨道上运动。第一次实验,B 静止,A 以 $0.5\ \text{m/s}$ 的速率向右与 B 碰撞,其结果 A 以 $0.1\ \text{m/s}$ 的速率弹回,B 以 $0.3\ \text{m/s}$ 的速率向右运动;第二次实验,B 仍静止,A 装上 $1\ \text{kg}$ 的物体后仍以 $0.5\ \text{m/s}$ 的速率与 B 碰撞,结果 A 静止,B 以 $0.5\ \text{m/s}$ 的速率向右运动,如图 3-27 所示。则 A 和 B 的质量分别为( )。

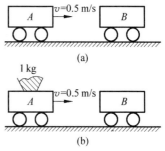

    A. $m_A = 2\ \text{kg}$,$m_B = 1\ \text{kg}$

    B. $m_A = 1\ \text{kg}$,$m_B = 2\ \text{kg}$

    C. $m_A = 3\ \text{kg}$,$m_B = 4\ \text{kg}$

    D. $m_A = 4\ \text{kg}$,$m_B = 3\ \text{kg}$

图 3-27

10. 一人造地球卫星绕地球作椭圆轨道运动,地球在椭圆的一个焦点上,则卫星的( )。

    A. 动量不守恒,动能守恒

    B. 动量守恒,动能不守恒

    C. 对地心的角动量守恒,动能不守恒

    D. 对地心的角动量不守恒,动能守恒

(二)填空题

1. 质量相等的两物体 A 和 B,分别固定在弹簧的两端,竖直放在光滑水平面 C 上,如图 3-28 所示。弹簧的质量与物体 A、B 的质量相比,可以忽略不计。若把支持面 C 迅速移走,则在移开的一瞬间,A 的加速度大小 $a_A = \underline{\hspace{2cm}}$,$B$ 的加速度的大小 $a_B = \underline{\hspace{2cm}}$。

2. 如图 3-29 所示,一物体质量为 M,置于光滑水平地板上。今用一水平力 $\boldsymbol{F}$ 通过一质量为 m 的绳拉动物体前进,则物体的加速度 $a = \underline{\hspace{2cm}}$,绳作用于物体上的力 $T = \underline{\hspace{2cm}}$。

3. 如图 3-30 所示,两块并排的木块 A 和 B,质量分别为 m_1 和 m_2,静止地放置在光滑的水平面上,一子弹水平地穿过两木块。设子弹穿过两木块所用的时间分别为 Δt_1 和 Δt_2,木块对子弹的阻力为恒力 F,则子弹穿出后,木块 A 的速度大小为 $\underline{\hspace{2cm}}$,木块 B 的速度大小为 $\underline{\hspace{2cm}}$。

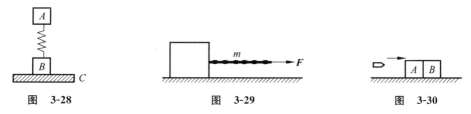

图 3-28   图 3-29   图 3-30

4. 有两艘停在湖上的船,它们之间用一根很轻的绳子连接。设第一艘船和人的总质量为 $250\ \text{kg}$,第二艘船的总质量为 $500\ \text{kg}$,水的阻力不计。现在站在第一艘船上的人用 $F=50$

N 的水平力来拉绳子,则 5 s 后第一艘船的速度大小为_____;第二艘船的速度大小为_____。

5. 设作用在质量为 1 kg 的物体上的力 $F = 6t + 3$(SI)。如果物体在这一力的作用下,由静止开始沿直线运动,在 $0 \sim 2.0$ s 的时间间隔内,这个力作用在物体上的冲量大小 $I =$ _____。

6. 地球的质量为 m,太阳的质量为 M,地心与日心的距离为 R,引力常量为 G,则地球绕太阳作圆周运动的轨道角动量为 $L =$ _____。

7. 将一质量为 m 的小球系于轻绳的一端,绳的另一端穿过光滑水平桌面上的小孔用手拉住。先使小球以角速度 ω_1 在桌面上作半径为 r_1 的圆周运动,然后缓慢将绳下拉,使半径缩小为 r_2,在此过程中小球的动能增量是_____。

8. 质点 P 的质量为 2 kg,位置矢量为 $\boldsymbol{r}$,速度为 $\boldsymbol{v}$,它受到力 $\boldsymbol{F}$ 的作用。这三个矢量均在 Oxy 面内,某时刻它们的方向如图 3-31 所示,且 $r = 3.0$ m,$v = 4.0$ m/s,$F = 2$ N,则此刻该质点对原点 O 的角动量 $\boldsymbol{L} =$ _____;作用在质点上的力对原点的力矩 $\boldsymbol{M} =$ _____。

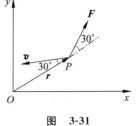

图　3-31

9. 一质量为 m 的质点沿着一条曲线运动,其位置矢量在空间直角坐标系中的表达式为 $\boldsymbol{r} = a\cos\omega t\,\boldsymbol{i} + b\sin\omega t\,\boldsymbol{j}$,其中 a、b 皆为常量,则此质点对原点的角动量 $L =$ _____,此质点所受对原点的力矩 $M =$ _____。

(三) 计算题

1. 如图 3-32 所示,质量 $m = 2.0$ kg 的均匀绳,长 $L = 1.0$ m,两端分别连接重物 A 和 B,$m_A = 8.0$ kg,$m_B = 5.0$ kg。今在 B 端施以大小为 $F = 180$ N 的竖直拉力,使绳和物体向上运动,求距离绳的下端为 x 处绳中的张力 $T(x)$。

2. 如图 3-33 所示,一条质量分布均匀的绳子,质量为 M、长度为 L,一端拴在竖直转轴 OO' 上,并以恒定角速度 ω 在水平面上旋转。设转动过程中绳子始终伸直不打弯,且忽略重力,求距转轴为 r 处绳中的张力 $T(r)$。

图　3-32　　　　　　　　　　　图　3-33

3. 设想有两个自由质点,其质量分别为 m_1 和 m_2,它们之间的相互作用符合万有引力定律。开始时,两质点间的距离为 l,它们都处于静止状态,试求当它们的距离变为 $\dfrac{1}{2}l$ 时,两质点的速度各为多少。

4. 小球 A,自地球的北极点以速度 v_0 在质量为 M、半径为 R 的地球表面水平切向向右飞出,如图 3-34 所示,地心参考系中轴 OO' 与 v_0 平行,小球 A 的运动轨道与轴 OO' 相交于

距 O 为 $3R$ 的 C 点。不考虑空气阻力,求小球 A 在 C 点的速度 v 与 v_0 之间的夹角。

5. 如图 3-35 所示,一辆水平运动的装煤车,以速率 v_0 从煤斗下面通过,每单位时间内有质量为 m_0 的煤卸入煤车。如果煤车的速率保持不变,煤车与钢轨间摩擦忽略不计,试求:

（1）牵引煤车的力的大小;

（2）牵引煤车所需功率的大小;

（3）牵引煤车所提供的能量中有多少转化为煤的动能? 其余部分能量用于何处?

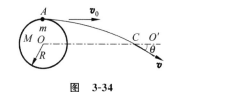
图　3-34

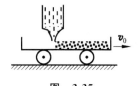
图　3-35

附：自测题答案

（一）选择题

1. C;　　2. B;　　3. D;　　4. C;　　5. C;　　6. B;　　7. C;

8. B;　　9. B;　　10. C

（二）填空题

1. 0，$2g$

2. $F/(M+m)$，$MF/(M+m)$

3. $\dfrac{F\Delta t_1}{m_1+m_2}$，$\dfrac{F\Delta t_1}{m_1+m_2}+\dfrac{F\Delta t_1}{m_2}$

4. $1\ \text{m/s}$，$0.5\ \text{m/s}$

5. $18\ \text{N}\cdot\text{s}$

6. $m\sqrt{GMR}$

7. $\dfrac{1}{2}mr_1^2\omega_1^2\left(\dfrac{r_1^2}{r_2^2}-1\right)$

8. $12k\ \text{kg}\cdot\text{m}^2/\text{s}$，$3k\ \text{N}\cdot\text{m}$

9. $m\omega ab$，0

（三）计算题

1. $a=\dfrac{F-(m+m_A+m_B)g}{m+m_A+m_B}=\dfrac{F}{m+m_A+m_B}-g$

$T(x)=(96+24x)$

2. $T(r) = M\omega^2(L^2 - r^2)/(2L)$

3. $v_1 = m_2\sqrt{\dfrac{2G}{l(m_1 + m_2)}}$，$v_2 = m_1\sqrt{\dfrac{2G}{l(m_1 + m_2)}}$

4. $\sin\theta = \dfrac{v_0}{\sqrt{9v_0^2 - 12GM/R}}$

5. （1）$F = m_0 v_0$；　（2）$P = Fv_0 = m_0 v_0^2$；　（3）有 50% 的能量转变为煤的动能，其余部分用于在拖动煤时不可避免的滑动摩擦损耗。

第四章

刚体的转动

一、主要内容

（一）刚体的运动

1. 刚体中任意两个质点 i、j 之间的距离 $|r_i - r_j|$ 始终保持不变，即刚体在运动和受力时，形状和体积都不会发生变化。

2. 刚体的基本运动形式是平动和转动。刚体平动时，刚体内任何一条直线在运动过程中始终平行，在同样的时间段内刚体中所有质点的位移都是相同的，并且在同一时刻，各质点的速度和加速度也是相同的。刚体转动时，各个质点都绕同一直线作圆周运动，如果转轴相对于某惯性系固定不变，就称刚体在作定轴转动。

3. 刚体的一般运动可以视为质心运动（刚体随质心的平动）和绕质心转动的合成。

（二）刚体的定轴转动的描述

刚体绕定轴转动时，除轴上各点以外，其他各质元都绕轴在作圆周运动，圆心均在轴上，它们作圆周运动的角量，如角位移、角速度和角加速度都相同。

角速度 ω 和角加速度 α 分别为

$$\omega = \frac{\mathrm{d}\theta}{\mathrm{d}t} \tag{4-1}$$

$$\alpha = \frac{\mathrm{d}\omega}{\mathrm{d}t} = \frac{\mathrm{d}^2\theta}{\mathrm{d}t^2} \tag{4-2}$$

质元到转轴的垂直距离为 r，质元的速率、切向加速度和法向加速度分别为

$$v = r\omega \tag{4-3}$$

$$a_t = r\alpha \tag{4-4}$$

$$a_n = r\omega^2 \tag{4-5}$$

（三）刚体定轴转动的角动量　转动惯量

1. 刚体定轴转动的角动量

刚体对 z 轴的角动量 L_z 为

$$L_z = J\omega \tag{4-6}$$

式中，ω 为刚体对定轴的角速度；J 为刚体对定轴的转动惯量，

$$J = \sum_i \Delta m_i r_i^2 \tag{4-7}$$

在国际单位(SI)制中,转动惯量的单位是千克米平方,符号为 $kg \cdot m^2$。

2. 转动惯量的计算

若刚体的质量是连续分布的,转动惯量的计算应采用积分形式:

$$J = \int r^2 \, \mathrm{d}m \tag{4-8}$$

对于不同质量分布的刚体,具体表示如下:

$$质量线分布 \quad J = \int r^2 \lambda \mathrm{d}l$$

$$质量面分布 \quad J = \iint r^2 \sigma \mathrm{d}S$$

$$质量体分布 \quad J = \iiint r^2 \rho \mathrm{d}V$$

式中,λ、σ、ρ 分别表示质量线密度、面密度和体密度。

对于由多个刚体组成的系统,对同一定轴的转动惯量具有可叠加性:

$$J = \sum J_i \tag{4-9}$$

平行轴定理:

$$J = J_C + md^2 \tag{4-10}$$

式中,m 是刚体的质量,d 是转轴到过质心的两平行轴之间的垂直距离,J_C 为刚体对过质心的平行轴的转动惯量。

薄板正交轴定理:薄板质量均匀分布,所在平面为 Oxy 面,设薄板绕 x 轴的转动惯量为 J_x,绕 y 轴的转动惯量为 J_y,绕 z 轴的转动惯量为 J_z,则

$$J_z = J_x + J_y \tag{4-11}$$

称为薄板正交轴定理。

(四) 刚体定轴转动的转动定律

刚体绕定轴转动的转动定律为

$$M_z = J\alpha \tag{4-12}$$

式中,M_z 为作用于刚体的外力矩,J 为刚体对定轴的转动惯量,$\alpha = \dfrac{\mathrm{d}\omega}{\mathrm{d}t}$。

(五) 刚体定轴转动的角动量定理及角动量守恒

刚体对 z 轴的角动量定理:

$$M_z \mathrm{d}t = \mathrm{d}L_z \tag{4-13}$$

积分形式为

$$\int_0^t M_z \mathrm{d}t = J_z \omega - J_z \omega_0 \tag{4-14}$$

式中,ω_0 和 ω 分别为初始时刻和 t 时刻的角速度。

当外力对转轴 z 的力矩和 M_z 为零时,则刚体对定轴转动的角动量守恒定律为

$$L_z = J\omega = 常量 \tag{4-15}$$

(六) 刚体定轴转动中的功能关系

1. 刚体定轴转动的动能

刚体的定轴转动动能为

$$E_k = \frac{1}{2}J\omega^2 \tag{4-16}$$

2. 力矩的功

力矩的功为力矩对刚体的角位移的积分:

$$A = \sum_i A_i = \sum_i \int_{\theta_1}^{\theta_2} M_i \mathrm{d}\theta = \int_{\theta_1}^{\theta_2} \left(\sum_i M_i \right) \mathrm{d}\theta = \int_{\theta_1}^{\theta_2} M \mathrm{d}\theta \tag{4-17}$$

式中, $M = \sum_i M_i$ 为刚体受到的对 z 轴的总力矩。

3. 定轴转动的动能定理

刚体绕定轴转动的动能定理:

$$A = \int_{\theta_1}^{\theta_2} M \mathrm{d}\theta = \int_{\omega_1}^{\omega_2} J\omega \mathrm{d}\omega = \frac{1}{2}J\omega_2^2 - \frac{1}{2}J\omega_1^2 \tag{4-18}$$

(七) 刚体定轴转动的势能和机械能守恒

刚体质心的高度为

$$h_C = \frac{\sum_i \Delta m_i h_i}{m} \tag{4-19}$$

重力势能可写为

$$E_p = mgh_C \tag{4-20}$$

若运动过程中只有保守内力做功,系统的机械能仍然守恒。

(八) 进动*

当刚体绕对称轴高速旋转时,其对称轴会在外力矩的作用下绕铅直轴 Oz 旋转,刚体的这种运动叫做进动。陀螺的进动如图 4-1 所示。

陀螺进动的角速度为

$$\omega_p = \frac{\mathrm{d}\theta}{\mathrm{d}t} = \frac{M_G}{J\omega \sin\varphi} \tag{4-21}$$

令 $\varphi = 90°$,自转轴与 Oz 轴垂直。

(九) 刚体的平面平行运动*

刚体的平面运动可以看作刚体随质心的平动和刚体

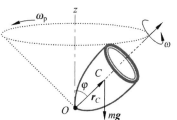

图 4-1

绕通过质心并垂直于运动平面的轴的转动。设质心在 Oxy 平面内运动,质心运动定理为

$$\sum F_x = ma_{Cx}, \qquad \sum F_y = ma_{Cy} \tag{4-22}$$

式中,m 是刚体的质量,$\sum F_x$ 与 $\sum F_y$ 是刚体所受的合外力在 x 轴和 y 轴方向的分量,a_{Cx} 与 a_{Cy} 是质心的加速度沿 x 轴和 y 轴方向的分量。刚体绕通过质心并垂直于运动平面的轴的转动的转动定律为

$$M_C = J_C \alpha \tag{4-23}$$

式中,M_C、J_C 和 α 分别是刚体所受到的对过质心轴的总力矩、转动惯量和角加速度。

如图 4-2 所示,圆盘上各点的速度也就等于平动速度圆盘上 P 点的速度为

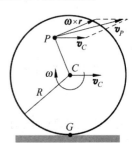

$$\boldsymbol{v} = \boldsymbol{v}_C + \boldsymbol{\omega} \times \boldsymbol{r} \tag{4-24}$$

圆盘边缘点的速度为

$$\boldsymbol{v} = \boldsymbol{v}_C + \boldsymbol{\omega} \times \boldsymbol{R} \tag{4-25}$$

G 点相对于支撑面的速度为

$$v_G = v_C - \omega R \tag{4-26}$$

图 4-2

一般情形下,刚体圆盘既滚且滑,圆盘上 G 点与支撑面的相对速度不为零,$v_G \neq 0$,故 $v_C \neq \omega R$;如果圆盘与支撑面之间没有相对滑动,圆盘作纯滚动,G 点与支撑面的相对速度为零,即 $v_G = 0$,则质心速率等于绕质心转动的角速度与圆盘半径的乘积:

$$v_C = \omega R \tag{4-27}$$

角加速度应满足关系

$$\alpha_C = R\beta \tag{4-28}$$

滚动圆盘的动能可简单地表示为转动动能与平动动能之和。利用教材中式(4.9-3),圆盘的动能

$$E_k = \frac{1}{2}mv_C^2 + \frac{1}{2}\sum \Delta m_i (\boldsymbol{r}_i \times \boldsymbol{\omega})^2 = \frac{1}{2}mv_C^2 + \frac{1}{2}J_C\omega^2 \tag{4-29}$$

二、解 题 指 导

本章问题涉及的主要方法如下。

1. 利用刚体定轴转动定律解决刚体运动问题,直接利用刚体所受力矩 $\boldsymbol{M}$ 与角加速度 $\boldsymbol{\alpha}$ 的瞬时关系。

2. 刚体绕定轴转动的角动量定理及角动量守恒定律,是刚体定轴转动的两个状态对应的角动量($L = J\omega$)之间的关系。可根据外力矩和初状态角动量得到末状态的角动量 L 或角速度 ω。

3. 刚体绕定轴转动的机械能守恒定律,是刚体定轴转动的两个状态对应的机械能 $\left(E = \frac{1}{2}J\omega^2 + mgh_C\right)$ 之间的关系。可根据初始能量状态,确定末状态的角速度 ω。

4. 由刚体定轴转动的角速度和角加速度可以确定刚体质心的加速度($a_t = r\alpha$,

$a_n = r\omega^2$）。

5．求刚体受到的作用力，可根据刚体的质心运动定理，由质心运动定理，得到刚体的动力学方程，从而得到刚体受外力的关系。

例 4-1 （刚体定轴转动定律）不可伸长的细绳缠绕定滑轮边缘，相对轮不滑动。滑轮质量为 m，半径为 R。求：当绳的下端悬挂质量为 m 的重物，或以力 F 拉动时，滑轮的角加速度以及细绳的线加速度。

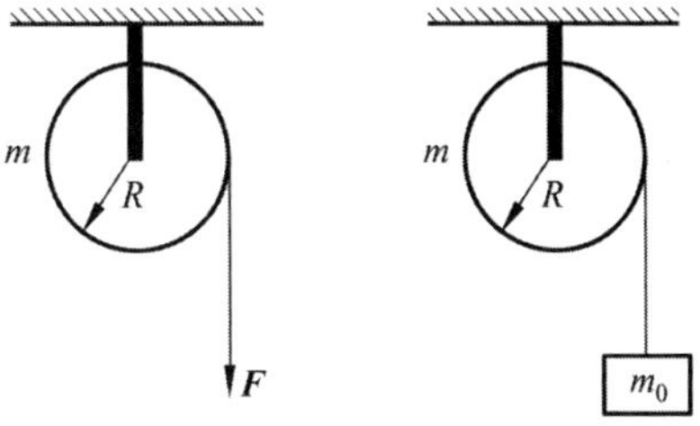

解：如图 4-3 所示。（1）当绳的下端以力 F 拉动时，轮受到的力矩为

$$M = RF$$

轮圆盘对轴的转动惯量

$$J = \frac{1}{2}mR^2$$

图 4-3

根据转动定律

$$M = J\alpha$$

$$\alpha = \frac{M}{J} = \frac{FR}{\frac{1}{2}mR^2} = \frac{2F}{mR}$$

绳的线加速度

$$a = R\alpha = \frac{2F}{m}$$

（2）当绳的下端悬挂质量为 m 的重物时，有

$$M = TR = \frac{1}{2}mR^2\alpha$$

$$m_0 g - T = m_0 a = m_0 R\alpha$$

$$\alpha = \frac{m_0}{\left(m_0 + \frac{1}{2}m\right)R}g$$

$$a = R\alpha = \frac{m_0}{m_0 + \frac{1}{2}m}g$$

当绳的下端悬挂重物时，重物本身具有与绳相同的加速度，绳对轮的拉力除了重物重力外，还要加上重物加速对绳的拉力。

例 4-2 （刚体的角动量定理）用力推开房门，门以角速度 ω_0 转动。门与制动器的碰撞会震松门的铰叶。然而，只要制动器的位置安装得当，可以将对铰叶的冲击力减至最小。如图 4-4 所示，设房门可看成高 h、宽 b 的均匀矩形薄板，求制动器的合理安装位置。

解：如图 4-5 所示，设制动器离转轴（铰叶处）的距离为 l_0，房门的质心 C 到转轴的距离 $l_c = \frac{1}{2}\omega$，房门对转轴的转动惯量 $J = \frac{1}{3}mb^2$，把碰撞制动器的作用力记为 F，铰叶对门的作用力的两个分力记为 F_1 和 F_2。由角动量定理可确定 F 的冲量矩：

$$-\int_0^\tau Fl_0 \, \mathrm{d}t = 0 - J\omega_0$$

由质心运动定理可得

$$\int_0^\tau (F_1 - F)\mathrm{d}t = 0 - m\omega_0 l_C$$

令 $F_1 = 0$，可解得

$$l_0 = \frac{2}{3}b$$

由此，制动器安装在距铰叶的距离等于房门宽度的 2/3 处，铰叶受到的冲击力最小。

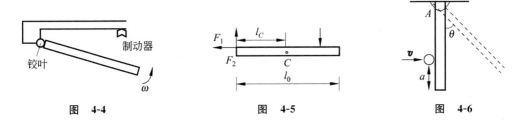

图　4-4　　　　　　　　　图　4-5　　　　　　　　　图　4-6

例 4-3　（角动量守恒、机械能守恒）如图 4-6 所示，质量为 M、长为 l 的均匀细杆，可绕 A 端的水平轴自由转动。当杆自由下垂时，有一质量为 m 的小球，在离杆下端的距离为 a 处垂直击中细杆，并于碰撞后自由下落，而细杆在碰撞后的最大偏角为 θ，试求小球击中细杆前的速度。

解：球与杆碰撞瞬间，系统所受的外力矩为零，系统碰撞前后角动量守恒，则

$$mv(l-a) = J\omega$$

杆摆动过程机械能守恒，有

$$\frac{1}{2}J\omega^2 = Mg\,\frac{l}{2}(1-\cos\theta), \quad J = \frac{1}{3}Ml^2$$

解得小球碰前速率为

$$v = \frac{Ml}{m(l-a)}\sqrt{\frac{2gl}{3}}\sin\frac{\theta}{2}$$

例 4-4　（摩擦力矩做功）粗糙的水平面上，水平放置一个质量为 m 的圆盘，如图 4-7 所示。设圆盘厚度为 δ，半径为 R，圆盘与平面之间的摩擦系数为 μ。当圆盘旋转一周时，摩擦力矩做的功为多少？

解：如图 4-8 所示，将圆盘划分为若干宽度为 $\mathrm{d}r$ 的圆环带，圆环带的质量为 $\mathrm{d}m$。圆盘总摩擦力矩的功是各环带摩擦力矩功的总和。

环带的面积为

$$\mathrm{d}S = 2\pi r\mathrm{d}r$$

环带的质量为

$$\mathrm{d}m = \left(\frac{m}{\pi R^2 \delta}\right)\mathrm{d}S\delta = \frac{2mr\,\mathrm{d}r}{R^2}$$

环带受到的摩擦力均沿环带切向，与转动方向相反。

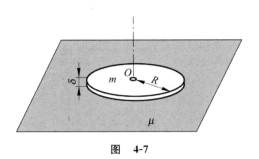

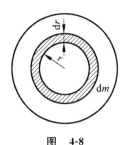

图　4-7　　　　　　　　　　　　　　　　　　图　4-8

环带受到的摩擦力矩为

$$dM_f = r\mu\, dmg = \frac{2\mu g m r^2}{R^2}\, dr$$

环带转过 $d\theta$ 角度受到摩擦力矩做的功为

$$dA = (dM_f)d\theta = \frac{2\mu g m r^2}{R^2}\, dr\, d\theta$$

圆盘转过 2π 角度后摩擦力矩做的总功为

$$A = \iint dA = \int_0^R \frac{2\mu g m r^2}{R^2}\, dr \int_0^{2\pi} d\theta = \frac{4}{3}\mu m g \pi R$$

或求出圆盘的总摩擦力矩：

$$M_f = \int_0^R \frac{2\mu g m r^2}{R^2}\, dr = \frac{2}{3}\mu g m R$$

则圆盘转过 2π 角度后摩擦力矩做的总功为

$$A = \int_0^{2\pi} M_f\, d\theta = \int_0^{2\pi} \frac{2}{3}\mu g m R\, d\theta = \frac{4}{3}\mu g m \pi R$$

例 4-5　（机械能守恒　质心运动定理）如图 4-9 所示,长为 l、质量为 m 的均匀直杆,初始时水平静止。已知光滑水平轴离杆的一端 $\overline{AO} = \dfrac{l}{4}$。求：杆下摆 θ 角时,杆的角速度 ω 以及轴对杆的作用力。

解：由于轴光滑,下摆过程只有重力做功,杆的机械能守恒。

已知初始状态杆水平静止,假设重力势能为零：

$$E_{k0} = 0,\quad E_{p0} = 0$$

当转下 θ 角时,杆的角速度为 ω：

$$E_k = \frac{1}{2}J\omega^2,\quad E_{p0} = -mg\,\frac{l}{4}\sin\theta$$

则

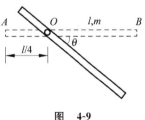

图　4-9

$$\frac{1}{2}J\omega^2 - mg\,\frac{l}{4}\sin\theta = 0 \tag{1}$$

由刚体定轴转动的平行轴定理：

$$J = J_c + m\left(\frac{l}{4}\right)^2 = \frac{1}{12}ml^2 + m\left(\frac{l}{4}\right)^2 = \frac{7}{48}ml^2 \tag{2}$$

解式(1)、式(2)得

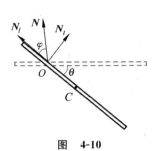

图 4-10

$$\omega = 2\sqrt{6g\sin\theta/7l}$$

对杆应用质心运动定理有

$$N + mg = ma_C$$

该式分解到沿杆和垂直于杆的方向,如图 4-10 所示,则有

$$-mg\sin\theta + N_l = ma_{Cl} \tag{3}$$

$$mg\cos\theta + N_t = ma_{Ct} \tag{4}$$

式中,a_{Cl} 为质心的法向加速度,有

$$a_{Cl} = \frac{l}{4}\omega^2 = \frac{6}{7}g\sin\theta \tag{5}$$

a_{Ct} 为质心的切向加速度,利用定轴转动定律有

$$a_{Ct} = \frac{l}{4}\alpha = \frac{l}{4}\left(\frac{\frac{l}{4}mg\cos\theta}{J}\right) = \frac{3}{7}g\cos\theta \tag{6}$$

联立解式(3)~式(6),得

$$N_l = \frac{13}{7}mg\sin\theta, \quad N_t = -\frac{4}{7}mg\cos\theta$$

$$N = \frac{mg}{7}\sqrt{153\sin^2\theta + 16}$$

$$\varphi = \arctan\frac{N_t}{N_l} = \arctan\left(\frac{4}{13}\cot\theta\right)$$

*例 4-6　(刚体进动)石碾子的碾砣是一个质量为 m、半径为 r、厚度为 l 的均质圆盘,它的边缘沿水平碾盘作纯滚动。碾砣的水平轴则以匀角速度 Ω 绕竖直轴转动,其轨道半径为 R。设 $l \ll R$,试求碾砣对碾盘的压力为多少。

解:碾砣质心绕垂直轴运动的线速度

$$v = \Omega R$$

因碾砣作纯滚动,则碾砣的自转角速度

$$\omega = \frac{v}{r} = \frac{\Omega R}{r}$$

那么碾砣的自转角动量为

$$L_s = J\omega = \frac{1}{2}mr^2\frac{\Omega R}{r} = \frac{1}{2}mr\Omega R$$

因碾砣绕竖直轴转动,自转角动量的增量

$$dL_s = L_s d\varphi$$

则

$$\frac{dL_s}{dt} = L_s\frac{d\varphi}{dt} = L_s\Omega$$

对竖直轴来说,作用在碾砣上的外力矩为

$$M = (N - mg)R$$

由转动定律

$$M = (N - mg)R = \frac{dL_s}{dt} = L_s\Omega = \frac{1}{2}mrR\Omega^2$$

解得碾盘对碾砣的作用力

$$N = \frac{1}{2}mr\Omega^2 + mg$$

碾砣对碾盘的正压力为 N,由此可见,压力大于碾砣的重力。

三、习 题 解 答

4-1 电动机的电枢半径为 10 cm,以 1800 r/min 的角速度转动,切断电源后,电枢经 20 s 停下。试求:

(1) 切断电源后电枢转了多少圈;

(2) 切断电源 10 s 时,电枢的角速度和电枢周边的线速度;

(3) 切断电源 10 s 时,电枢周边的切向加速度和法向加速度。

解:(1) 由 $\omega - \omega_0 = \beta t, \omega = 0$,有

$$\beta = \frac{-\omega_0}{t} = -3\pi \ (1/s^2)$$

又由 $\omega^2 - \omega_0^2 = 2\beta\theta$,有

$$\theta = \frac{-\omega_0^2}{2\beta} = 600\pi, \quad \frac{600\pi}{2\pi} = 300, \quad 即电枢转了 300 圈$$

(2) 由 $\omega - \omega_0 = \beta t, r = 0.1 \text{m}, \beta = 3\pi \ (1/s^2)$,有

$$\omega_0 = 30\pi \ (1/s), \quad v_0 = r\omega_0 = 3\pi \ (\text{m/s})$$

(3) 由(2)的结果,有

$$a_n = r\omega^2 = 0.1 \times (30\pi)^2 = 90\pi^2 \ (\text{m/s}^2)$$

$$a_t = r\beta = 0.1 \times (-3\pi) = -0.3\pi \ (\text{m/s}^2)$$

4-2 两个固连的质量分别为 m_1 和 m_2 的同轴铁环,半径分别为 a_1 和 a_2,如图 4-11 所示,轴过圆心并垂直于环面。求系统对该轴的转动惯量。

解: 两固连同轴铁环构成组合刚体,对轴的转动惯量为二铁环对轴转动惯量之和,即

$$J = J_1 + J_2 = m_1 a_1^2 + m_2 a_2^2$$

4-3 一个氮分子可以认为由两个相距为 1.3×10^{-10} m 的质点(每个质点质量 $m = 14 \times 1.67 \times 10^{-27}$ kg)构成。在空气中室温下该分子的平均转动动能大约为 4×10^{-21} J。求该分子关于其质心的转动惯量和转速(r/s)。

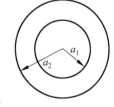

图 4-11

解: 已知 $\Delta r = 1.3 \times 10^{-10}$ m, $m_1 = m_2 = 14 \times 1.67 \times 10^{-27}$ kg, $E_k = \frac{1}{2}J\omega^2 = 4 \times 10^{-21}$ J,则

$$J = 2m_1 \left(\frac{\Delta r}{2}\right)^2 = 1.98 \times 10^{-46} \ (\text{kg} \cdot \text{m}^2)$$

$$\omega = \sqrt{\frac{2E}{J}} = \sqrt{\frac{2 \times 4 \times 10^{-21}}{1.98 \times 10^{-46}}} = 6.35 \times 10^{12} \ (1/s) \approx 1 \times 10^{12} \ (\text{r/s})$$

4-4 有一块长方形匀质薄板,长为 a,宽为 b,质量为 m,试分别求这个长方形薄板绕其

(1)长边,(2)宽边,(3)过中心垂直于板面的轴的转动惯量。

解:假设质量面密度为 σ。

(1) 求对长边(x 轴)的转动惯量如图 4-12 所示,取薄板上平行于 x 轴,距 x 轴 y,宽度为 $\mathrm{d}y$ 的窄条为质量元 $\mathrm{d}m$,窄条对 x 轴(长边)的转动惯量为

$$\mathrm{d}J_x = y^2 \mathrm{d}m = y^2 \sigma a \mathrm{d}y$$

整个薄板对 x 轴的转动惯量为

$$J_x = \int_0^b \sigma a y^2 \mathrm{d}y = \frac{1}{3}\sigma a b^3 = \frac{1}{3}mb^2$$

(2) 对短边(y 轴)的转动惯量

如图 4-13 所示,取薄板上平行于 y 轴、距 y 轴 x、宽度为 $\mathrm{d}y$ 的窄条为质量元 $\mathrm{d}m$,窄条对 y 轴(短边)的转动惯量为

$$\mathrm{d}J_y = x^2 \mathrm{d}m = x^2 \sigma b \mathrm{d}x$$

$$J_y = \int_0^b \sigma b x^2 \mathrm{d}x = \frac{1}{3}\sigma b a^3 = \frac{1}{3}ma^2$$

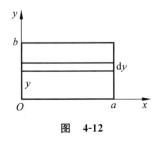

图 4-12

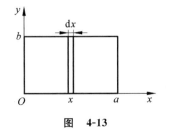

图 4-13

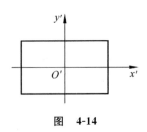

图 4-14

(3) 以薄板中心为原点,建立坐标如图 4-14 所示,求薄板对 x' 轴的转动惯量:

$$J_x = J_{x'} + m\left(\frac{b}{2}\right)^2$$

则

$$J_{x'} = J_x - m\left(\frac{b}{2}\right)^2 = \frac{1}{12}mb^2$$

薄板对 y' 轴的转动惯量:

$$J_y = J_{y'} + m\left(\frac{a}{2}\right)^2$$

则

$$J_{y'} = J_y - m\left(\frac{a}{2}\right)^2 = \frac{1}{12}ma^2$$

根据薄板的垂直轴定理,有

$$J_{O'} = J_{x'} + J_{y'} = \frac{1}{12}m(a^2 + b^2)$$

4-5 如图 4-15 所示,一质量为 m 的均匀细杆长为 l,且一端固定,使其能在竖直平面内转动。支点处摩擦力不计。将该杆从支点上方几乎竖直处释放,求当杆与竖直方向成 θ 角时的角加速度。

解:当杆与竖直方向夹角为 θ 时,刚体受到重力矩为 $M = mg\dfrac{l}{2}\sin\theta$ 作用,由刚体定轴

转动的转动定律 $M = J\beta$,有

$$mg\,\frac{l}{2}\sin\theta = \frac{1}{3}ml^2\beta$$

得

$$\beta = \frac{3}{2}\cdot\frac{g}{l}\sin\theta$$

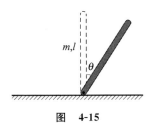

图 4-15

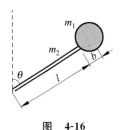

图 4-16

4-6 如图 4-16 所示,长为 l、质量为 m_2 的均匀细杆一端固定,另一端连有质量为 m_1、半径为 b 的均匀圆盘。求该系统从图中位置释放时的角加速度。

解:系统在图中位置时受到的力矩为

$$M = m_2 g\,\frac{l}{2}\sin\theta + m_1 g(l+b)\sin\theta$$

系统对固定点的转动惯量为

$$J = \frac{1}{3}m_2 l^2 + \left[\frac{1}{2}m_1 b^2 + m_1(l+b)^2\right]$$

有刚体定轴转动定律

$$\beta = \frac{M}{J} = \frac{\left[m_2 g\,\frac{l}{2} + m_1 g(l+b)\right]\sin\theta}{\frac{1}{3}m_2 l^2 + \left[\frac{1}{2}m_1 b^2 + m_1(b+l)^2\right]} = \frac{g\sin\theta\left[m_2 l + 2m_1(l+b)\right]}{\frac{2}{3}m_2 l^2 + 3m_1 b^2 + 4m_1 bl + 2m_1 l^2}$$

4-7 如图 4-17 所示,两个固定在一起的同轴均匀圆柱体,可绕光滑的水平对称轴 OO' 转动,设大小圆柱体的半径分别为 R 和 r,质量分别为 M 和 m,绕在两柱体上的细绳分别与物体 m_1 和物体 m_2 相连,m_1 和 m_2 分别挂在圆柱体的两侧。设 $R=0.20$ m,$r=0.10$ m,$m=4$ kg,$M=10$ kg,$m_1=m_2=2$ kg,开始时 m_1 和 m_2 离地均为 $h=2$ m,求:

(1)柱体转动时的角加速度;

(2)两侧绳的张力;

(3)m_1 经多长时间着地?

(4)设 m_1 与地面作完全非弹性碰撞,m_1 着地后柱体的转速如何变化?

解:刚体对转轴的转动惯量为

$$J = \frac{1}{2}MR^2 + \frac{1}{2}mr^2$$

建立运动方程

$$T_2 - m_2 g = m_2 a_2 \tag{1}$$

$$m_1 g - T_1 = m_1 a_1 \tag{2}$$

$$T_1 R - T_2 r = J\beta \tag{3}$$

$$\beta R = a_1 \tag{4}$$

$$\beta r = a_2 \tag{5}$$

$$t_1 = \sqrt{\frac{2h}{a_1}} = \sqrt{\frac{2h}{R\beta}} \tag{6}$$

联立以上方程,解得

$$\beta = \frac{Rm_1 - rm_2}{J + m_1 R^2 + m_2 r^2}, \quad T_2 = m_2 r\beta + m_2 g = 20.8\,(\text{N})$$

$$T_1 = m_1 g - m_1 R\beta = 17.1\,(\text{N}), \quad t_1 = 1.81\,(\text{s})$$

m_1 着地后柱体只在 m_2 相连的绳拉动下作转动,角加速度反向增加,直至反向转动,直至 m_2 离地。

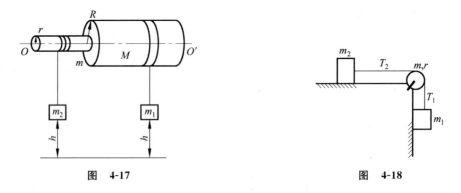

图　4-17　　　　　　　　　　　　　　　图　4-18

4-8　如图 4-18 所示,两物体质量分别为 m_1 和 m_2,定滑轮的质量为 m,半径为 r,可视作均匀圆盘。已知 m_2 与桌面间的滑动摩擦系数为 μ_k,试求 m_1 下落的加速度和两段绳子中的张力各是多少。设绳子和滑轮间无相对滑动,滑轮轴受到的摩擦力可忽略不计。

解:由于轮子具有质量,其转动时,两端绳的张力不相等,且绳不可伸长。

m_1 受竖直方向的重力 $m_1 g$ 和拉力 T_1 作用;m_2 水平方向受 $\mu_k m_2 g$ 和 T_2 的作用,竖直方向受 N 和 $m_2 g$ 的作用,均满足牛顿运动定理。有

$$m_1 g - T_1 = m_1 a \tag{1}$$

$$T_2 - \mu_k m_2 g = m_2 a \tag{2}$$

对于滑轮,满足刚体定轴转动定律,有

$$T_1 r - T_2 r = J\alpha \tag{3}$$

$$J = \frac{1}{2} m r^2 \tag{4}$$

$$a = r\alpha \tag{5}$$

联立以上各式,解得

$$a = \frac{(m_1 - \mu_k m_2)g}{m_1 + m_2 + \dfrac{m}{2}}$$

$$T_1 = \frac{m_1(m_2 + \mu_k m_2 + m/2)g}{m_1 + m_2 + \dfrac{m}{2}}$$

$$T_2 = \frac{m_2(m_1 + \mu_k m_1 + \mu_k m/2)g}{m_1 + m_2 + \dfrac{m}{2}}$$

4-9　如图 4-19 所示，两个圆轮的半径分别为 R_1 和 R_2，质量分别为 m_1' 和 m_2'。二者都可视为均匀圆柱体而且同轴固结在一起，可以绕一水平固定轴自由转动。今在两轮上各绕以细绳，绳端分别挂上质量为 m_1 和 m_2 的两个物体。试求在重力作用下，m_2 下落时轮的角加速度。

解：M_1、M_2 固连，该组合刚体对中心对称轴的转动惯量为

$$J = \frac{1}{2}m_1'R_1^2 + \frac{1}{2}m_2'R_2^2 \tag{1}$$

由转动定律，有

$$T_2 R_2 - T_1 R_1 = J\alpha \tag{2}$$

T_1、T_2 为各段绳的拉力，二重物运动满足牛顿运动定律，有

$$m_2 g - T_2 = m_2 a_2 \tag{3}$$

$$T_1 - m_1 g = m_1 a_1 \tag{4}$$

由于绳与轮之间均无相对滑动，有

$$a_1 = R_1 \alpha, \quad a_2 = R_2 \alpha \tag{5}$$

联立以上各式，得到

$$\alpha = \frac{(m_2 R_2 - m_1 R_1)g}{(m_1'/2 + m_1)R_1^2 + (m_2'/2 + m_2)R_2^2}$$

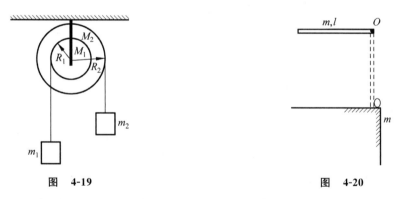

图　4-19　　　　　　　　　　　　　　　　图　4-20

4-10　如图 4-20 所示，一质量为 m、长为 l 的细杆可绕在桌面边缘正上方 l 高处的 O 点无摩擦转动。将杆抬至水平，然后从静止状态释放，让其转动，当转至竖直位置时，杆下端与质量为 m 的静止小球发生完全非弹性碰撞，同时杆的悬点脱落。求碰撞后系统质心运动规律和绕质心转动的角速度。

解：(1) 杆下摆过程中，杆和地球组成的系统机械能守恒，有

$$mg\frac{l}{2} = \frac{1}{2}\left(\frac{1}{3}ml^2\right)\omega_0^2 \tag{1}$$

得

$$\omega_0 = \sqrt{\frac{3g}{l}}$$

（2）碰撞瞬间，由于轴立即脱落，杆和小球组成的系统水平动量守恒，有

$$p_0 = p$$

$$p_0 = mv_{C0} = m\frac{l}{2}\omega_0, \quad p = 2mv_C$$

$$2mv_C = m\frac{l}{2}\omega_0 \tag{2}$$

解得

$$v_C = \frac{l}{4}\omega_0 = \frac{1}{4}\sqrt{3gl}$$

此即碰撞后杆和小球的质心速度。整个系统以此初速度作平抛运动。

（3）碰撞前后杆和小球组成的系统对 O 点的角动量守恒；系统以角速度 ω 绕质心转动，系统质心以速度 v_C 运动，此后运动为平面运动。杆和小球系统质心与悬点 O 的距离为

$$l_{C'} = \frac{m\dfrac{l}{2} + ml}{2m} = \frac{3}{4}l$$

碰撞前系统对 O 点的角动量为 $\dfrac{1}{3}ml^2\omega_0$，碰撞后系统对 O 点的角动量为系统绕其质心的角动量 $J_C\omega$ 加质心绕 O 点的角动量 $2mv_C \times \dfrac{3}{4}l$。则

$$J_C\omega + 2mv_C \times \frac{3}{4}l = \frac{1}{3}ml^2\omega_0 \tag{3}$$

碰撞后，杆和小球系统共同绕质心 C 转动的转动惯量为

$$J_C = \frac{10}{48}ml^2$$

代入式（3）解得

$$\omega = -\frac{1}{5}\sqrt{\frac{3g}{l}}$$

杆和小球以质心速度平抛的过程中，绕质心以角速度 ω（逆时针）旋转。

值得注意的是，此问题在杆脱离轴以后的运动为平面平行运动，不再是定轴转动，但可以运用整个刚体系统对 O 点转动的角动量守恒来求解问题，碰撞后的复合刚体对 O 点的角动量为系统绕其质心的角动量加质心绕 O 点的角动量。

4-11 如图 4-21 所示的装置，$m = 2.0 \text{ kg}$，$J = 0.5 \text{ kg} \cdot \text{m}^2$，$r = 30 \text{ cm}$，$k = 20 \text{ N/m}$。从静止开始释放时弹簧没有伸长。如果摩擦可以忽略，则：（1）物体能沿斜面下滑多远？（2）当物体沿斜面下滑 1.0 m 时，物体速度多大？（3）当物体的速度最大时，物体滑动了多远？其速度多大？

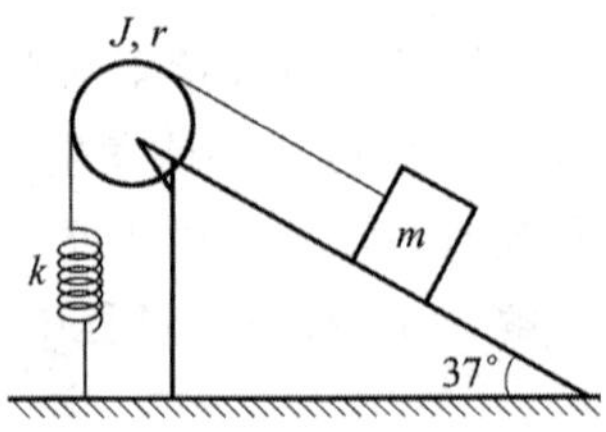

图 **4-21**

解：（1）从初始状态到物体下滑到最远处 x，系统的机械能守恒，有

$$\frac{1}{2}kx^2 = mgx\sin\theta$$

解得

$$x = 1.18 \text{ m}$$

（2）以下滑 1.0 m 时为重力势能零点，弹簧原长时为弹性势能零点，由机械能守恒，有

$$\frac{1}{2}kl^2 + \frac{1}{2}mv^2 + \frac{1}{2}J\omega^2 = mgl\sin\theta$$

式中，v 为物体下滑 1.0 m 时的速度，ω 为下滑 1.0 m 时的滑轮角速度，$l=1.0$ m，解得

$$v = \sqrt{\frac{2mgl\sin\theta - kl^2}{m + Jr^2}} = 0.689\ (\text{m/s})$$

（3）当物体的下滑速度达到最大时，$mg\sin\theta = kl_m$，得 $l_m = \dfrac{mg\sin\theta}{k} = 0.59$ m，此时物体位置为重力势能零点，弹簧原长时为弹性势能零点，由机械能守恒

$$\frac{1}{2}kl_m^2 + \frac{1}{2}mv_m^2 + \frac{1}{2}J\omega_m^2 = mgl_m\sin\theta$$

得到

$$v_m = \sqrt{\frac{2mgl_m\sin\theta - kl_m^2}{m + Jr^2}} = 0.96\ (\text{m/s})$$

4-12　设有一均匀圆盘，质量为 m，半径为 R，可绕过盘中心的对称轴在水平面内转动，轴与盘间无摩擦。圆盘与桌面间的滑动摩擦系数为 μ，若有外力推动使得圆盘角速度达到 ω_0 时，撤去外力，求：

（1）此后圆盘还能继续转动多少时间；

（2）此过程中，摩擦力矩所做的功。

解：（1）在圆盘上任一质量元 $dm = \dfrac{m}{\pi R^2}d\theta dr$ 受到的摩擦力矩为

$$dM = r\,df = r\mu\,dmg = mg\mu r^2\,d\theta dr / \pi R^2$$

整个圆盘受到的摩擦力矩为

$$M = \int r\,df = \frac{\mu mg}{\pi R^2}\int_0^R r^2\,dr\int_0^{2\pi}d\theta = \frac{2}{3}\mu mgR$$

由 $J\alpha = M$，$\omega - \omega_0 = \alpha t$，得

$$t = \frac{\omega_0}{\alpha} = \frac{3R\omega_0}{4\mu g}$$

（2）由功能关系可得

$$A = E_k = \frac{1}{2}J\omega^2 = \frac{1}{4}mR^2\omega^2$$

4-13　质量为 m 的人手持质量为 m_0 的物体 A 站在可绕中心垂直轴转动的静止圆盘的边缘处。圆盘的质量为 6 m，半径为 r。圆盘与轴的摩擦可略去不计。此人沿圆盘边缘切线方向抛出物体 A，相对于地面的速率为 v，求圆盘的角速度大小和人扔掉物体后的线速度大小（人与圆盘无相对运动）。

解：人与物体间的力、人与圆盘间的力均为内力，整个系统角动量守恒，有

$$m_0 vr - \left(mr^2 + \frac{M}{2}r^2\right)\omega = 0$$

解得

$$\omega = \frac{m_0 vr}{mr^2 + \frac{1}{2}Mr^2} = \frac{m_0 v}{4mr}, \quad v_人 = r\omega = \frac{m_0 v}{4m}$$

4-14 一个均匀的圆柱质量为 M，半径为 R，水平固定在对称光滑轴上，如图 4-22 所示。一根不可伸长的轻绳绕在圆柱上几圈且一端系有质量为 m 的物体，物体静止放在支持面上使绳子上无拉力。现把物体轻轻举高 h 高度，然后突然松开。(1)求绳子即将拉紧瞬间圆柱的角速度 ω_0，落体 m 的速度 v_0 和系统的动能 E_k；(2)求绳子刚拉直的瞬间相应的 ω_1、v_1、E_{k1} 值。

解：(1) 物体以重力加速度 g 下落 h，有

$$v^2 = 2gh, \quad v = \sqrt{2gh}$$

物体的动能为 $E_k = mgh$，此时绳未张紧，圆盘角速度为零。

(2) 物体与轮之间的拉力为系统内力，拉之后物体的速度为 v_1，圆盘的角速度为 ω_1，绳拉直前和拉直瞬间角动量守恒，有

$$Rmv = \frac{1}{2} m'R^2 \omega_1 + Rmv_1, v_1 = R\omega_1$$

解得

$$\omega_1 = \frac{\sqrt{2gh}}{\left(\dfrac{m'}{2m}+1\right)R}, \quad v_1 = \frac{\sqrt{2gh}}{\dfrac{m'}{2m}+1}$$

$$E_{k1} = \frac{mgh}{\left(\dfrac{m'}{2m}+1\right)^2} = \frac{E_k}{\left(\dfrac{m'}{2m}+1\right)^2}$$

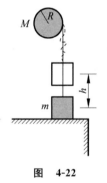

图 4-22

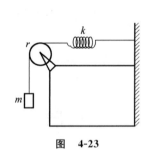

图 4-23

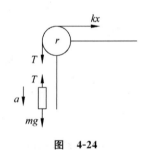

图 4-24

4-15 如图 4-23 所示，弹簧的劲度系数 $k = 2.0 \times 10^3$ N/m，轮子的转动惯量为 0.5 kg·m²，轮子半径 $r = 30$ cm。当质量为 60 kg 的物体落下 40 cm 时的速率是多大？假设开始时物体静止而弹簧无伸长。

解：弹簧、轮子、物体和地球系统不受外力，绳子与轮之间的摩擦力和绳的张力都是成对的内力，绳与轮之间无相对滑动，绳不可伸长。

解法一：如图 4-24 所示，设下落物体的速度为 v，轮子的转速为 $\dfrac{\omega}{r}$，弹簧的伸长量 l 为物体下落的距离，绳原长时物体的弹性势能和重力势能均为零，物体和轮的动能也为零。由机械能守恒有

$$-mgl + \frac{1}{2} kl^2 + \frac{1}{2} mv^2 + \frac{1}{2} J\omega^2 = 0$$

式中，J 为轮子的转动惯量，ω 为物体下落 40 cm 时的角速度。有

$$v = \sqrt{\frac{2mgl - kl^2}{m + J/r^2}} \approx 1.51\,(\text{m/s})$$

解法二: 由图 4-24, 有

$$mg - T = ma$$
$$Tr - kxr = J\alpha$$
$$a = r\alpha$$

解得 $a = \dfrac{mg - kx}{m + J/r^2}$, 又因

$$a = \frac{\mathrm{d}v}{\mathrm{d}t}, \quad v = \frac{\mathrm{d}x}{\mathrm{d}t}, \quad \frac{\mathrm{d}v}{a} = \frac{\mathrm{d}x}{v}, \quad a\mathrm{d}x = v\mathrm{d}v$$

则有

$$\int_0^v v\mathrm{d}v = \int_0^l \frac{mg - kx}{m + J/r^2}\mathrm{d}x, \quad v = \sqrt{\frac{2mgl - kl^2}{m + J/r^2}}$$

4-16 在半径为 R_1、质量为 m 的静止水平圆盘上, 站一质量为 m 的人。圆盘可无摩擦地绕通过圆盘中心的竖直轴转动。当这人开始沿着与圆盘同心、半径为 $R_2 (<R_1)$ 的圆周匀速地走动时, 设他相对圆盘的速度为 v, 问圆盘将以多大的角速度旋转?

解: 人和圆盘组成的系统对轴的角动量守恒, 速度和角速度应该均对应地面参照系。

人和圆盘静止时, 角动量为零, $L_0 = 0$。

人走动后, 设圆盘的角速度为 ω, 则人对地的角速度为 ω', 有

$$\omega' = \frac{v}{R_2} + \omega$$

此时系统角动量为

$$L = J\omega + mR_2^2\omega', \quad J = \frac{1}{2}mR_1^2$$

由系统角动量守恒, 有

$$0 = J\omega + mR_2^2\omega'$$

解得

$$\omega = -\frac{2R}{R_1^2 + 2R_2^2}v$$

4-17 如图 4-25 所示, 一轮盘装在一根长为 $l = 40\,\text{cm}$ 的轴的中部, 并可绕其转动, 轮和轴的总重量为 $m = 5\,\text{kg}$, 绕自身对称轴的转动惯量为 $0.31\,\text{kg} \cdot \text{m}^2$, 轴的一端 A 用一根链条挂起。如果原来轴在水平位置, 并使轮子以 $\omega_{\text{自}} = 15\,\text{rad/s}$ 的角速度旋转, 方向如图所示, 求: (1)该轮自转的角动量; (2)作用于轴上的外力矩; (3)系统的进动角速度, 并判断进动方向。

解: 轮子以图所示角速度绕水平轴 AB 旋转时, 自转角动量沿轴线向右。轮子和轴重力对 O 点的重力矩, 在 AB 轴所在水平面内, 且垂直于轮子自转角动量向里。重力矩使系统的自转角动量发生变化, 其增量的方向与重力矩方向相同, 即自转角动量增量的方向与系统自转角动量垂直, 使得系统的自转角动量大小不变而方向变化。系统将绕通过 A 点的竖直轴作进动, 回

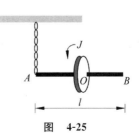

图 4-25

转方向沿重力矩的方向。

（1）轮的自转角动量

$$L = J\omega_{自} = mr_{回}^2 \omega_{自} = 3.75 \, (\text{kg} \cdot \text{m}^2/\text{s})$$

（2）轴上的外力矩即重力矩

$$M = mg\frac{l}{2} = 5 \times 9.8 \times \frac{0.4}{2} = 9.8 \, (\text{N} \cdot \text{m})$$

（3）进动角速度

$$\omega_P = \frac{M}{J\omega_{自}} = 2.61 \, (\text{rad/s})$$

讨论题：刚体的平衡条件

若刚体处于平衡状态，则表明刚体既没有平动，亦没有转动。于是，刚体平衡的条件为

$$\sum_i \boldsymbol{F}_i = \boldsymbol{0}$$

$$\sum_i \boldsymbol{M}_i = \boldsymbol{0}$$

即刚体所受合外力为零，且对任意一个参考点的合外力矩为零，上式称为刚体的平衡方程。

如图 4-26 所示，一长度为 l、质量为 m 的匀质刚性杆，A 端斜靠在光滑的墙上，B 端置于粗糙的地面上，杆与地面的摩擦因数为 μ，杆与地面的夹角为 θ，试分析杆平衡的条件。

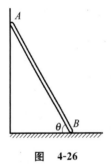

图　4-26　　　　　　　　　　　　　　　图　4-27

解：（1）以 B 点为轴，刚体对 B 点的力矩和为零（见图 4-27）：

$$l \cdot N_1 \sin\theta - \frac{l}{2} \cdot mg \cos\theta = 0 \tag{1}$$

（2）刚体在水平方向和竖直方向合力为零

$$N_1 - f = 0 \tag{2}$$

$$f = \mu N_2 \tag{3}$$

$$mg = N_2 \tag{4}$$

由式（1）、式（2）、式（3）、式（4）联立求解，可得

$$\mu = \frac{1}{2}\tan\theta$$

四、自 测 题

（一）选择题

1. 如图 4-28 所示，A、B 为两个相同的绕着轻绳的定滑轮。A 滑轮挂一质量为 M 的物体，B 滑轮受拉力 F，而且 $F = Mg$。设 A、B 两滑轮的角加速度分别为 β_A 和 β_B，不计滑轮轴的摩擦，则有（　　）。

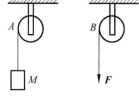

A. $\beta_A = \beta_B$ 　　　　B. $\beta_A > \beta_B$

C. $\beta_A < \beta_B$ 　　　　D. 开始时 $\beta_A = \beta_B$，以后 $\beta_A < \beta_B$

图 4-28

2. 一刚体以每分钟 60 转绕 z 轴作匀速转动（$\boldsymbol{\omega}$ 沿 z 轴正方向）。设某时刻刚体上一点 P 的位置矢量为 $\boldsymbol{r} = 3\boldsymbol{i} + 4\boldsymbol{j} + 5\boldsymbol{k}$，其单位为"$10^{-2}$ m"，若以"10^{-2} m/s"为速度单位，则该时刻 P 点的速度为（　　）。

A. $\boldsymbol{v} = 94.2\boldsymbol{i} + 125.6\boldsymbol{j} + 157.0\boldsymbol{k}$ 　　　B. $\boldsymbol{v} = -25.1\boldsymbol{i} + 18.8\boldsymbol{j}$

C. $\boldsymbol{v} = -25.1\boldsymbol{i} - 18.8\boldsymbol{j}$ 　　　　　D. $\boldsymbol{v} = 31.4\boldsymbol{k}$

3. 将细绳绕在一个具有水平光滑轴的飞轮边缘上，现在在绳端挂一质量为 m 的重物，飞轮的角加速度为 β。如果以拉力 $2mg$ 代替重物拉绳时，飞轮的角加速度将（　　）。

A. 小于 β 　　　　　　　　B. 大于 β，小于 2β

C. 大于 2β 　　　　　　　D. 等于 2β

4. 几个力同时作用在一个具有光滑固定转轴的刚体上，如果这几个力的矢量和为零，则此刚体（　　）。

A. 必然不会转动 　　　　　　B. 转速必然不变

C. 转速必然改变 　　　　　　D. 转速可能不变，也可能改变

5. 两个匀质圆盘 A 和 B 的密度分别为 ρ_A 和 ρ_B，若 $\rho_A > \rho_B$，但两圆盘的质量与厚度相同，如两盘对通过盘心垂直于盘面轴的转动惯量各为 J_A 和 J_B，则（　　）。

A. $J_A > J_B$ 　　　　　　　B. $J_B > J_A$

C. $J_A = J_B$ 　　　　　　　D. J_A、J_B 哪个大，不能确定

6. 有一半径为 R 的水平圆转台，可绕通过其中心的竖直固定光滑轴转动，转动惯量为 J，开始时转台以匀角速度 ω_0 转动，此时有一质量为 m 的人站在转台中心。随后人沿半径向外跑去，当人到达转台边缘时，转台的角速度为（　　）。

A. $\dfrac{J}{J + mR^2}\omega_0$ 　　　　　　　B. $\dfrac{J}{(J + m)R^2}\omega_0$

C. $\dfrac{J}{mR^2}\omega_0$ 　　　　　　　　D. ω_0

7. 质量为 m 的小孩站在半径为 R 的水平平台边缘上。平台可以绕通过其中心的竖直光滑固定轴自由转动，转动惯量为 J。平台和小孩开始时均静止。当小孩突然以相对于地面为 v 的速率在平台边缘沿逆时针转向走动时，则此平台相对地面旋转的角速度和旋转方

向分别为（　　）。

A. $\omega = \dfrac{mR^2}{J}\left(\dfrac{v}{R}\right)$，顺时针

B. $\omega = \dfrac{mR^2}{J}\left(\dfrac{v}{R}\right)$，逆时针

C. $\omega = \dfrac{mR^2}{J+mR^2}\left(\dfrac{v}{R}\right)$，顺时针

D. $\omega = \dfrac{mR^2}{J+mR^2}\left(\dfrac{v}{R}\right)$，逆时针

8. 光滑的水平桌面上有长为 $2l$、质量为 m 的匀质细杆，可绕通过其中点 O 且垂直于桌面的竖直固定轴自由转动，转动惯量为 $\dfrac{1}{3}ml^2$，起初杆静止。有一质量为 m 的小球在桌面上正对着杆的一端，在垂直于杆长的方向上，以速率 v 运动，如图 4-29 所示。当小球与杆端发生碰撞后，就与杆粘在一起随杆转动。则这一系统碰撞后的转动角速度是（　　）。

A. $\dfrac{lv}{12}$ B. $\dfrac{2v}{3l}$ C. $\dfrac{3v}{4l}$ D. $\dfrac{3v}{l}$

9. 如图 4-30 所示，一静止的均匀细棒，长为 L、质量为 M，可绕通过棒的端点且垂直于棒长的光滑固定轴 O 在水平面内转动，转动惯量为 $\dfrac{1}{3}ML^2$。一质量为 m、速率为 v 的子弹在水平面内沿与棒垂直的方向射出并穿出棒的自由端，设穿过棒后子弹的速率为 $\dfrac{1}{2}v$，则此时棒的角速度应为（　　）。

A. $\dfrac{mv}{ML}$ B. $\dfrac{3mv}{2ML}$ C. $\dfrac{5mv}{3ML}$ D. $\dfrac{7mv}{4ML}$

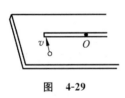

图　4-29

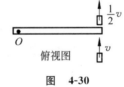

俯视图

图　4-30

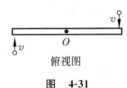

俯视图

图　4-31

10. 光滑的水平桌面上，有一长为 $2L$、质量为 m 的匀质细杆，可绕过其中点且垂直于杆的竖直光滑固定轴 O 自由转动，其转动惯量为 $\dfrac{1}{3}mL^2$，起初杆静止。桌面上有两个质量均为 m 的小球，各自在垂直于杆的方向上，正对着杆的一端，以相同速率 v 相向运动，如图 4-31 所示。当两小球同时与杆的两个端点发生完全非弹性碰撞后，就与杆粘在一起转动，则这一系统碰撞后的转动角速度应为（　　）。

A. $\dfrac{2v}{3L}$ B. $\dfrac{4v}{5L}$ C. $\dfrac{6v}{7L}$ D. $\dfrac{8v}{9L}$

E. $\dfrac{12v}{7L}$

（二）填空题

1. 一个以恒定角加速度转动的圆盘，如果在某一时刻的角速度为 $\omega_1 = 20\pi$ rad/s，再转 60 转后角速度为 $\omega_2 = 30\pi$ rad/s，则角加速度 $\beta = $ _____，转过上述 60 转所需的时间 $\Delta t = $ _____。

2. 一长为 l、质量可以忽略的直杆，可绕通过其一端的水平光滑轴在竖直平面内作定轴

转动,在杆的另一端固定着一质量为 m 的小球,如图 4-32 所示。现将杆由水平位置无初转速地释放。则杆刚被释放时的角加速度 $\beta_0 =$ _____,杆与水平方向夹角为 $60°$ 时的角加速度 $\beta =$ _____。

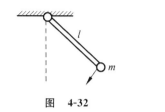

图 4-32

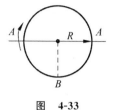

图 4-33

3. 如图 4-33 所示,一质量为 m、半径为 R 的薄圆盘,可绕通过其直径的光滑固定轴 AA' 转动,转动惯量 $J = mR^2/4$。该圆盘从静止开始在恒力矩 M 作用下转动,t 秒后位于圆盘边缘上与轴 AA' 的垂直距离为 R 的 B 点的切向加速度 $a_t =$ _____,法向加速度 $a_n =$ _____。

4. 有一半径为 R 的匀质圆形水平转台,可绕通过盘心 O 且垂直于盘面的竖直固定轴 OO' 转动,转动惯量为 J。台上有一人,质量为 m。当他站在离转轴 r 处时($r<R$),转台和人一起以角速度 ω_1 转动,如图 4-34 所示。若转轴处摩擦可以忽略,则当人走到转台边缘时,转台和人一起转动的角速度 $\omega_2 =$ _____。

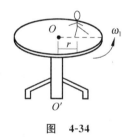

图 4-34

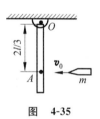

图 4-35

5. 长为 l、质量为 M 的匀质杆可绕通过杆一端 O 的水平光滑固定轴转动,转动惯量为 $\frac{1}{3}Ml^2$,开始时杆竖直下垂,如图 4-35 所示。有一质量为 m 的子弹以水平速度 v_0 射入杆上 A 点,并嵌在杆中,$OA = 2l/3$,则子弹射入后瞬间杆的角速度 $\omega =$ _____。

(三)计算题

1. 如图 4-36 所示,一圆盘绕通过其中心且垂直于盘面的转轴以角速度 ω 作定轴转动,A、B、C 三点与中心的距离均为 r。试求图示 A 点和 B 点以及 A 点和 C 点的速度之差 $v_A - v_B$ 和 $v_A - v_C$。如果该圆盘只是单纯地平动,则上述的速度之差应该如何?

2. 有一半径为 R 的圆形平板平放在水平桌面上,平板与水平桌面的摩擦系数为 μ,若平板绕通过其中心且垂直板面的固定轴以角速度 ω_0 开始旋转,它将在旋转几圈后停止?(已知圆形平板的转动惯量 $J = \frac{1}{2}mR^2$,其中 m 为圆形平板的质量)

图 4-36   图 4-37

3. 一根放在水平光滑桌面上的匀质棒,可绕通过其一端的竖直固定光滑轴 O 转动。棒的质量为 $m=1.5\,\text{kg}$,长度为 $l=1.0\,\text{m}$,对轴的转动惯量为 $J=\frac{1}{3}ml^2$。初始时棒静止。今有一水平运动的子弹垂直地射入棒的另一端,并留在棒中,如图 4-37 所示。子弹的质量为 $m'=0.020\,\text{kg}$,速率为 $v=400\,\text{m/s}$。试问:

(1) 棒开始和子弹一起转动时角速度 ω 有多大?

(2) 若棒转动时受到大小为 $M_r=4.0\,\text{N·m}$ 的恒定阻力矩作用,棒能转过多大的角度 θ?

4. 有一质量为 m_1、长为 l 的均匀细棒,静止平放在滑动摩擦系数为 μ 的水平桌面上,它可绕通过其端点 O 且与桌面垂直的固定光滑轴转动。另有一水平运动的质量为 m_2 的小滑块,从侧面垂直于棒与棒的另一端 A 相碰撞,设碰撞时间极短。已知小滑块在碰撞前后的速度分别为 v_1 和 v_2,如图 4-38 所示,求碰撞后从细棒开始转动到停止转动的过程中所需的时间。$\left(\text{已知棒绕 }O\text{ 点的转动惯量 }J=\frac{1}{3}m_1l^2\right)$

5. 一匀质细棒长为 $2L$,质量为 m,以与棒长方向相垂直的速度 v_0 在光滑水平面内平动时,与前方一固定的光滑支点 O 发生完全非弹性碰撞。碰撞点位于棒中心的一侧 $\frac{1}{2}L$ 处,如图 4-39 所示。求棒在碰撞后的瞬时绕 O 点转动的角速度 ω。$\left(\text{细棒绕通过其端点且与其垂直的轴转动时的转动惯量为 }\frac{1}{3}ml^2,\text{式中 }m\text{ 和 }l\text{ 分别为棒的质量和长度。}\right)$

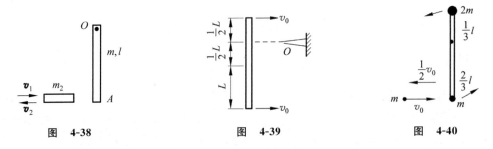

图 4-38   图 4-39   图 4-40

6. 如图 4-40 所示,长为 l 的轻杆,两端各固定质量分别为 m 和 $2m$ 的小球,杆可绕水平光滑固定轴 O 在竖直面内转动,转轴 O 距两端分别为 $\frac{1}{3}l$ 和 $\frac{2}{3}l$。轻杆原来静止在竖直位置。今有一质量为 m 的小球,以水平速度 v_0 与杆下端小球 m 作对心碰撞,碰撞后以 $\frac{1}{2}v_0$

的速度返回,试求碰撞后轻杆所获得的角速度。

附：自测题答案

（一）选择题

1. C;　　2. B;　　3. C;　　4. D;　　5. B;　　6. A;　　7. A;

8. C;　　9. B;　　10. C

（二）填空题

1. 6.54 rad/s^2, 4.8 s

2. g/l, $\dfrac{g}{2l}$

3. $\dfrac{4M}{mR}$, $\dfrac{16M^2t^2}{m^2R^3}$

4. $\dfrac{(J+mr^2)\omega_1}{J+mR^2}$

5. $\dfrac{6v_0}{(4+3M/m)l}$

（三）计算题

1. $|\boldsymbol{v}_A| = |\boldsymbol{v}_B| = |\boldsymbol{v}_C| = r\omega$

$|\boldsymbol{v}_A - \boldsymbol{v}_B| = \sqrt{2}|\boldsymbol{v}_A| = \sqrt{2}r\omega$, $\theta = 45°$

$|\boldsymbol{v}_A - \boldsymbol{v}_C| = 2|\boldsymbol{v}_A| = 2r\omega$, 方向同$\boldsymbol{v}_A$

如图 4-41 所示,平动时刚体上各点的速度的数值、方向均

相同

$$\boldsymbol{v}_A - \boldsymbol{v}_B = \boldsymbol{v}_A - \boldsymbol{v}_C = \boldsymbol{0}$$

2. $n = \dfrac{J\omega_0^2}{4\pi M} = 3R\omega_0^2/16\pi\mu g$

3. (1) 15.4 rad/s;　　(2) 15.4 rad

4. $t = 2m_2\dfrac{v_1+v_2}{\mu m_1 g}$

5. $\omega = 6v_0/(7L)$

6. $\omega = \dfrac{3v_0}{2l}$

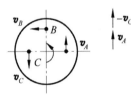

图 4-41

第五章

真空中的静电场

一、主要内容

（一）库仑定律

两个静止的点电荷之间的作用力满足库仑定律，库仑定律的数学表达式为

$$F = \frac{q_1 q_2}{4\pi\varepsilon_0 r^2} r_0 \tag{5-1}$$

式中，r_0 是由施力电荷指向受力电荷的位矢方向上的单位矢量；$\varepsilon_0 = 8.85 \times 10^{-12} \, C^2/(N \cdot m^2)$

（二）电场强度

1. 电场强度的定义

电场中某点的场强等于该位置处单位正电荷所受的场力：

$$E = \frac{F}{q_0} \tag{5-2}$$

2. 场强叠加原理

空间某点处的电场强度等于各点电荷单独在该点所产生的场强的矢量和。

离散电荷系统：

$$E = \sum_{i=1}^{n} E_i$$

连续电荷系统：

$$E = \int dE$$

3. 电场强度的计算

（1）点电荷的场强

$$E = \frac{1}{4\pi\varepsilon_0} \cdot \frac{q}{r^2} r_0 \tag{5-3}$$

式中，r_0 为由场源电荷 q 指向场点的位矢方向上的单位矢量。

（2）点电荷系的场强

$$E = \sum E_i = \sum \frac{1}{4\pi\varepsilon_0} \cdot \frac{q_i}{r_i^2} r_{0i} \tag{5-4}$$

（3）任意带电体的场强

$$\mathrm{d}\boldsymbol{E} = \frac{\mathrm{d}q}{4\pi\varepsilon_0 r^2}\boldsymbol{r}_0$$

$$\boldsymbol{E} = \int \mathrm{d}\boldsymbol{E} = \int \frac{\mathrm{d}q}{4\pi\varepsilon_0 r^2}\boldsymbol{r}_0 \tag{5-5}$$

其中的积分遍及 q 电荷分布的空间。

（三）高斯定理

1. 电通量

电场强度通量简称电通量。在电场强度为 $\boldsymbol{E}$ 的某点附近取一个面元,规定 $\Delta\boldsymbol{S} = \Delta S\hat{\boldsymbol{n}}$, θ 为 $\boldsymbol{E}$ 与 $\hat{\boldsymbol{n}}$ 之间的夹角,通过 ΔS 的电通量定义为

$$\Delta\Phi_e = E\cos\theta\Delta S = \boldsymbol{E} \cdot \Delta\boldsymbol{S}$$

通过电场中某闭合曲面 S 的电通量为

$$\Phi_e = \oiint_S \boldsymbol{E} \cdot \mathrm{d}\boldsymbol{S} \tag{5-6}$$

2. 高斯定理

在真空中,通过电场中任意封闭曲面的电通量等于该封闭曲面内的所有电荷电量的代数和除以 ε_0 。即

$$\oiint_S \boldsymbol{E} \cdot \mathrm{d}\boldsymbol{S} = \frac{1}{\varepsilon_0}\sum q_i \tag{5-7}$$

式中, $\sum q_i$ 为高斯面内所包含电量的代数和; $\boldsymbol{E}$ 为高斯面上各处的电场强度,由高斯面内外的全部电荷产生。

其物理意义:静电场是有源场。

使用高斯定理可以方便地计算具有对称性的电场分布。

（四）静电场的环路定理

静电场的电场强度沿任意闭合路径的线积分为零,即

$$\oint_l \boldsymbol{E} \cdot \mathrm{d}\boldsymbol{l} = 0 \tag{5-8}$$

此式表明静电场的电场线不可能是闭合的,静电场是无旋场;静电场的电场力做功与路径无关,只与初末位置有关,即静电场是保守场。

（五）电势

1. 电势能

电势能的零点与其他势能零点一样,也是任意选的,对于有限带电体,一般选无限远处为零势能点,即 $W_\infty = 0$ 。

电荷 q_0 在电场中某点 a 所具有的电势能等于将 q_0 从该点移到无穷远处时电场力所做的功。即

$$W_a = A_{a\infty} = \int_a^\infty q_0 \boldsymbol{E} \cdot \mathrm{d}\boldsymbol{l} \tag{5-9}$$

2. 电势

（1）定义

电势是描述电场能的属性的物理量。电场中某点 a 的电势定义为

$$\varphi_a = W_a / q_0 = \int_a^{P_0} \boldsymbol{E} \cdot \mathrm{d}\boldsymbol{l}$$

式中，P_0 处为电势零点。若选 $P_0 \to \infty$，有

$$\varphi_a = \int_a^\infty \boldsymbol{E} \cdot \mathrm{d}\boldsymbol{l} \tag{5-10}$$

（2）电势差

在静电场中，任意两点 a 和 b 的电势之差称为电势差，也叫电压。用公式表示为

$$\varphi_a - \varphi_b = \int_a^b \boldsymbol{E} \cdot \mathrm{d}\boldsymbol{l} \tag{5-11}$$

在电场中 a、b 两点的电势差，在量值上等于单位正电荷从 a 点经过任意路径到达 b 点时电场力所做的功。如果已知 a、b 两点间的电势差，可以很容易确定点电荷 q_0 从 a 点移到 b 点的过程中，静电场力所做的功为

$$A_{ab} = W_a - W_b = q_0(\varphi_a - \varphi_b) \tag{5-12}$$

在实际应用中，需要用到的是两点间的电势差，而不是某一点的电势，所以常取地球的电势为量度电势的起点，即取地球的电势为零。

3. 电势的计算

（1）已知电荷的分布求电势

① 点电荷

$$\varphi_P = \int_P^\infty \boldsymbol{E} \cdot \mathrm{d}\boldsymbol{l} = \frac{q}{4\pi\varepsilon_0 r} \tag{5-13}$$

② 点电荷系

$$\varphi_P = \frac{1}{4\pi\varepsilon_0} \sum_i \frac{q_i}{r_i} \tag{5-14}$$

③ 电荷连续分布的带电体

$$\varphi_P = \frac{1}{4\pi\varepsilon_0} \int \frac{\mathrm{d}q}{r} \tag{5-15}$$

（2）已知场强分布求电势

$$\varphi_P = \int_P^{P_0} \boldsymbol{E} \cdot \mathrm{d}\boldsymbol{l}$$

其中，P_0 处为电势零点。

（六）电场强度与电势的关系

1. 积分关系(场空间两点间的电势差为电场强度矢量的空间积分)

$$\varphi_a - \varphi_b = \int_a^b \boldsymbol{E} \cdot \mathrm{d}\boldsymbol{l}$$

2. 微分关系

$$\boldsymbol{E} = -\operatorname{grad}\varphi = -\nabla\varphi \tag{5-16}$$

在直角坐标系中，

$$\boldsymbol{E} = -\left(\frac{\partial\varphi}{\partial x}\boldsymbol{i} + \frac{\partial\varphi}{\partial y}\boldsymbol{j} + \frac{\partial\varphi}{\partial z}\boldsymbol{k}\right) \tag{5-17}$$

电场线处处与等势面垂直，并指向电势降低最快的方向；而某点场强的大小等于该点电势沿等势面法向的变化率(沿法向的方向导数)，即电场强度矢量为电势的负梯度。

二、解题指导

本章问题涉及的主要方法如下。

1. 本章的一类习题是利用叠加原理求场强，即利用矢量叠加的方法求电场的分布。首先找到各场源点电荷或电荷元各自在场点 P 产生的电场 $\mathrm{d}\boldsymbol{E}_P$，总电场是这些分电场的矢量叠加。一般情况下在一定坐标系中进行矢量 $\mathrm{d}\boldsymbol{E}_P$ 的坐标分解得到$(\mathrm{d}E_{Px}, \mathrm{d}E_{Py}, \mathrm{d}E_{Pz})$，对各个坐标分量积分求和，$E_{Px} = \int \mathrm{d}E_{Px}$，$E_{Py} = \int \mathrm{d}E_{Py}$，$E_{Pz} = \int \mathrm{d}E_{Pz}$，最后再求得矢量和 $\boldsymbol{E}_P = \boldsymbol{E}_{Px} + \boldsymbol{E}_{Py} + \boldsymbol{E}_{Pz}$。主要困难是积分的运算，并注意运用矢量的分解及合成。

2. 本章另一类习题是利用高斯定律求场强 $\boldsymbol{E}$。高斯定律是关于电荷和它们产生的电场通量的关系的普遍规律。若要用它求出具体的电场分布，只有在场源电荷的分布具有空间完全对称性时才能在数学上解得场强 $\boldsymbol{E}$。利用高斯定理求场强，首先要分析源电荷、场强分布的对称性。

3. 另一种电场强度的方法

若已知电势的分布 $\varphi = \varphi(x, y, z)$，则可利用场强与电势的微分关系 $\boldsymbol{E} = -\nabla\varphi$ 求电场强度。

4. 求电势的方法可归纳为以下几种。

（1）微元直接积分法——利用点电荷或电荷微元的电势公式，由电势的叠加原理进行标量积分求出总电势：

$$\varphi = \int \mathrm{d}\varphi$$

若微元为点电荷，则

$$\varphi = \int \frac{1}{4\pi\varepsilon_0} \cdot \frac{\mathrm{d}q}{r}$$

（2）利用电势的定义求解

$$\varphi_a = \int_a^{\text{电势零点}} \boldsymbol{E} \cdot \mathrm{d}\boldsymbol{l}$$

注意：

① 电势零点的选择：若电荷分布在有限空间，通常选"无限远"为电势零点；若电荷分布至无限远处，则电势零点必须选在有限远的位置处。

② 选择合适的积分路径：既然积分与路径无关，我们在选取积分路径时，总是设法选取使得计算比较简便的路径。

③ 分段积分由 a 到电势零点。如果沿积分路径不同的区域内场强的函数关系不一样，则需分段进行积分。

本章解题中一个值得提出的技巧为：灵活运用电场强度和电势的叠加原理，采用"挖补法"求带电体（可填补为已知形状分布场源）的电势。

例 5-1　（利用叠加原理求场强）若电荷 Q 均匀分布在长为 L 的细棒上，求：

（1）直线的延长线上距 L 中点为 $r(r>L/2)$ 处的场强；

（2）在棒的垂直平分线上，离棒为 r 处的电场强度。

解：（1）带电棒的线电荷密度 $\lambda = \dfrac{Q}{L}$，选坐标轴如图 5-1 所示，棒上任一线元 $\mathrm{d}x$ 的电量为 $\mathrm{d}q = \lambda \mathrm{d}x$，$\mathrm{d}q$ 在 P 点产生的场强为

$$\mathrm{d}E = \frac{\lambda \mathrm{d}x}{4\pi\varepsilon_0 (r-x)^2}$$

容易判断所有点电荷微元在 P 点的场强方向均相同，因此对场强的矢量积分可直接转换成标量积分。故整个带电直线在 P 点的场强为

$$E = \int \mathrm{d}E = \int_{-L/2}^{L/2} \frac{\lambda \mathrm{d}x}{4\pi\varepsilon_0 (r-x)^2} = \frac{\lambda L}{4\pi\varepsilon_0 (r^2 - L^2/4)}$$

场强方向沿 x 轴正向。

（2）取坐标轴如图 5-2 所示，求任一线元 $\mathrm{d}x$ 所带电量 $\mathrm{d}q$ 在中垂线上一点 P 点的场强。由对称性可知，整个带电杆的所有 $\mathrm{d}\boldsymbol{E}$ 的 x 分量的总和为 0，所以仅有 y 分量，其大小为

$$\mathrm{d}E_y = \mathrm{d}E \cdot \sin\alpha = \frac{\sin\alpha \mathrm{d}q}{4\pi\varepsilon_0 r'^2}$$

$$E = E_y = \int_L \frac{\sin\alpha \mathrm{d}q}{4\pi\varepsilon_0 r'^2}$$

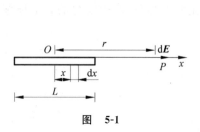

图　5-1

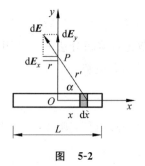

图　5-2

利用几何关系 $\sin\alpha = \dfrac{r}{r'}$, $r' = \sqrt{r^2 + x^2}$, 统一积分变量得

$$E = \int_{-L/2}^{L/2} \frac{1}{4\pi\varepsilon_0} \cdot \frac{rQ\mathrm{d}x}{L(x^2+r^2)^{3/2}} = \frac{Q}{2\pi\varepsilon_0 r} \cdot \frac{1}{\sqrt{L^2+4r^2}}$$

当 $L \to \infty$ 时, 若棒单位长度所带电荷 λ 为常量, 则 P 点电场强度

$$E = \lim_{L \to \infty} \frac{1}{2\pi\varepsilon_0 r} \cdot \frac{Q/L}{\sqrt{1+4r^2/L^2}} = \frac{\lambda}{2\pi\varepsilon_0 r}$$

如果由电荷分布的对称性可分析出总场强的方向, 则只需求出电荷微元的电场强度在此方向上的分量之和即可。

例 5-2 (叠加原理和对称性分析)如图 5-3 所示, 一半径为 R 的半圆环, 右半部均匀带电 $+Q$, 左半部均匀带电 $-Q$。问半圆环中心 O 点的电场强度大小为多少? 方向如何?

图 5-3   图 5-4

解: 从电荷的分布特点可知, 右半部 $+Q$ 和左半部 $-Q$ 在中心 O 点各自产生的场强大小相等, 若取如图所示的坐标轴, 则它们的 x 分量相等, y 分量相互抵消。如图 5-4 所示, 在右半圆环取点电荷微元 $\mathrm{d}q = \lambda\mathrm{d}l = \dfrac{2Q}{\pi R}R\mathrm{d}\theta$, 则电荷元在中心 O 点产生的场强为

$$\mathrm{d}E_{OR} = \frac{1}{4\pi\varepsilon_0} \cdot \frac{\mathrm{d}q}{R^2} = \frac{1}{4\pi\varepsilon_0} \cdot \frac{\dfrac{2Q}{\pi}\mathrm{d}\theta}{R^2}$$

其 x 分量为

$$\mathrm{d}E_{OxR} = \mathrm{d}E_{OR}\cos\theta$$

由对称性可知左右半圆环在 O 点场强的 y 分量相互抵消, x 分量相等。所以

$$E_0 = 2\int\mathrm{d}E_{OxR} = 2\int\mathrm{d}E_{OR}\cos\theta = 2\int_0^{\pi/2} \frac{Q}{2\pi^2\varepsilon_0 R^2}\cos\theta\mathrm{d}\theta = \frac{Q}{\pi^2\varepsilon_0 R^2}(\sin\theta)\Big|_0^{\pi/2} = \frac{Q}{\pi^2\varepsilon_0 R^2}$$

方向沿 $-x$ 方向, 即水平向左。

说明: 充分利用电荷分布的对称性, 可以极大地简化计算过程; 另外, 电荷线分布时, 通常选点线电荷元作为微元。

例 5-3 (叠加原理和对称性分析)"无限长"均匀带电的半圆柱面, 半径为 R, 设半圆柱面沿轴线 OO' 单位长度上的电荷为 λ, 如图 5-5 所示。试求轴线上一点的电场强度。

解: 从上向下看, 设坐标系如图 5-6 所示。将半圆柱面划分成许多窄条。$\mathrm{d}l$ 宽的窄条的电荷线密度为

$$\mathrm{d}\lambda = \frac{\lambda}{\pi R}\mathrm{d}l = \frac{\lambda}{\pi}\mathrm{d}\theta$$

取 θ 位置处的一条, 它在轴线上一点产生的场强为

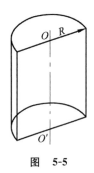

图 5-5

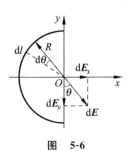

图 5-6

$$dE = \frac{d\lambda}{2\pi\varepsilon_0 R} = \frac{\lambda}{2\pi^2\varepsilon_0 R}d\theta$$

如图 5-6 所示。它在 x、y 轴上的两个分量为

$$dE_x = dE\sin\theta, \quad dE_y = -dE\cos\theta$$

对各分量分别积分：

$$E_x = \frac{\lambda}{2\pi^2\varepsilon_0 R}\int_0^\pi \sin\theta d\theta = \frac{\lambda}{\pi^2\varepsilon_0 R}$$

$$E_y = \frac{-\lambda}{2\pi^2\varepsilon_0 R}\int_0^\pi \cos\theta d\theta = 0$$

场强

$$\boldsymbol{E} = E_x\boldsymbol{i} + E_y\boldsymbol{j} = \frac{\lambda}{\pi^2\varepsilon_0 R}\boldsymbol{i}$$

此例说明,运用场强叠加原理可以将带电体分解为由已知电场分布的微小宽(厚)度的带电直线或圆环、圆面、球面等所组成,因而电场中某点的场强为各带电直线(或圆环、圆面、球面等)单独存在时所激发的电场在该点场强的矢量和,从而使计算简化。

例 5-4 (无限大平板的场强)一层厚度为 $0.5\,\mathrm{cm}$ 的无限大平板,均匀带电,电荷体密度为 $1.0\times10^{-4}\,\mathrm{C/m^3}$,如图 5-7 所示。求:

(1) 这薄层中央的电场强度;

(2) 薄层内与其表面相距 $0.1\,\mathrm{cm}$ 处的电场强度;

(3) 薄层外的电场强度。

分析：本题可有两种处理方法。(1)有厚度的无限大带电平板可分成无数厚度为 dr 的无限大带电平面,可用微元叠加法求解;(2)无限大带电平板,具有面对称性,可用高斯定理求解。

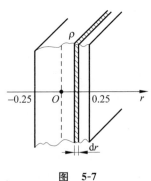

图 5-7

解法一：微元叠加法。

以薄层中央为原点建立坐标轴如图所示,在任意 r 处取厚度为 dr 的薄层,其电荷面密度 $\sigma = \rho dr$,该带电薄层在其两侧产生均匀电场

$$dE = \frac{\sigma}{2\varepsilon_0} = \frac{\rho dr}{2\varepsilon_0}$$

dE 的方向在薄层两侧垂直板面向外。

（1）薄层中央，

$$E = E_左 + E_右 = \int_{-0.25}^{0} \frac{\rho \mathrm{d}r}{2\varepsilon_0} - \int_{0}^{0.25} \frac{\rho \mathrm{d}r}{2\varepsilon_0} = 0$$

（2）薄层内 $r = \pm 0.15\text{ cm}$ 处，

$$E = \int_{-0.15}^{0.15} \frac{\rho \mathrm{d}r}{2\varepsilon_0} = \frac{\rho}{2\varepsilon_0}(0.15 + 0.15) = 1.69 \times 10^4\ (\text{V/m})$$

左侧场强的方向向左，右侧场强的方向向右。$-0.25 \sim -0.15\text{ cm}$ 及 $0.15 \sim 0.25\text{ cm}$ 内的电荷层在场点的电场大小相等方向相反，对该处的场强无贡献。

（3）薄层外任意点，

$$E = \int_{-0.25}^{0.25} \frac{\rho \mathrm{d}r}{2\varepsilon_0} = \frac{\rho}{2\varepsilon_0}(0.25 + 0.25) = 2.83 \times 10^4\ (\text{V/m})$$

左侧场强的方向向左，右侧场强的方向向右。

解法二：高斯定理法。

从对称性可知，电场以平板中央为对称面左右对称分布，且距对称面相同距离的点场强大小相等。

（1）薄层中央，由对称性可得，$E = 0$。

（2）薄层内 $r = \pm 0.15\text{ cm}$ 处，作轴线与平板垂直的圆柱形高斯面，两底面分别过 $r = \pm 0.15\text{ cm}$ 的场点，穿过圆柱侧面的电通量为零，在两底面上 $\boldsymbol{E}$ 大小相等，方向与高斯面法线同向。按高斯定理，有

$$ES + ES = \frac{\rho}{\varepsilon_0}(0.15 + 0.15)S$$

得

$$E = \frac{\rho}{2\varepsilon_0}(0.15 + 0.15) = 1.69 \times 10^4\ (\text{V/m})$$

（3）薄层外任意点，作轴线与平板垂直的圆柱形高斯面，两底面以平板中央为对称面并过场点，同理可得

$$ES + ES = \frac{\rho}{\varepsilon_0}(0.25 + 0.25)S$$

解得

$$E = \frac{\rho}{2\varepsilon_0}(0.25 + 0.25) = 2.83 \times 10^4\ (\text{V/m})$$

例 5-5　（叠加原理，电荷"挖补"法）一球体内均匀分布着电荷体密度为 ρ 的正电荷，若保持电荷分布不变，在该球体挖去半径为 r 的一个小球体，球心为 O'，两球心间距离 $\overline{OO'} = d$，如图 5-8 所示。求：

（1）在球形空腔内，球心 O' 处的电场强度 $\boldsymbol{E}_0$。

（2）在球体内 P 点处的电场强度 $\boldsymbol{E}$。设 O'、O、P 三点在同一直径上，且 $\overline{OP} = d$。

解：这是电荷体密度为 ρ 的空腔小球求电场问题。场点 P 的场强由两部分组成：（1）可在将小圆球形空腔补满体密度为 ρ 的电荷时求

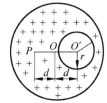

图　5-8

出在 P 点的电场 $\boldsymbol{E}_1$，(2)空腔再填以电荷体密度为 $-\rho$ 的与空腔同样大小的球体，求出在 P 点电场 $\boldsymbol{E}_2$。则 P 点场强为此二者的叠加，即可得

$$\boldsymbol{E}_0 = \boldsymbol{E}_1 + \boldsymbol{E}_2$$

在图 5-9(a)中，以 O 点为球心，d 为半径作球面为高斯面 S，则可求出 O' 与 P 处场强的大小：

$$\oint_S \boldsymbol{E}_1 \cdot \mathrm{d}\boldsymbol{S} = E_1 \cdot 4\pi d^2 = \frac{1}{\varepsilon_0} \cdot \frac{4\pi}{3} d^3 \rho$$

有

$$E_{1O'} = E_{1P} = E_1 = \frac{\rho}{3\varepsilon_0} d$$

方向分别如图所示。

在图 5-9(b)中，以 O' 点为小球体的球心，可知在 O' 点 $E_2 = 0$。又以 O' 为球心，$2d$ 为半径作球面为高斯面 S' 可求得 P 点场强 E_{2P}：

$$\oint_{S'} \boldsymbol{E}_2 \cdot \mathrm{d}\boldsymbol{S}' = E_2 \cdot 4\pi(2d)^2 = 4\pi r^3 (-\rho)/(3\varepsilon_0)$$

$$E_{2P} = \frac{-r^3 \rho}{12\varepsilon_0 d^2}$$

(1) 求 O' 点的场强 $\boldsymbol{E}_{O'}$。由图 5-9(a)、(b)可得

$$E_{O'} = E_{1O'} = \frac{\rho d}{3\varepsilon_0}$$

方向如图 5-9(c)所示。

(2) 求 P 点的场强 $\boldsymbol{E}_P$。由图 5-9(a)、(b)可得

$$E_P = E_{1P} + E_{2P} = \frac{\rho}{3\varepsilon_0}\left(d - \frac{r^3}{4d^2}\right)$$

方向如图 5-9(d)所示。

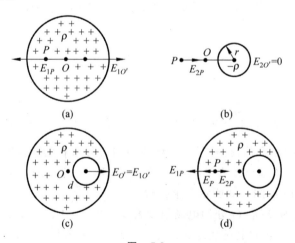

图   5-9

由高斯定理和场强叠加原理，可求得以上的球形空腔内的电场为均匀场，请读者自行验证。

本题由于电荷的分布不具有对称性,故不能直接用高斯定理求解。虽然原则上可以由已知的电荷分布用点电荷场强与场强叠加原理及矢量积分法求解,但此法运算复杂。

采用"挖补法"解决此问题,可以视空腔呈电中性是由电荷体密度相同的正、负两种电荷重叠在一起造成的。这样本题所给的带电体可看作是由半径为 R、电荷体密度为 ρ 的均匀带电球体和一个半径为 r、电荷体密度为 $-\rho$ 的均匀带电球体所构成的。这样,空间任一点的场强可用这两个均匀带电球体在该点激发的场强叠加来求得。此法也叫补缺法,可用来求某些特殊非对称分布电荷的场强。

例 5-6　真空中一半径为 R 的球面均匀带电 Q,在球心 O 处有一带电量为 q 的点电荷,如图 5-10 所示。设无穷远处为电势零点,则在球内离球心 O 距离为 r 的 P 点处的电势为多少?

图　5-10

分析：本题既可以先由高斯定理找到空间电场分布,再利用电势的定义来求解,也可以直接根据电势的叠加原理得到结果。

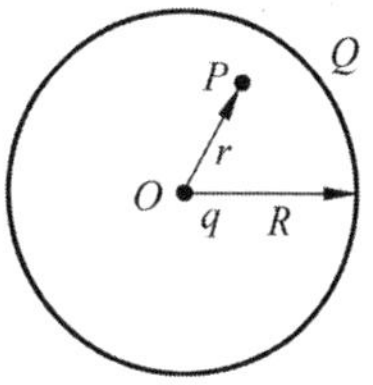

解法一：由高斯定理可得电场分布为

$$E = \begin{cases} \dfrac{q}{4\pi\varepsilon_0 r^2}, & r < R \\[3mm] \dfrac{q+Q}{4\pi\varepsilon_0 r^2}, & r > R \end{cases}$$

根据电势的定义,P 点的电势为

$$\varphi_P = \int_P^\infty \boldsymbol{E} \cdot \mathrm{d}\boldsymbol{l} = \int_r^R \frac{q}{4\pi\varepsilon_0 r^2}\mathrm{d}r + \int_R^\infty \frac{q+Q}{4\pi\varepsilon_0 r^2}\mathrm{d}r = \frac{1}{4\pi\varepsilon_0}\left(\frac{q}{r}+\frac{Q}{R}\right)$$

解法二：根据电势的叠加原理,P 点的电势等于均匀带电球面 Q 和点电荷 q 单独在该点的电势之和：

$$\varphi_P = \varphi_{qP} + \varphi_{QP}$$

由于均匀带电球面在其球面内各处的电势相等,均为 $\dfrac{Q}{4\pi\varepsilon_0 R}$,所以

$$\varphi_P = \frac{1}{4\pi\varepsilon_0}\left(\frac{q}{r}+\frac{Q}{R}\right)$$

例 5-7　(利用高斯定理求场强)一半径为 R 的"无限长"圆柱形带电体,其电荷体密度为 $\rho = Ar\,(r \leqslant R)$,式中 A 为常量。试求：

(1) 圆柱体内、外各点场强大小分布;

(2) 选与圆柱轴线的距离为 $l\,(l > R)$ 处为电势零点,计算圆柱体内、外各点的电势分布。

解：(1) 由于空间电场的分布具有无限长的轴对称性,取半径为 r、高为 h 的高斯圆柱面,如图 5-11 所示。侧面上各点场强大小为 E 并垂直于柱面,上下底面则无电通量。因此穿过该高斯面的电场强度通量为

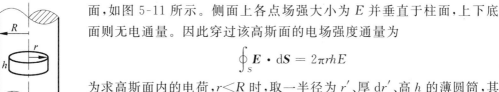

图　5-11

$$\oint_S \boldsymbol{E} \cdot \mathrm{d}\boldsymbol{S} = 2\pi r h E$$

为求高斯面内的电荷,$r < R$ 时,取一半径为 r'、厚 $\mathrm{d}r'$、高 h 的薄圆筒,其电荷为

$$\rho\mathrm{d}V = 2\pi Ahr'^2\mathrm{d}r'$$

104

则包围在高斯面内的总电荷为

$$\int_V \rho dV = \int_0^r 2\pi A h r'^2 dr' = 2\pi A h r^3/3$$

由高斯定理得

$$2\pi r h E = 2\pi A h r^3/(3\varepsilon_0)$$

解出

$$E = A r^2/(3\varepsilon_0), \quad r \leqslant R$$

$r>R$ 时,包围在高斯面内的总电荷为

$$\int_V \rho dV = \int_0^R 2\pi A h r'^2 dr' = 2\pi A h R^3/3$$

由高斯定理得

$$2\pi r h E = 2\pi A h R^3/(3\varepsilon_0)$$

解出

$$E = A R^3/(3\varepsilon_0 r), \quad r > R$$

（2）计算电势分布

$r \leqslant R$ 时,

$$\varphi = \int_r^l E dr = \int_r^R \frac{A}{3\varepsilon_0} r^2 dr + \int_R^l \frac{A R^3}{3\varepsilon_0} \cdot \frac{dr}{r} = \frac{A}{9\varepsilon_0}(R^3 - r^3) + \frac{A R^3}{3\varepsilon_0}\ln\frac{l}{R}$$

$r>R$ 时,

$$\varphi = \int_r^l E dr = \int_r^l \frac{A R^3}{3\varepsilon_0} \cdot \frac{dr}{r} = \frac{A R^3}{3\varepsilon_0}\ln\frac{l}{r}$$

对于电荷非均匀分布但具有一些特殊对称性的带电体,用高斯定理时要计算高斯面所围的电量,需根据电荷的分布特点及对称性选择恰当的电荷微元和高斯面;另外,由电势定义直接计算电势时,如果积分路径上各区域内电场强度的表达式不同时需分段积分。

例 5-8 （电势的叠加原理）真空中一均匀带电细直杆,长度为 $2a$,总电量为 $+Q$,沿 Ox 轴固定放置,如图 5-12 所示。一运动粒子质量 m、带有电量 $+q$,在经过 x 轴上的 C 点时,速率为 V。试求:

（1）粒子经过 x 轴上的 C 点时,它与带电杆之间的相互作用电势能（设无穷远处为电势零点）;

（2）粒子在电场力的作用下运动到无穷远处的速率 V_∞（设 V_∞ 远小于光速）。

分析：对于 C 点而言,杆的形状大小不能忽略,不能将整个带电细杆视为点电荷。在计算 C 点的电势时,若采用电势定义计算,则须先计算出电场强度分布,再进行第二次积分才能得到,显然非常烦琐,在本题情形中根据电荷微元计算电势则较为简便。再利用电势能的定义和功能关系可以得到所需的结果。

解：（1）如图 5-13 所示,在杆上 x 处取线元 dx,带电量为

$$dq = \frac{Q}{2a} dx \quad （视为点电荷）$$

图 5-12　　　　　　　　　　图 5-13

它在 C 点产生的电势

$$\mathrm{d}\varphi = \frac{\mathrm{d}q}{4\pi\varepsilon_0(2a-x)} = \frac{Q\mathrm{d}x}{8\pi\varepsilon_0 a(2a-x)}$$

C 点的总电势为

$$\varphi = \int\mathrm{d}\varphi = \frac{Q}{8\pi\varepsilon_0 a}\int_{-a}^{a}\frac{\mathrm{d}x}{(2a-x)} = \frac{Q}{8\pi\varepsilon_0 a}\ln 3$$

带电粒子在 C 点的电势能为

$$W = q\varphi = \frac{qQ}{8\pi\varepsilon_0 a}\ln 3$$

（2）由能量转换关系可得

$$\frac{1}{2}mV_\infty^2 - \frac{1}{2}mV^2 = \frac{qQ}{8\pi\varepsilon_0 a}\ln 3$$

得粒子在无限远处的速率为

$$V_\infty = \left[\frac{qQ}{4\pi\varepsilon_0 am}\ln 3 + V^2\right]^{\frac{1}{2}}$$

例 5-9 （带电圆环轴线上的电势分布及电场分布）一平面圆环,内外半径分别为 R_1、R_2,均匀带电且电荷面密度为 $+\sigma$,如图 5-14 所示。

（1）求圆环轴线上离环心 O 为 x 处的 P 点的电势;

（2）应用场强和电势梯度的关系求 P 点的场强;

（3）若令 $R_2\to\infty$,则 P 点的场强又为多少？

分析：本题中带电圆环的对称轴线上电场强度分布未知,不宜用电势定义来计算 P 点的电势,根据电荷分布特点,可以选择细圆环作为电荷微元,计算出轴线上一点的电势;由对称性可知,P 点的场强方向必然沿轴线,因此其场强就等于电势对 x 导数的负值。

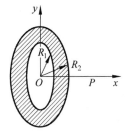

图 5-14

解：（1）把圆环分成许多小圆环。对半径为 y、宽为 $\mathrm{d}y$ 的小圆环,其电量为 $\mathrm{d}q = \sigma\mathrm{d}S = \sigma 2\pi y\mathrm{d}y$,该带电小圆环在 P 点产生的电势为

$$\mathrm{d}\varphi = \frac{1}{4\pi\varepsilon_0}\cdot\frac{\mathrm{d}q}{\sqrt{x^2+y^2}} = \frac{\sigma}{2\varepsilon_0}\cdot\frac{y\mathrm{d}y}{\sqrt{x^2+y^2}}$$

整个圆环上的电荷在 P 点产生的电势

$$\varphi_P = \int_{R_1}^{R_2}\mathrm{d}\varphi = \int_{R_1}^{R_2}\frac{\sigma}{2\varepsilon_0}\cdot\frac{y\mathrm{d}y}{\sqrt{x^2+y^2}} = \frac{\sigma}{2\varepsilon_0}(\sqrt{x^2+R_2^2}-\sqrt{x^2+R_1^2})$$

（2）$E_P = -\dfrac{\partial\varphi}{\partial x} = \dfrac{\sigma}{2\varepsilon_0}\left(\dfrac{x}{\sqrt{x^2+R_1^2}}-\dfrac{x}{\sqrt{x^2+R_2^2}}\right)$

方向沿 x 正向。

（3）当 $R_2\to\infty$ 时,

$$E_P = \frac{\sigma}{2\varepsilon_0}\cdot\frac{x}{\sqrt{x^2+R_1^2}}$$

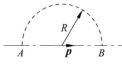

图 5-15

例 5-10 （电偶极子的电势问题）如图 5-15 所示,在电矩为 $\boldsymbol{p}$ 的电偶极子的电场中,将一含电量为 q 的点电荷从 A 点沿半径为 R 的圆弧（圆心与电偶极子中心重合,R 远大于电偶极子正负电荷

之间的距离)移到 B 点,求此过程中电场力所做的功。

分析:由于电场力是保守力,其做功与路径无关,只与始末系统的电势能的改变有关,利用电势能的变化即可得到结果。

解:用电势叠加原理可导出电偶极子在空间任意点的电势

$$\varphi = \boldsymbol{p} \cdot \boldsymbol{r} / (4\pi\varepsilon_0 r^3)$$

式中 r 为从电偶极子中心到场点的矢径。于是知 A、B 两点电势分别为

$$\varphi_A = - p / (4\pi\varepsilon_0 R^2)$$

$$\varphi_B = p / (4\pi\varepsilon_0 R^2)$$

式中,$p = |\boldsymbol{p}|$。由于电场力做功与路径无关,将 q 从 A 点移到 B 点电场力做功为

$$A = q(\varphi_A - \varphi_B) = - qp / (2\pi\varepsilon_0 R^2)$$

三、习 题 解 答

5-1 在正方形的两对角上各置电荷 Q,在其余两对角上各置电荷 q,若 Q 所受合力为零,试求 Q 和 q 之间的关系。

解:两个电荷 Q 之间的力是排斥力,要使 Q 所受合力为零,两个电荷 q 对 Q 则为吸引力。设正方形的边长为 a,根据库仑定理建立平衡方程

$$\frac{Q^2}{4\pi\varepsilon_0 (\sqrt{2}a)^2} + \frac{Qq}{4\pi\varepsilon_0 a^2} \cdot \sqrt{2} = 0$$

所以,

$$Q = - 2\sqrt{2}q$$

5-2 两根无限长均匀带电直线,电荷线密度分别为 $\pm\lambda$,彼此平行放置,相距为 d,求单位长度的带电直线受的电场力。

解:电荷线密度为 λ 的一根无限长均匀带电直线在另一根直线处的场强为

$$E = \frac{\lambda}{2\pi\varepsilon_0 d}$$

因此,单位长度的带电直线受电场力的大小为

$$F = \lambda E = \lambda^2 / (2\pi\varepsilon_0 d)$$

该电场力是相互吸引力。

5-3 一均匀带电细直杆长为 l,总电荷为 Q,试求在直杆延长线上距杆的一端距离为 d 的 P 点的电场强度。

解:如图 5-16 所示,设杆的左端为坐标原点 O,x 轴沿直杆方向。带电直杆的电荷线密度为 $\lambda = Q/l$,在 x 处取一电荷微元 $\mathrm{d}q = \lambda\mathrm{d}x = Q\mathrm{d}x/l$,它在 P 点的场强

$$\mathrm{d}E = \frac{\mathrm{d}q}{4\pi\varepsilon_0 (l+d-x)^2} = \frac{Q\mathrm{d}x}{4\pi\varepsilon_0 l(l+d-x)^2}$$

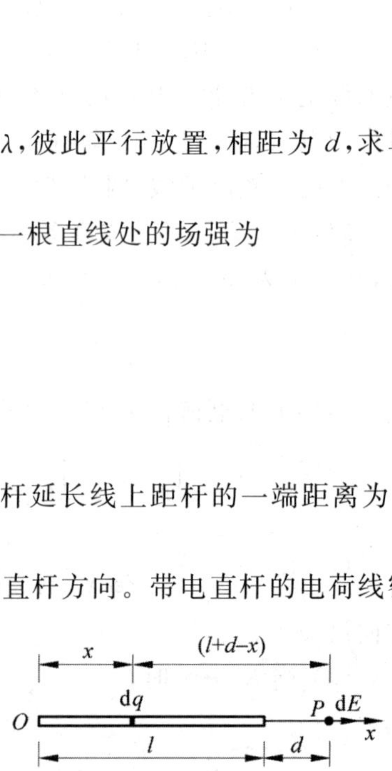

容易判断所有电荷微元在 P 点的场强方向均相同,因此对场强的矢量积分可直接转换成标量积分。

图 5-16

总场强为

$$E = \frac{Q}{4\pi\varepsilon_0 l}\int_0^l \frac{\mathrm{d}x}{(l+d-x)^2} = \frac{Q}{4\pi\varepsilon_0 d(l+d)}$$

方向沿 x 轴,即杆的延长线方向。

5-4　A、B 为真空中两个平行的"无限大"均匀带电平面,已知两平面间的电场强度大小都为 E,两平面外侧电场强度大小都为 $E/3$,方向如图 5-17 所示。求 A、B 两平面上的电荷面密度。

图　**5-17**　　　　　　　　　　　图　**5-18**

解:设 A、B 两板的电荷面密度分别为 δ_A、δ_B(均匀为正),各自在两侧产生的场强大小和方向如图 5-18 所示。由场强叠加原理及题设条件可知(设向右为正)

$$\frac{\sigma_A}{2\varepsilon_0} + \frac{\sigma_B}{2\varepsilon_0} = \frac{1}{3}E \tag{1}$$

$$\frac{\sigma_B}{2\varepsilon_0} - \frac{\sigma_A}{2\varepsilon_0} = E \tag{2}$$

由上两式联解可得

$$\delta_A = -2\varepsilon_0 E/3 \text{(负号说明与题设相反,即 } \delta_A < 0)$$

$$\delta_B = 4\varepsilon_0 E/3$$

5-5　一半径为 R 的半圆形带电细线,电荷线密度为 $\lambda = \lambda_0\sin\theta$,式中 λ_0 为一常数,θ 为半径 R 与 x 轴所成的夹角,如图 5-19 所示。试求环心 O 处的电场强度。

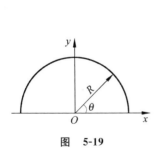
　　　　　　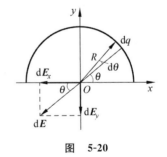

图　**5-19**　　　　　　　　　　　图　**5-20**

解:如图 5-20 所示,在 θ 处取电荷元,其电荷为

$$\mathrm{d}q = \lambda\mathrm{d}l = \lambda_0 R\sin\theta\mathrm{d}\theta$$

它在 O 点产生的场强为

$$\mathrm{d}E = \frac{\mathrm{d}q}{4\pi\varepsilon_0 R^2} = \frac{\lambda_0\sin\theta\mathrm{d}\theta}{4\pi\varepsilon_0 R}$$

在 x、y 轴上的两个分量为

$$\mathrm{d}E_x = -\mathrm{d}E\cos\theta$$

$$dE_y = -dE\sin\theta$$

对各分量分别积分：

$$E_x = \frac{\lambda_0}{4\pi\varepsilon_0 R}\int_0^\pi \sin\theta\cos\theta d\theta = 0$$

$$E_y = \frac{\lambda_0}{4\pi\varepsilon_0 R}\int_0^\pi \sin^2\theta d\theta = -\frac{\lambda_0}{8\varepsilon_0 R}$$

因此

$$\boldsymbol{E} = E_x\boldsymbol{i} + E_y\boldsymbol{j} = -\frac{\lambda_0}{8\varepsilon_0 R}\boldsymbol{j}$$

5-6　一无限长圆柱面，其电荷面密度为 $\sigma = \sigma_0\cos\varphi$，式中 φ 为半径 R 与 x 轴所夹的角，如图 5-21 所示。试求圆柱轴线上一点的场强。

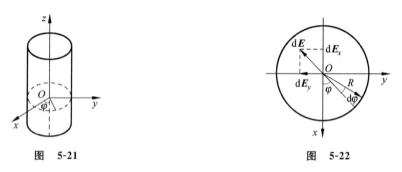

图　5-21　　　　　　　　　　　　　　　图　5-22

解：图 5-22 为俯视图，将柱面分成许多与轴线平行的细长条，每条可视为无限长均匀带电直线，其电荷线密度为

$$\lambda = \sigma_0\cos\varphi R d\varphi$$

它在 O 点产生的场强为

$$dE = \frac{\lambda}{2\pi\varepsilon_0 R} = \frac{\sigma_0}{2\pi\varepsilon_0}\cos\varphi d\varphi$$

它沿 x、y 轴的两个分量为

$$dE_x = -dE\cos\varphi = -\frac{\sigma_0}{2\pi\varepsilon_0}\cos^2\varphi d\varphi$$

$$dE_y = -dE\sin\varphi = -\frac{\sigma_0}{2\pi\varepsilon_0}\sin\varphi\cos\varphi d\varphi$$

积分得

$$E_x = -\int_0^{2\pi} \frac{\sigma_0}{2\pi\varepsilon_0}\cos^2\varphi d\varphi = -\frac{\sigma_0}{2\varepsilon_0}$$

$$E_y = -\int_0^{2\pi} \frac{\sigma_0}{2\pi\varepsilon_0}\sin\varphi d(\sin\varphi) = 0$$

因此

$$\boldsymbol{E} = E_x\boldsymbol{i} = -\frac{\sigma_0}{2\varepsilon_0}\boldsymbol{i}$$

即沿 x 轴负向。

5-7 如图 5-23 所示,均匀电场的电场强度 E 方向平行于闭合半球面的平面圆,求通过此半球面的电场强度通量。

解: 由于闭合半球面内无电荷,根据高斯定理,通过闭合半球面的电场强度通量为零。又因电场强度 E 平行于闭合半球面的平面圆,通过该平面圆的电通量为零,所以,通过半球面的电场强度通量也为零。

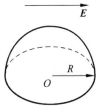

图　5-23

5-8 图 5-24 中虚线所示为一立方形的高斯面,已知空间的场强分布为:$E_x = 0$,$E_y = by$,$E_z = 0$。高斯面边长 $a = 0.1$ m,常量 $b = 1000$ N/(C·m)。试求该闭合面中包含的净电荷。

解: 设闭合面内包含净电荷为 Q。因场强只有 y 分量不为零,故只是两个垂直于 y 轴的平面上电场强度通量不为零,如图 5-25 所示。由高斯定理得

$$-E_1 S_1 + E_2 S_2 = Q/\varepsilon_0, \quad S_1 = S_2 = S$$

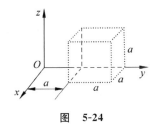

图　5-24

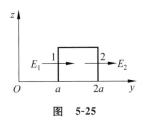

图　5-25

则

$$Q = \varepsilon_0 S(E_2 - E_1) = \varepsilon_0 Sb(y_2 - y_1) = \varepsilon_0 ba^2(2a - a)$$
$$= \varepsilon_0 ba^3 = 8.85 \times 10^{-12}\,(\text{C})$$

5-9 实验表明,地球表面上方电场方向向下,大小随高度不同。设在靠近地面处电场强度为 E_1,在离地面 h 高处电场强度为 E_2,且 $E_1 > E_2$。

(1) 试计算从地面到离地 h 高度之间,大气中的电荷平均体密度;

(2) 假设地表面内电场强度为零,且地球表面处的电场强度完全是由均匀分布在地表面的电荷产生,求地面上的电荷面密度。

解: (1) 设电荷的平均体密度为 ρ,取圆柱形高斯面如图 5-26(a) 所示,侧面垂直于底面,底面 ΔS 平行于地面,上下底面处的场强分别为 E_2 和 E_1,则通过高斯面的电场强度通量为

$$\oiint \boldsymbol{E} \cdot \mathrm{d}\boldsymbol{S} = E_1 \Delta S - E_2 \Delta S = (E_1 - E_2)\Delta S$$

高斯面 S 包围的电荷

$$\sum q_i = h\Delta S\rho$$

由高斯定理得

$$(E_1 - E_2)\Delta S = h\Delta S\rho/\varepsilon_0$$

则有

$$\rho = \frac{1}{h}\varepsilon_0(E_1 - E_2)$$

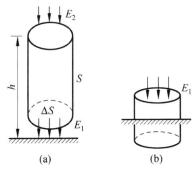

图　5-26

（2）设地面面电荷密度为 σ。由于电荷只分布在地表面，所以电场线终止于地面，地表面内部场强为零，取高斯面如图 5-26(b) 所示。

由高斯定理得

$$\oiint \boldsymbol{E} \cdot \mathrm{d}\boldsymbol{S} = \frac{1}{\varepsilon_0} \sum q_i$$

$$- E_1 \Delta S = \frac{1}{\varepsilon_0} \sigma \Delta S$$

所以，地面上的电荷面密度

$$\sigma = - \varepsilon_0 E_1$$

5-10　如图 5-27 所示，一无限大均匀带电平板，厚度为 l，电荷体密度为 ρ。试求板内、外的场强分布，并画出场强随坐标 x 变化的曲线，即 E-x 曲线（设原点在带电平板的中央平面上，Ox 轴垂直于平板）。

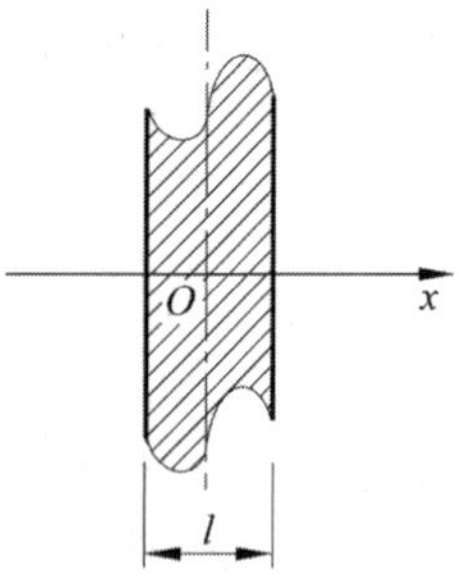

解： 因电荷分布对称于中心平面，故在中心平面两侧离中心平面距离相等处场强大小相等而方向相反。如图 5-28(a)、(b) 所示，高斯面 S_1 和 S_2 的两底面对称于中心平面，高为 $2|x|$，在两高斯面底面处分别用 E_1 和 E_2 表示场强的大小。根据高斯定理，当 $|x| < l/2$ 时，

$$E_1 \Delta S + E_1 \Delta S = \frac{1}{\varepsilon_0} \rho \cdot 2 \mid x \mid \Delta S$$

$$E_1 = \rho \cdot \mid x \mid / \varepsilon_0$$

$$E_{1x} = \rho x / \varepsilon_0$$

图　**5-27**

$|x| > l/2$ 时，

$$E_2 \Delta S + E_2 \Delta S = \frac{1}{\varepsilon_0} \rho l \Delta S$$

$$E_2 = \frac{\rho l}{2\varepsilon_0}$$

$$E_{2x} = \begin{cases} \dfrac{\rho l}{2\varepsilon_0}, & x > l/2 \\[3mm] -\dfrac{\rho l}{2\varepsilon_0}, & x < -l/2 \end{cases}$$

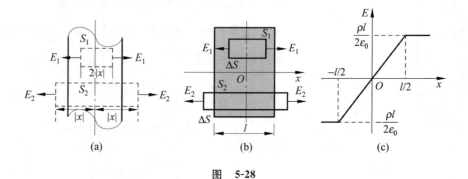

(a)　　　　　　　　(b)　　　　　　　　(c)

图　**5-28**

$E\text{-}x$ 曲线如图 5-28(c)所示。

5-11　一半径为 R 的带电球体,其电荷体密度分布为
$$\begin{cases} \rho = Cr, & r \leqslant R, \quad C \text{ 为常量} \\ \rho = 0, & r > R \end{cases}$$

试求:(1)带电球体的总电荷;

(2)球内、外各点的电场强度;

(3)球内、外各点的电势。

解:(1)在球内取半径为 r'、厚为 $\mathrm{d}r'$ 的薄球壳,该壳内所包含的电荷为
$$\mathrm{d}q = \rho \mathrm{d}V = Cr' 4\pi r'^2 \mathrm{d}r' = 4\pi C r'^3 \mathrm{d}r'$$

则球体所带的总电荷为
$$Q = \int_V \rho \mathrm{d}V = (4\pi C)\int_0^R r'^3 \mathrm{d}r' = \pi C R^4$$

(2)从电荷分布可知,空间电场具有球对称性,因此可在球内作一半径为 r 的高斯球面,由高斯定理有
$$4\pi r^2 E_1 = \frac{1}{\varepsilon_0}\int_0^r Cr' \cdot 4\pi r'^2 \mathrm{d}r' = \frac{\pi C r^4}{\varepsilon_0}$$

得
$$E_1 = \frac{C}{4\varepsilon_0}r^2, \quad r \leqslant R$$

$C>0$ 时,$\boldsymbol{E}_1$ 方向沿半径向外;$C<0$ 时,$\boldsymbol{E}_1$ 方向沿半径向内。

在球体外作半径为 r 的高斯球面,由高斯定理有
$$4\pi r^2 E_2 = \pi C R^4 / \varepsilon_0$$

得
$$E_2 = \frac{CR^4}{4\varepsilon_0 r^2}, \quad r > R$$

$C>0$ 时,$\boldsymbol{E}_2$ 方向沿半径向外;$C< 0$ 时,$\boldsymbol{E}_2$ 方向沿半径向内。

(3)球内电势
$$\varphi_1 = \int_r^R \boldsymbol{E}_1 \cdot \mathrm{d}\boldsymbol{r} + \int_R^\infty \boldsymbol{E}_2 \cdot \mathrm{d}\boldsymbol{r} = \int_r^R \frac{Cr^2}{4\varepsilon_0}\mathrm{d}r + \int_R^\infty \frac{CR^4}{4\varepsilon_0 r^2}\mathrm{d}r$$
$$= \frac{CR^3}{3\varepsilon_0} - \frac{Cr^3}{12\varepsilon_0} = \frac{C}{12\varepsilon_0}(4R^3 - r^3), \quad r \leqslant R$$

球外电势
$$\varphi_2 = \int_r^R \boldsymbol{E}_2 \cdot \mathrm{d}\boldsymbol{r} = \int_r^\infty \frac{CR^4}{4\varepsilon_0 r^2}\mathrm{d}r = \frac{CR^4}{4\varepsilon_0 r}, \quad r > R$$

5-12　如图 5-29 所示,一球形电容器(即两个同心的导体球壳),在外球壳的半径 R 及内外导体间的电势差 $\Delta\varphi$ 维持恒定的条件下,内球半径 r 为多大时才能使内球表面附近的电场强度最小?求这个最小电场强度的大小。

解:设内球壳带电量为 q,则根据高斯定理可得出两球壳之间半径为 r' 的同心球面上各点电场强度的大小为

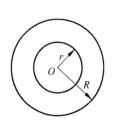

图　5-29

$$E = \frac{q}{4\pi\varepsilon_0 r'^2}$$

内外导体间的电势差

$$\Delta\varphi = \int_r^R \boldsymbol{E} \cdot \mathrm{d}\boldsymbol{r}' = \frac{q}{4\pi\varepsilon_0}\left(\frac{1}{r} - \frac{1}{R}\right)$$

当内外导体间电势差 $\Delta\varphi$ 为已知时,内球壳上所带电荷即可求出为

$$\frac{q}{4\pi\varepsilon_0} = \frac{rR}{R-r}\Delta\varphi$$

内球表面附近的电场强度大小为

$$E = \frac{q}{4\pi\varepsilon_0 r^2} = \frac{R}{r(R-r)}\Delta\varphi$$

欲求内球表面的最小场强,令$\dfrac{\mathrm{d}E}{\mathrm{d}r}=0$,则

$$\frac{\mathrm{d}E}{\mathrm{d}r} = R\Delta\varphi\left(\frac{1}{r(R-r)^2} - \frac{1}{r^2(R-r)}\right) = 0$$

得到

$$r = \frac{R}{2}, \quad 并有 \left.\frac{\mathrm{d}^2 E}{\mathrm{d}r^2}\right|_{r=R/2} > 0$$

可知这时有最小电场强度:

$$E_{\min} = \frac{R\Delta\varphi}{r(R-r)} = \frac{4\Delta\varphi}{R}$$

5-13　如图 5-30 所示,AB 为一根长为 $2L$ 的带电细棒,左半部均匀带有负电荷 $-q$,右半部均匀带有正电荷 q。O 点在棒的延长线上,距 A 端的距离为 L;P 点在棒的垂直平分线上,到棒的垂直距离为 L。以棒的中点 C 为电势的零点。求 O 点电势和 P 点电势。

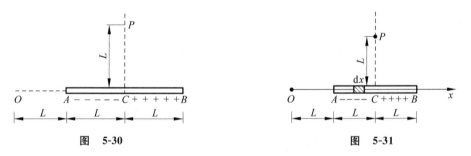

图　5-30　　　　　　　　　　　　　图　5-31

解：建立如图 5-31 所示的坐标系,在细棒上取一线电荷元,电量为 $\mathrm{d}q=\lambda\mathrm{d}x$,左半部 $\lambda_1=\dfrac{-q}{L}$,右半部 $\lambda_2=\dfrac{q}{L}$,以棒的中点 C 为电势的零点,则 $\varphi_C=0$ 与 $\varphi_\infty=0$ 等效,由点电荷电势和电势叠加原理可得 O 点电势

$$\varphi_O = \int_L^{2L} \frac{\lambda_1\mathrm{d}x}{4\pi\varepsilon_0 x} + \int_{2L}^{3L} \frac{\lambda_2\mathrm{d}x}{4\pi\varepsilon_0 x} = \frac{q}{4\pi\varepsilon_0 L}\ln\frac{3}{4}$$

P 点电势

$$\varphi_P = \int_L^{2L} \frac{\lambda_1\mathrm{d}x}{4\pi\varepsilon_0\left[(2L-x)^2+L^2\right]^{1/2}} + \int_{2L}^{3L} \frac{\lambda_2\mathrm{d}x}{4\pi\varepsilon_0\left[(3L-x)^2+L^2\right]^{1/2}} = 0$$

或由对称性可知,P 点电势

$$U_P = 0$$

5-14　如图 5-32 所示,两同心带电球面,内球面半径为 r_1,带电荷 q_1;外球面半径为 r_2,带电荷 q_2。设无穷远处电势为零,求空间的电势分布。

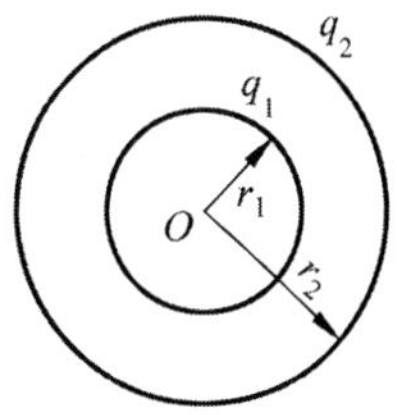

解:利用高斯定律 $\oiint\limits_{S} \boldsymbol{E} \cdot \mathrm{d}\boldsymbol{S} = \dfrac{1}{\varepsilon_0} \sum\limits_{S内} q$ 可求电场的分布。

图　5-32

$r \leqslant r_1$ 时,$4\pi r^2 E_1 = 0$,有

$$E_1 = 0$$

$r_1 < r \leqslant r_2$ 时,$4\pi r^2 E_2 = \dfrac{q_1}{\varepsilon_0}$,有

$$E_2 = \frac{q_1}{4\pi\varepsilon_0 r^2}$$

$r > r_2$ 时,$4\pi r^2 E_3 = \dfrac{q_1 + q_2}{\varepsilon_0}$,有

$$E_3 = \frac{q_1 + q_2}{4\pi\varepsilon_0 r^2}$$

离球心 r 处的电势:

$$\varphi_1 = \int_r^{r_1} \boldsymbol{E}_1 \cdot \mathrm{d}\boldsymbol{r} + \int_{r_1}^{r_2} \boldsymbol{E}_2 \cdot \mathrm{d}\boldsymbol{r} + \int_{r_2}^{\infty} \boldsymbol{E}_3 \cdot \mathrm{d}\boldsymbol{r} = \int_{r_1}^{r_2} \frac{q_1}{4\pi\varepsilon_0 r^2} \mathrm{d}r + \int_{r_2}^{\infty} \frac{q_1 + q_2}{4\pi\varepsilon_0 r^2} \mathrm{d}r$$

$$= \frac{1}{4\pi\varepsilon_0} \left(\frac{q_1}{r_1} + \frac{q_2}{r_2} \right), \quad r < r_1$$

$$\varphi_2 = \int_r^{r_2} \boldsymbol{E}_2 \cdot \mathrm{d}\boldsymbol{r} + \int_{r_2}^{\infty} \boldsymbol{E}_3 \cdot \mathrm{d}\boldsymbol{r} = \frac{1}{4\pi\varepsilon_0} \left(\frac{q_1}{r} + \frac{q_2}{r_2} \right), \quad r_1 < r \leqslant r_2$$

$$\varphi_3 = \int_r^{\infty} \boldsymbol{E}_3 \cdot \mathrm{d}\boldsymbol{r} = \frac{q_1 + q_2}{4\pi\varepsilon_0 r}, \quad r > r_2$$

5-15　一无限长均匀带电圆柱体,半径为 R,沿轴线方向的电荷线密度为 λ,试分别以轴线和圆柱表面为电势零点,求空间的电势分布。

解:由对称性分析知,空间电场具有轴对称性,利用高斯定律:

$$\oiint\limits_{S} \boldsymbol{E} \cdot \mathrm{d}\boldsymbol{S} = \frac{1}{\varepsilon_0} \sum\limits_{S内} q$$

可求电场的分布。

$r \leqslant R$ 时,$2\pi r L E_1 = \dfrac{\lambda L \cdot \dfrac{\pi r^2}{\pi R^2}}{\varepsilon_0}$,有

$$E_1 = \frac{\lambda r}{2\pi\varepsilon_0 R^2}$$

$r > R$ 时,$2\pi r L E_2 = \dfrac{\lambda L}{\varepsilon_0}$,有

$$E_2 = \frac{\lambda}{2\pi\varepsilon_0 r}$$

若以轴线为电势零点,离轴线 r 处的电势:

$$\varphi_1 = \int_r^0 \boldsymbol{E}_1 \cdot \mathrm{d}\boldsymbol{r} = \int_r^0 \frac{\lambda r}{2\pi\varepsilon_0 R^2} \mathrm{d}r = -\frac{\lambda r^2}{4\pi\varepsilon_0 R^2}, \quad r < R$$

$$\varphi_2 = \int_r^R \boldsymbol{E}_2 \cdot \mathrm{d}\boldsymbol{r} + \int_R^0 \boldsymbol{E}_1 \cdot \mathrm{d}\boldsymbol{r} = \int_r^R \frac{\lambda}{2\pi\varepsilon_0 r} \mathrm{d}\boldsymbol{r} + \int_R^0 \frac{\lambda r}{2\pi\varepsilon_0 R^2} \mathrm{d}\boldsymbol{r}$$

$$= \frac{\lambda}{4\pi\varepsilon_0} \Big(2\ln\frac{R}{r} - 1 \Big), \quad r \geqslant R$$

若以圆柱表面为电势零点,离轴线 r 处的电势:

$$\varphi_1 = \int_r^R \boldsymbol{E}_1 \cdot \mathrm{d}\boldsymbol{r} = \int_r^R \frac{\lambda r}{2\pi\varepsilon_0 R^2} \mathrm{d}\boldsymbol{r} = \frac{\lambda}{4\pi\varepsilon_0 R^2} (R^2 - r^2), \quad r < R$$

$$\varphi_2 = \int_r^R \boldsymbol{E}_2 \cdot \mathrm{d}\boldsymbol{r} = \int_r^R \frac{\lambda}{2\pi\varepsilon_0 r} \mathrm{d}\boldsymbol{r} = \frac{\lambda}{2\pi\varepsilon_0} \ln\frac{R}{r}, \quad r \geqslant R$$

5-16 如图 5-33 所示,一个均匀带电的球壳层,其电荷体密度为 ρ,球壳层内表面半径为 R_1,外表面半径为 R_2。设无穷远处为电势零点,求空间电势分布。

解:从电荷分布可知,空间电场具有球对称性,由高斯定理可知空腔内 $E_1 = 0$,故带电球壳层的空腔是等势区。

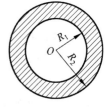

图　5-33

对于球壳层内的一点 P,$R_1 \leqslant r \leqslant R_2$,作一过该点半径为 r 的高斯球面,设该高斯球面所围的电量为 q,为计算 q,可在球壳层内取半径为 $r' \to r' + \mathrm{d}r'$ 的薄球层。其电荷为

$$\mathrm{d}q = \rho 4\pi r'^2 \mathrm{d}r'$$

$$q = \int_{R_1}^r \rho 4\pi r'^2 \mathrm{d}r' = \frac{4}{3}\pi\rho(r^3 - R_1^3)$$

由高斯定理有

$$4\pi r^2 E_2 = \frac{q}{\varepsilon_0} = \frac{4}{3\varepsilon_0}\pi\rho(r^3 - R_1^3)$$

$$E_2 = \frac{\rho}{3\varepsilon_0} \Big(r - \frac{R_1^3}{r^2} \Big), \quad R_1 \leqslant r \leqslant R_2$$

当 $r > R_2$ 时,作半径为 r 的高斯球面,设该高斯球面所围的电量为 Q,则

$$Q = \int_{R_1}^{R_2} \rho 4\pi r'^2 \mathrm{d}r' = \frac{4}{3}\pi\rho(R_2^3 - R_1^3)$$

所以

$$4\pi r^2 E_3 = \frac{Q}{\varepsilon_0} = \frac{4}{3\varepsilon_0}\pi\rho(R_2^3 - R_1^3)$$

$$E_3 = \frac{\rho}{3\varepsilon_0 r^2} (R_2^3 - R_1^3), \quad r > R_2$$

可利用电势与场强的积分关系来确定空间的电势分布。

当 $r \leqslant R_1$ 时,

$$\varphi_1 = \int_r^{R_1} \boldsymbol{E}_1 \cdot \mathrm{d}\boldsymbol{r} + \int_{R_1}^{R_2} \boldsymbol{E}_2 \cdot \mathrm{d}\boldsymbol{r} + \int_{R_2}^\infty \boldsymbol{E}_3 \cdot \mathrm{d}\boldsymbol{r}$$

$$= 0 + \int_{R_1}^{R_2} \frac{\rho}{3\varepsilon_0} \Big(r - \frac{R_1^3}{r^2} \Big) \mathrm{d}r + \int_{R_2}^\infty \frac{\rho}{3\varepsilon_0 r^2} (R_2^3 - R_1^3) \mathrm{d}r$$

$$\varphi_1 = \frac{\rho}{2\varepsilon_0} (R_2^2 - R_1^2), \quad r \leqslant R_1$$

当 $R_1 \leqslant r \leqslant R_2$ 时,

$$\varphi_2 = \int_r^{R_2} \mathbf{E}_2 \cdot \mathrm{d}\mathbf{r} + \int_{R_2}^{\infty} \mathbf{E}_3 \cdot \mathrm{d}\mathbf{r} = \int_r^{R_2} \frac{\rho}{3\varepsilon_0}\left(r - \frac{R_1^3}{r^2}\right)\mathrm{d}r + \int_{R_2}^{\infty} \frac{\rho}{3\varepsilon_0 r^2}(R_2^3 - R_1^3)\mathrm{d}r$$

$$\varphi_2 = \frac{\rho}{6\varepsilon_0}\left(3R_2^2 - r^2 - \frac{2R_1^3}{r}\right), \quad R_1 \leqslant r \leqslant R_2$$

当 $r > R_2$ 时，

$$\varphi_3 = \int_r^{\infty} \mathbf{E}_3 \cdot \mathrm{d}\mathbf{r} = \int_r^{\infty} \frac{\rho}{3\varepsilon_0 r^2}(R_2^3 - R_1^3)\mathrm{d}r$$

$$\varphi_3 = \frac{\rho}{3\varepsilon_0 r}(R_2^3 - R_1^3), \quad r > R_2$$

5-17　一半径为 R 的均匀带电圆盘，电荷面密度为 σ。求此圆盘中垂轴上的电势分布。

解：如图 5-34 所示，选 x 轴与盘轴线重合，原点在盘上。把圆盘分成无限个圆环，以 O 点为圆心，内半径为 r，外半径为 $r+\mathrm{d}r$，圆环的面积 $\mathrm{d}S = 2\pi r \cdot \mathrm{d}r$，所带的电量 $\mathrm{d}q = \sigma 2\pi r\mathrm{d}r$，在轴上一点 P 产生的电势为

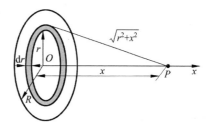

$$\mathrm{d}\varphi_P = \frac{\mathrm{d}q}{4\pi\varepsilon_0 \sqrt{x^2 + r^2}} = \frac{\sigma \cdot 2\pi r\mathrm{d}r}{4\pi\varepsilon_0 \sqrt{x^2 + r^2}}$$

$$= \frac{\sigma r\mathrm{d}r}{2\varepsilon_0 \sqrt{x^2 + r^2}}$$

图　5-34

整个盘在 P 点产生的电势为

$$\varphi_P = \int \mathrm{d}\varphi_P = \int_0^R \frac{\sigma r\mathrm{d}r}{2\varepsilon_0 \sqrt{x^2 + r^2}} = \frac{\sigma}{4\varepsilon_0}\int_0^R \frac{\mathrm{d}r^2}{\sqrt{x^2 + r^2}} = \frac{\sigma}{2\varepsilon_0} \sqrt{x^2 + r^2}\,\Big|_0^R$$

$$= \frac{\sigma}{2\varepsilon_0}\left(\sqrt{x^2 + R^2} - x\right)$$

5-18　电荷面密度分别为 $+\sigma$ 和 $-\sigma$ 的两块无限大均匀带电平行平面，分别与 x 轴垂直相交于 $x_1 = b, x_2 = -b$ 两点，如图 5-35 所示。设坐标原点 O 处电势为零，试求空间的电势分布表示式并画出其曲线。

解：由高斯定理可得场强分布为

$$E = -\sigma/\varepsilon_0, \quad -b < x < b$$

$$E = 0, \quad -\infty < x < -b, \quad b < x < +\infty$$

由此可求电势分布，如图 5-36 所示：在 $-\infty < x \leqslant -b$ 区间，

$$\varphi = \int_x^0 E\mathrm{d}x = \int_x^{-b} 0\mathrm{d}x + \int_{-b}^0 -\sigma\mathrm{d}x/\varepsilon_0 = -\sigma b/\varepsilon_0$$

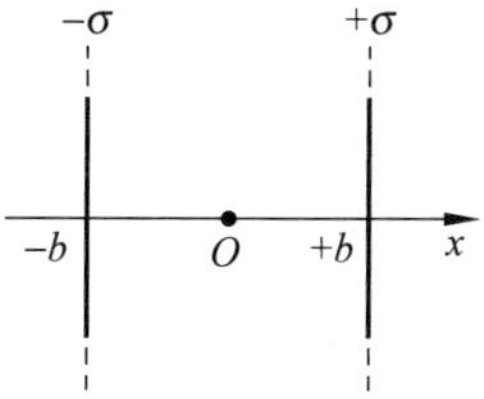

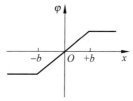

图　5-35

图　5-36

在 $-b \leqslant x \leqslant b$ 区间，

$$\varphi = \int_x^0 E \mathrm{d}x = \int_x^0 \frac{-\sigma}{\varepsilon_0} \mathrm{d}x = \frac{\sigma x}{\varepsilon_0}$$

在 $b \leqslant x < \infty$ 区间，

$$\varphi = \int_x^0 E \mathrm{d}x = \int_x^b 0 \mathrm{d}x + \int_b^0 \frac{-\sigma}{\varepsilon_0} \mathrm{d}x = \frac{\sigma b}{\varepsilon_0}$$

5-19　一无限大平面中部有一半径为 r_0 的圆孔，设平面上均匀带电，电荷面密度为 σ，如图 5-37 所示。试求通过小孔中心 O 并与平面垂直的直线上各点的场强和电势（提示：选 O 点的电势为零）。

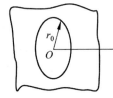

图　5-37

解：将题中的电荷分布看作面密度为 σ 的大平面和面密度为 $-\sigma$ 的圆盘叠加的结果。

选 x 轴垂直于平面，坐标原点 O 在圆盘中心，大平面在 x 处产生的场强为

$$E_1 = \frac{\sigma x}{2\varepsilon_0 \mid x \mid} i$$

圆盘在该处的场强为

$$E_2 = \frac{-\sigma x}{2\varepsilon_0} \left(\frac{1}{\mid x \mid} - \frac{1}{\sqrt{r_0^2 + x^2}} \right) i$$

则

$$E = E_1 + E_2 = \frac{\sigma x}{2\varepsilon_0 \sqrt{r_0^2 + x^2}} i$$

利用电势的定义有

$$\varphi = \int_x^0 E \cdot \mathrm{d}l$$

这里 $\mathrm{d}l = \mathrm{d}x \cdot i$，所以，该点电势为

$$\varphi = \int_x^0 \frac{\sigma}{2\varepsilon_0} \cdot \frac{x \mathrm{d}x}{\sqrt{r_0^2 + x^2}} = \frac{\sigma}{2\varepsilon_0}(r_0 - \sqrt{r_0^2 + x^2})$$

5-20　如图 5-38 所示，一锥顶角为 θ 的圆台，上下底面半径分别为 r 和 R，在它的侧面上均匀带电，电荷面密度为 σ，求顶点 O 的电势。（以无穷远处为电势零点）

解：以顶点为原点，沿轴线方向竖直向下为 x 轴，在侧面上取环面微元，如图 5-39 所示。易知，环面圆半径为 $r' = x \tan \dfrac{\theta}{2}$，环面圆宽 $\mathrm{d}l = \dfrac{\mathrm{d}x}{\cos \dfrac{\theta}{2}}$，则

$$\mathrm{d}S = 2\pi r' \cdot \mathrm{d}l = 2\pi \cdot x \tan \frac{\theta}{2} \cdot \frac{\mathrm{d}x}{\cos \dfrac{\theta}{2}}$$

利用带电量为 q 的圆环在垂直环轴线上 O 处电势的表达式

$$\varphi_{环} = \frac{1}{4\pi\varepsilon_0} \cdot \frac{q}{\sqrt{r'^2 + x^2}}$$

因此，环面微元在 O 处的电势有：

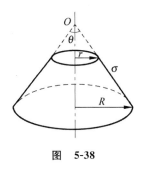

图　5-38

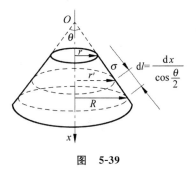

图　5-39

$$\mathrm{d}\varphi = \frac{1}{4\pi\varepsilon_0} \cdot \frac{\sigma \times 2\pi \cdot x\tan\frac{\theta}{2} \cdot \dfrac{\mathrm{d}x}{\cos\frac{\theta}{2}}}{\sqrt{\left(x\tan\frac{\theta}{2}\right)^2 + x^2}} = \frac{\sigma}{2\varepsilon_0} \cdot \tan\frac{\theta}{2}\mathrm{d}x$$

考虑到圆台上下底的坐标为 $x_1 = r\cot\frac{\theta}{2}$，$x_2 = R\cot\frac{\theta}{2}$，则

$$\varphi = \int_{x_1}^{x_2} \frac{\sigma}{2\varepsilon_0} \cdot \tan\frac{\theta}{2}\mathrm{d}x = \frac{\sigma}{2\varepsilon_0} \cdot \tan\frac{\theta}{2}\int_{r\cot\frac{\theta}{2}}^{R\cot\frac{\theta}{2}} \mathrm{d}x = \frac{\sigma(R-r)}{2\varepsilon_0}$$

5-21　有两根半径都是 r 的"无限长"直导线，彼此平行放置，两者轴线的距离是 $d(d \geqslant 2r)$，沿轴线方向单位长度上分别带有 $+\lambda$ 和 $-\lambda$ 的电荷，如图 5-40 所示。设两带电导线之间的相互作用不影响它们的电荷分布，试求两导线间的电势差。

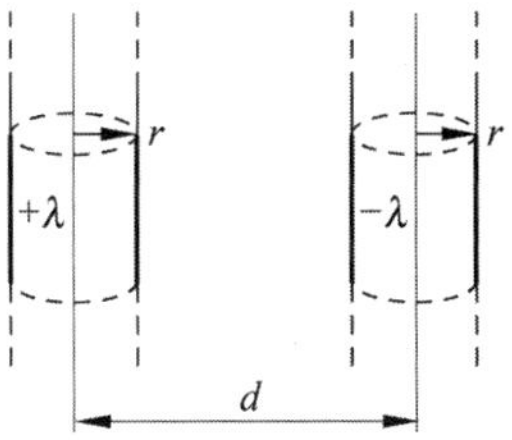

解：设原点 O 在左边导线的轴线上，x 轴通过两导线的轴线并与之垂直。在两轴线组成的平面上，在 $r < x < (d-r)$ 区域内，离原点距离 x 处的 P 点场强为

图　5-40

$$E = E_+ + E_- = \frac{\lambda}{2\pi\varepsilon_0 x} + \frac{\lambda}{2\pi\varepsilon_0(d-x)}$$

则两导线间的电势差

$$U = \int_r^{d-r} E\,\mathrm{d}x = \frac{\lambda}{2\pi\varepsilon_0}\int_r^{d-r}\left(\frac{1}{x} + \frac{1}{d-x}\right)\mathrm{d}x = \frac{\lambda}{2\pi\varepsilon_0}\left[\ln x - \ln(d-x)\right]\Big|_r^{d-r}$$

$$= \frac{\lambda}{2\pi\varepsilon_0}\left(\ln\frac{d-r}{r} - \ln\frac{r}{d-r}\right) = \frac{\lambda}{\pi\varepsilon_0}\ln\frac{d-r}{r}$$

5-22　两无限长共轴均匀带电圆柱面，半径分别为 R_1 和 R_2，沿轴向的电荷线密度分别为 $+\lambda$ 和 $-\lambda$。试求两筒之间的电势差。

解：由于电荷分布是均匀对称的，所以电介质中的电场也是柱对称的，电场强度的方向沿柱面的径矢方向。由高斯定理可求得两柱面间一点的电场强度为

$$\boldsymbol{E} = \frac{\lambda}{2\pi\varepsilon_0 r}\boldsymbol{e}_r$$

由电势差的定义得两圆柱面间的电势差为

$$U = \int_l \boldsymbol{E} \cdot \mathrm{d}\boldsymbol{r} = \frac{\lambda}{2\pi\varepsilon_0}\int_{R_1}^{R_2}\frac{\mathrm{d}r}{r} = \frac{\lambda}{2\pi\varepsilon_0}\ln\frac{R_2}{R_1}$$

5-23 一空气平板电容器,极板 A、B 的面积都是 S,极板间距离为 d。接上电源后,A 板电势 $\varphi_A = \varepsilon$,B 板电势 $\varphi_B = 0$。现将一带有电荷 Q、面积也是 S 而厚度可忽略的导体片 C 平行插在两极板的中间位置,如图 5-41(a)所示,试求导体片 C 的电势。

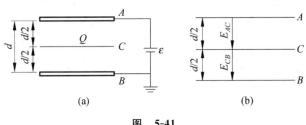

图　5-41

解:如图 5-41(b)所示,设 A 板的电荷面密度为 σ_A,则 C 板与 A 板相对一侧的电荷面密度为 $-\sigma_A$,而另一侧的电荷面密度为 $\sigma_A + \sigma$,其中 $\sigma = \dfrac{Q}{S}$,因此

$$E_{AC} = \frac{\sigma_A}{\varepsilon_0}, \quad E_{CB} = \frac{\sigma_A + \sigma}{\varepsilon_0}$$

由题意知

$$\varepsilon = E_{AC} \cdot \frac{d}{2} + E_{CB} \cdot \frac{d}{2}$$

所以

$$\varepsilon = \frac{\sigma_A d}{\varepsilon_0} + \frac{Qd}{2\varepsilon_0 S}$$

得到

$$\sigma_A = \left(\varepsilon - \frac{Qd}{2\varepsilon_0 S} \right) \frac{\varepsilon_0}{d}$$

故,导体片 C 的电势为

$$\varphi_C = \Delta\varphi_{CB} = E_{CB} \cdot \frac{d}{2} = \frac{\sigma_A + \sigma}{\varepsilon_0} \cdot \frac{d}{2} = \frac{1}{2} \left(\varepsilon + \frac{Q}{2\varepsilon_0 S} d \right)$$

5-24 如图 5-42 所示,在点电荷 $+Q$ 产生的电场中,将试验电荷 q 沿半径为 R 的 3/4 圆弧轨道由 A 点移到 B 点的过程中电场力做功为多少? 从 B 点移到无穷远处的过程中,电场力做功为多少?

解:静电场力是保守力,做功与路径无关。由于 A 点和 B 点的电势相同,所以,从 A 点移到 B 点的过程中电场力做功

$$A_{AB} = q(\varphi_A - \varphi_B) = 0$$

从 B 点移到无穷远处的过程中,电场力做功为

$$A_{B \to \infty} = q(\varphi_B - \varphi_\infty) = q\left(\frac{Q}{4\pi\varepsilon_0 R} - 0 \right) = \frac{Qq}{4\pi\varepsilon_0 R}$$

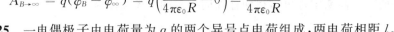

图　5-42

5-25 一电偶极子由电荷量为 q 的两个异号点电荷组成,两电荷相距 l。将该电偶极子放在场强大小为 E 的均匀电场中,试求:

(1) 电场作用于电偶极子的最大力矩;

(2) 电偶极子从受最大力矩的位置转到平衡位置过程中,电场力做的功。

解：(1) 如图 5-43 所示，电偶极子在均匀电场中所受力矩为

$$\boldsymbol{M} = \boldsymbol{p} \times \boldsymbol{E}$$

其大小

$$M = pE\sin\theta = qlE\sin\theta$$

当 $\theta = \pi/2$ 时，所受力矩最大，

$$M_{max} = qlE$$

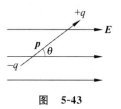

图　5-43

(2) 电偶极子在力矩作用下，从受最大力矩的位置转到平衡位置($\theta = 0$)过程中，电场力所做的功为

$$A = \int_{\pi/2}^{0} -M\mathrm{d}\theta = -qlE\int_{\pi/2}^{0}\sin\theta\mathrm{d}\theta = qlE$$

5-26　如图 5-44(a)所示，半径为 R 的均匀带电球面，带有电荷 Q，沿某一半径方向上有一均匀带电细线，电荷线密度为 λ，长度为 l，细线左端离球心距离为 a。设球和线上的电荷分布不受相互作用影响，试求细线所受球面电荷的电场力和细线在该电场中的电势能(设无穷远处的电势为零)。

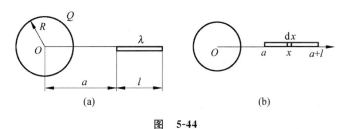

图　5-44

解：如图 5-44(b)所示，设 x 轴沿细线方向，原点在球心处，在 x 处取线元 $\mathrm{d}x$，其上电荷为

$$\mathrm{d}q = \lambda\mathrm{d}x$$

在均匀带电细线区域，球面电场的分布

$$E = \frac{Q}{4\pi\varepsilon_0 x^2}$$

该线元在带电球面的电场中所受电场力为

$$\mathrm{d}F = \frac{Q\lambda\mathrm{d}x}{4\pi\varepsilon_0 x^2}$$

整个细线所受电场力为

$$F = \frac{Q\lambda}{4\pi\varepsilon_0}\int_a^{a+l}\frac{\mathrm{d}x}{x^2} = \frac{Q\lambda l}{4\pi\varepsilon_0 a(a+l)}$$

方向沿 x 正方向。

由于均匀带电球面在球面外的电势分布为

$$\varphi = \frac{Q}{4\pi\varepsilon_0 x}$$

对细线上的微元 $\mathrm{d}q$，所具有的电势能为

$$\mathrm{d}W = \frac{Q\lambda\mathrm{d}x}{4\pi\varepsilon_0 x}$$

整个线电荷在电场中具有电势能

$$W = \frac{q\lambda}{4\pi\varepsilon_0} \int_a^{a+l} \frac{\mathrm{d}x}{x} = \frac{Q\lambda}{4\pi\varepsilon_0} \ln\left(\frac{a+l}{a}\right)$$

5-27　电荷量 q 均匀分布在沿 z 轴放置的长为 $2L$ 的直杆上，如图 5-45(a)所示。求直杆的中垂面上距离杆中心 O 为 r 处的 $P(x,y,z)$ 点的电势 φ，并用电势梯度法求电场强度 $\boldsymbol{E}$。

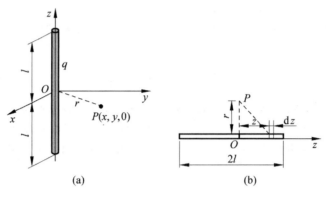

图　5-45

解：杆的电荷线密度 $\lambda = q/(2l)$。在 z 处取电荷元 $\mathrm{d}q$，如图 5-45(b)所示，则有

$$\mathrm{d}q = \lambda\mathrm{d}z = q\mathrm{d}z/(2l)$$

它在 P 点产生的电势

$$\mathrm{d}\varphi_P = \frac{\mathrm{d}q}{4\pi\varepsilon_0 \sqrt{r^2+z^2}} = \frac{q\mathrm{d}z}{8\pi\varepsilon_0 l \sqrt{r^2+z^2}}$$

整个杆上电荷产生的电势

$$\varphi_P = \frac{q}{8\pi\varepsilon_0 l} \int_{-l}^{l} \frac{\mathrm{d}z}{\sqrt{r^2+z^2}} = \frac{q}{8\pi\varepsilon_0 l} \ln(z + \sqrt{r^2+z^2}) \,\Big|_{-l}^{l}$$

$$= \frac{q}{8\pi\varepsilon_0 l} \ln\left(\frac{l+\sqrt{r^2+l^2}}{r}\right)^2 = \frac{q}{4\pi\varepsilon_0 l} \ln\left(\frac{l+\sqrt{r^2+l^2}}{r}\right)$$

由对称性分析可知，P 点的场强 $\boldsymbol{E}$ 在 Oxy 平面内沿 r 的径向方向，因此

$$\boldsymbol{E}_P = -\frac{\mathrm{d}\varphi}{\mathrm{d}r}\boldsymbol{e}_r = -\frac{\mathrm{d}}{\mathrm{d}r}\left(\frac{q}{4\pi\varepsilon_0 l} \ln\frac{l+\sqrt{r^2+l^2}}{r}\right)\boldsymbol{e}_r = \frac{q}{4\pi\varepsilon_0 r \sqrt{r^2+l^2}}\boldsymbol{e}_r$$

式中，$\boldsymbol{e}_r$ 为 Oxy 平面内沿 OP 直线向外方向的单位矢量。

讨论题

如图 5-46 所示，对一个质量为 m、电量为 Q 的粒子，应用能量守恒得

$$\frac{1}{2}mv^2 + QK\frac{\cos\theta}{r^2} = \frac{1}{2}mv_0^2 + QK\frac{\cos(\pi/2)}{r^2} = 0$$

那么可以把粒子在角 θ 时的速度表示为

$$v = \sqrt{-2\frac{QK}{mr^2}\cos\theta}, \quad \pi/2 \leqslant \theta \leqslant \pi$$

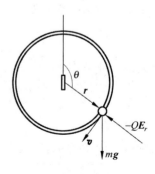

图　5-46

圆周运动需要径向分力 mv^2/r，作用于单位电荷的径向力来源于电偶极子（即电场的径向分量的效果），可以由电能对 r 的负偏导数：

$$E_r = -\frac{\partial \Phi}{\partial r} = 2\frac{K\cos\theta}{r^3}$$

利用速度表达式，得到 QE_r 恰好等于 $-mv^2/r$，所需的向心力。这样在圆环中，环不需要作用任何力与粒子来维持其圆周运动。如果环不在那里，粒子将会沿圆形轨道运动直到它到达与它出发点相对的点，粒子会在那里停止，接着再次重复它原来的路径作一种周期运动。这种运动对时间的周期，正好等于一个单摆从 90°位移处释放并在重力作用下运动的时间。

四、自　测　题

（一）选择题

1. 下列几个说法中哪一个是正确的？（　　）

   A. 电场中某点场强的方向，就是将点电荷放在该点所受电场力的方向

   B. 在以点电荷为中心的球面上，由该点电荷所产生的场强处处相同

   C. 场强可由 $E = F/q$ 定出，其中 q 为试验电荷，q 可正、可负，F 为试验电荷所受的电场力

   D. 以上说法都不正确

2. 高斯定理 $\oint_S E \cdot dS = \int_V \rho dV/\varepsilon_0$（　　）。

   A. 适用于任何静电场

   B. 只适用于真空中的静电场

   C. 只适用于具有球对称性、轴对称性和平面对称性的静电场

   D. 只适用于虽然不具有（C）中所述的对称性，但可以找到合适的高斯面的静电场

3. 一个带负电荷的质点，在电场力作用下从 A 点经 C 点运动到 B 点，其运动轨迹如图 5-47 所示。已知质点运动的速率是递减的，图中关于 C 点场强方向的 4 个图示中正确的是（　　）。

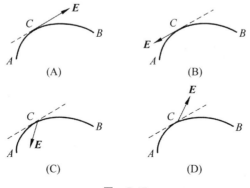

图　5-47

4. 在图 5-48 所给曲线中,半径为 R 的均匀带电球体的静电场中各点的电场强度的大小 E 与距球心的距离 r 的关系曲线为(　　)。

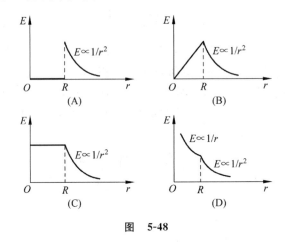

图　5-48

5. 下面列出的真空中静电场的场强公式,其中哪个是正确的? (　　)

A. 点电荷 q 的电场:$E = \dfrac{q}{4\pi\varepsilon_0 r^2}$($r$ 为点电荷到场点的距离)

B. "无限长"均匀带电直线(电荷线密度为 λ)的电场:$E = \dfrac{\lambda}{2\pi\varepsilon_0 r^3}r$($r$ 为带电直线到场点的垂直于直线的矢量)

C. "无限大"均匀带电平面(电荷面密度为 σ)的电场:$E = \dfrac{\sigma}{2\varepsilon_0}$

D. 半径为 R 的均匀带电球面(电荷面密度为 σ)外的电场:$E = \dfrac{\sigma R^2}{\varepsilon_0 r^3}r$

(r 为球心到场点的矢量)

6. 如图 5-49 所示,两块面积均为 S 的金属平板 A 和 B 彼此平行放置,板间距离为 d(d 远小于板的线度),设 A 板带有电荷 q_1,B 板带有电荷 q_2,则 AB 两板间的电势差 U_{AB} 为(　　)。

A. $\dfrac{q_1+q_2}{2\varepsilon_0 S}d$ 　　　　B. $\dfrac{q_1+q_2}{4\varepsilon_0 S}d$ 　　　　C. $\dfrac{q_1-q_2}{2\varepsilon_0 S}d$ 　　　　D. $\dfrac{q_1-q_2}{4\varepsilon_0 S}d$

7. 真空中一半径为 R 的球面均匀带电 Q,在球心 O 处有一带电量为 q 的点电荷,如图 5-50 所示,设无穷远处为电势零点,则在球内离球心 O 距离为 r 的 P 点处的电势为(　　)。

A. $\dfrac{q}{4\pi\varepsilon_0 r}$ 　　　　B. $\dfrac{1}{4\pi\varepsilon_0}\left(\dfrac{q}{r}+\dfrac{Q}{R}\right)$ 　　C. $\dfrac{q+Q}{4\pi\varepsilon_0 r}$ 　　　　D. $\dfrac{1}{4\pi\varepsilon_0}\left(\dfrac{q}{r}+\dfrac{Q-q}{R}\right)$

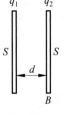

图　5-49

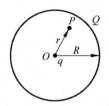

图　5-50

8. 如图 5-51 所示，一半径为 a 的"无限长"圆柱面上均匀带电，其电荷线密度为 λ。在它外面同轴地套一半径为 b 的薄金属圆筒，圆筒原先不带电，但与地连接。设地的电势为零，则在内圆柱面里面、距离轴线为 r 的 P 点的场强大小和电势分别为（　　）。

　　A. $E=0$，$U=\dfrac{\lambda}{2\pi\varepsilon_0}\ln\dfrac{a}{r}$ 　　　　　B. $E=\dfrac{\lambda}{2\pi\varepsilon_0 r}$，$U=\dfrac{\lambda}{2\pi\varepsilon_0}\ln\dfrac{b}{r}$

　　C. $E=0$，$U=\dfrac{\lambda}{2\pi\varepsilon_0}\ln\dfrac{b}{a}$ 　　　　　D. $E=\dfrac{\lambda}{2\pi\varepsilon_0 r}$，$U=\dfrac{\lambda}{2\pi\varepsilon_0}\ln\dfrac{b}{a}$

9. 在真空中半径分别为 R 和 $2R$ 的两个同心球面，其上分别均匀地带有电量 $+q$ 和 $-3q$，如图 5-52 所示。现将一电量为 $+Q$ 的带电粒子从内球面处由静止释放，则该粒子达到外球面时的动能为（　　）。

　　A. $\dfrac{qQ}{4\pi\varepsilon_0 R}$ 　　　　B. $\dfrac{qQ}{8\pi\varepsilon_0 R}$ 　　　　C. $\dfrac{qQ}{2\pi\varepsilon_0 R}$ 　　　　D. $\dfrac{3qQ}{8\pi\varepsilon_0 R}$

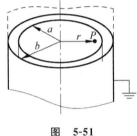

图　5-51

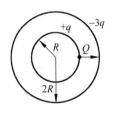

图　5-52

10. 如图 5-53 所示，直线 MN 长为 $2l$，弧 OCD 是以 N 点为中心、l 为半径的半圆弧，N 点有正电荷 $+q$，M 点有负电荷 $-q$。今将一试验电荷 $+q_0$ 从 O 点出发沿路径 $OCDP$ 移到无穷远处，设无穷远处电势为零，则电场力做功（　　）。

　　A. $A<0$，且为有限常量

　　B. $A>0$，且为有限常量

　　C. $A=\infty$

　　D. $A=0$

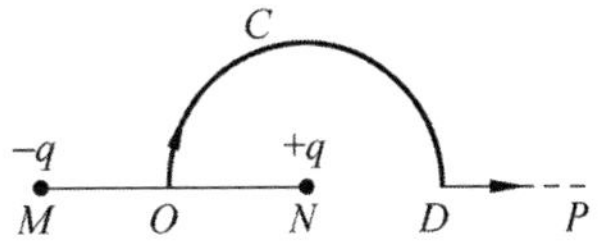

图　5-53

（二）填空题

1. （1）点电荷 q 位于边长为 a 的正方体的中心，通过此立方体的每一面的电通量为_____；

（2）若电荷移至正立方体的一个顶点上，那么通过每个面的电通量为_____。

2. 三个平行的"无限大"均匀带电平面，其电面密度都是 $+\sigma$，如图 5-54 所示，则 A、B、C、D 四个区域的电场强度分别为：$E_A=$ _____，$E_B=$ _____，$E_C=$ _____，$E_D=$ _____（设方向向右为正）。

3. 一半径为 R 的带有一缺口的细圆环，缺口长度为 $d(d\ll R)$，环上均匀带有正电，电荷为 q，如图 5-55 所示。则圆心 O 处的场强大小 $E=$ _____，场强方向为_____。

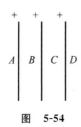

图　5-54

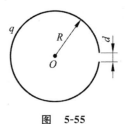

图　5-55

4．如图 5-56 所示，真空中两个正点电荷 Q，相距 $2R$。若以其中一点电荷所在处 O 点为中心，以 R 为半径作高斯球面 S，则通过该球面的电场强度通量＝_____；若以 r_0 表示高斯面外法线方向的单位矢量，则高斯面上 a、b 两点的电场强度分别为_____。

5．如图 5-57 所示，两同心带电球面，内球面半径为 $r_1=5$ cm，带电荷 $q_1=3\times10^{-8}$ C；外球面半径为 $r_2=20$ cm，带电荷 $q_2=-6\times10^{-8}$ C。设无穷远处电势为零，则空间另一电势为零的球面半径 $r=$_____。

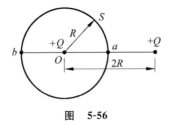

图　5-56

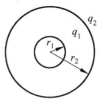

图　5-57

6．真空中一半径为 R 的均匀带电球面，总电荷为 Q。今在球面上挖去很小一块面积 ΔS（连同其上电荷），若电荷分布不改变，则挖去小块后球心处电势（设无穷远处电势为零）为_____。

7．一半径为 R 的均匀带电圆盘，电荷面密度为 σ，设无穷远处为电势零点，则圆盘中心 O 点的电势 $U=$_____。

8．已知某静电场的电势分布为 $\varphi=8x+12x^2y-20y^2$，则场强分布 $\boldsymbol{E}=$_____。

（三）计算题

1．如图 5-58 所示，两个点电荷 $+q$ 和 $-3q$，相距为 d。试问：

（1）在它们的连线上电场强度 $\boldsymbol{E}=\boldsymbol{0}$ 的点与电荷为 $+q$ 的点电荷相距多远？

（2）若选无穷远处电势为零，两点电荷之间电势 $\varphi=0$ 的点与电荷为 $+q$ 的点电荷相距多远？

2．一环形薄片由细绳悬吊着，环的外半径为 R，内半径为 $R/2$，并有电荷 Q 均匀分布在环面上。细绳长 $3R$，也有电荷 Q 均匀分布在绳上，如图 5-59 所示。试求圆环中心 O 处的电场强度（圆环中心在细绳延长线上）。

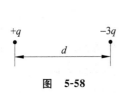

图　5-58

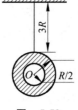

图　5-59

3. 如图 5-60 所示，一厚为 b 的"无限大"带电平板，其电荷体密度分布为 $\rho = kx$（$0 \leqslant x \leqslant b$），式中 k 为一正的常量。求：

（1）平板外两侧任一点 P_1 和 P_2 处的电场强度大小；

（2）平板内任一点 P 处的电场强度；

（3）场强为零的点在何处？

4. 电荷以相同的面密度 σ 分布在半径为 $r_1 = 10$ cm 和 $r_2 = 20$ cm 的两个同心球面上，设无限远处电势为零，球心处的电势为 $\varphi_0 = 300$ V。

（1）求电荷面密度 σ；

（2）若要使球心处的电势也为零，外球面上应放掉多少电荷？

5. 一半径为 R 的均匀带电细圆环，其电荷线密度为 λ，水平放置。今有一质量为 m、电荷为 q 的粒子沿圆环轴线自上而下向圆环的中心运动，如图 5-61 所示。已知该粒子在通过距环心高为 h 的一点时的速率为 v_1，试求该粒子到达环心时的速率。

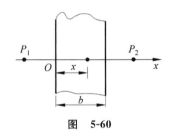

图　5-60

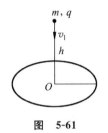

图　5-61

附：自测题答案

（一）选择题

1. C；　　2. A；　　3. D；　　4. B；　　5. D；　　6. C；　　7. B；

8. C；　　9. B；　　10. D

（二）填空题

1. （1）$\dfrac{q}{6\varepsilon_0}$；　　（2）$\dfrac{q}{24\varepsilon_0}$

2. $-3\sigma/(2\varepsilon_0)$，$-\sigma/(2\varepsilon_0)$，$\sigma/(2\varepsilon_0)$，$3\sigma/(2\varepsilon_0)$

3. $\dfrac{qd}{4\pi\varepsilon_0 R^2(2\pi R - d)} \approx \dfrac{qd}{8\pi^2\varepsilon_0 R^3}$；从 O 点指向缺口中心点

4. Q/ε_0；$\boldsymbol{E}_a = \boldsymbol{0}$，$\boldsymbol{E}_b = 5Q\boldsymbol{r}_0/(18\pi\varepsilon_0 R^2)$

5. 10 cm

6. $\dfrac{Q}{4\pi\varepsilon_0 R}\left(1 - \dfrac{\Delta S}{4\pi R^2}\right)$

7. $\sigma R/(2\varepsilon_0)$

8. $(-8 - 24xy)\boldsymbol{i} + (-12x^2 + 40y)\boldsymbol{j}$

（三）计算题

1. （1）$\dfrac{1}{2}(1+\sqrt{3})d$；（2）$d/4$

2. $\dfrac{Q}{16\pi\varepsilon_0 R^2}$，方向竖直向下

3. （1）$\dfrac{kb^2}{4\varepsilon_0}$；（2）$\dfrac{k}{2\varepsilon_0}\left(x^2-\dfrac{b^2}{2}\right)$，$0\leqslant x\leqslant b$；（3）$x=b/\sqrt{2}$

4. （1）$8.85\times10^{-9}\ \text{C/m}^2$；（2）$6.67\times10^{-9}\ \text{C}$

5. $\left[v_1^2+2gh-\dfrac{\lambda qR}{m\varepsilon_0}\left(\dfrac{1}{R}-\dfrac{1}{\sqrt{h^2+R^2}}\right)\right]^{1/2}$

第六章

静电场中的导体和电介质

一、主要内容

（一）静电场中的导体

1. 导体的静电平衡

导体放入静电场中，因导体中有自由电子，在电场的作用下自由电子产生移动，导体中的电荷将重新分布，这种现象称静电感应。电荷在导体中重新分布后即达到静电平衡。

平衡条件：$E_{int}=0$，$E_{表面}\perp$表面；或：导体为等势体，表面为等势面。

2. 导体表面的电场

导体表面附近的电场强度与该表面处的电荷面密度成正比，即

$$E=\frac{\sigma}{\varepsilon_0} \tag{6-1}$$

3. 静电平衡时导体上的电荷分布

（1）导体无空腔：电荷分布在导体外表面。

（2）导体有空腔

① 腔中无电荷：电荷分布在导体外表面。

② 腔中有电荷 q：腔内壁感应 $-q$，导体外表面感应 $+q$。

处于静电平衡的导体，其内部各处净电荷为零，电荷只能分布在表面；表面上各处的面电荷密度与该表面附近处的电场强度的大小成正比。表面各处的面电荷密度与表面的曲率有关，曲率越大的地方，面电荷密度也越大。

4. 静电屏蔽

由于空腔中的场强处处为零，放在空腔中的物体，就不会受到外电场的影响，所以空心导体对于放在它的空腔内的物体有保护作用，使物体不受外电场影响。

另一方面，一个接地的空心导体既可以屏蔽外电场对空腔内的影响，也可以屏蔽放在空腔内的带电体对空腔外带电体的静电作用。

（二）静电场中的电介质

1. 电介质的极化

电介质中虽然没有自由电子，但分子、原子中的带正电的原子核和带负电的束缚电子在

外电场的作用下也要发生微小的位移,使得在与电场垂直的表面出现了净余电荷层,这种现象称电介质的极化。电介质表面出现的净余电荷称极化电荷,极化电荷要产生附加的电场,它的方向与原场方向相反,因而使电介质中的场强减弱。

电介质中的电场强度

$$\boldsymbol{E} = \boldsymbol{E}_0 + \boldsymbol{E}' \qquad (6\text{-}2)$$

式中,$\boldsymbol{E}_0$ 为外电场,$\boldsymbol{E}'$ 为束缚电荷产生的电场。

电介质的极化有位移极化和取向极化两类,其中,无极分子电介质发生位移极化,有极分子电介质则以取向极化为主。

2. 极化强度矢量

电介质的极化程度用电极化强度 $\boldsymbol{P}$ 来描述,其定义为单位体积内分子电矩的矢量和:

$$\boldsymbol{P} = \frac{\sum \boldsymbol{p}_i}{\Delta V}$$

极化电荷面密度 σ' 与极化强度的关系为

$$\sigma' = \boldsymbol{P} \cdot \boldsymbol{n}$$

电介质表面极化电荷面密度在数值上等于极化强度沿介质表面外法线方向上的分量。

对于各向同性的电介质,其中每一点的电极化强度 $\boldsymbol{P}$ 与该点的电场强度 $\boldsymbol{E}$ 的关系为

$$\boldsymbol{P} = \chi_e \varepsilon_0 \boldsymbol{E} \qquad (6\text{-}3)$$

其中,χ_e 称为电介质的极化率。

3. 有介质时的高斯定理

引入电位移矢量

$$\boldsymbol{D} = \varepsilon_0 \boldsymbol{E} + \boldsymbol{P} \qquad (6\text{-}4)$$

高斯定理的普遍形式为

$$\oint_S \boldsymbol{D} \cdot \mathrm{d}\boldsymbol{S} = \sum q_{0i} \qquad (6\text{-}5)$$

通过任一闭曲面的电位移通量,在数值上等于闭合曲面所包围的自由电荷的代数和。

对于各向同性电介质,

$$\boldsymbol{D} = \varepsilon \boldsymbol{E} = \varepsilon_0 \varepsilon_r \boldsymbol{E} = \varepsilon_0 (1 + \chi_e) \boldsymbol{E} \qquad (6\text{-}6)$$

(三)电容和电容器

1. 孤立导体的电容

$$C = \frac{q}{U} \qquad (6\text{-}7)$$

即为导体所带的电量与导体的电势之比。(它只与导体本身的性质、形状、大小及周围的介质有关。)

2. 电容器及其电容

电容器是利用静电屏蔽设计的一种导体组合。

电容器的电容定义为

$$C = \frac{q}{\varphi_A - \varphi_B} \qquad (6\text{-}8)$$

即为电容器每块极板上的电量 Q 与两极板间电势差的比值。它表示电容器单位电压所容纳的电量。

不论什么形状的电容器,如果两极板是真空时的电容为 C_0,则两极板间充满某种电介质后的电容 C 就增为 C_0 的 ε_r 倍,即

$$C = C_0 \varepsilon_r$$

式中,ε_r 为该电介质的相对介电系数。

3. 几种典型电容器

平行板电容器的电容

$$C = \frac{\varepsilon S}{d} \qquad (6\text{-}9)$$

圆柱形电容器的电容

$$C = \frac{2\pi\varepsilon l}{\ln\dfrac{R_2}{R_1}} \qquad (6\text{-}10)$$

球形电容器的电容

$$C = \frac{4\pi\varepsilon R_A R_B}{R_B - R_A} \qquad (6\text{-}11)$$

4. 电容器的连接

电容器的性能规格中有两个主要指示,一是它的电容量;二是它的耐压能力。使用电容器时,两极板所加的电压不能超过所规定的耐压值,否则电容器就有被击穿的危险。在实际工作中,当遇到单独一个电容器不能满足要求时,可以把几个电容器并联或串联起来使用。

（1）串联

几个电容器的极板首尾相接(特点:各电容的电量相同)。总的电容为

$$\frac{1}{C} = \frac{1}{C_1} + \frac{1}{C_2} + \cdots + \frac{1}{C_n} \qquad (6\text{-}12)$$

即电容器串联时,总电容的倒数等于各电容器电容的倒数之和。

如果 n 个电容器的电容都相等,即 $C_1 = C_2 = \cdots = C_n$,串联后的总电容为 $C = C_1/n$,总电容变小了,但每个电容器两极板间的电势差为单独时的 $1/n$,大大减轻了被击穿的危险。

（2）并联

每个电容器的一端接在一起,另一端也接在一起(特点:每个电容器两端的电压相同,均为 $U_A - U_B$,但每个电容器上电量不一定相等)。总的电容为

$$C = C_1 + C_2 + C_3 + \cdots + C_n \qquad (6\text{-}13)$$

即电容器并联时,总电容等于各电容器电容之和。并联后总电容增加了。

以上是电容器的两种基本连接方法,实际上,还有混合连接法,即并联和串联一起应用。

（四）带电体系的静电能

1. 一般带电体系的静电能

由多个带电体组成的体系的静电能分为两部分。

（1）每个带电体系的自能：把这个带电体的每一小块无限远离时电场力所做的功，或把这个带电体的每一小块从无限远离状态放到一起组成这个带电体时外力所做的功。

（2）各个带电体之间的互能：把各个带电体无限远离时电场力所做的功，或把各个带电体从无限远离状态放到应有位置时外力所做的功。

点电荷系的互能

$$W = \frac{1}{2}\sum_{i=1}^{n} q_i \varphi_i \tag{6-14}$$

其中 φ_i 是除 q_i 外所有其他电荷在 q_i 所在处产生的电势。

电荷连续分布时的静电能

$$W_e = \frac{1}{2}\int \varphi \mathrm{d}q \tag{6-15}$$

2. 电容器的电能

$$W_e = \frac{Q^2}{2C} = \frac{1}{2}CU^2 = \frac{1}{2}QU \tag{6-16}$$

3. 静电场的能量

静电场的能量定域在电场中，电场才是能量的携带者。

电场的能量密度：

$$w_e = \frac{1}{2}\varepsilon E^2 = \frac{1}{2}\boldsymbol{D} \cdot \boldsymbol{E} \tag{6-17}$$

任一带电系统整个电场能量为

$$W_e = \int_V w_e \mathrm{d}V = \int_V \frac{1}{2}\varepsilon E^2 \mathrm{d}V \tag{6-18}$$

其中，积分区域遍及整个电场空间。

二、解 题 指 导

本章问题涉及的主要方法如下。

1. 计算有导体存在时的静电场分布问题的基本依据

（1）电荷守恒：导体上电荷重新分布时，其总电量不变。

（2）导体内电场为零：注意导体内的场强是导体表面上以及其他导体表面上的电荷分别产生的电场的叠加，可以得出电荷和电场的关系。

（3）高斯定律：利用场分布对称性及导体内场强为零，当高斯面选择在导体内部时，使高斯面上电通量为零，可得高斯面内的电荷总量关系。

（4）相互连接的导体静电平衡时的电势是相等的。

2. 导体接地时，表明导体和大地具有相同的电势，即 $\varphi=0$，导体上的电荷并不一定消失，其剩余电荷的多少及其分布由其电势为零来确定。

3. 在分析电容器的问题时，要注意 Q 是两板相对表面上各自所带电量的大小。两板间电压和板间电场强度的关系要具体分析，平行板电容器和圆柱形电容器或球形电容器的 φ-E 关系并不相同。

4. 求组合电容器的电容时首先要识别串联和并联。这要由各电容器带电情况决定。各相邻电容器带电依次正负相连且电量大小相等时为串联，各电容器相连的板带有同种电荷时为并联。

5. 在有电介质存在的情况下求电场 E 的分布时，一般应先根据自由电荷的分布求出 D 的分布，然后利用关系式 $D=\varepsilon_0\varepsilon_r E$，求 E 的分布。

本章重点是导体静电平衡时的电荷分布和电场分布，导体与电介质中电场的计算以及电容器和电场能量的计算。

本章难点在于理解两个或多个导体系统达静电平衡时的电荷分布以及掌握导体与电介质共存时各区域场强、电势和电场能量的计算方法。

例 6-1 （平板导体组的电荷分布）三平行导体板 A、B、C，面积均为 $S=200\ \text{cm}^2$。A、B 之间相距 $4\ \text{mm}$，A、C 之间相距 $2\ \text{mm}$，B、C 两板接地，如图 6-1 所示。若使 A 板带正电 $3\times10^{-7}\ \text{C}$，求：

（1）B、C 两板上的感应电荷各为多少？

（2）A 板电势为多大？

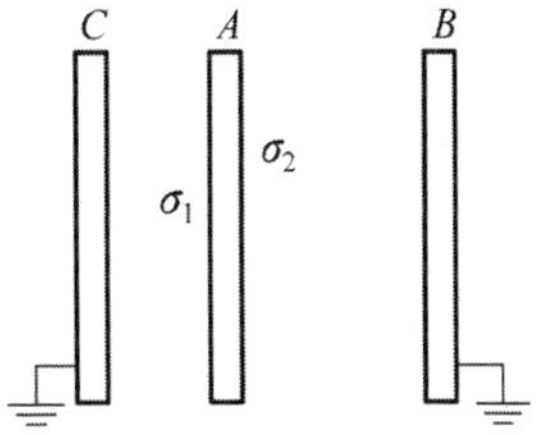

分析：由导体静电平衡性质及电荷守恒定律可求解。

解：（1）如图 6-1 所示，令 A 板左侧面电荷面密度为 σ_1，右侧面电荷面密度为 σ_2，则静电平衡时 C、B 两板在相对 A 板一侧表面的感应电荷面密度应分别为 $-\sigma_1$、$-\sigma_2$，因 B、C 两板接地，B、C 两板的外侧表面无电荷分布。

图 **6-1**

由于
$$U_{AC}=U_{AB}$$

即
$$E_{AC}d_{AC}=E_{AB}d_{AB}$$

又因
$$E_{AC}=\frac{\sigma_1}{\varepsilon_0},\quad E_{AB}=\frac{\sigma_2}{\varepsilon_0}$$

所以
$$\frac{\sigma_1}{\sigma_2}=\frac{E_{AC}}{E_{AB}}=\frac{d_{AB}}{d_{AC}}=2$$

由电荷守恒可得
$$\sigma_1+\sigma_2=\frac{q_A}{S}$$

解得

$$\sigma_2 = \frac{q_A}{3S}$$

$$\sigma_1 = \frac{2q_A}{3S}$$

故

$$q_C = -\sigma_1 S = -\frac{2}{3}q_A = -2 \times 10^{-7}(\text{C})$$

$$q_B = -\sigma_2 S = -1 \times 10^{-7}(\text{C})$$

（2）因 B、C 两板接地，故

$$\varphi_B = \varphi_C = 0$$

$$\varphi_A = E_{AC} \cdot d_{AC} = \frac{\sigma_1}{\varepsilon_0} d_{AC} = 2.26 \times 10^3(\text{V})$$

例 6-2 （球形导体组的电势分布）半径为 $R_1 = 1.0$ cm 的导体球，带有电荷 $q = 1.0 \times 10^{-10}$ C，球外有一个内外半径分别为 $R_2 = 3.0$ cm 和 $R_3 = 4.0$ cm 的同心导体球壳，壳上带有电荷 $Q = 11 \times 10^{-10}$ C。试计算：

（1）两球的电势 φ_1 和 φ_2；

（2）用导线把球和球壳接在一起后，φ_1 和 φ_2 分别是多少？

（3）若外球接地，φ_1 和 φ_2 分别为多少？

（4）若内球接地，φ_1 和 φ_2 分别为多少？

分析：本题可用电势叠加法求解，即根据均匀带电球面内任一点电势等于球面上电势，均匀带电球面外任一点电势等于将电荷集中于球心的点电荷在该点产生的电势。首先求出导体球表面和同心导体球壳内外表面的电荷分布。然后根据电荷分布和上述结论由电势叠加原理求得两球的电势。若两球用导线连接，则电荷将全部分布于外球壳的外表面，再求得其电势。

解：（1）据题意，静电平衡时导体球带电 $q = 1.0 \times 10^{-10}$ C，则导体球壳内表面带电为 $-q = -1.0 \times 10^{-10}$ C，导体球壳外表面带电为 $q + Q = 12 \times 10^{-10}$ C。所以，导体球电势 φ_1 和导体球壳电势 φ_2 分别为

$$\varphi_1 = \frac{1}{4\pi\varepsilon_0}\left(\frac{q}{R_1} - \frac{q}{R_2} + \frac{q+Q}{R_3}\right) = 330(\text{V})$$

$$\varphi_2 = \frac{1}{4\pi\varepsilon_0}\left(\frac{q}{R_3} - \frac{q}{R_3} + \frac{q+Q}{R_3}\right) = 270(\text{V})$$

（2）两球用导线相连后，导体球表面和同心导体球壳内表面的电荷中和，电荷全部分布于球壳外表面，两球成等势体，其电势为

$$\varphi' = \varphi_1 = \varphi_2 = \frac{1}{4\pi\varepsilon_0} \cdot \frac{q+Q}{R_3} = 270(\text{V})$$

（3）若外球接地，则球壳外表面的电荷消失，且 $\varphi_2 = 0$，有

$$\varphi_1 = \frac{1}{4\pi\varepsilon_0}\left(\frac{q}{R_1} - \frac{q}{R_2}\right) = 60(\text{V})$$

（4）若内球接地，设其表面电荷为 q'，而球壳内表面将出现 $-q'$，球壳外表面的电荷为 $Q + q'$。这些电荷在球心处产生的电势应等于零，即

$$\varphi_1 = \frac{1}{4\pi\varepsilon_0}\left(\frac{q'}{R_1} - \frac{q'}{R_2} + \frac{q'+Q}{R_3}\right) = 0$$

解得 $q' = -3 \times 10^{-10}$ C，则

$$\varphi_2 = \frac{1}{4\pi\varepsilon_0}\left(\frac{q'}{R_3} - \frac{q'}{R_3} + \frac{q'+Q}{R_3}\right) = 180(\text{V})$$

例 6-3　（无限长圆柱导体组的电荷分布）如图 6-2 所示，三个"无限长"的同轴导体圆柱面 A、B 和 C，半径分别为 R_a、R_b、R_c。圆柱面 B 上带电荷，A 和 C 都接地。求 B 的内表面上电荷线密度 λ_1 和外表面上电荷线密度 λ_2 之比值 λ_1/λ_2。

分析：当导体接地时，其电荷和周围带电分布有关，并不一定为零，根据导体静电平衡性质及电荷守恒定律，结合高斯定理和电势差的计算可求解本题。

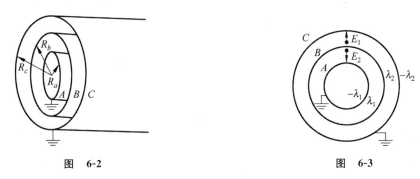

图　6-2　　　　　　　　　　　　图　6-3

解：设 B 上带正电荷，内表面上电荷线密度为 λ_1，外表面上电荷线密度为 λ_2，而 A、C 上相应地感应等量负电荷，如图 6-3 所示。利用高斯定理可得 A、B 间场强分布为

$$E_1 = \lambda_1/2\pi\varepsilon_0 r, \quad \text{方向由 } B \text{ 指向 } A$$

B、C 间场强分布为

$$E_2 = \lambda_2/2\pi\varepsilon_0 r, \quad \text{方向由 } B \text{ 指向 } C$$

B、A 间电势差

$$U_{BA} = \int_{R_b}^{R_a} \boldsymbol{E}_1 \cdot \mathrm{d}\boldsymbol{r} = -\frac{\lambda_1}{2\pi\varepsilon_0}\int_{R_b}^{R_a} \frac{\mathrm{d}r}{r} = \frac{\lambda_1}{2\pi\varepsilon_0}\ln\frac{R_b}{R_a}$$

B、C 间电势差

$$U_{BC} = \int_{R_b}^{R_c} \boldsymbol{E}_2 \cdot \mathrm{d}\boldsymbol{r} = \frac{\lambda_2}{2\pi\varepsilon_0}\int_{R_b}^{R_c} \frac{\mathrm{d}r}{r} = \frac{\lambda_2}{2\pi\varepsilon_0}\ln\frac{R_c}{R_b}$$

因 $U_{BA} = U_{BC}$，得到

$$\frac{\lambda_1}{\lambda_2} = \frac{\ln(R_c/R_b)}{\ln(R_b/R_a)}$$

例 6-4　（同心导体球壳的电势差）有直径为 16 cm 及 10 cm 的非常薄的两个铜制球壳，同心放置时，内球的电势为 2700 V，外球带有电荷量为 8.0×10^{-9} C。现把内球和外球接触，两球的电势各变化多少？

分析：根据静电平衡时的电荷分布和均匀带电球壳内外各区域的电势分布，可求得内球所带的电量。内外球相接触，意为构成整个导体，静电平衡时，导体内部无自由电荷，即内球的电量将全部移至外球壳，内外球为等势体。

解：设内球带电 q_1，外球带电 q_2，由球面电势叠加法，可求得内、外球电势为

$$\varphi_1 = \frac{q_1}{4\pi\varepsilon_0 R_1} + \frac{q_2}{4\pi\varepsilon_0 R_2}, \quad \varphi_2 = \frac{q_1 + q_2}{4\pi\varepsilon_0 R_2}$$

由已知的 φ_1、q_2 值,可得

$$q_1 = 4\pi\varepsilon_0 R_1 \varphi_1 - \frac{R_1 q_2}{R_2} = 1.0 \times 10^{-8}(C)$$

$$\varphi_2 = \frac{q_1 + q_2}{4\pi\varepsilon_0 R_2} = 2.03 \times 10^3(V)$$

两球相接触后,q_1 全部移至外球壳上,内外球为等势体,内球电势改变 $\Delta V = 2.7 \times 10^3 - 2.03 \times 10^3 = 6.7 \times 10^2(V)$,外球电势不变。

例 6-5 一大平行板电容器水平放置,两极板间的一半空间充有各向同性均匀电介质,另一半为空气,如图 6-4 所示。当两极板带上恒定的等量异号电荷时,有一个质量为 m、带电量为 $+q$ 的质点,在极板间的空气区域中处于平衡。此后,若把电介质抽去,则该质点( )。

A. 保持不动   B. 向上运动   C. 向下运动   D. 是否运动不能确定

分析:由 $C = \frac{\varepsilon_0 \varepsilon_r S}{d}$ 知,把电介质抽去则电容 C 减少。因极板上电荷 Q 恒定,由 $C = \frac{Q}{U}$ 知电压 U 增大,场强 $E = U/d$ 增大,质点受到的电场力 $F = qE$ 增大,且方向向上,故质点向上运动。因此答案为 B。

例 6-6 (平板电容器的电容)面积为 S 的平行板电容器,两板间距为 d,如图 6-5 所示。

(1) 如中间插入厚度为 $\frac{d}{3}$,相对介电常数为 ε_r 的电介质,其电容量变为原来的多少倍?

(2) 如中间插入厚度为 $\frac{d}{3}$ 的导电板,其电容量又变为原来的多少倍?

图 6-4   图 6-5

分析:在计算电容器的电容时,可以从电容定义出发,给平行板电容器的两个板带上等量异号的电荷,由高斯定理确定电位移和场强分布,计算出电势差从而得到电容;也可以根据插入板的形状和性质,将整个电容器分成几个部分,由它们的连接关系来确定总电容。

解:(1) 给平行板电容器的两个板带上等量异号的电荷,电荷面密度为 σ,则电介质外的场强为

$$E_0 = \frac{\sigma}{\varepsilon_0}$$

而电介质内的场强为

$$E_r = \frac{\sigma}{\varepsilon_0 \varepsilon_r}$$

所以,两板间电势差为

$$U = \frac{\sigma}{\varepsilon_0} \cdot \frac{2}{3}d + \frac{\sigma}{\varepsilon_0 \varepsilon_r} \cdot \frac{d}{3}$$

那么, $C = \dfrac{Q}{U} = \dfrac{\sigma S}{U} = \dfrac{3\varepsilon_0 \varepsilon_r S}{(2\varepsilon_r + 1)d}$, 而 $C_0 = \dfrac{\varepsilon_0 S}{d}$, 因此有

$$\frac{C}{C_0} = \frac{3\varepsilon_r}{2\varepsilon_r + 1}$$

（2）插入厚度为 $\dfrac{d}{3}$ 的导电板, 可看成是两个电容的串联, 如图 6-6 所示, 有

$$C_1 = C_2 = \frac{\varepsilon_0 S}{d/3} = \frac{3\varepsilon_0 S}{d}$$

则

$$C = \frac{C_1 C_2}{C_1 + C_2} = \frac{3}{2} \cdot \frac{\varepsilon_0 S}{d} = \frac{3}{2}C_0 \Rightarrow \frac{C}{C_0} = \frac{3}{2}$$

第（1）问也可以将其看成是三个电容的串联, 请读者自行验证。

例 6-7　（加介质的平板电容器电容）如图 6-7 所示, 一平行板电容器, 极板面积为 S, 两极板之间距离为 d。

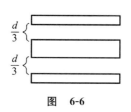

图　6-6

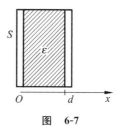

图　6-7

（1）若极板间是均匀电介质, 介电常数为 ε, 在忽略边缘效应的情况下, 则电容是多少?

（2）当中间充满介电常数按 $\varepsilon = \varepsilon_0\left(1 + \dfrac{x}{d}\right)$ 规律变化的电介质时, 再次计算该电容器的电容。

分析：第（1）问比较简单, 在第（2）问中由于介电常数随 x 变化, 给两个板带上等量异号的自由电荷后, 虽然电介质内电位移仍然均匀, 但场强不再是均匀分布了, 可由电势差的定义计算出两板间的电势差, 再利用电容定义得到其电容。

解：（1）设两极板上分别带自由电荷面密度 $\pm\sigma_0$, 则电场强度分布为

$$E = \frac{\sigma_0}{\varepsilon}$$

两极板之间的电势差为

$$U = \int_0^d E\,\mathrm{d}x = \frac{\sigma_0 d}{\varepsilon}$$

该电容器的电容值为

$$C = \frac{\sigma_0 S}{U} = \frac{\varepsilon S}{d}$$

（2）两极板上分别带自由电荷面密度 $\pm\sigma_0$, 则介质中的电场强度分布为

$$E = \frac{\sigma_0}{\varepsilon} = \frac{\sigma_0 d}{\varepsilon_0(d + x)}$$

两极板之间的电势差为

$$U = \int_0^d E \mathrm{d}x = \frac{\sigma_0 d}{\varepsilon_0} \int_0^d \frac{\mathrm{d}x}{d+x} = \frac{\sigma_0 d}{\varepsilon_0} \ln 2$$

该电容器的电容值为

$$C = \frac{\sigma_0 S}{U} = \frac{\varepsilon_0 S}{d \ln 2}$$

例 6-8 (平板电容器的功能关系)一平行板电容器,极板面积为 S,两极板之间距离为 d,中间充满相对介电常数为 ε_r 的各向同性均匀电介质。设极板之间电势差为 U,试求在维持电势差 U 不变下将介质取出,外力需做功多少。

分析:由于抽出电介质会使电容值改变,在两极板间电势差不变的情况下将导致电场能量变化,同时极板上电量也会发生变化,当这部分变化的电量经过电源时,电源将做功,因此在利用功能原理确定外力做功时,必须考虑到电源所做的功。

解:在两极板之间电势差 U 不变的情况下,有介质时电容器中的电场能量为

$$W_1 = \frac{1}{2} C_1 U^2 = \frac{1}{2} \varepsilon_0 \varepsilon_r \frac{U^2}{d} S$$

取出介质后的电场能量为

$$W_2 = \frac{1}{2} C_2 U^2 = \frac{1}{2} \varepsilon_0 \frac{U^2}{d} S$$

在两极板之间电势差 U 不变的情况下,由于电容值改变,极板上电荷发生变化

$$\Delta q = q_2 - q_1 = C_2 U - C_1 U = \varepsilon_0 \frac{S}{d} (1 - \varepsilon_r) U$$

电源做功

$$A_2 = U \Delta q = \varepsilon_0 \frac{S}{d} (1 - \varepsilon_r) U^2$$

设外力做功为 A_1,则根据功能原理,有

$$A_1 + A_2 = \Delta W = W_2 - W_1$$

故外力做功

$$A_1 = \Delta W - A_2 = \frac{1}{2} (\varepsilon_r - 1) \varepsilon_0 \frac{S}{d} U^2$$

例 6-9 (加介质电容器静电能)两个相同的空气电容器,其电容都是 $C_0 = 9 \times 10^{-10}$ F,都充电到电压各为 $U_0 = 900$ V 后断开电源,然后,把其中之一浸入煤油 ($\varepsilon_r = 2$) 中,再把两个电容器并联,求:

(1) 浸入煤油过程中损失的静电能;

(2) 并联过程中损失的静电能。

分析:电容器充电后与电源断开,极板上的电荷量将保持不变。电容器浸入煤油后,由于介质界面出现极化电荷,极化电荷在介质中激发的电场与原电容器极板上自由电荷激发的电场方向相反,使介质内的电场减弱,电容器的能量相应减少。利用电容值的变化可以计算出该过程中静电能的损失。

将两个电容器并联后,导体系统将处于新的静电平衡状态,相连接的两个极板作为等效电容器的一极,其电荷量仍将保持不变,等效电容器的电容量增大而电势差将减小。由于浸入煤油后电容器的电压降低,所以并联过程也是另外一个电容器对该电容器的充电过程,静

电场做了功,所以并联后系统的静电能将减少。

解:(1)电容器浸入煤油前的能量为

$$W_1 = \frac{1}{2}CU^2 = \frac{1}{2} \times 0.9 \times 10^{-9} \times 900^2 = 3.65 \times 10^{-4}(\text{J})$$

浸入煤油后,电容器的能量

$$W'_1 = \frac{W_1}{\varepsilon_r} = \frac{3.65 \times 10^{-4}}{2} = 1.82 \times 10^{-4}(\text{J})$$

在此过程中损失的能量为

$$W_1 - W'_1 = 1.83 \times 10^{-4}(\text{J})$$

(2)并联前,两个电容器的总能量为

$$W_2 = W_1 + W'_1 = 3.65 \times 10^{-4} + 1.82 \times 10^{-4} = 5.47 \times 10^{-4}(\text{J})$$

并联后的总电容

$$C' = C + \varepsilon_r C = (1 + \varepsilon_r)C$$

并联电容器上的总电量

$$q = 2CU$$

并联后电容器的总能量为

$$W'_2 = \frac{q^2}{2C'} = \frac{(2CU)^2}{2(1 + \varepsilon_r)C} = \frac{2CU^2}{1 + \varepsilon_r} = \frac{4}{1 + \varepsilon_r}W_1 = \frac{4}{3}W_1 = 4.86 \times 10^{-4}(\text{J})$$

并联过程中损失的能量为

$$W_2 - W'_2 = 5.47 \times 10^{-4} - 4.86 \times 10^{-4} = 0.61 \times 10^{-4}(\text{J})$$

例 6-10 (球形电容器的静电能)球形电容器内外半径分别为 R_1 和 R_2,充有电量 Q。

(1)求电容器内电场的总能量;

(2)证明此结果与按 $W_e = \frac{1}{2} \cdot \frac{Q^2}{C}$ 算得的电容器所储电能值相等。

分析:根据导体系静电平衡的性质,确定电荷分布后,可确定空间的电场强度分布。电场能量储藏于电场空间。对于非均匀电场,可由电场能量密度通过对电场空间的积分求得电能,也可由电容器储能求得电能。

解:(1)由高斯定理可知,球内空间的场强为

$$E = \frac{Q}{4\pi\varepsilon_0 r^2}, \quad R_1 < r < R_2$$

利用电场能量密度公式 $w_e = \frac{1}{2}\varepsilon E^2$,得电容器内电场的能量

$$W_e = \int \frac{\varepsilon_0}{2}E^2 \, \mathrm{d}V = \frac{\varepsilon_0}{2}\int_{R_1}^{R_2} \left(\frac{Q}{4\pi\varepsilon_0 r^2}\right)^2 4\pi r^2 \, \mathrm{d}r = \frac{Q^2}{8\pi\varepsilon_0}\left(\frac{1}{R_1} - \frac{1}{R_2}\right)$$

$$= \frac{Q^2(R_2 - R_1)}{8\pi\varepsilon_0 R_1 R_2}$$

(2)由电势差与场强的关系可得

$$U_{R_1 R_2} = \int_{R_1}^{R_2} \frac{Q}{4\pi\varepsilon_0 r^2} \, \mathrm{d}r = \frac{Q}{4\pi\varepsilon_0}\left(\frac{1}{R_1} - \frac{1}{R_2}\right) = \frac{Q(R_2 - R_1)}{4\pi\varepsilon_0 R_1 R_2}$$

球形电容器的电容为

$$C = \frac{Q}{U_{R_1 R_2}} = 4\pi\varepsilon_0 \frac{R_1 R_2}{R_2 - R_1}$$

因此，

$$W_e = \frac{1}{2} \cdot \frac{Q^2}{C} = \frac{Q^2(R_2 - R_1)}{8\pi\varepsilon_0 R_1 R_2} \quad （与前面结果一样）$$

通过电场能量密度得到电容器储藏的电能,以此来确定电容器的电容,这是计算电容器电容的另一种方法,称之为"能量法"。

三、习 题 解 答

6-1 半径分别为 $2.0\,cm$ 与 $3.0\,cm$ 的两个导体球,各带电荷 $1.0\times10^{-8}\,C$,两球相距很远。若用细导线将两球相连接,试求:

(1) 每个球所带电荷;

(2) 每个球的电势。

解:(1) 两球相距很远,可视为孤立导体,互不影响,球上电荷均匀分布。设两球半径分别为 r_1 和 r_2,导线连接后的带电量分别为 q_1 和 q_2,而 $q_1+q_2=2q$,则两球电势分别是

$$\varphi_1 = \frac{q_1}{4\pi\varepsilon_0 r_1}, \quad \varphi_2 = \frac{q_2}{4\pi\varepsilon_0 r_2}$$

两球相连后电势相等,$\varphi_1 = \varphi_2$,则有

$$\frac{q_1}{r_1} = \frac{q_2}{r_2} = \frac{q_1 + q_2}{r_1 + r_2} = \frac{2q}{r_1 + r_2}$$

即

$$q_1 = \frac{2qr_1}{r_1 + r_2} = 8.0 \times 10^{-9}\,(C)$$

$$q_2 = \frac{2qr_2}{r_1 + r_2} = 1.2 \times 10^{-8}\,(C)$$

(2) 两球电势

$$\varphi_1 = \varphi_2 = \frac{q_1}{4\pi\varepsilon_0 r_1} = 3.6 \times 10^3\,(V)$$

6-2 一原来不带电的导体球 A,其内部有两个球形空腔,今在两空腔中心分别放置点电荷 q_1 和 q_2,在距离导体球 A 很远的 r(r 远大于球 A 的线度)处放一点电荷 q,如图 6-8 所示。求:

(1) 作用于 q_1 和 q_2 上的力;

(2) A 与 q 之间的作用力;

(3) A 外表面的电荷量值,并讨论其分布特点。

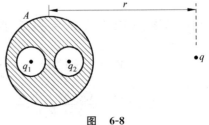

图 6-8

解:(1) 两个球形空腔内表面分别感应 $-q_1$ 和 $-q_2$ 电荷,因此导体球 A 的外表面的电量为 q_1+q_2。

由于静电屏蔽,点电荷 q 和导体球 A 的外表面的电荷在导体球内的电场强度相互抵消,而 q_1 和 q_2 位于两空腔中心,其在空腔内表面的感应电荷 $-q_1$ 和 $-q_2$ 都均匀分布,所以,作用于 q_1 和 q_2 上的力都为零。

（2）因点电荷 q 距导体球 A 很远，A 外表面的电荷可视为均匀分布，在点电荷 q 处的场强为

$$E = \frac{q_1 + q_2}{4\pi\varepsilon_0 r^2}$$

所以，点电荷 q 受到的作用力

$$F = qE = \frac{(q_1 + q_2)q}{4\pi\varepsilon_0 r^2}$$

（3）根据上面的分析，导体球 A 的外表面的电荷量值为 $q_1 + q_2$，可认为均匀分布在外表面。

6-3 一空心导体球壳带有电荷 Q，内、外半径分别为 R_1、R_2，点电荷 q 放置在空腔内距离球心 r 处，如图 6-9 所示。设无限远处为电势零点，试求：

（1）球壳内、外表面上的电荷；

（2）球心 O 点处的总电势。

解：（1）由静电感应，金属球壳的内表面上有感生电荷 $-q$，外表面上带电荷 $q+Q$。

（2）不论球壳内表面上的感生电荷是如何分布的，因为任一电荷元离 O 点的距离都是 R_1，所以由这些电荷在 O 点产生的电势为

$$\varphi_{-q} = \frac{\int \mathrm{d}q}{4\pi\varepsilon_0 R_1} = \frac{-q}{4\pi\varepsilon_0 R_1}$$

同样，外表面上电荷在 O 点产生的电势为

$$\varphi_{Q+q} = \frac{Q+q}{4\pi\varepsilon_0 R_2}$$

球心 O 点处的总电势为分布在球壳内外表面上的电荷和点电荷 q 在 O 点产生的电势的代数和：

$$\varphi_O = \varphi_q + \varphi_{-q} + \varphi_{Q+q} = \frac{q}{4\pi\varepsilon_0 r} - \frac{q}{4\pi\varepsilon_0 R_1} + \frac{Q+q}{4\pi\varepsilon_0 R_2}$$

$$= \frac{q}{4\pi\varepsilon_0}\left(\frac{1}{r} - \frac{1}{R_1} + \frac{1}{R_2}\right) + \frac{Q}{4\pi\varepsilon_0 R_2}$$

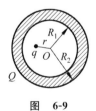

图 6-9

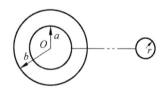

图 6-10

6-4 半径分别为 a 和 $b(b>a)$ 的两个同心导体薄球壳，分别带有电荷 q_1 和 q_2，远处有一半径为 r 的导体球，原来不带电。今用细导线将内球壳与导体球相连，如图 6-10 所示。试求相连后导体球所带电荷 q。

解：设导体球带电 q，取无穷远处为电势零点，则导体球电势

$$\varphi_0 = \frac{q}{4\pi\varepsilon_0 r}$$

利用电势叠加原理,由于导体球远离球壳,它在内球壳产生的电势可忽略,因此,内球壳的电势主要由内球壳的电荷 $q_1 - q$ 和外球壳的电荷所产生:

$$\varphi_1 = \frac{q_1 - q}{4\pi\varepsilon_0 a} + \frac{q_2}{4\pi\varepsilon_0 b}$$

由于内球壳与导体球相连,二者等电势,即

$$\frac{q}{4\pi\varepsilon_0 r} = \frac{q_1 - q}{4\pi\varepsilon_0 a} + \frac{q_2}{4\pi\varepsilon_0 b}$$

解得

$$q = \frac{r(bq_1 + aq_2)}{b(a + r)}$$

6-5 如图 6-11 所示,两金属平板 A 和 B 彼此平行放置。导体各个表面的面积均为 S,A 板共带电荷量 Q_1,B 板共带电荷量 Q_2(忽略金属板的边缘效应)。如果在 A、B 中间平行放入一块中性金属平板 C,试求各平板表面上的电荷分布情况。

解: 依次设 A、C、B 从左到右的 6 个表面的面电荷密度分别为 σ_1、σ_2、σ_3、σ_4、σ_5、σ_6,如图 6-11 所示。

由静电平衡条件可知

$$\sigma_3 = -\sigma_2, \quad \sigma_5 = -\sigma_4$$

利用电荷守恒定律可得

$$\sigma_3 + \sigma_4 = 0$$

$$\sigma_1 + \sigma_2 = \frac{Q_1}{S}$$

$$\sigma_5 + \sigma_6 = \frac{Q_2}{S}$$

由于 A 板内任意点的场强为零,由场强的叠加原理可知

$$\sigma_1 = \sigma_6$$

解得

$$\sigma_1 = \sigma_6 = \frac{Q_1 + Q_2}{2S}$$

$$\sigma_2 = -\sigma_3 = \sigma_4 = -\sigma_5 = \frac{Q_1 - Q_2}{2S}$$

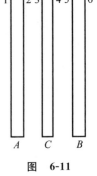

图　**6-11**

6-6 一圆柱形电容器,内、外圆筒的半径分别为 $R_1 = 0.02$ m,$R_2 = 0.04$ m,其间充满相对介电常数为 ε_r 的各向同性的均匀电介质。现将电容器接在电动势(即电压)$\varepsilon = 30$ V 的电源上,如图 6-12 所示,试求:

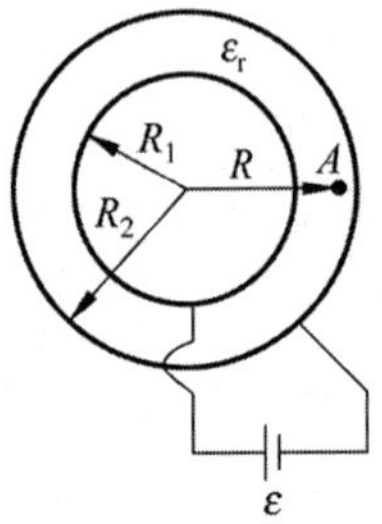

(1) 在距离轴线 $R = 0.03$ m 处 A 点的电场强度;

(2) A 点与外筒间的电势差。

解:(1)设内外圆筒沿轴向单位长度上分别带有电荷 $+\lambda$ 和 $-\lambda$,根据高斯定理可求得两圆筒间任一点的电场强度为

$$E = \frac{\lambda}{2\pi\varepsilon_0\varepsilon_r r}$$

图　**6-12**

则两圆筒的电势差为

$$\varepsilon = \int_{R_1}^{R_2} \boldsymbol{E} \cdot \mathrm{d}\boldsymbol{r} = \int_{R_1}^{R_2} \frac{\lambda \mathrm{d}r}{2\pi\varepsilon_0\varepsilon_r r} = \frac{\lambda}{2\pi\varepsilon_0\varepsilon_r} \ln\frac{R_2}{R_1}$$

解得

$$\lambda = \frac{2\pi\varepsilon_0\varepsilon_r\varepsilon}{\ln R_2/R_1}$$

于是可求得 A 点的电场强度为

$$E_A = \frac{\varepsilon}{R\ln(R_2/R_1)} = 1443\,(\mathrm{V/m})，\quad 方向沿径向向外$$

（2）A 点与外筒间的电势差

$$U' = \int_R^{R_2} E\mathrm{d}r = \frac{\varepsilon}{\ln(R_2/R_1)}\int_R^{R_2}\frac{\mathrm{d}r}{r} = \frac{\varepsilon}{\ln(R_2/R_1)}\ln\frac{R_2}{R} = 12.5(\mathrm{V})$$

6-7　半径为 R 的介质球，相对介电常数为 ε_r、其体电荷密度 $\rho = A(1-r/R)$，式中 A 为常量，r 是球心到球内某点的距离。试求：

（1）介质球内的电位移 $\boldsymbol{D}$ 和电场强度 $\boldsymbol{E}$ 分布；

（2）在半径 r 为多大处 $\boldsymbol{E}$ 最大。

解：（1）取半径为 $r' \rightarrow r' + \mathrm{d}r'$ 的薄壳层，其中包含电荷

$$\mathrm{d}q = \rho\mathrm{d}V = A(1-r'/R)4\pi r'^2\mathrm{d}r' = 4\pi A(r'^2 - r'^3/R)\mathrm{d}r'$$

应用 $\boldsymbol{D}$ 的高斯定理，取半径为 r 的球形高斯面，有

$$4\pi r^2 D = 4\pi A \int_0^r \left(r'^2 - \frac{r'^3}{R}\right)\mathrm{d}r' = 4\pi A\left(\frac{r^3}{3} - \frac{r^4}{4R}\right)$$

则

$$D = A\left(\frac{r}{3} - \frac{r^2}{4R}\right), \quad \boldsymbol{D} = D\boldsymbol{r}$$

$$E = D/(\varepsilon_0\varepsilon_r) = \frac{A}{\varepsilon_0\varepsilon_r}\left(\frac{r}{3} - \frac{r^2}{4R}\right), \quad \boldsymbol{E} = E\boldsymbol{r}$$

式中，$\boldsymbol{r}$ 为径向单位矢量。

（2）对 $E(r)$ 求极值：

$$\frac{\mathrm{d}E}{\mathrm{d}r} = \frac{A}{\varepsilon_0\varepsilon_r}\left(\frac{1}{3} - \frac{r}{2R}\right) = 0$$

得

$$r = 2R/3$$

且因 $\mathrm{d}^2E/\mathrm{d}r^2 < 0$，所以 $r = 2R/3$ 处 $\boldsymbol{E}$ 最大。

6-8　一平行板电容器，两极板之间充满两层各向同性的均匀电介质，相对介电常数分别为 ε_{r1} 和 ε_{r2}，如图 6-13 所示。已知极板上的自由电荷分别为 $+Q$ 和 $-Q$，极板面积为 S。求两种介质板中的电极化强度 $\boldsymbol{P}_1$ 和 $\boldsymbol{P}_2$，及两层电介质分界面上的束缚电荷面密度 σ'。

解：导体板上自由电荷面密度 $\sigma = Q/S$，设两种介质中电位移矢量分别为 $\boldsymbol{D}_1$、$\boldsymbol{D}_2$，在左极板处取高斯面 S，两底面平行板面，面积均为 A，侧面垂直板面，如图 6-14 所示。根据静电平衡，在导体内的左底面 $\boldsymbol{D} = \boldsymbol{0}$，而侧面上 $\boldsymbol{D} \perp \mathrm{d}\boldsymbol{S}$，由高斯定理，$\oint_S \boldsymbol{D} \cdot \mathrm{d}\boldsymbol{S} = \sum_S q_0$，有

$$\oint_S \boldsymbol{D} \cdot \mathrm{d}\boldsymbol{S} = \int_{右底面} \boldsymbol{D} \cdot \mathrm{d}\boldsymbol{S} = \int_{右底面} D\mathrm{d}S = D_1\int_{右底面}\mathrm{d}S = D_1 A$$

而

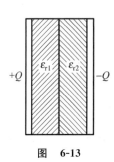

图　6-13

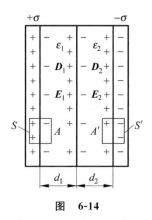

图　6-14

$$\sum_S q_0 = \sigma A$$

所以，$D_1 = \sigma$，方向垂直板面向右。

同理可得，$D_2 = \sigma$，方向向右。

可见，$\boldsymbol{D}_1 = \boldsymbol{D}_2$，即两种介质中 $\boldsymbol{D}$ 相同。

由 $\boldsymbol{E} = \dfrac{\boldsymbol{D}}{\varepsilon}$，可得

$$\begin{cases} E_1 = \dfrac{D_1}{\varepsilon_0 \varepsilon_{r1}} = \dfrac{\sigma}{\varepsilon_0 \varepsilon_{r1}} \\ E_2 = \dfrac{D_2}{\varepsilon_0 \varepsilon_{r2}} = \dfrac{\sigma}{\varepsilon_0 \varepsilon_{r2}} \end{cases}$$

方向向右。利用电极化强度与场强的关系

$$\boldsymbol{P} = \varepsilon_0 (\varepsilon_r - 1) \boldsymbol{E}$$

两种介质板中的电极化强度分别为

$$P_1 = \left(1 - \frac{1}{\varepsilon_{r1}}\right) \frac{Q}{S}$$

$$P_2 = \left(1 - \frac{1}{\varepsilon_{r2}}\right) \frac{Q}{S}$$

在电介质分界面上束缚电荷面密度分别为

$$\sigma'_1 = P_1, \quad \sigma'_2 = -P_2$$

因此，两层电介质分界面上的束缚电荷面密度 σ' 为

$$\sigma' = \sigma'_1 + \sigma'_2 = \left(\frac{1}{\varepsilon_{r2}} - \frac{1}{\varepsilon_{r1}}\right) \frac{Q}{S}$$

6-9　如图 6-15 所示，一球形电容器，内球壳半径为 R_1，外球壳半径为 R_2，其间充有相对介电常数分别为 ε_{r1} 和 ε_{r2} 的两层各向同性的均匀电介质（$\varepsilon_{r2} = \varepsilon_{r1}/3$），其分界面半径为 $r(r < \sqrt{3} R_1)$。若两种电介质的击穿电场强度相同，问：

（1）当电压升高时，哪层介质先击穿？

（2）该电容器能承受多高的电压？

解：（1）若给电容器带上电量 Q，利用有介质时的高斯定理 $\oint_S \boldsymbol{D} \cdot \mathrm{d}\boldsymbol{S} = \sum_S q_0$，得到内外

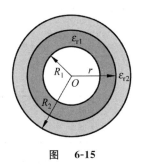

图　6-15

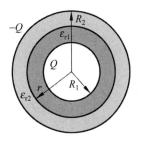

图　6-16

球壳之间

$$D = \frac{Q}{4\pi r'^2}$$

如图 6-16 所示,在相对介电常数 ε_{r1} 的介质内($R_1 < r' < r$)场强

$$E_1 = \frac{Q}{4\pi\varepsilon_0\varepsilon_{r1}r'^2}$$

该区域的最大场强

$$E_{1\max} = \frac{Q}{4\pi\varepsilon_0\varepsilon_{r1}R_1^2}$$

在相对介电常数 ε_{r2} 的介质内($r < r' < R_2$)场强

$$E_2 = \frac{Q}{4\pi\varepsilon_0\varepsilon_{r2}r'^2}$$

其最大场强

$$E_{2\max} = \frac{Q}{4\pi\varepsilon_0\varepsilon_{r2}r^2}$$

由于 $\varepsilon_{r2} = \varepsilon_{r1}/3, r < \sqrt{3}R_1$,则

$$E_{2\max} > E_{1\max}$$

所以当电压升高时,外层介质先击穿。

（2）设电容器的电压为 U 时,外层介质的最大场强恰好等于击穿电场强度 E_m,即

$$E_{2\max} = \frac{Q}{4\pi\varepsilon_0\varepsilon_{r2}r^2} = E_m$$

根据电势差的计算公式得

$$U = \int_R^r \boldsymbol{E}_1 \cdot \mathrm{d}\boldsymbol{r}' + \int_r^{R_2} \boldsymbol{E}_2 \cdot \mathrm{d}\boldsymbol{r}' = \int_{R_1}^r \frac{Q\mathrm{d}r'}{4\pi\varepsilon_0\varepsilon_{r1}r'^2} + \int_r^{R_2} \frac{Q\mathrm{d}r'}{4\pi\varepsilon_0\varepsilon_{r2}r'^2}$$

$$= \frac{Q}{4\pi\varepsilon_0}\left(\frac{r - R_1}{\varepsilon_{r1}rR_1} + \frac{R_2 - r}{\varepsilon_{r2}rR_2}\right)$$

所以,电容器能承受的最高电压

$$U = \varepsilon_{r2}rE_m\left(\frac{r - R_1}{\varepsilon_{r1}R_1} + \frac{R_2 - r}{\varepsilon_{r2}R_2}\right)$$

6-10　在高压电器设备中用均匀的陶瓷片($\varepsilon_r = 6.5$)作为绝缘,已知高压电在陶瓷片外的空气中产生均匀电场,其场强 $\boldsymbol{E}_1$ 的方向与陶瓷面法线成 $\theta_1 = 30°$ 角,大小为 1×10^4 V/m。设此陶瓷片表面无自由电荷,求陶瓷片中电位移矢量 $\boldsymbol{D}_2$ 和场强 $\boldsymbol{E}_2$ 的大小以及 $\boldsymbol{D}_2$ 的方向。

解：由于陶瓷片表面无自由电荷，设陶瓷内电位移的方向与法线成 θ_2 角，如图 6-17 所示，则

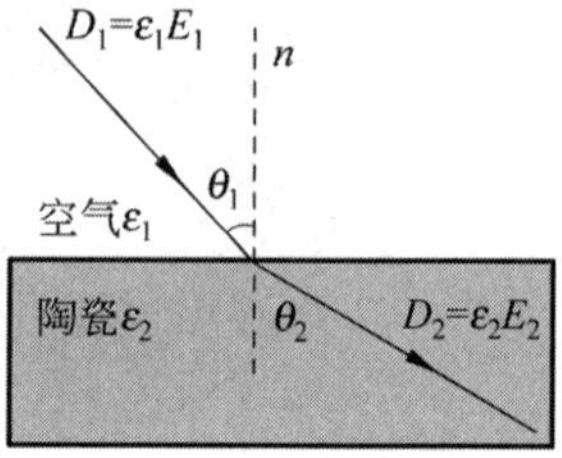

$$\tan\theta_2 = \frac{\varepsilon_{r2}}{\varepsilon_{r1}}\tan\theta_1 = \frac{6.5}{1}\tan 30° = 6.5 \times 0.5774 = 3.753$$

得到

$$\theta_2 \approx 75.1°$$

即 $\boldsymbol{D}_2$ 的方向与法线成 75.1° 角。

根据边界条件

$$D_1\cos\theta_1 = D_2\cos\theta_2$$

得到电位移矢量 $\boldsymbol{D}_2$ 的大小

$$D_2 = D_1\frac{\cos\theta_1}{\cos\theta_2} = \varepsilon_1 E_1\frac{\cos\theta_1}{\cos\theta_2} = 1 \times 8.85 \times 10^{-12} \times 1.0 \times 10^4 \times \frac{0.866}{0.258}$$

$$= 2.97 \times 10^{-7}\,(\text{C/m}^2)$$

图 6-17

场强

$$E_2 = \frac{D_2}{\varepsilon_2} = \frac{2.96 \times 10^{-7}}{6.5 \times 8.85 \times 10^{-12}} = 5.16 \times 10^3\,(\text{V/m})$$

6-11 已知电介质的相对介电常数为 ε_r，电介质外真空中离电介质边界临近的一点 P 的场强为 $\boldsymbol{E}$，其方向与界面外法线的夹角为 θ。试求 P 点处的束缚电荷面密度。

解：设介质中的电位移矢量和场强分别为 $\boldsymbol{D}_2$ 和 $\boldsymbol{E}_2$，根据边界条件

$$D_{2n} = D_{1n}$$

$$\varepsilon_0\varepsilon_r E_{2n} = \varepsilon_0 E_{1n} = \varepsilon_0 E\cos\theta$$

所以

$$P_{2n} = \varepsilon_0(\varepsilon_r - 1)E_{2n} = \varepsilon_0(1 - 1/\varepsilon_r)E\cos\theta$$

因此，P 点处的束缚电荷面密度

$$\sigma' = P_{2n} = \varepsilon_0(1 - 1/\varepsilon_r)E\cos\theta$$

6-12 两根平行的"无限长"均匀带电直导线，相距为 d，导线半径都是 $a(a \ll d)$。导线上的电荷线密度分别为 $+\lambda$ 和 $-\lambda$。试求该导体系单位长度的电容。

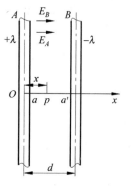

解：取如图 6-18 所示坐标，P 点场强大小为

$$E = E_A + E_B = \frac{\lambda}{2\pi\varepsilon_0 x} + \frac{\lambda}{2\pi\varepsilon_0(d-x)}$$

两根导线之间的电势差为

$$U_{AB} = \int_A^B \boldsymbol{E} \cdot \mathrm{d}\boldsymbol{x} = \int_A^B E\mathrm{d}x = \int_a^{d-a}\left[\frac{\lambda}{2\pi\varepsilon_0 x} + \frac{\lambda}{2\pi\varepsilon_0(d-x)}\right]\mathrm{d}x$$

$$= \frac{\lambda}{2\pi\varepsilon_0}[\ln x - \ln(d-x)]\Big|_a^{d-a} = \frac{\lambda}{2\pi\varepsilon_0}\ln\frac{x}{d-x}\Big|_a^{d-a}$$

$$= \frac{\lambda}{2\pi\varepsilon_0}\ln\left(\frac{d-a}{a} \cdot \frac{d-a}{a}\right) = \frac{\lambda}{\pi\varepsilon_0}\ln\frac{d-a}{a}$$

图 6-18　因此，导体系单位长度的电容

$$C = \frac{q}{U_A - U_B} = \frac{\lambda \cdot 1}{\dfrac{\lambda}{\pi\varepsilon_0}\ln\dfrac{d-a}{a}} = \frac{\pi\varepsilon_0}{\ln\dfrac{d-a}{a}}$$

注意：此题的积分限，即明确导体静电平衡的条件。

6-13　如图 6-19(a)所示,一空气平行板电容器,两极板的面积为 S,相距为 d。将一厚度为 $d/2$、面积为 S、相对介电常数为 ε_r 的电介质板平行地插入电容器,忽略边缘效应,试问:

(1) 插入电介质板后的电容变为原来电容 C_0 的多少倍?

(2) 如果平行插入的是与介质板厚度、面积均相同的金属板则又如何?

(3) 如果平行插入的是厚度为 t、面积为 $S/2$ 的介质板,位置如图 6-19(b)所示,电容变为多少?

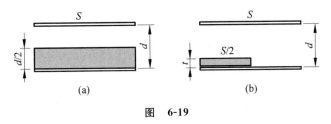

图　6-19

解:(1) 插入介质板后,整个电容器相当于一个极板间距为 $d/2$ 的空气平行板电容器与另一个极板间距为 $d/2$、充满相对介电常数为 ε_r 电介质的电容器的串联,而极板间距变为原来的一半时,其电容 $C'=2C_0$。

因此,设整个电容器的电容 C'',有

$$\frac{1}{C''}=\frac{1}{C'}+\frac{1}{\varepsilon_r C'}=\frac{1}{2C_0}+\frac{1}{2\varepsilon_r C_0}=\frac{1+\varepsilon_r}{2\varepsilon_r C_0}$$

解得

$$C''=\frac{2\varepsilon_r}{1+\varepsilon_r}C_0$$

(2) 平行插入 $d/2$ 厚的金属板,相当于原来电容器极板间距由 d 减小为 $d/2$,则

$$C'=\varepsilon_0\frac{S}{d/2}=2\varepsilon_0\frac{S}{d}=2C_0$$

(3) 可把电容器看成是两个电容器的并联,其中一个有介质板,另一个没有介质板。

没有介质板的电容器极板面积为 $S/2$,极板间距为 d。其电容为

$$C_1=\frac{\varepsilon_0 S}{2d}$$

有介质板的电容器又可看成两个电容器的串联,其中一个极板面积为 $S/2$,极板间距为 t,中间充满电介质;另一个极板面积也是 $S/2$,极板间距为 $d-t$,中间没有介质。它们的电容分别是

$$C_2=\frac{\varepsilon_0\varepsilon_r S}{2t},\quad C_3=\frac{\varepsilon_0 S}{2(d-t)}$$

这两个电容器串联后得

$$C_{23}=\frac{[\varepsilon_0\varepsilon_r S/(2t)]\cdot\varepsilon_0 S/[2(d-t)]}{[\varepsilon_0\varepsilon_r S/(2t)]+\varepsilon_0 S/[2(d-t)]}=\frac{1}{2}\cdot\frac{\varepsilon_0\varepsilon_r S}{t+\varepsilon_r(d-t)}$$

C_{23} 再与 C_1 并联后得

$$C=\frac{1}{2}\cdot\frac{\varepsilon_0\varepsilon_r S}{t+\varepsilon_r(d-t)}+\frac{\varepsilon_0 S}{2d}=\frac{\varepsilon_0 S[2\varepsilon_r d+(1-\varepsilon_r)t]}{2d[\varepsilon_r d+(1-\varepsilon_r)t]}=\frac{2\varepsilon_r d+(1-\varepsilon_r)t}{2[\varepsilon_r d+(1-\varepsilon_r)t]}C_0$$

6-14　如图 6-20 所示,一个电容器由三个共轴的导体薄圆柱筒组成,筒长均为 l,半径分别为 R_1、R_2 和 R_3,其间为空气。一个绝缘细导线通过中间圆筒的一个小孔将内、外筒连接起来,忽略孔的边缘效应。试求该电容器的电容。

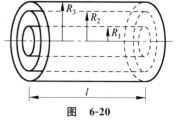

图　6-20

解:由题意,其为并联电容。给 R_2 圆柱筒带上电量为 Q,设其内表面电量为 Q_1,外表面带电量为 Q_2,$Q=Q_1+Q_2$。

由静电感应知,R_1 圆柱筒的外表面带电量为 $-Q_1$,R_3 圆柱筒的内表面带电量为 $-Q_2$,利用高斯定律得到场强的分布:

$$E_1 = \frac{-Q_1}{2\pi\varepsilon_0 lr}, \quad R_1 < r < R_2$$

$$E_2 = \frac{Q_2}{2\pi\varepsilon_0 lr}, \quad R_2 < r < R_3$$

因此圆柱筒之间的电势差

$$U_{ab} = \int_{R_1}^{R_2} \boldsymbol{E}_1 \cdot d\boldsymbol{r} = \int_{R_1}^{R_2} \frac{-Q_1}{2\pi\varepsilon_0 lr} dr = \frac{-Q_1}{2\pi\varepsilon_0 l}\ln\frac{R_2}{R_1}$$

即

$$U_{ba} = \frac{Q_1}{2\pi\varepsilon_0 l}\ln\frac{R_2}{R_1}$$

$$U_{bc} = \int_{R_2}^{R_3} \boldsymbol{E}_2 \cdot d\boldsymbol{r} = \int_{R_2}^{R_3} \frac{Q_2}{2\pi\varepsilon_0 lr} dr = \frac{Q_2}{2\pi\varepsilon_0 l}\ln\frac{R_3}{R_2}$$

因为是并联电容,所以有

$$U_{ba} = U_{bc} = U$$

则有

$$Q_1 = \frac{2\pi\varepsilon_0 lU}{\ln\dfrac{R_2}{R_1}}, \quad Q_2 = \frac{2\pi\varepsilon_0 lU}{\ln\dfrac{R_3}{R_2}}$$

即

$$Q = Q_1 + Q_2 = \frac{2\pi\varepsilon_0 lU}{\ln\dfrac{R_2}{R_1}} + \frac{2\pi\varepsilon_0 lU}{\ln\dfrac{R_3}{R_2}}$$

所以电容器的电容为

$$C = \frac{Q}{U} = \frac{2\pi\varepsilon_0 l}{\ln\dfrac{R_2}{R_1}} + \frac{2\pi\varepsilon_0 l}{\ln\dfrac{R_3}{R_2}} = \frac{2\pi\varepsilon_0 l\ln\dfrac{R_3}{R_1}}{\ln\dfrac{R_2}{R_1}\ln\dfrac{R_3}{R_2}}$$

6-15　如图 6-21 所示,一电容器由两个同轴圆筒组成,内筒半径为 r_1,外筒半径为 r_2,筒长都是 l,中间充满相对介电常数为 ε_r 的各向同性均匀电介质。内、外筒分别带有等量异号电荷 $+q$ 和 $-q$。设 $(r_2-r_1)\ll r_1$,$l\gg r_2$,可以忽略边缘效应,求:

(1) 圆柱形电容器的电容;

(2) 电容器储存的能量。

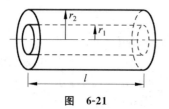

图　6-21

解:(1) 由题给条件 $(r_2-r_1)\ll r_1$ 和 $l\gg r_2$,忽略边缘效

应,应用高斯定理可求出两筒之间的场强为

$$E = q/(2\pi\varepsilon_0\varepsilon_r lr)$$

两筒间的电势差

$$U = \int_{r_1}^{r_2} \frac{q}{2\pi\varepsilon_0\varepsilon_r l} \cdot \frac{dr}{r} = \frac{q}{2\pi\varepsilon_0\varepsilon_r l}\ln\frac{r_2}{r_1}$$

电容器的电容

$$C = q/U = (2\pi\varepsilon_0\varepsilon_r l)/[\ln(r_2/r_1)]$$

（2）电容器储存的能量

$$W = \frac{1}{2}CU^2 = [q^2/(4\pi\varepsilon_0\varepsilon_r l)]\ln(r_2/r_1)$$

6-16　一圆柱形电容器,外柱半径为 R_2,内柱半径 R_1 可适当调节,且内外圆筒之间充满各向同性的均匀电介质,相对介电常数为 ε_r。若电介质的击穿电场强度大小为 E_0,试求,如何选择内柱半径 R_1,使:

（1）该电容器能够承受的电势差最大。

（2）单位长度电容器储存的能量最大。（自然对数的底 e＝2.7183）

解：设圆柱形电容器单位长度上带有电荷为 λ,则电容器两极板之间的场强分布为

$$E = \lambda/(2\pi\varepsilon_0\varepsilon_r r)$$

极板间电压为

$$U = \int_{R_1}^{R_2} \boldsymbol{E} \cdot d\boldsymbol{r} = \int_{R_1}^{R_2} \frac{\lambda}{2\pi\varepsilon_0\varepsilon_r r}dr = \frac{\lambda}{2\pi\varepsilon_0\varepsilon_r}\ln\frac{R_2}{R_1}$$

电介质中场强最大处在内柱面上,当这里场强达到 E_0 时电容器击穿,这时应有

$$\lambda = 2\pi\varepsilon_0\varepsilon_r R_1 E_0, \quad U = R_1 E_0 \ln\frac{R_2}{R_1}$$

（1）适当选择 R_1 的值,可使 U 有极大值,即令

$$dU/dR_1 = E_0\ln(R_2/R_1) - E_0 = 0$$

得

$$R_1 = R_2/e$$

显然有

$$\frac{d^2U}{dR_1^2} < 0$$

故当 $R_1 = R_2/e$ 时电容器可承受最高的电压 $U_{max} = R_2 E_0/e$。

（2）由电容器的能量公式 $W = \frac{1}{2}QU$ 可知,单位长度电容器储存的能量为

$$W = \frac{1}{2}\lambda U = \pi\varepsilon_0\varepsilon_r(R_1 E_0)^2\ln\frac{R_2}{R_1}$$

适当选择 R_1 的值,可使 W 有极大值,即令

$$dW/dR_1 = \pi\varepsilon_0\varepsilon_r E_0^2 R_1\left(2\ln\frac{R_2}{R_1} - 1\right) = 0$$

得

$$R_1 = \frac{R_2}{\sqrt{e}}$$

显然有

$$\frac{\mathrm{d}^2 W}{\mathrm{d}R_1^2} < 0$$

故当 $R_1 = R_2/\sqrt{e}$ 时，单位长度电容器储存的最大能量为

$$W_{\max} = \frac{1}{2}\pi\varepsilon_0\varepsilon_r E_0^2 \frac{R_2^2}{e}$$

6-17 一个绝缘的肥皂泡，当其半径为 5 cm 时电势为 100 V。如果它收缩成半径为 1 mm 的液滴，问其静电能变化了多少？

解： 收缩过程中电量保持不变，

$$Q = Q_0 = C_0 U_0 = 4\pi\varepsilon_0 R_0 U_0$$

收缩前其静电能为

$$W_0 = \frac{1}{2}Q_0 U_0 = 2\pi\varepsilon_0 R_0 U_0^2$$

收缩后的静电能为

$$W = \frac{Q_0^2}{2C} = \frac{Q_0^2}{8\pi\varepsilon_0 R} = 2\pi\varepsilon_0 U_0^2 \frac{R_0^2}{R}$$

所以，静电能的变化

$$\Delta W = W - W_0 = 2\pi\varepsilon_0 U_0^2 \frac{R_0^2}{R} - 2\pi\varepsilon_0 R_0 U_0^2 = 2\pi\varepsilon_0 R_0 U_0^2 \left(\frac{R_0}{R} - 1\right)$$

$$\Delta W = 1.36 \times 10^{-6} (\mathrm{J})$$

6-18 一平行板电容器，极板面积为 S，极板间距为 d。

(1) 插入厚为 $d/2$、面积为 S、相对介电常数为 ε_r 的电介质板后，其电容改变了多少？

(2) 若两极板的电荷量分别为 $\pm Q$，该电介质板从电容器全部抽出时需要做多少功？

解： (1) 插入的介质板将两极板之间的区域分为三部分，整个电容器相当于这三部分的串联，而其中两个空气平行板电容器串联的结果等效于一个极板间距为 $d/2$ 的空气平行板电容器，它再与另一个极板间距为 $d/2$、充满相对介电常数为 ε_r 电介质的电容器串联。

空气平行板电容器原来的电容

$$C_0 = \frac{\varepsilon_0 S}{d}$$

当极板间距变为原来的一半时，其电容

$$C' = 2C_0$$

因此，整个电容器的电容 C 由式

$$\frac{1}{C} = \frac{1}{C'} + \frac{1}{\varepsilon_r C'} = \frac{1}{2C_0} + \frac{1}{2\varepsilon_r C_0} = \frac{1 + \varepsilon_r}{2\varepsilon_r C_0}$$

求得为

$$C = \frac{2\varepsilon_r}{1 + \varepsilon_r}C_0$$

电容改变

$$\Delta C = C - C_0 = \frac{\varepsilon_r - 1}{\varepsilon_r + 1}C_0 = \frac{(\varepsilon_r - 1)\varepsilon_0 S}{(\varepsilon_r + 1)d}$$

（2）电介质板抽出前后电容器能量的变化即外力做的功。抽玻璃板前后电容器的能量分别为

$$W = \frac{Q^2}{2C} = \frac{(1+\varepsilon_r)}{4\varepsilon_r C_0}Q^2$$

$$W' = \frac{Q^2}{2C_0} = \frac{Q^2}{2C_0}$$

外力做功

$$A = W' - W = \frac{Q^2}{4\varepsilon_r C_0}(\varepsilon_r - 1) = \frac{Q^2 d}{4\varepsilon_0 \varepsilon_r S}(\varepsilon_r - 1)$$

6-19 如图 6-22 所示球形电容器，设在两球壳间加上电势差 U，求：

（1）电容器的电容。

（2）电容器储存的能量。

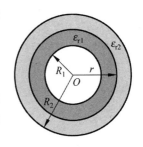

图 6-22

解：（1）电容器的电容与它是否带电无关，假设给电容器带上电量 Q，利用习题 6-9 的分析结果，在相对介电常数为 ε_{r1} 的介质内 $(R_1 < r' < r)$ 场强

$$E_1 = \frac{Q}{4\pi\varepsilon_0 \varepsilon_{r1} r'^2}$$

在相对介电常数为 ε_{r2} 的介质内 $(r < r' < R_2)$ 场强

$$E_2 = \frac{Q}{4\pi\varepsilon_0 \varepsilon_{r2} r'^2}$$

两球壳间的电压

$$U = \int_{R_1}^{r} \boldsymbol{E}_1 \cdot \mathrm{d}\boldsymbol{r}' + \int_{r}^{R_2} \boldsymbol{E}_2 \cdot \mathrm{d}\boldsymbol{r}' = \int_{R_1}^{r} \frac{Q\mathrm{d}r'}{4\pi\varepsilon_0 \varepsilon_{r1} r'^2} + \int_{r}^{R_2} \frac{Q\mathrm{d}r'}{4\pi\varepsilon_0 \varepsilon_{r2} r'^2}$$

$$= \frac{Q}{4\pi\varepsilon_0}\left(\frac{r - R_1}{\varepsilon_{r1} r R_1} + \frac{R_2 - r}{\varepsilon_{r2} r R_2}\right)$$

所以，电容器的电容为

$$C = \frac{Q}{U} = \frac{4\pi\varepsilon_0 \varepsilon_{r1} \varepsilon_{r2} r R_1 R_2}{r(\varepsilon_{r2} R_2 - \varepsilon_{r1} R_1) + R_1 R_2 (\varepsilon_{r1} - \varepsilon_{r2})}$$

（2）电容器储存的能量为

$$W = \frac{1}{2}CU^2 = \frac{2\pi\varepsilon_0 \varepsilon_{r1} \varepsilon_{r2} r R_1 R_2 U^2}{r(\varepsilon_{r2} R_2 - \varepsilon_{r1} R_1) + R_1 R_2 (\varepsilon_{r1} - \varepsilon_{r2})}$$

6-20 把点电荷 q 从无穷远处移至一个半径为 R、厚度为 t 的空心导体球壳的中心（假设球壳上有一个小孔）。求在此过程中，外力所做的功是多少。

解：当点电荷 q 移至球壳的中心 O 点时，该点的电势可由空心导体球壳内表面的感应电荷 $-q$ 和空心导体球壳外表面的感应电荷 q 来计算，由于这两部分电荷在球面上均匀分布，因此

$$\varphi_O = \frac{-q}{4\pi\varepsilon_0 R} + \frac{q}{4\pi\varepsilon_0 (R+t)} = \frac{q}{4\pi\varepsilon_0}\left(\frac{1}{R+t} - \frac{1}{R}\right)$$

系统的电势能

$$W = \frac{1}{2}q\varphi_O + \frac{1}{2}(-q)\varphi_{球} + \frac{1}{2}q\varphi_{球} = \frac{q^2}{8\pi\varepsilon_0}\left(\frac{1}{R+t} - \frac{1}{R}\right)$$

外力做的功

$$A = W - W_0 = \frac{1}{2}q\varphi_0 - 0 = \frac{q^2}{8\pi\varepsilon_0}\left(\frac{1}{R+t} - \frac{1}{R}\right)$$

四、自 测 题

(一)选择题

1. 半径分别为 R 和 r 的两个金属球,相距很远。用一根细长导线将两球连接在一起并使它们带电。在忽略导线的影响下,两球表面的电荷面密度之比 σ_R/σ_r 为(   )。

    A. R/r B. R^2/r^2 C. r^2/R^2 D. r/R

2. 如图 6-23 所示,一厚度为 d 的"无限大"均匀带电导体板,电荷面密度为 σ,则板的两侧离板面距离均为 h 的两点 a、b 之间的电势差为(   )。

    A. 0 B. $\dfrac{\sigma}{2\varepsilon_0}$ C. $\dfrac{\sigma h}{\varepsilon_0}$ D. $\dfrac{2\sigma h}{\varepsilon_0}$

3. 两个同心薄金属球壳,半径分别为 R_1 和 $R_2(R_2 > R_1)$,若分别带上电荷 q_1 和 q_2,则两者的电势分别为 φ_1 和 φ_2(选无穷远处为电势零点)。现用导线将两球壳相连,则它们的电势为(   )。

    A. φ_1 B. φ_2 C. $\varphi_1 + \varphi_2$ D. $1/2(\varphi_1 + \varphi_2)$

4. 在一个原来不带电的外表面为球形的空腔导体 A 内,放一带有电荷为 $+Q$ 的带电导体 B,如图 6-24 所示。则比较空腔导体 A 的电势 U_A 和导体 B 的电势 U_B 时,可得以下结论:(   )。

    A. $U_A = U_B$ B. $U_A > U_B$

    C. $U_A < U_B$ D. 因空腔形状不是球形,两者无法比较

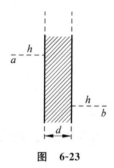

图 6-23

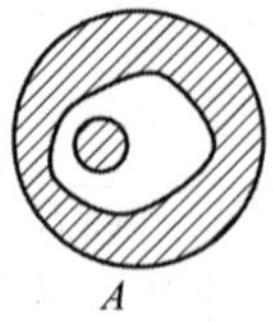

图 6-24

图 6-25

5. 一"无限大"均匀带电平面 A,其附近放一与它平行的有一定厚度的"无限大"平面导体板 B,如图 6-25 所示。已知 A 上的电荷面密度为 $+\sigma$,则在导体板 B 的两个表面 1 和 2 上的感生电荷面密度为(   )。

    A. $\sigma_1 = -\sigma, \sigma_2 = \sigma$ B. $\sigma_1 = -\dfrac{1}{2}\sigma, \sigma_2 = +\dfrac{1}{2}\sigma$

    C. $\sigma_1 = -\dfrac{1}{2}\sigma, \sigma_2 = -\dfrac{1}{2}\sigma$ D. $\sigma_1 = -\sigma, \sigma_2 = 0$

6. 一导体球外充满相对介电常数为 ε_r 的均匀电介质,若测得导体表面附近场强为 E,则导体球面上的自由电荷面密度 σ 为(　　)。

A. $\varepsilon_0 E$ 　　　　B. $\varepsilon_0\varepsilon_r E$ 　　　　C. $\varepsilon_r E$ 　　　　D. $(\varepsilon_0\varepsilon_r - \varepsilon_0)E$

7. 一平行板电容器始终与端电压一定的电源相连。当电容器两极板间为真空时,电场强度为 $\boldsymbol{E}_0$,电位移为 $\boldsymbol{D}_0$;而当两极板间充满相对介电常数为 ε_r 的各向同性均匀电介质时,电场强度为 $\boldsymbol{E}$,电位移为 $\boldsymbol{D}$。则(　　)。

A. $\boldsymbol{E}=\boldsymbol{E}_0/\varepsilon_r, \boldsymbol{D}=\boldsymbol{D}_0$ 　　　　　　B. $\boldsymbol{E}=\boldsymbol{E}_0, \boldsymbol{D}=\varepsilon_r\boldsymbol{D}_0$

C. $\boldsymbol{E}=\boldsymbol{E}_0/\varepsilon_r, \boldsymbol{D}=\boldsymbol{D}_0/\varepsilon_r$ 　　　　D. $\boldsymbol{E}=\boldsymbol{E}_0/\varepsilon_r, \boldsymbol{D}=\boldsymbol{D}_0$

8. C_1 和 C_2 两空气电容器,把它们串联成一电容器组。若在 C_1 中插入一电介质板,如图 6-26 所示,则(　　)。

A. C_1 的电容增大,电容器组总电容减小

B. C_1 的电容增大,电容器组总电容增大

C. C_1 的电容减小,电容器组总电容减小

D. C_1 的电容减小,电容器组总电容增大

9. C_1 和 C_2 两个电容器,其上分别标明 200 pF(电容量)、500 V(耐压值)和 300 pF、900 V。把它们串联起来在两端加上 1000 V 电压,则(　　)。

A. C_1 被击穿,C_2 不被击穿 　　　　B. C_2 被击穿,C_1 不被击穿

C. 两者都被击穿 　　　　　　　　　　D. 两者都不被击穿

10. 如图 6-27 所示,一球形导体,带有电荷 q,置于一任意形状的空腔导体中。当用导线将两者连接后,则与未连接前相比系统静电场能量将(　　)。

A. 增大 　　　　　　　　　　　　　　B. 减小

C. 不变 　　　　　　　　　　　　　　D. 如何变化无法确定

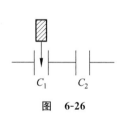

图　6-26

图　6-27

(二) 填空题

1. 一空心导体球壳带电 q,当在球壳内偏离球心某处再放一电量为 q 的点电荷时,则导体球壳内表面上所带的电量为_____,电荷_____均匀分布(填"是"或"不是");外表面上的电量为_____,电荷_____均匀分布(填"是"或"不是")。

2. 一空气平行板电容器,电容为 C,两极板间距离为 d。充电后,两极板间相互作用力为 F。则两极板间的电势差为_____,极板上的电荷为_____。

3. 三块互相平行的导体板,相互之间的距离 d_1 和 d_2 比板面积线度小得多,外面二板用导线连接。中间板上带电,设左右两面上电荷面密度分别为 σ_1 和 σ_2,如图 6-28 所示。则

σ_1/σ_2 为_____。

4. 如图 6-29 所示,把一块原来不带电的金属板 B 移近一块已带有正电荷 Q 的金属板 A,平行放置。设两板面积都是 S,板间距离是 d,忽略边缘效应。当 B 板不接地时,两板间电势差 $U_{AB}=$_____;B 板接地时两板间电势差 $U'_{AB}=$_____。

5. 半径为 R_1 和 R_2 的两个同轴金属圆筒,其间充满着相对介电常数为 ε_r 的均匀介质。设两筒上单位长度带有的电荷分别为 $+\lambda$ 和 $-\lambda$,则介质中离轴线的距离为 r 处的电位移矢量的大小 $D=$_____,电场强度的大小 $E=$_____。

6. 如图 6-30 所示,电容 C_1、C_2、C_3 已知,电容 C 可调,当调节到 A、B 两点电势相等时,电容 $C=$_____。

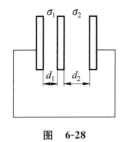

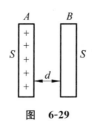

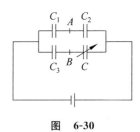

图　6-28　　　　　　　　　　图　6-29　　　　　　　　　图　6-30

7. 一电容为 C 的空气平行板电容器,接上电源充电至端电压为 V 后与电源断开。若把电容器的两个极板的间距增大至原来的 3 倍,则外力所做的功为_____。

8. 两个电容器的电容关系为 $C_1=2C_2$,若将它们串联后接入电路,则电容器 1 储存的电场能量是电容器 2 储能的_____倍;若将它们并联后接入电路,则电容器 1 储存的电场能量是电容器 2 储能的_____倍。

(三) 计算题

1. 如图 6-31 所示,中性金属球 A,半径为 R,它离地球很远。在与球心 O 相距分别为 a 与 b 的 B、C 两点,分别放上电荷为 q_A 和 q_B 的点电荷,达到静电平衡后,问:

(1) 金属球 A 内及其表面有电荷分布吗?

(2) 金属球 A 中的 P 点处电势为多大?(选无穷远处为电势零点)

2. 两导体球 A、B,半径分别为 $R_1=0.5\,\mathrm{m}$,$R_2=1.0\,\mathrm{m}$,中间以导线连接,两球外分别包以内半径为 $R=1.2\,\mathrm{m}$ 的同心导体球壳(与导线绝缘)并接地,导体间的介质均为空气,如图 6-32 所示。已知:空气的击穿场强为 $3\times10^6\,\mathrm{V/m}$,今使 A、B 两球所带电荷逐渐增加,试问:

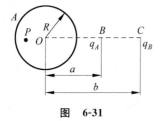

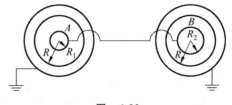

图　6-31　　　　　　　　　　　　　图　6-32

（1）此系统何处首先被击穿？这里场强为何值？

（2）击穿时两球所带的总电荷 Q 为多少？

（设导线本身不带电,且对电场无影响。）

3．一圆柱形电容器,外柱的直径为 4 cm,内柱的直径可以适当选择。若其间充满各向同性的均匀电介质,该介质的击穿电场强度的大小为 $E_0 = 200$ kV/cm,试求该电容器可能承受的最高电压。

4．一个圆柱形电容器,内圆柱半径为 R_1,外圆柱半径为 R_2,长为 $L(L \gg R_2 - R_1)$,两圆筒间充有两层相对介电常数分别为 ε_{r1} 和 ε_{r2} 的各向同性均匀电介质,其界面半径为 R,如图 6-33 所示。设内、外圆筒单位长度上带电荷（即电荷线密度）分别为 λ 和 $-\lambda$,求：

（1）电容器的电容。

（2）电容器储存的能量。

5．一空气平行板电容器,极板面积为 S,两极板之间距离为 d,接到电源上以维持两极板间电势差 U 不变。今将两极板距离拉开到 $2d$,试计算外力所做的功。

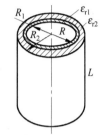

图　6-33

附：自测题答案

（一）选择题

1. D；　　2. A；　　3. B；　　4. C；　　5. B；　　6. B；　　7. B；

8. B；　　9. C；　　10. B

（二）填空题

1. $-q$,不是；$2q$,是

2. $\sqrt{\dfrac{2Fd}{c}}$,$\sqrt{2Fcd}$

3. d_2/d_1

4. $Qd/(2\varepsilon_0 S)$；$Qd/(\varepsilon_0 S)$

5. $D = \dfrac{\lambda}{2\pi r}$,$E = \dfrac{\lambda}{2\pi r \varepsilon_0 \varepsilon_r}$

6. $\dfrac{C_2 C_3}{C_1}$

7. CV^2

8. $\dfrac{1}{2}$；2

（三）计算题

1．（1）A 内无电荷,其表面有正、负电荷分布,净带电荷为零；　（2）$\dfrac{1}{4\pi\varepsilon_0}\left(\dfrac{q_A}{a} + \dfrac{q_B}{b}\right)$

2. （1） B 球表面首先被击穿，3×10^6 V/m； （2） 3.77×10^{-4} C

3. 147 kV

4. （1） $C = \dfrac{2\pi\varepsilon_0\varepsilon_{r1}\varepsilon_{r2}L}{\varepsilon_{r2}\ln(R/R_1) + \varepsilon_{r1}\ln(R_2/R)}$；   （2） $W = \dfrac{\lambda^2 L\left(\varepsilon_{r2}\ln\dfrac{R}{R_1} + \varepsilon_{r1}\ln\dfrac{R_2}{R}\right)}{4\pi\varepsilon_0\varepsilon_{r1}\varepsilon_{r2}}$

5. $\varepsilon_0 SU^2/(4d)$

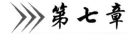

第七章

恒定电流与恒定磁场

一、主要内容

（一）恒定电流

1. 电流　电流连续性方程

大量电荷的宏观定向运动形成电流。

（1）电流（强度）I 是描述电流强弱的物理量，是标量。通过某一截面的电流定义为单位时间内通过该截面的电量，即

$$I = \frac{\mathrm{d}q}{\mathrm{d}t} \tag{7-1}$$

（2）电流密度 j 是描述电流分布细节的物理量，是矢量，其大小等于单位时间内通过与电荷移动方向垂直的单位面积的电荷量，其方向为正电荷移动方向，即

$$j = nqu \tag{7-2}$$

式中，n 为导体中的载流子浓度，q 为载流子的电荷量，u 为载流子定向运动的速度。

通过任一曲面 S 的电流为电流密度对该面的通量，即

$$I = \int_{S} j \cdot \mathrm{d}S \tag{7-3}$$

（3）电流场：$j = j(x, y, z)$，空间各点的 j 组成一个矢量场。

引入电流线来描述电流场的分布特点：电流线上每一点的切线方向与该点电流密度的方向相同，曲线的疏密程度代表电流密度的大小。

（4）电流的连续性方程

由电荷守恒定律，在单位时间内，从任一封闭曲面内流出的电荷 $\oint_{S} j \cdot \mathrm{d}S$ 等于该封闭曲面内总电荷的减少，即

$$\oint_{S} j \cdot \mathrm{d}S = -\frac{\mathrm{d}q}{\mathrm{d}t} \tag{7-4}$$

表明电流线有头有尾，起始于电荷减少的地方，终止于电荷增加的地方。

（5）电流的恒定条件

恒定电流时，电荷的空间分布不随时间变化，故

$$\oint_{S} j \cdot \mathrm{d}S = 0 \tag{7-5}$$

表明恒定电流线是闭合的曲线。

（6）恒定电场

恒定电场同静电场一样，遵从高斯定理和环路定理，也是保守场，可引入电势的概念。由于导体内部存在电流，导体内部场强不为零，故导体不是等势体。

2. 欧姆定律

（1）欧姆定律的微分形式

当金属的温度保持不变时，金属中的电流密度 j 与该处的电场强度 E 成正比，即

$$j = \gamma E \tag{7-6}$$

式中，γ 为金属的电导率。

（2）电阻

对于横截面均匀的导体，电阻为

$$R = \rho \frac{l}{S} \tag{7-7}$$

对于横截面非均匀的导体，电阻为

$$R = \int \rho \frac{\mathrm{d}l}{S} \tag{7-8}$$

（3）部分电路的欧姆定律（不含源）

$$U = IR \tag{7-9}$$

3. 电源电动势和全电路欧姆定律

（1）电源

电源是能够提供非静电力把其他形式的能量转换为电能的装置。

电源的作用是提供非静电力以克服静电力做功，驱使正电荷从低电势处经电源内部到达高电势处，从而在电路中维持恒定电流。

（2）电源电动势

电源电动势是描述电源中非静电力做功本领的物理量，定义为在电源内部，从负极到正极，非静电力对单位正电荷所做的功，即

$$\mathscr{E} = \int_{-(\text{电源内})}^{+} E_k \cdot \mathrm{d}l \tag{7-10}$$

式中，$E_k = \dfrac{F_k}{q}$，称为非静电性场强，表示作用于单位正电荷的非静电力。

若非静电力存在于整个闭合电路 L 上，则电动势为

$$\mathscr{E} = \oint_L E_k \cdot \mathrm{d}l \tag{7-11}$$

（3）全电路欧姆定律

在一个闭合回路中，电源电动势等于回路中的电流与总电阻的乘积，即

$$\mathscr{E} = I(R + R_i) \tag{7-12}$$

式中，R_i 是电源的内阻，R 是整个外电路上的电阻。

（4）一段含源电路的欧姆定律

电路上任意两点 a 和 b 之间的电势差等于从 a 到 b 的路径上，各电阻上电势降落的代

数和减去各电源的电动势所产生的电势升高的代数和,即

$$\varphi_a - \varphi_b = \sum IR - \sum \mathscr{E} \qquad (7\text{-}13)$$

式中凡是与从 a 到 b 的路径方向一致的电流和电动势取正号,与此路径相反的电流和电动势取负号。

(5) 基尔霍夫方程

基尔霍夫第一方程(节点电流方程):对于每一个节点,有

$$\sum_i I_i = 0 \qquad (7\text{-}14)$$

式中, I_i 是通过节点的各支路中的电流。约定:流入节点的电流取正号,流出节点的电流取负号。

基尔霍夫第二方程:对于任一回路,有

$$\sum IR = \sum \mathscr{E} \qquad (7\text{-}15)$$

即回路中各电阻的电势降落的代数和等于各电源的电动势造成的电势升高的代数和,也就是说,沿回路绕行一周,总的电势降落为零。

(二) 磁场　磁感应强度

1. 磁场

在运动电荷或电流的周围,除了产生电场之外,还会产生磁场。磁场会对置于其中的其他运动电荷或电流施加作用力。

2. 磁感应强度

(1) 磁感应强度是定量描述磁场对运动电荷或电流有作用力性质的物理量。定义磁感应强度的大小为

$$B = \frac{F_{\max}}{qv} \qquad (7\text{-}16)$$

式中, $F_{\max}$ 是正电荷 q 以速度 v 运动时所受到的最大磁力。

(2) 磁感应强度 $\boldsymbol{B}$ 的方向为该点附近小磁针所指方向,若正电荷 q 的速度 v 与 $\boldsymbol{B}$ 的方向平行,则所受磁力为零。

3. 毕奥-萨伐尔定律

(1) 电流元

电流元 $I\mathrm{d}\boldsymbol{l}$ 是矢量,其大小等于电流 I 与导线元长度 $\mathrm{d}l$ 的乘积,方向沿电流的正向。

(2) 毕奥-萨伐尔定律

如图 7-1 所示,电流元 $I\mathrm{d}\boldsymbol{l}$ 在 P 点产生的磁感应强度为

$$\mathrm{d}\boldsymbol{B} = \frac{\mu_0}{4\pi} \cdot \frac{I\mathrm{d}\boldsymbol{l} \times \boldsymbol{e}_r}{r^2} \qquad (7\text{-}17)$$

式中, $\mu_0 = 4\pi \times 10^{-7}$ N/A^2 为真空磁导率, $\boldsymbol{e}_r$ 是电流元所在处到 P 点的矢径的单位矢量, r 是两点之间的距离。

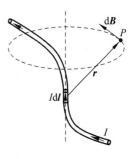

图　7-1

（3）磁场的叠加原理

$$B = \sum_i B_i \tag{7-18}$$

载流导线 L 在 P 点产生的磁感应强度等于导线上若干个电流元单独存在时在 P 点产生的磁感应强度的矢量和，即

$$B = \int dB = \int_L \frac{\mu_0}{4\pi} \cdot \frac{I d\boldsymbol{l} \times \boldsymbol{e}_r}{r^2} \tag{7-19}$$

（4）典型形状的载流导线的磁场

① 长度为 L 的载流直导线的磁场

$$B = \frac{\mu_0 I}{4\pi r_0}(\cos\alpha_1 - \cos\alpha_2) \tag{7-20}$$

式中，r_0 为 P 点到导线的垂直距离，α_1 和 α_2 分别是直电流的起始点和终点处电流流向与该处到 P 的连线之间的夹角，如图 7-2 所示。

特例，无限长载流直导线的磁场（$\alpha_1 = 0, \alpha_2 = \pi$）

$$B = \frac{\mu_0 I}{2\pi r_0} \tag{7-21}$$

② 载流圆线圈轴线上的磁场

$$B = \frac{\mu_0 I R^2}{2(R^2 + x^2)^{3/2}} \tag{7-22}$$

式中，x 为轴线上 P 点到圆心的距离，B 的方向由右手螺旋定则判断，如图 7-3 所示。

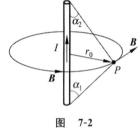

图　7-2

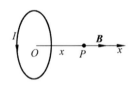

图　7-3

特例，载流圆线圈中心 O 处的磁场（$x = 0$）

$$B = \frac{\mu_0 I}{2R} \tag{7-23}$$

③ 长直密绕载流螺线管轴线上的磁场

$$B = \frac{\mu_0 nI}{2}(\sin\beta_2 - \sin\beta_1) \tag{7-24}$$

式中，β_1 和 β_2 分别为 P 点到螺线管两个端口边缘的连线与 y 轴正向之间的夹角，B 的方向由右手螺旋定则判断，如图 7-4 所示。

特例，无限长密绕直螺线管轴线上的磁场

$$B = \mu_0 nI \tag{7-25}$$

（5）运动电荷产生的磁场

电荷量为 q，速度为 v 的电荷在 P 点产生的磁场

$$B = \frac{\mu_0}{4\pi} \cdot \frac{q\boldsymbol{v} \times \boldsymbol{e}_r}{r^2} \tag{7-26}$$

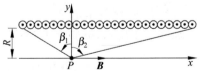

图　7-4

式中，e_r 为电荷到 P 点的矢径的单位矢量，r 为两点之间的距离。

4. 磁场的高斯定理和安培环路定理

（1）磁感线

磁感线是为了形象描述磁场性质而引入的虚拟的几何曲线。

磁感线的基本性质：

① 任何磁感线都是闭合曲线；

② 曲线上任一点的正向切线方向代表该点处的磁感应强度方向；

③ 任何磁感线都与产生它的电流互相套连，且两者互成右手螺旋关系；

④ 磁感线密集处磁场较强，磁感线稀疏处磁场较弱。

（2）磁通量

在磁场中，穿过有限大小的曲面 S 的磁通量为

$$\Phi = \int_S \boldsymbol{B} \cdot \mathrm{d}\boldsymbol{S} \tag{7-27}$$

其几何意义为：穿过 S 面的磁感线的条数。

（3）磁场高斯定理

在磁场中，穿过任一封闭曲面 S 的磁通量等于零，即

$$\oint_S \boldsymbol{B} \cdot \mathrm{d}\boldsymbol{S} = 0 \tag{7-28}$$

其几何意义为：穿入与穿出封闭曲面 S 的磁感线的条数相等，或表述为，净穿出封闭面 S 的磁感线的条数为零。

磁场的高斯定理表明磁场是无源场。

（4）安培环路定理

在真空的磁场中，磁感应强度 $\boldsymbol{B}$ 沿任一闭合回路 L 的积分，等于穿过该回路的电流代数和的 μ_0 倍，即

$$\oint_L \boldsymbol{B} \cdot \mathrm{d}\boldsymbol{l} = \mu_0 \sum I_{\mathrm{int}} \tag{7-29}$$

式中电流 I 的正负用右手螺旋定则判断。

磁场的安培环路定理表明磁场是有旋场。利用安培环路定理可以计算某些具有对称性的电流分布产生的磁场。

（5）典型电流分布的磁场

① 无限长均匀载流圆柱体的磁场

$$\begin{cases} B = \dfrac{\mu_0 I}{2\pi r}, & r \geqslant R \\[2mm] B = \dfrac{\mu_0 I r}{2\pi R^2}, & r < R \end{cases} \tag{7-30}$$

式中，r 为 P 点到圆柱体电流中轴线的垂直距离，如图 7-5 所示。

② 无限长密绕载流螺线管的磁场

$$\begin{cases} B = \mu_0 n I, & 管内 \\ B = 0, & 管外 \end{cases} \tag{7-31a}$$

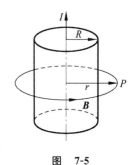

图 **7-5**

式中，n 为沿轴线方向单位长度上的线圈匝数，即匝密度。可见，磁场集中于管内，且为均匀磁场，磁感线平行于轴线，与电流满足右手螺旋定则。

③ 密绕载流螺绕环的磁场

$$\begin{cases} B = \mu_0 \dfrac{NI}{2\pi r}, & \text{管内} \\ B = 0, & \text{管外} \end{cases} \tag{7-31b}$$

式中，N 为总的线圈匝数，r 为环的半径。

特别的，对于大而细的密绕螺绕环，内部磁场可表示为

$$B = \mu_0 n I$$

④ 无限大载流平面的磁场

$$B = \frac{1}{2}\mu_0 j \tag{7-32}$$

式中，j 为电流密度的大小。载流平面两侧的磁场是均匀磁场，磁感线的指向与电流的流向满足右手定则，如图 7-6 所示。

（6）位移电流与全电流

① 位移电流

麦克斯韦提出假设：变化的电场能够激发磁场。

通过某曲面 S 的位移电流等于电位移通量的时间变化率，即

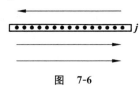

图 **7-6**

$$I_d = \frac{d\Phi_D}{dt} = \int_S \frac{\partial \boldsymbol{D}}{\partial t} \cdot d\boldsymbol{S} \tag{7-33}$$

式中，$\boldsymbol{j}_d = \dfrac{\partial \boldsymbol{D}}{\partial t} = \varepsilon_0 \varepsilon_r \dfrac{\partial \boldsymbol{E}}{\partial t}$ 是位移电流密度矢量。

② 全电流

通过某曲面 S 的全电流 I_t 等于通过该曲面的传导电流 I_c 和位移电流 I_d 的代数和。

$$I_t = I_c + I_d \tag{7-34}$$

全电流是连续的。

③ 普遍的安培环路定理

$$\oint_L \boldsymbol{B} \cdot d\boldsymbol{l} = \mu_0 I_t = \mu_0 \int_S (\boldsymbol{j}_d + \boldsymbol{j}_c) \cdot d\boldsymbol{S} \tag{7-35}$$

表明磁感应强度对任意闭合路径 L 的环流取决于通过以该闭合路径为周界的任意曲面 S 的全电流。

5. 安培力与洛伦兹力

（1）安培定律

电流元 $Id\boldsymbol{l}$ 在磁场中所受的磁力即为安培力，有

$$d\boldsymbol{F} = Id\boldsymbol{l} \times \boldsymbol{B} \tag{7-36}$$

式中，$\boldsymbol{B}$ 为电流元 $Id\boldsymbol{l}$ 所在处的磁感应强度。

任意形状的载流导线 L 所受安培力为

$$\boldsymbol{F} = \int_L Id\boldsymbol{l} \times \boldsymbol{B} \tag{7-37}$$

特别的,均匀磁场中的一段载流导线所受安培力为

$$F = I\boldsymbol{L} \times \boldsymbol{B} \tag{7-38}$$

式中,$\boldsymbol{L}$ 为从电流起点指向电流终点的有向线段。

均匀磁场中的闭合载流线圈所受安培力为

$$F = \oint_L I \mathrm{d}\boldsymbol{l} \times \boldsymbol{B} = 0 \tag{7-39}$$

（2）载流线圈的磁矩

一任意形状的平面载流线圈的磁矩 $\boldsymbol{m}$ 定义为

$$\boldsymbol{m} = IS\boldsymbol{e}_n \tag{7-40}$$

式中,I 是电流;S 是线圈包围的面积;$\boldsymbol{e}_n$ 为线圈平面法线方向的单位矢量,其指向与电流流向构成右手螺旋关系,如图 7-7 所示。

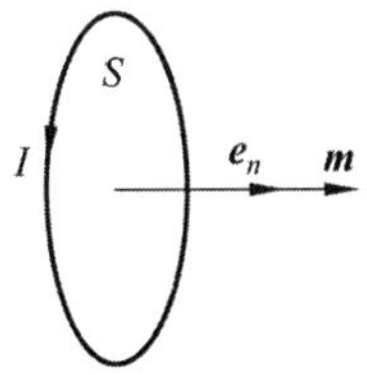

（3）载流线圈的磁力矩

在均匀磁场 $\boldsymbol{B}$ 中,磁矩为 $\boldsymbol{m}$ 的平面载流线圈所受的磁力矩为

$$M = \boldsymbol{m} \times \boldsymbol{B} \tag{7-41}$$

磁力矩 M 总是力图使线圈的 $\boldsymbol{m}$ 转向与磁场 $\boldsymbol{B}$ 平行的方向。

图　7-7

（4）载流线圈的势能

在均匀磁场中,选取磁矩 $\boldsymbol{m}$ 与磁感应强度 $\boldsymbol{B}$ 的夹角 $\theta = \dfrac{\pi}{2}$ 时为零

势能位置,则当磁矩 $\boldsymbol{m}$ 与磁感应强度 $\boldsymbol{B}$ 之间的夹角为任意 θ 时,载流线圈的势能为

$$W = -\boldsymbol{m} \cdot \boldsymbol{B} = -mB\cos\theta \tag{7-42}$$

（5）平行电流之间的作用力

对于两根无限长的平行载流直导线,其任一根载流导线上单位长度的一段所受的安培力为

$$F = \frac{\mu_0 I_1 I_2}{2\pi a} \tag{7-43}$$

式中,I_1、I_2 分别为两根导线的电流,a 为两者之间的垂直距离。

平行电流之间的安培力表现为:同向电流相互吸引,异向电流相互排斥。

（6）安培力的功

载流导线（或导线圈）在磁场中运动时,安培力做的功为

$$A = \int I \mathrm{d}\Phi \tag{7-44}$$

式中,$\mathrm{d}\Phi$ 是因电流元 $I\mathrm{d}\boldsymbol{l}$ 的运动而引起的回路磁通量的增量。

在均匀的磁场中,载流线圈由于形变、平移或转动会引起磁通量发生变化,则安培力或磁力矩所做的功为

$$A = I\Delta\Phi \tag{7-45}$$

式中,$\Delta\Phi$ 为线圈运动时通过线圈平面的磁通量的增量。

（7）洛伦兹力

运动电荷在磁场中所受的磁力称为洛伦兹力,有

$$F = q\boldsymbol{v} \times \boldsymbol{B} \tag{7-46}$$

洛伦兹力的方向判断如图 7-8 所示。洛伦兹力对运动电荷永不做功。

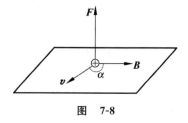

图　7-8

（8）带电粒子在均匀磁场中的运动

质量为 m、电荷为 q 的粒子以速度 v 进入磁感应强度为 $\boldsymbol{B}$ 的均匀磁场。

① 当 $v \perp \boldsymbol{B}$ 时，粒子作匀速率圆周运动。

回旋半径为

$$R = \frac{mv}{qB} \tag{7-47}$$

回旋周期为

$$T = \frac{2\pi m}{qB} \tag{7-48}$$

② 当 v 与 $\boldsymbol{B}$ 之间成任意夹角 θ 时，粒子沿磁场方向作等螺距的螺旋运动。

螺旋线半径为

$$r = \frac{mv_{\perp}}{qB} \tag{7-49}$$

螺距为

$$h = \frac{2\pi m v_{/\!/}}{qB} \tag{7-50}$$

式中，$v_{\perp}$ 和 $v_{/\!/}$ 分别为与 $\boldsymbol{B}$ 垂直和平行的速度分量。

6. 磁介质

磁介质在外磁场中被磁化，介质表面会出现磁化电流，磁化电流在介质内部产生附加的磁场，从而改变原来的磁场。

（1）相对磁导率

在各向同性的均匀磁介质内部，磁感应强度的大小为

$$B = \mu_r B_0 \tag{7-51}$$

式中，μ_r 为介质的相对磁导率，B_0 为外磁场的磁感应强度大小。

顺磁质的 $\mu_r > 1$，抗磁质的 $\mu_r < 1$，两者都非常接近于 1，统称为弱磁介质；

铁磁质的 $\mu_r \gg 1$，称为强磁介质。

（2）磁化强度

磁化强度是表征磁介质磁化程度的物理量，定义为单位体积内分子磁矩的矢量和，即

$$\boldsymbol{M} = \frac{\sum \boldsymbol{m} + \sum \Delta \boldsymbol{m}}{\Delta V} \tag{7-52}$$

式中，$\sum \boldsymbol{m}$ 表示在 ΔV 内所有分子的固有磁矩的矢量和，$\sum \Delta \boldsymbol{m}$ 表示附加磁矩的矢量和。

对于顺磁质，$\boldsymbol{M}$ 的方向与外磁场方向一致；对于抗磁质，$\boldsymbol{M}$ 的方向与外磁场方向相反。

（3）磁化电流（亦称束缚电流）

在磁介质内部，与任意闭合路径 L 套连的总磁化电流 I' 为

$$I' = \oint_L \boldsymbol{M} \cdot \mathrm{d}\boldsymbol{l} \tag{7-53}$$

在磁介质表面,磁化面电流密度为

$$\boldsymbol{j}' = \boldsymbol{M} \times \boldsymbol{e}_n \tag{7-54}$$

式中,$\boldsymbol{e}_n$ 为磁介质表面外法线方向的单位矢量。

（4）磁场强度

在有磁介质存在的磁场中应用安培环路定理时,为了能够从形式上回避磁化电流,引入辅助物理量磁场强度 $\boldsymbol{H}$,定义为

$$\boldsymbol{H} = \frac{\boldsymbol{B}}{\mu_0} - \boldsymbol{M} \tag{7-55}$$

对于各向同性的均匀磁介质,在一般的实验条件下,磁化强度 $\boldsymbol{M}$ 与总磁场 $\boldsymbol{B}$ 成正比,即

$$\boldsymbol{M} = \frac{\mu_r - 1}{\mu_0 \mu_r} \boldsymbol{B} \tag{7-56}$$

由此,$\boldsymbol{H}$ 和 $\boldsymbol{B}$ 的关系可简化为

$$\boldsymbol{H} = \frac{\boldsymbol{B}}{\mu_0 \mu_r} = \frac{\boldsymbol{B}}{\mu} \tag{7-57}$$

式中,$\mu = \mu_0 \mu_r$,称为磁介质的磁导率。

（5）磁介质中的高斯定理和安培环路定理

有磁介质存在时,总磁场 $\boldsymbol{B}$ 为传导电流 I_c 产生的磁场 $\boldsymbol{B}_0$ 与磁化电流 I' 产生的附加磁场 $\boldsymbol{B}'$ 的叠加,即 $\boldsymbol{B} = \boldsymbol{B}_0 + \boldsymbol{B}'$。

有磁介质存在的高斯定理:

$$\oint_S \boldsymbol{B} \cdot \mathrm{d}\boldsymbol{S} = 0 \tag{7-58}$$

与真空中磁场的高斯定理相比形式保持不变。

有磁介质存在的安培环路定理

$$\oint_L \boldsymbol{H} \cdot \mathrm{d}\boldsymbol{l} = \sum I_c \tag{7-59}$$

表明磁场强度 $\boldsymbol{H}$ 对任一闭合路径 L 的环流只与通过以 L 为周界的任一曲面的传导电流的代数和有关。

（6）铁磁质

铁磁质的重要特点:

① 相对磁导率 μ_r 非常高,且不是常数,与外磁场 $\boldsymbol{H}$ 有关,从而使得铁磁质内部 $\boldsymbol{B}$ 与 $\boldsymbol{H}$ 的关系是非线性的;

② 铁磁质的磁化过程不可逆,有剩磁现象,并形成磁滞回线;

③ 存在临界温度,即居里点,超过此温度时铁磁性质消失,铁磁质转变为顺磁质。

二、解 题 指 导

本章问题涉及的主要方法如下。

1. 利用全电路欧姆定律及一段含源电路两端的电势差公式分析电路问题时,首先应该选择路径的方向,然后根据电流的流向和电动势的方向是否与之相同或相反,从而确定出电流和电动势的正负号,再代入公式进行计算。这是求解这一类问题的关键。

2. 利用毕奥-萨伐尔定律结合磁场叠加原理求解有对称性的电流分布的磁场时,有两点要注意:①要对磁场作对称性分析,从而可以判断磁场的方向,进而简化积分运算;②写出积分公式之后要注意统一积分变量,给出正确的积分上、下限。

3. 利用 $\boldsymbol{B}$ 或者 $\boldsymbol{H}$ 的安培环路定理求解具有对称性的电流分布的磁场时,最关键的就是闭合回路 L 的选取。首先要根据电流分布的对称性分析磁场的对称性,包括磁场的方向和大小的特点;然后才能正确地选择闭合回路 L,要使得回路 L 上的 $\boldsymbol{B}$ 或 $\boldsymbol{H}$ 大小处处相等,方向平行于线元 $\mathrm{d}\boldsymbol{l}$,或者垂直于线元 $\mathrm{d}\boldsymbol{l}$,以便使 $\oint_L \boldsymbol{B} \cdot \mathrm{d}\boldsymbol{l}$ 中的 $\boldsymbol{B}$,或 $\oint_L \boldsymbol{H} \cdot \mathrm{d}\boldsymbol{l}$ 中的 $\boldsymbol{H}$ 以标量的形式从积分符号里面提出来。

例 7-1 (对电流密度的理解)电流密度 $\boldsymbol{j}$ 与电流 I 有什么区别与联系?

答: 电流 I 是单位时间内通过导体某一截面的电荷量值,是标量,它描述导体内某一截面上电荷流动的整体情况。而电流密度 $\boldsymbol{j}$ 是描述导体中某一点处的电荷流动情况,是矢量,它能够细致地反映电流场中电流分布的细节。

两者的联系是 $I = \int_S \boldsymbol{j} \cdot \mathrm{d}\boldsymbol{S}$,即流过某一曲面 S 的电流等于电流密度对该曲面的通量。

例 7-2 (对恒定电场的理解)恒定电场与静电场有何异同?

答: 恒定电场与静电场的共同点如下。

(1)电荷分布均不随时间发生变化。

(2)均遵从高斯定理和场强环路定理,两者都是保守场,都可引入电势和电势差的概念。

恒定电场与静电场的不同点如下。

(1)激发静电场的电荷是静止的,而激发恒定电场的电荷是运动的,但电荷的分布随时间保持动态的平衡。

(2)静电场中的导体内场强为零,导体是等势体,导体内无宏观电流。而恒定电场中的导体内场强不为零,导体不是等势体,导体内有宏观电流。

例 7-3 (横截面不均匀导体电阻的求解)如图 7-9 所示,一正圆台形导体,两个端面的半径分别为 a 和 b,长度为 L。恒定电流 I 均匀地流过导体的任一截面,电流流向与端面垂直。求:沿电流方向导体的电阻是多少。

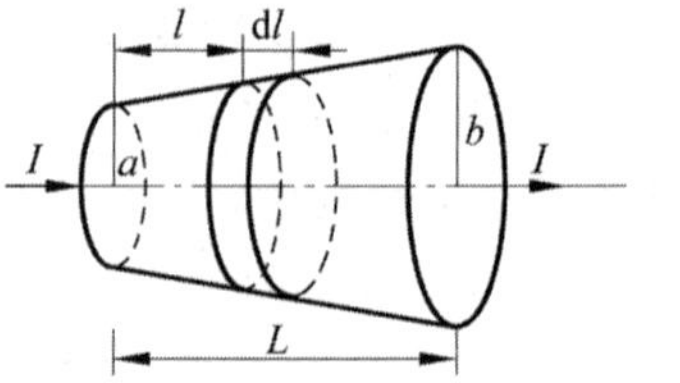

解: 取一长度为 $\mathrm{d}l$ 的小圆台,横截面积为 πr^2,由于电流均匀流过截面,故沿电流方向的元电阻为

图 7-9

$$\mathrm{d}R = \rho \frac{\mathrm{d}l}{\pi r^2}$$

由几何知识可知

$$\frac{r - a}{l} = \frac{b - a}{L}$$

故

$$r = a + \frac{b - a}{L} l$$

则 $dr = \dfrac{b-a}{L}dl$，即

$$dl = \frac{L}{b-a}dr$$

于是元电阻可表示为

$$dR = \rho\,\frac{L\,dr}{\pi(b-a)r^2}$$

整个导体沿电流方向的电阻为

$$R = \int dR = \int_a^b \rho\,\frac{L\,dr}{\pi(b-a)r^2} = \rho\,\frac{L}{\pi ab}$$

　　求解导体电阻时必须要明确电流的流向，从而判断垂直于电流方向的截面积和相应的长度。电流的方向一旦发生变化，截面和长度随之发生变化。

　　例 7-4　（全电路欧姆定律及一段含源电路的欧姆定律的应用）电路如图 7-10 所示，已知 $R_1 = 10\ \Omega$，$R_2 = 2.5\ \Omega$，$R_3 = 3\ \Omega$，$R_4 = 1\ \Omega$，$\mathscr{E}_1 = 6\ \mathrm{V}$，$R_{i1} = 0.4\ \Omega$，$\mathscr{E}_2 = 8\ \mathrm{V}$，$R_{i2} = 0.6\ \Omega$。求：

（1）通过每个电阻的电流；

（2）每个电源两端的电压；

（3）a、d 两点间的电势差；

（4）b、c 两点间的电势差。

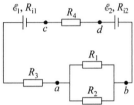

图　7-10

　　解：（1）设电流沿逆时针方向。并联电阻 R_1、R_2 的等效电阻为

$$R_{12} = \frac{R_1 R_2}{R_1 + R_2} = 2(\Omega)$$

由全电路欧姆定律 $\mathscr{E} = I(R+R_i)$，可得总电流 I 为

$$I = \frac{\mathscr{E}_1 + \mathscr{E}_2}{R_{12} + R_3 + R_4 + R_{i1} + R_{i2}} = 2(\mathrm{A})$$

流经各个电阻的电流分别为

$$I_1 = \frac{R_2}{R_1 + R_2}I = 0.4(\mathrm{A})$$

$$I_2 = \frac{R_1}{R_1 + R_2}I = 1.6(\mathrm{A})$$

$$I_3 = I_4 = I = 2(\mathrm{A})$$

　　（2）由一段含源电路的欧姆定律 $U = \sum IR - \sum \mathscr{E}$，可知

$$U_1 = IR_{i1} - \mathscr{E}_1 = 2 \times 0.4 - 6 = -5.2(\mathrm{V})$$

$$U_2 = IR_{i2} - \mathscr{E}_2 = 2 \times 0.6 - 8 = -6.8(\mathrm{V})$$

负号表示经过电源后电势升高了。

　　（3）由一段含源电路的欧姆定律 $U = \sum IR - \sum \mathscr{E}$，可知 a、d 两点间的电势差为

$$U_{ad} = I(R_{12} + R_{i2}) - \mathscr{E}_2 = 2 \times (2 + 0.6) - 8 = -2.8(\mathrm{V})$$

　　（4）b、c 两点间的电势差为

$$U_{bc} = I(R_4 + R_{i2}) - \mathscr{E}_2 = 2 \times (1 + 0.6) - 8 = -4.8(\mathrm{V})$$

例 7-5 （电流元的磁场（毕奥-萨伐尔定律的理解））一个静止的点电荷能在它周围的空间任一点激发起静电场；一个电流元是否也能在其周围空间任一点激发起磁场呢？

答：不一定。电流元在空间激发的磁场满足毕奥-萨伐尔定律，即

$$d\boldsymbol{B} = \frac{\mu_0}{4\pi} \cdot \frac{I d\boldsymbol{l} \times \boldsymbol{e}_r}{r^2}$$

式中，$\boldsymbol{e}_r$ 是电流元所在处到任一场点的矢径的单位矢量。如果 $I d\boldsymbol{l}$ 与 $\boldsymbol{e}_r$ 的夹角 θ 是 0 或者 π，则 $|d\boldsymbol{B}| = \frac{\mu_0}{4\pi} \cdot \frac{I dl}{r^2} \sin\theta = 0$，即电流元在其延长线上的各点是不能激发起磁场的。

例 7-6 （磁场叠加原理及典型电流磁场公式的应用）一条无限长载流导线弯成图 7-11 所示的形状，通有电流 I，求 O 点处的磁感应强度 $\boldsymbol{B}$。

解：由图可知，O 点的磁场可以看成是由两条半无限长载流直导线的磁场和一段半圆弧电流的磁场的叠加。可以判断各部分产生的磁场的方向相同，均为垂直于纸面向里，故

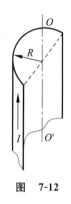

图 7-11

$$B_O = \frac{\mu_0 I}{4\pi R} + \frac{\mu_0 I}{4\pi R} + \frac{\mu_0 I}{4R} = \frac{\mu_0 I}{4R}\left(\frac{2}{\pi} + 1\right)$$

例 7-7 （典型电流的磁场的叠加计算）如图 7-12 所示，一个半径为 R 的无限长半圆柱面导体，沿轴线方向的电流 I 在柱面上均匀分布。求半圆柱面轴线 OO' 上的磁感应强度。

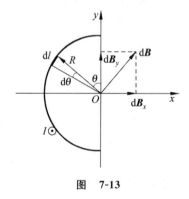

图 7-12　　　　　　　　　　**图 7-13**

解：建立如图 7-13 所示的坐标系，半圆柱面的轴线 OO' 垂直于 Oxy 面。面电流垂直于纸面向外，则垂直流过单位长度的电流即为电流面密度

$$j = \frac{I}{\pi R}$$

在半圆柱面上取平行于 OO'、宽度为 $dl(dl = Rd\theta)$ 的一细直电流，其电流为

$$dI = j dl = \frac{I}{\pi R} dl$$

利用无限长载流直导线的磁场公式，该细直电流 dI 在轴线上任意一点的磁感应强度的大小为

$$dB = \frac{\mu_0 dI}{2\pi R} = \frac{\mu_0 I}{2\pi^2 R^2} dl = \frac{\mu_0 I}{2\pi^2 R} d\theta$$

其方向与指向 dl 的矢径垂直，且在 Oxy 平面内。

将 $d\boldsymbol{B}$ 在 x、y 轴上分解得到 dB_x、dB_y，由半圆周的对称性可知

$$B_x = \int dB_x = 0$$

$$B_y = \int dB_y = \int dB\sin\theta = \int_0^\pi \frac{\mu_0 I}{2\pi^2 R}\sin\theta d\theta = -\frac{\mu_0 I}{2\pi^2 R}\cos\theta\Big|_0^\pi = \frac{\mu_0 I}{\pi^2 R}$$

$\boldsymbol{B}$ 的方向沿 y 轴正向。

例 7-8 （理解安培环路定理的物理意义）如图 7-14 所示的三个闭合回路 1、2、3,分别写出磁感应强度 $\boldsymbol{B}$ 沿它们的环流值。设 $I_1 = I_2 = I$。并讨论:

(1) 在每个闭合回路上各点的 $\boldsymbol{B}$ 值是否相等?

(2) 在回路 3 上各点的 $\boldsymbol{B}$ 是否均等于零?

解:由安培环路定理可得

$$\oint_1 \boldsymbol{B} \cdot d\boldsymbol{l} = \mu_0 I$$

$$\oint_2 \boldsymbol{B} \cdot d\boldsymbol{l} = \mu_0 I$$

$$\oint_3 \boldsymbol{B} \cdot d\boldsymbol{l} = \mu_0 (I_2 - I_1) = 0$$

(1) 由磁场叠加原理,空间任一点的 $\boldsymbol{B}$ 是电流 I_1 和 I_2 各自产生的磁场 $\boldsymbol{B}_1$ 和 $\boldsymbol{B}_2$ 的矢量和。由题目电流分布可知,各回路上各点的 $\boldsymbol{B}$ 一般是不相等的。

(2) 由磁场叠加原理可判断,回路 3 上各点的 $\boldsymbol{B}$ 是不等于零的。回路上各点的 $\boldsymbol{B}$ 不等于零,但是由于在回路的某些元段上可能 $\boldsymbol{B} \cdot d\boldsymbol{l} > 0$,在另外一些元段上可能 $\boldsymbol{B} \cdot d\boldsymbol{l} < 0$,从而使得整个回路的总环流等于零。

图　7-14　　　　　　　　　　　　　　　　图　7-15

例 7-9 （磁场叠加原理及典型电流磁场公式的应用）在半径为 R 的无限长金属圆柱体内部挖去一半径为 $r(r < R)$ 的无限长圆柱体,两圆柱体的轴线平行,轴间距为 a,如图 7-15 所示。若在此挖空后的导体柱上通以轴向电流 I,电流在横截面上均匀分布,求此导体柱空心部分轴线上任一点的磁感应强度 $\boldsymbol{B}$。

解:本题的电流分布可以看成是由电流密度均匀的、半径为 R 的实心大圆柱体和填充挖空区域的通有反向的、电流密度与圆柱体其他部分相同的实心小圆柱体组成。该方法称为"补偿法"。根据磁场叠加原理,所求磁场即为这两个通有反向电流的实心圆柱体的磁场的叠加。

电流密度为

$$j = \frac{I}{S} = \frac{I}{\pi(R^2 - r^2)}$$

利用安培环路定理可求出半径为 R 的大实心圆柱电流在 O' 点处的磁感应强度,即

$$B_1 \cdot 2\pi a = \mu_0 (j \cdot \pi a^2) = \mu_0 \frac{I}{\pi(R^2 - r^2)} \cdot \pi a^2$$

得

$$B_1 = \frac{\mu_0 I a}{2\pi(R^2 - r^2)}$$

其方向与圆柱体的轴线即 OO' 垂直,且与电流 I 满足右手螺旋关系。

由电流的轴对性分布可知,反向小圆柱电流在其轴线上 O' 点处的磁感应强度为

$$B_2 = 0$$

由磁场叠加原理可得空心部分轴线上任一点的磁感应强度为

$$\boldsymbol{B} = \boldsymbol{B}_1 + \boldsymbol{B}_2 = \boldsymbol{B}_1$$

其中

$$B = B_1 + B_2 = B_1 = \frac{\mu_0 I a}{2\pi(R^2 - r^2)}$$

方向与 $\boldsymbol{B}_1$ 相同。

例 7-10 （安培环路定理的应用）有一厚 $2h$ 的无限大导体平板,其内有均匀电流平行于表面流动,电流体密度为 $\boldsymbol{j}$,求空间磁场的分布。

解: 此无限大厚平板可视为无限多个无限大薄平板的叠加。

利用磁场叠加原理对其作对称性分析:

（1）以板的中心面 S_0 为对称面,两侧的磁场方向均平行于 S_0 面,且方向相反,指向与电流流向满足右手螺旋关系;

（2）由电流的面对称性可知,磁场亦具有面对称性,在与 S_0 距离相等的场点处,$\boldsymbol{B}$ 的大小相等。

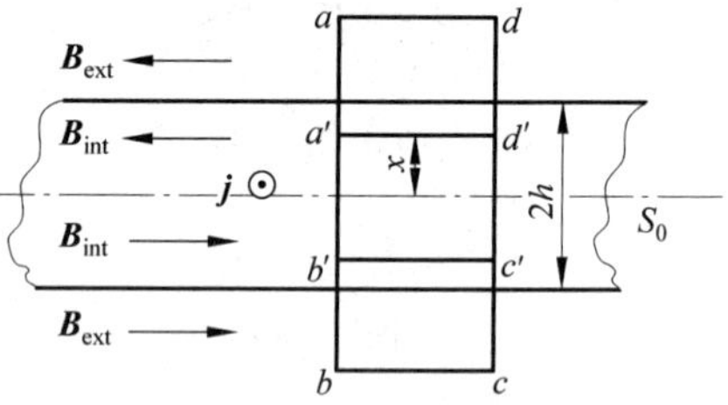

由对称性分析,选择如图 7-16 所示的矩形回路 $abcd$ 来分别计算板外的磁感应强度。矩形回路 $abcd$ 所在平面与载流平板垂直,且 ad 和 bc 均与板面平行,长度为 l,且与 S_0 等距。根据安培环路定理,有

$$\oint_L \boldsymbol{B} \cdot \mathrm{d}\boldsymbol{l} = B_{\text{ext}} \cdot 2l = \mu_0 (j \cdot 2hl)$$

图 7-16

得

$$B_{\text{ext}} = \mu_0 j h$$

表明板外是一个均匀的磁场,方向如图 7-16 所示。

选择矩形回路 $a'b'c'd'$ 来分别计算板内的磁感应强度。矩形回路 $a'b'c'd'$ 所在平面与载流平板垂直,且 $a'd'$ 和 $b'c'$ 均与板面平行,长度为 l,且与 S_0 等距,距离为 x。根据安培环路定理,有

$$\oint_L \boldsymbol{B} \cdot \mathrm{d}\boldsymbol{l} = B_{\text{int}} \cdot 2l = \mu_0 (j \cdot 2yl)$$

得

$$B_{\text{int}} = \mu_0 j y$$

表明板内为非均匀磁场,磁感应强度 $\boldsymbol{B}_{\text{int}}$ 的大小取决于场点到对称面 S_0 的距离。方向如

图 7-16 所示。

例 7-11 （位移电流的计算）给电容为 C 的平行板电容器充电,试证明极板间的位移电流为

$$I_{\text{d}} = C\frac{\text{d}u}{\text{d}t} = \frac{\text{d}q}{\text{d}t}$$

式中,u 为任一 t 时刻极板间的电势差,q 为 t 时刻极板所带电荷量值。

证明: 由电容的定义式 $C = \dfrac{Q}{U} = \dfrac{q}{u}$,可知在任一时刻 t 有

$$q = Cu$$

故,极板所带电荷的面密度

$$\sigma = \frac{q}{S} = \frac{Cu}{S}$$

由导体的电场性质,有

$$D = \sigma$$

故,位移电流密度的大小为

$$j_{\text{d}} = \frac{\partial D}{\partial t} = \frac{C}{S} \cdot \frac{\text{d}u}{\text{d}t}$$

位移电流为

$$I_{\text{d}} = j_{\text{d}}S = C\frac{\text{d}u}{\text{d}t} = \frac{\text{d}q}{\text{d}t}$$

例 7-12 （带电粒子的洛伦兹力）如图 7-17 所示,在均匀的磁场中有三个运动点电荷 q_1、q_2 和 q_3。试分析它们所受到的洛伦兹力的大小和方向,以及在该力作用下的运动情况。

答: q_1 的速度 $v_1 \perp \boldsymbol{B}$,故所受洛伦兹力的大小为 $F_1 = q_1 v_1 B$,方向垂直于纸面向外。该粒子将在垂直于磁场的平面上作匀速率的圆周运动。

q_2 的速度 $v_2 \parallel -\boldsymbol{B}$,故不受洛伦兹力的作用,$\boldsymbol{F}_2 = 0$。该粒子仍将以速度 v_2 逆着磁场方向作匀速直线运动。

q_3 的速度 v_3 与 $\boldsymbol{B}$ 成 θ 角,故所受洛伦兹力的大小为 $F_3 = q_3 v_3 B\sin\theta$,方向垂直于纸面向里。该粒子将作向右伸展的螺旋线运动,其轴线平行于磁感线。

例 7-13 （安培力及安培力的功的计算）如图 7-18 所示,一长直导线旁有与之共面的一矩形线框 $abcd$,分别通有电流 I_1 和 I_2。矩形线框的 ab 边平行于直导线,到直导线的距离为 x,且 ab 边长为 h,bc 边长为 l。若保持电流不变,将矩形线框平移,使得 ab 边到直导线的距离由 l 变为 $2l$,求磁场对线框做的功。

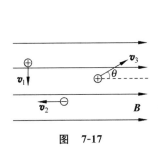

图 7-17

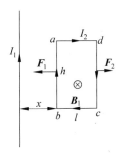

图 7-18

解法一：由题不难判断,矩形线框在长直导线的磁场 $\boldsymbol{B}_1$ 中所受的安培力 $\boldsymbol{F}$ 即为 ab 和 cd 边所受安培力 $\boldsymbol{F}_1$ 和 $\boldsymbol{F}_2$ 的矢量和(ad 和 bc 所受安培力等值反向,彼此抵消),对于 ab 边,有 $B_1(ab)=\dfrac{\mu_0 I_1}{2\pi x}$,则

$$F_1 = \int_{ab} I_2 \mathrm{d}\boldsymbol{l} \times \boldsymbol{B}_1 = \int_{ab} \frac{\mu_0 I_1 I_2}{2\pi x} \mathrm{d}l = \frac{\mu_0 I_1 I_2}{2\pi x} h$$

对于 cd 边,有 $B_1(cd)=\dfrac{\mu_0 I_1}{2\pi(x+l)}$,则

$$F_2 = \int_{cd} I_2 \mathrm{d}\boldsymbol{l} \times \boldsymbol{B}_1 = \int_{cd} \frac{\mu_0 I_1 I_2}{2\pi(x+l)} \mathrm{d}l = \frac{\mu_0 I_1 I_2}{2\pi(x+l)} h$$

线框所受合安培力为 $\boldsymbol{F}=\boldsymbol{F}_1+\boldsymbol{F}_2$,由于 $\boldsymbol{F}_1$ 和 $\boldsymbol{F}_2$ 平行且反向,有

$$F = F_1 - F_2 = \frac{\mu_0 I_1 I_2 h}{2\pi}\left(\frac{1}{x} - \frac{1}{x+l}\right)$$

方向同 $\boldsymbol{F}_1$,水平向左指向直导线。

平移线框,使 $x=l$ 到 $x=2l$,安培力做的功为

$$A = \int \boldsymbol{F} \cdot \mathrm{d}\boldsymbol{x} = -\frac{\mu_0 I_1 I_2 h}{2\pi}\int_l^{2l}\left(\frac{1}{x} - \frac{1}{x+l}\right)\mathrm{d}x = -\frac{\mu_0 I_1 I_2 h}{2\pi}\ln\frac{4}{3}$$

负号代表线框在逐渐远离直导线的过程中,其所受安培力做负功。

解法二：也可以利用 $A=I\Delta\Phi$ 来计算安培力做的功。

在长直电流的磁场 $\boldsymbol{B}_1$ 中,矩形线框的磁通量为

$$\Phi_2 = \int \boldsymbol{B}_1 \cdot \mathrm{d}\boldsymbol{S} = \int_x^{x+l} \frac{\mu_0 I_1}{2\pi x}h\,\mathrm{d}x = \frac{\mu_0 I_1 h}{2\pi}\ln\frac{x+l}{x}$$

平移线框,使 $x=l$ 到 $x=2l$,磁通量 Φ_2 的增量为

$$\Delta\Phi_2 = \Phi_2(2l) - \Phi_2(l) = \frac{\mu_0 I_1 h}{2\pi}\ln\frac{2l+l}{2l} - \frac{\mu_0 I_1 h}{2\pi}\ln\frac{l+l}{l} = \frac{\mu_0 I_1 h}{2\pi}\left(\ln\frac{3}{2} - \ln 2\right)$$

$$= -\frac{\mu_0 I_1 h}{2\pi}\ln\frac{4}{2}$$

故,安培力做的功为

$$A = I_2 \Delta\Phi_2 = -\frac{\mu_0 I_1 I_2 h}{2\pi}\ln\frac{4}{3}$$

例 7-14　(H 的环路定理的应用)如图 7-19 所示,一半径为 R 的导体圆柱面,沿轴向的电流 I 在柱面上均匀分布。导体外面有一层厚度为 d 的均匀磁介质,相对磁导率为 μ_r。介质外为真空。求磁场强度 $\boldsymbol{H}$ 和磁感应强度 $\boldsymbol{B}$ 的分布。

解：由于传导电流和磁介质的分布均具有轴对称性,所以磁场也具有轴对称性。于是,$\boldsymbol{H}$ 线和 $\boldsymbol{B}$ 线均为共轴的圆周,圆周所在的平面与轴线垂直,绕向与电流 I 满足右手螺旋关系,且圆周上的 H 和 B 处处相等。

选择闭合路径：过空间任一点作一个圆周 L,绕向与 $\boldsymbol{H}$ 线或 $\boldsymbol{B}$ 线一致,且圆面与轴线垂直,半径为 r,则 $\boldsymbol{H}$ 对该闭合路径的环流为

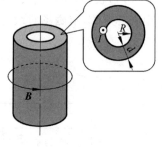

图　7-19

$$\oint_L \boldsymbol{H} \cdot \mathrm{d}\boldsymbol{l} = H \cdot 2\pi r$$

由 $\boldsymbol{H}$ 的环路定理,当 $r<R$ 时,有 $H \cdot 2\pi r = 0$,则

$$H = 0$$
$$B = 0$$

当 $R<r<R+d$ 时,有 $H \cdot 2\pi r = I$,则

$$H = \frac{I}{2\pi r}$$

$$B = \mu_0 \mu_r H = \frac{\mu_0 \mu_r I}{2\pi r}$$

当 $r>R+d$ 时,有 $H \cdot 2\pi r = I$,则

$$H = \frac{I}{2\pi r}$$

$$B = \mu_0 H = \frac{\mu_0 I}{2\pi r}$$

三、习 题 解 答

7-1 一铜导线的横截面积为 40 mm×40 mm,长为 1 m,通有恒定电流,电流密度的大小为 $j = 2 \times 10^6$ A/m²。已知铜的电阻率为 $\rho = 1.75 \times 10^{-8}$ Ω·m,导线内自由电子的分布数密度为 $n = 8.5 \times 10^{28}/m^3$,求:(1)铜导线的电阻;(2)棒内的电场强度;(3)棒内电子的定向漂移速率。

解:(1)铜导线的电阻

$$R = \rho \frac{l}{S} = 1.09 \times 10^{-5} (\Omega)$$

(2)由欧姆定律

$$j = \frac{E}{\rho}$$

可得棒内的电场强度

$$E = j\rho = 3.5 \times 10^{-2} (\text{V/m})$$

(3)由电流密度的意义可知

$$j = nqu$$

棒内电子的定向漂移速率为

$$u = \frac{j}{nq} = 1.47 \times 10^{-4} (\text{m/s})$$

7-2 一导体由共轴的内圆柱体和外圆柱筒构成,导体的电导率可以认为是无限大,内、外柱体之间充满电导率为 γ 的均匀导电介质。若圆柱与圆筒之间加上一定的电势差,在长度为 L 的一段导体上总的径向电流为 I,如图 7-20 所示,求:

(1)在柱与筒之间与轴线的距离为 r 的点的电流密度和电场强度;

(2)内圆柱体与导电介质界面上的面电荷密度。

图　**7-20**

解：（1）在柱与筒之间与轴线的距离为 r 的点的电流密度

$$j = \frac{I}{2\pi rl}$$

由欧姆定律

$$j = \gamma E$$

得

$$E = \frac{I}{2\pi rl\gamma}$$

（2）圆柱体与导电介质界面上的面电荷密度

$$\sigma = \varepsilon_0 E = \frac{\varepsilon_0 j}{\gamma} = \frac{\varepsilon_0 I}{2\pi rl\gamma}$$

7-3 当架空线路的一根带电导线断落在地上时，落地点与带电导线的电势相同，电流就会从导线的落地点向大地流散。设地面水平，土地为均匀物质，其电阻率为 $10\ \Omega\cdot m$，导线中的电流为 $200\ A$。若人的左脚距离导线落地点为 $1\ m$，右脚离落地点为 $1.5\ m$，求他两脚之间的跨步电压。

解：设人脚落地处距带电导线落地点距离为 r，此点电流密度

$$j = \frac{I}{(4\pi r^2)/2} = \frac{I}{2\pi r^2}$$

由欧姆定律得此点电场强度

$$E = \rho j = \frac{\rho I}{2\pi r^2}$$

两脚之间的跨步电压

$$U = \int_{r_1}^{r_2} E\mathrm{d}r = \int_{r_1}^{r_2} \frac{\rho I}{2\pi r^2}\mathrm{d}r = \frac{\rho I}{2\pi}\left(\frac{1}{r_1} - \frac{1}{r_2}\right) = 106(\mathrm{V})$$

7-4 一半径为 $0.01\ m$、长为 $0.1\ m$ 的圆柱形导线中通有恒定电流，已知导线的电导率为 $6\times 10^7\ \Omega^{-1}\cdot m^{-1}$。若测得导线在 30 秒钟内放出热量 50 J，求导线中的电场强度。

解：由焦耳定律

$$Q = I^2 Rt$$

欧姆定律

$$J = \gamma E$$

又由

$$R = \frac{1}{\gamma}\cdot\frac{l}{(\pi r^2)}$$

得

$$E = \sqrt{\frac{Q}{\gamma}} = \sqrt{\frac{Q}{\pi r^2 lt\gamma}} = 2.97\times 10^{-2}(\mathrm{V/m})$$

7-5 横截面积相等的铜导线与铁导线串联在电路中，已知铜的电阻率为 $1.67\times 10^{-8}\ \Omega\cdot m$，铁的电阻率为 $9.71\times 10^{-8}\ \Omega\cdot m$。试求当电路与电源接通时铜导线与铁导线单位体积中产生的热量之比。

解：横截面积相等的铜导线与铁导线串联在电路中，电流相同且电流密度也相同；又由

焦耳定律和欧姆定律可得,两导线单位体积中产生的热量之比为

$$\frac{\frac{Q_1}{V_1}}{\frac{Q_2}{V_2}} = \frac{\gamma_1 E_1^2}{\gamma_2 E_2^2} = \frac{\gamma_2}{\gamma_1} = \frac{\rho_1}{\rho_2} = \frac{1.67}{9.71} = 0.172$$

7-6 在如图 7-21 所示的一段含源电路中,两电源的电动势分别为 E_1、E_2,内阻分别为 r_1、r_2。三个负载电阻分别为 R_1、R_2、R,电流分别为 I_1、I_2、I_3,方向如图。求 A 点到 B 点的电势降落。

解:由一段含源电路的端电压公式可知

$$\varphi_A - \varphi_B = I_1 R_1 + \mathscr{E}_1 + I_1 r_1 - \mathscr{E}_2 - I_2 R_2 - I_2 r_2$$
$$= \mathscr{E}_1 - \mathscr{E}_2 + I_1(R_1 + r_1) - I_2(R_2 + r_2)$$

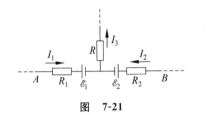

图　7-21

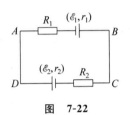

图　7-22

7-7 如图 7-22 中的两段含源电路。若将图中 A 与 D、B 与 C 分别连接,求 A、B 之间的电势差 $\varphi_A - \varphi_B$。

解:由题意,连接电路如图。由全电路欧姆定律得回路电流为

$$I = \frac{\mathscr{E}_1 + \mathscr{E}_2}{R_1 + R_2 + r_1 + r_2}$$

则电势差为

$$\varphi_A - \varphi_B = I R_1 - \mathscr{E}_1 + I r_1 = \frac{(\mathscr{E}_1 + \mathscr{E}_2)(R_1 + r_1)}{R_1 + R_2 + r_1 + r_2} - \mathscr{E}_1$$

7-8 如图 7-23 所示电路中,$\mathscr{E}_1 = 2.0\ \text{V}$,$\mathscr{E}_2 = 12.0\ \text{V}$,$R_1 = 2.0\ \Omega$,$R_2 = 8.0\ \Omega$,$R_3 = 5.0\ \Omega$,忽略电源的内阻。试求:

(1) 通过 R_1、R_2 和 R_3 的电流各为多少?

(2) 当把 R_2 换成多大的电阻时,流过 $\mathscr{E}_1$ 的电流为零?

解:(1) 由基尔霍夫方程求解,标定各支路中电流的方向如图。由基尔霍夫第一方程,对节点 A 有

$$I_1 - I_2 - I_3 = 0 \tag{1}$$

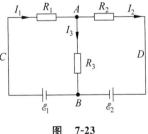

图　7-23

由基尔霍夫第二方程,对回路 $BCAB$ 有

$$I_1 R_1 + I_3 R_3 - \mathscr{E}_1 = 0 \tag{2}$$

对回路 $ADBA$ 有

$$I_2 R_2 - I_3 R_3 + \mathscr{E}_2 = 0 \tag{3}$$

联立求解方程(1)~(3),得

$$I_1 = \frac{\mathscr{E}_1(R_2 + R_3) - \mathscr{E}_2 R_3}{R_1 R_2 + R_2 R_3 + R_1 R_3} \tag{4}$$

$$I_2 = \frac{\mathscr{E}_1 R_3 - \mathscr{E}_2 (R_1 + R_3)}{R_1 R_2 + R_2 R_3 + R_1 R_3} \tag{5}$$

$$I_3 = \frac{\mathscr{E}_1 R_2 + \mathscr{E}_2 R_1}{R_1 R_2 + R_2 R_3 + R_1 R_3} \tag{6}$$

代入数据,得

$$I_1 = -0.52\,\text{A}, \quad I_2 = -1.12\,\text{A}, \quad I_3 = 0.61\,\text{A}$$

(2) 由式(4)得,当 $I_1 = 0$ 时,得 $R_2 = 25\,\Omega$。

7-9 如图 7-24 所示的电路中,$\mathscr{E}_1 = 3.0\,\text{V}$,$\mathscr{E}_2 = 1.0\,\text{V}$,$\mathscr{E}_3 = 2.0\,\text{V}$,$R_1 = 3.0\,\Omega$,$R_2 = 1.0\,\Omega$,$R_{i1} = R_{i2} = R_{i3} = 1\,\Omega$。试求:(1)通过 $\mathscr{E}_1$ 的电流 I_1;(2)$\mathscr{E}_1$ 提供的电功率 P。

解:(1) 由基尔霍夫方程求解,标定各支路中电流的方向如图。由基尔霍夫第一方程,对节点 A 有

$$I_1 - I_2 - I_3 = 0 \tag{1}$$

由基尔霍夫第二方程,对回路 $BCADB$ 有

$$I_1(R_1 + R_{i1}) + I_2(R_2 + R_{i2}) - \mathscr{E}_1 + \mathscr{E}_2 = 0 \tag{2}$$

对回路 $BCAEB$ 有

$$I_1(R_1 + R_{i1}) + I_3 R_{i3} - \mathscr{E}_1 + \mathscr{E}_3 = 0 \tag{3}$$

联立求解方程(1)~(3)并代入数据,得

$$I_1 = \frac{2}{7} = 0.29(\text{A})$$

(2) $\mathscr{E}_1$ 的端电压为 $U = \mathscr{E}_1 - I_1 R_{i1}$,则 $\mathscr{E}_1$ 提供的电功率为

$$P = I_1 U = \mathscr{E}_1 I_1 - I_1^2 R_{i1} = 0.78(\text{W})$$

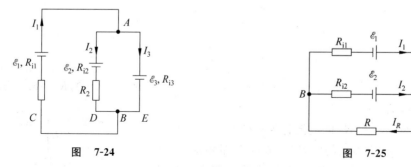

图　7-24　　　　　　　　　　　　图　7-25

7-10 如图 7-25 所示,两个直流电源并联给负载电阻 R 供电,其中 r_1 和 r_2 分别为电源的内电阻。试证明:电源对负载电阻供电的等效电动势 $\mathscr{E}' = \dfrac{R_{i2}\mathscr{E}_1 + R_{i1}\mathscr{E}_2}{R_{i1} + R_{i2}}$,等效内电阻为 $R' = \dfrac{R_{i1} R_{i2}}{R_{i1} + R_{i2}}$。

证明:标定各支路中电流的方向如图,由基尔霍夫第一方程,对节点 A 有

$$I_1 + I_2 = I_R \tag{1}$$

由基尔霍夫第二方程可列出如下方程:

$$\mathscr{E}_1 - I_1 R_{i1} + I_2 R_{i2} - \mathscr{E}_2 = 0 \tag{2}$$

$$\mathscr{E}_2 - I_2 R_{i2} - I_R R = 0 \tag{3}$$

联立式(1)~式(3)则解出

$$I_R = \frac{(R_{i2}\mathscr{E}_1 + R_{i1}\mathscr{E}_2)/(R_{i1} + R_{i2})}{R + \dfrac{R_{i1}R_{i2}}{R_{i1} + R_{i2}}}$$

把以上电路看作是由一个等效电源供电给负载电阻,则可得其电动势 $\mathscr{E}'$ 与内电阻 R' 分别为

$$\mathscr{E}' = \frac{R_{i2}\mathscr{E}_1 + R_{i1}\mathscr{E}_2}{R_{i1} + R_{i2}}$$

$$R' = \frac{R_{i1}R_{i2}}{R_{i1} + R_{i2}}$$

7-11　一根无限长导线弯成如图 7-26 所示形状,设各线段都在同一平面内(纸面内),其中第二段是半径为 R 的四分之一圆弧,其余为直线。导线中通有电流 I,求图中 O 点处的磁感应强度。

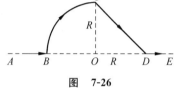

图　7-26

　　解:如图,设导线 AB、BC、CD 和 DE 四部分在 O 点产生的磁感应强度分别为 $\boldsymbol{B}_1$、$\boldsymbol{B}_2$、$\boldsymbol{B}_3$、$\boldsymbol{B}_4$。根据叠加原理,O 点的磁感应强度为

$$\boldsymbol{B} = \boldsymbol{B}_1 + \boldsymbol{B}_2 + \boldsymbol{B}_3 + \boldsymbol{B}_4$$

因为 O 点在直导线 AB、DE 的延长线上,故 $\boldsymbol{B}_1$、$\boldsymbol{B}_4$ 均为 $\boldsymbol{0}$,得

$$\boldsymbol{B} = \boldsymbol{B}_2 + \boldsymbol{B}_3$$

BC 是半径为 R 的四分之一圆弧,有

$$B_2 = \frac{1}{4}\left(\frac{\mu_0 I}{2R}\right), \quad \text{方向垂直纸面向里}$$

CD 为直导线,有

$$B_3 = \frac{\mu_0 I}{4\pi a}(\sin\beta_2 - \sin\beta_1)$$

其中 $\beta_2 = \dfrac{\pi}{4}$,$\beta_1 = -\dfrac{\pi}{4}$ 且 $a = \dfrac{\sqrt{2}}{2}R$,代入上式得

$$B_3 = \frac{\mu_0 I}{4\pi a}(\sin\beta_2 - \sin\beta_1) = \frac{\mu_0 I}{2\pi R}, \quad \text{方向垂直纸面向里}$$

则

$$B = \frac{\mu_0 I}{8R} + \frac{\mu_0 I}{2\pi R} = \frac{\mu_0 I}{2R}\left(\frac{1}{4} + \frac{1}{\pi}\right), \quad \text{方向垂直纸面向里}$$

7-12　如图 7-27 所示,平面闭合回路由半径为 R_1 及 $R_2(R_1 > R_2)$ 的两个同心半圆弧和两个直导线段组成。已知两个直导线段在两半圆弧中心 O 处的磁感应强度为零,且闭合载流回路在 O 处产生的总的磁感应强度 B 与半径为 R_2 的半圆弧在 O 点产生的磁感应强度 B_2 的关系为 $B = \dfrac{4}{5}B_2$,求 R_1 与 R_2 的关系。

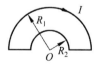

图　7-27

　　解:图中半径为 R_1 的半圆弧在 O 点产生的磁感应强度

$$B_1 = \frac{1}{2}\left(\frac{\mu_0 I}{2R_1}\right)$$

半径为 R_2 的半圆弧在 O 点产生的磁感应强度

$$B_2 = \frac{1}{2}\left(\frac{\mu_0 I}{2R_2}\right)$$

二者方向相反,闭合载流回路在 O 处产生的总的磁感应强度

$$B = \frac{\mu_0 I}{4}\left(\frac{1}{R_2} - \frac{1}{R_1}\right)$$

由题意知 $B = \frac{4}{5}B_2$,故

$$\frac{1}{R_2} - \frac{1}{R_1} = \frac{4}{5R_2}$$

解得

$$R_1 = 5R_2$$

7-13 两根长直载流导线在同一平面内,其间距离为 d,今将两导线中部折成直角,直角顶点分别为 A、B,如图7-28所示。导线中的电流均为 I,试求 O 点(O 在 AB 两点连线的中心)的磁感应强度。

解: 电流在 O 点产生的磁场相当于 CA 与 AD 这两段导线上电流产生的磁场,有

$$B = \frac{\mu_0 I}{\pi a}\left[\sin 45° - \sin(-45°)\right] = \frac{\sqrt{2}\mu_0 I}{\pi a}$$

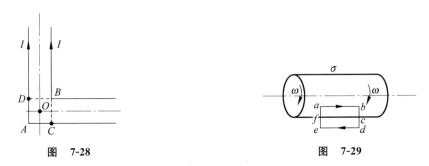

图　7-28　　　　　　　　　　图　7-29

7-14 如图7-29所示,一半径为 R 的均匀带电无限长直圆筒,面电荷密度为 σ,该筒以角速度 ω 绕其轴线匀速旋转。试求圆筒内部的磁感应强度。

解: 如图7-29所示,圆筒旋转时相当于圆筒上具有同向的面电流密度 i,有

$$i = 2\pi R\sigma\omega/(2\pi) = R\sigma\omega$$

作矩形有向闭合环路如图中所示。从电流分布的对称性分析可知,在 $\overline{ab}$ 上各点 $\boldsymbol{B}$ 的大小和方向均相同,而且 $\boldsymbol{B}$ 的方向平行于 $\overline{ab}$,在 $\overline{bc}$ 和 $\overline{fa}$ 上各点 $\boldsymbol{B}$ 的方向与线元垂直,在 $\overline{de}$、$\overline{fe}$、$\overline{cd}$ 上各点 $\boldsymbol{B} = \mathbf{0}$。应用安培环路定理 $\oint_L \boldsymbol{B}\cdot\mathrm{d}\boldsymbol{l} = \mu_0\sum I_{\text{int}}$,可得

$$B\,\overline{ab} = \mu_0 i\,\overline{ab}$$
$$B = \mu_0 i = \mu_0 R\sigma\omega$$

即圆筒内部为均匀磁场,磁感应强度的大小为 $B = \mu_0 R\sigma\omega$,方向平行于轴线朝右。

7-15 电流均匀地流过无限大平面导体薄板,面电流密度为 j,设板的厚度可以忽略不计,试求板外任意一点的磁感应强度。

解: 作矩形有向闭合环路如图7-30中所示。从电流分布的对称性分析可知,在 $\overline{ab}$ 上各点 $\boldsymbol{B}$ 的大小和方向均相同,而且 $\boldsymbol{B}$ 的方向平行于 $\overline{ab}$;在 $\overline{cd}$ 上各点 $\boldsymbol{B}$ 的大小和方向均相同,而

且 $\boldsymbol{B}$ 的方向平行于 $\overline{cd}$，在 $\overline{bc}$ 和 $\overline{da}$ 上各点 $\boldsymbol{B}$ 的方向与线元垂直。应用安培环路定理 $\oint_L \boldsymbol{B} \cdot \mathrm{d}\boldsymbol{l} = \mu_0 \sum I_{\mathrm{int}}$，即

$$B\,\overline{ab} + B\,\overline{cd} = \mu_0 j\,\overline{ab}$$

由 $\overline{ab} = \overline{cd}$，可得

$$B = \frac{1}{2}\mu_0 j$$

7-16 半径为 R 的导体球壳表面流有沿同一绕向均匀分布的面电流，通过垂直于电流方向的每单位长度的电流为 i。求球心处的磁感应强度大小。

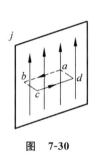

图 7-30

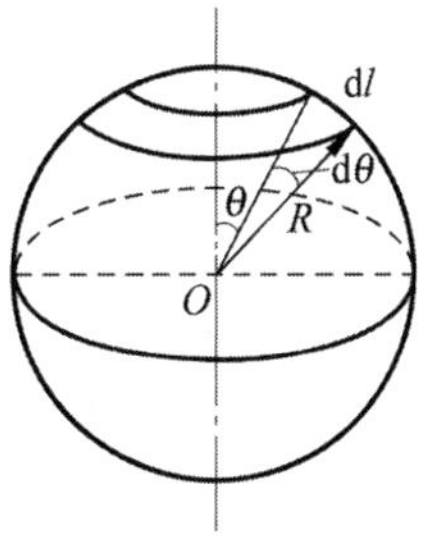

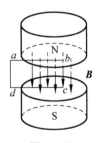

图 7-31

解： 如图 7-31 所示，取弧长 $\mathrm{d}l$ 的圆环电流元，有

$$\mathrm{d}I = i\mathrm{d}l = iR\mathrm{d}\theta$$

$$\mathrm{d}B = \frac{\mu_0\,\mathrm{d}I(R\sin\theta)^2}{2\left[(R\sin\theta)^2 + (R\cos\theta)^2\right]^{3/2}} = \frac{\mu_0\,iR^3\sin^2\theta\mathrm{d}\theta}{2R^3} = \frac{1}{2}\mu_0 i\sin^2\theta\mathrm{d}\theta$$

$$B = \int_0^\pi \frac{1}{2}\mu_0 i\sin^2\theta\mathrm{d}\theta = \int_0^\pi \frac{1}{4}\mu_0 i(1 - \cos 2\theta)\mathrm{d}\theta = \frac{\pi}{4}\mu_0 i$$

7-17 用安培环路定理证明，如图 7-32 中所表示的那种不带边缘效应的均匀磁场不可能存在。

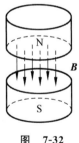

图 7-32

图 7-33

证明： 作矩形有向闭合环路 $abcd$ 如图 7-33 所示，则

$$\oint_L \boldsymbol{B} \cdot \mathrm{d}\boldsymbol{l} = B \cdot \overline{bc}$$

B 与 $\overline{bc}$ 均不为零，故以上环路积分不等于零。但根据安培环路定理，对如图 7-33 所示的回路 $\oint_L \boldsymbol{B} \cdot \mathrm{d}\boldsymbol{l} = \mu_0 \sum I_{\mathrm{int}} = 0$，可见图中所表示的那种不带边缘效应的均匀磁场不可能存在。

7-18　给电容为 C 的平行板电容器充电,电流为 $i=i_0\mathrm{e}^{-t}$(SI),$t=0$ 时电容器极板上无电荷。求:

(1) 极板间电压 U 随时间 t 而变化的关系;

(2) t 时刻极板间总的位移电流 I_d(忽略边缘效应)。

解:(1) $i=\dfrac{\mathrm{d}q}{\mathrm{d}t}$,$t=0$ 时电容器极板上无电荷,则充电到 t 时刻极板电荷量为

$$q = \int_0^t i\mathrm{d}t = \int_0^t i_0\mathrm{e}^{-t}\mathrm{d}t = i_0(1-\mathrm{e}^{-t})$$

根据电容的定义可知极板间电压

$$U = \frac{q}{C} = \frac{i_0}{C}(1-\mathrm{e}^{-t})$$

(2) 根据电流连续性定理可得

$$I_d = i = i_0\mathrm{e}^{-t}$$

7-19　如图 7-34 所示,一点电荷 q 以速度 v($v \ll c$,c 为真空中光速)向 O 点运动,在 O 点处作一半径为 R 的圆周,圆面与速度方向垂直,当点电荷到 O 点的距离为 d 时,求圆周上某一点的磁感应强度和通过此圆面的位移电流。

图　7-34　　　　　　　　　　图　7-35

解:题解图如图 7-35 所示,根据运动电荷的磁感应强度公式 $\boldsymbol{B}=\dfrac{\mu_0}{4\pi}\cdot\dfrac{q\boldsymbol{v}\times\boldsymbol{e}_r}{r^2}$,对圆周上任意点 P,有

$$B = \frac{\mu_0}{4\pi}\cdot\frac{qv\sin\alpha}{r^2} = \frac{\mu_0}{4\pi}\cdot\frac{qvR}{(R^2+d^2)^{3/2}}$$

方向为圆周的切线方向 $\boldsymbol{e}_\theta$,如图示。

由安培环路定理 $\oint_L \boldsymbol{B}\cdot\mathrm{d}\boldsymbol{l} = \mu_0 I_d$,选择上述圆周为积分回路,则

$$\oint_L \boldsymbol{B}\cdot\mathrm{d}\boldsymbol{l} = \frac{\mu_0}{4\pi}\cdot\frac{qvR}{(R^2+d^2)^{3/2}}\oint_L \mathrm{d}l$$

又 $\oint_L \mathrm{d}l = 2\pi R$,所以

$$I_d = \frac{qvR^2}{2(R^2+d^2)^{3/2}}$$

7-20　如图 7-36 所示,在无限长直载流导线的右侧有面积为 A 和 B 的两个矩形回路。两个回路与长直载流导线在同一平面,且矩形回路的一边与长直载流导线平行。求通过面积为 A 的矩形回路的磁通量与通过面积为 B 的矩形回路的磁通量之比。

解:距无限长直载流导线 r 处磁感应强度大小为

$$B = \frac{\mu_0 I}{2\pi r}$$

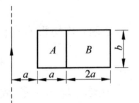

图　**7-36**

方向与电流方向成右手螺旋,本题中处处垂直回路 A、B 所在平面。

通过面积为 A 的矩形回路的磁通量

$$\int_{S_A} \boldsymbol{B} \cdot \mathrm{d}\boldsymbol{S} = \int_a^{2a} Bl\,\mathrm{d}r = \int_a^{2a} \frac{\mu_0 Il}{2\pi r}\mathrm{d}r = \frac{\mu_0 Il}{2\pi}\ln 2$$

通过面积为 B 的矩形回路的磁通量

$$\int_{S_B} \boldsymbol{B} \cdot \mathrm{d}\boldsymbol{S} = \int_{2a}^{4a} Bl\,\mathrm{d}r = \int_{2a}^{4a} \frac{\mu_0 Il}{2\pi r}\mathrm{d}r = \frac{\mu_0 Il}{2\pi}\ln 2$$

故,二者之比为 $1:1$。

7-21 一无限长圆柱形铜导体(磁导率 μ_0),半径为 R,通有均匀分布的电流 I。今取一矩形平面 S(长为 L,宽为 $2R$),位置如图 7-37 中阴影部分所示,求通过该矩形平面的磁通量。

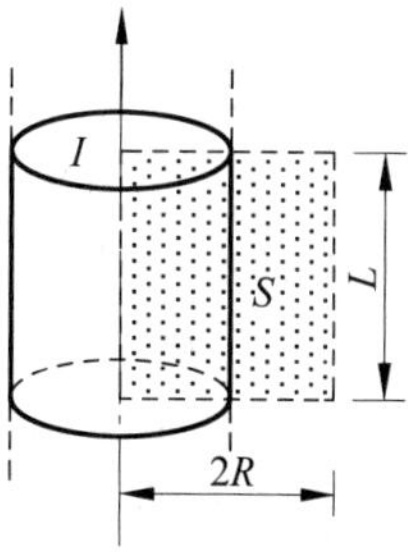

解:在圆柱体内部与导体中心轴线相距为 r 处的磁感应强度的大小,由安培环路定理可得

$$B = \frac{\mu_0 I}{2\pi R^2}r, \quad r \leqslant R$$

因而,穿过导体内阴影部分平面的磁通 Φ_1 为

$$\Phi_1 = \int \boldsymbol{B} \cdot \mathrm{d}\boldsymbol{S} = \int B\mathrm{d}S = \int_0^R \frac{\mu_0 I}{2\pi R^2}Lr\,\mathrm{d}r = \frac{\mu_0 IL}{4\pi}$$

在圆形导体外,与导体中心轴线相距 r 处的磁感强度大小为

$$B = \frac{\mu_0 I}{2\pi r}, \quad r > R$$

因而,穿过导体外阴影部分平面的磁通 Φ_2 为

$$\Phi_2 = \int \boldsymbol{B} \cdot \mathrm{d}\boldsymbol{S} = \int_R^{2R} \frac{\mu_0 I}{2\pi r}L\,\mathrm{d}r = \frac{\mu_0 IL}{2\pi}\ln 2$$

穿过整个矩形平面的磁通量

$$\Phi = \Phi_1 + \Phi_2 = \frac{\mu_0 IL}{4\pi}(1 + 2\ln 2)$$

图 **7-37**

7-22 已知半径为 R 的载流圆线圈与边长也为 R 的载流正方形线圈的磁矩之比为 $1:1$,且载流圆线圈在中心 O 处产生的磁感应强度为 B_0,求在正方形线圈中心 O' 处的磁感应强度的大小。

解:如图 7-38 所示,设载流圆线圈电流强度为 I,已知其在圆心 O 处产生的磁感应强度为 B_0,故

$$B_0 = \frac{\mu_0 I}{2R}$$

得

$$I = \frac{2RB_0}{\mu_0}$$

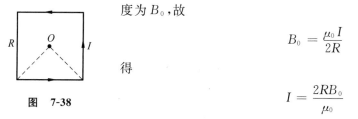

图 **7-38**

设正方形线圈的电流强度为 I',根据载流圆线圈与正方形线圈的磁矩之比为 $1:1$,可得

$$\frac{I\pi R^2}{I'R^2} = \frac{2\pi RB_0}{\mu_0 I'} = 1$$

所以

$$I' = \frac{2\pi R B_0}{\mu_0}$$

正方形一边在圆心 O' 处产生磁场为

$$B = \frac{\mu_0 I'}{4\pi R/2}(\cos 45° - \cos 135°) = \frac{\sqrt{2}\mu_0}{2\pi R}I'$$

正方形线圈中心 O' 处的磁感强度的大小

$$B'_0 = 4B = \frac{2\sqrt{2}\mu_0}{\pi R}I' = 4\sqrt{2}B_0$$

7-23　如图 7-39 所示，一半径为 R、通有电流为 I 的圆形回路，位于 Oxy 平面内，圆心为 O。一带正电荷为 q 的粒子，以速度 v 沿 z 轴向上运动，问此粒子恰好通过 O 点时，作用于圆形回路上的力和作用在带电粒子上的力各为多大？

答：圆形回路在圆心处的磁感应强度方向与粒子速度 v 方向相同，故作用在带电粒子上的力为零，其反作用力即作用于圆形回路上的力也为零。

7-24　测定比荷（荷质比）的仪器称为质谱仪。如图 7-40 所示，从离子源产生的带电量为 q 的离子，经过狭缝 S_1 和 S_2 之间加速电场及 P_1 和 P_2 组成的速度选择器（由互相垂直的匀强电场 E 和匀强磁场 B 组成）后，沿速度选择器轴线垂直射入一磁感应强度为 B 的均匀磁场中。离子束进入这一磁场后因受洛伦兹力而作匀速圆周运动。不同质量的离子打在底片的不同位置，若底片上的线系有三条，设 d_1、d_2、d_3 是底片上 1、2、3 三个位置与速度选择器轴线间的距离，问该元素有几种同位素？其质量各为多少？

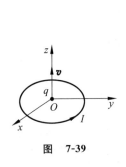

图　7-39

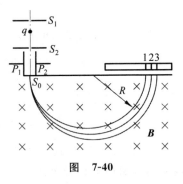

图　7-40

解：能通过速度选择器的带电量为 q 的离子所受电场力等于洛伦兹力，设其速度大小为 v，则

$$qvB = qE$$

粒子在磁场作圆周运动，向心力由洛伦兹力提供：

$$F_n = qvB = m\frac{v^2}{R}$$

由以上两式可得

$$m = \frac{qB^2}{E}R = \frac{qB^2}{2E}d$$

由题意知，该元素有三种同位素，其质量分别为

$$m_1 = \frac{qB^2}{2E}d_1, \quad m_2 = \frac{qB^2}{2E}d_2, \quad m_3 = \frac{qB^2}{2E}d_3$$

7-25 一矩形线圈边长分别为 a 和 b，导线中电流为 I，此线圈可绕它的一边 OO' 转动，如图 7-41 所示。沿正 y 方向均匀外磁场的磁感应强度 $\boldsymbol{B}$ 与线圈平面成 $60°$ 角时，线圈的角加速度为 α，求：

（1）线圈对 OO' 轴的转动惯量；

（2）线圈平面由初始位置转到与 $\boldsymbol{B}$ 垂直时磁力所做的功。

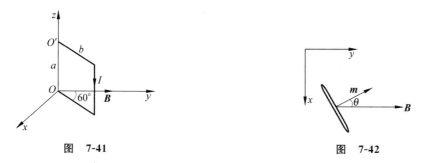

图 7-41　　　　　　　　　图 7-42

解：（1）如图 7-42 所示，线圈面积 $S=ab$，线圈磁矩的大小 $m=IS$，则线圈所受磁力矩的大小为

$$M = mB\sin 30° = \frac{1}{2}mB$$

根据转动定理 $M=J\alpha$，线圈对 OO' 轴的转动惯量

$$J = \frac{M}{\alpha} = \frac{ab}{2\alpha}BI$$

（2）令从 $\boldsymbol{B}$ 到 $\boldsymbol{m}$ 的夹角为 θ，因为磁力矩 $\boldsymbol{M}$ 作用方向与角位移 $\mathrm{d}\theta$ 的正方向相反，所以线圈平面由初始位置转到与 $\boldsymbol{B}$ 垂直时磁力所做的功

$$A = -\int_{30°}^{0} M\mathrm{d}\theta = -\int_{30°}^{0} mB\sin\theta\,\mathrm{d}\theta = \left(1 - \frac{\sqrt{3}}{2}\right)abBI$$

7-26 如图 7-43 所示，载有电流 I_1 和 I_2 的长直导线 AB 和 CD 相互平行，相距为 $3a$，载有电流 I_3 的导线 MN 长度为 a，水平放置，且其两端 MN 分别与 I_1、I_2 的距离都是 a。已知 AB、CD 和 MN 共面，求导线 MN 所受磁力的大小和方向。

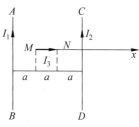

图 7-43

解：以 M 为原点沿 MN 建立 x 轴如图，载流导线 MN 上坐标 x 的一点处的磁感应强度的大小为

$$B = \frac{\mu_0 I_1}{2\pi(a+x)} - \frac{\mu_0 I_2}{2\pi(2a-x)}$$

MN 上的电流元 $I_3\mathrm{d}x$ 所受磁力

$$\mathrm{d}F = I_3 B\mathrm{d}x = I_3\left[\frac{\mu_0 I_1}{2\pi(a+x)} - \frac{\mu_0 I_2}{2\pi(2a-x)}\right]\mathrm{d}x$$

则

$$F = I_3\int_0^a \left[\frac{\mu_0 I_1}{2\pi(a+x)} - \frac{\mu_0 I_2}{2\pi(2a-x)}\right]\mathrm{d}x = \frac{\mu_0 I_3}{2\pi}\left[\int_0^a \frac{I_1}{a+x}\mathrm{d}x - \int_0^a \frac{I_2}{2a-x}\mathrm{d}x\right]$$

$$= \frac{\mu_0 I_3}{2\pi}(I_1\ln 2 - I_2\ln 2) = \frac{\mu_0 I_3}{2\pi}(I_1 - I_2)\ln 2$$

若 $I_2 > I_1$，则 $\boldsymbol{F}$ 的方向向下；若 $I_2 < I_1$，则 $\boldsymbol{F}$ 的方向向上。

7-27 如图 7-44 所示,一块半导体样品的体积为 $a \times b \times c$。沿 c 方向有电流 I,沿厚度 a 边方向加有均匀外磁场 $\boldsymbol{B}$($\boldsymbol{B}$ 的方向和样品中电流密度方向垂直)。若实测得出沿 b 边两侧的电势差为 V 且上表面电势高:

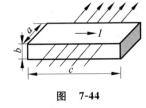

图 7-44

(1) 问这半导体是 P 型(正电荷导电)还是 N 型(负电荷导电)?

(2) 求载流子浓度 n_0(即单位体积内参加导电的带电粒子数)。

解:(1) 由洛伦兹力的方向可知,在题示电流方向下无论载流子正负均应偏转向上,但因为实测得出沿 b 边两侧的电势差上表面较高,可知载流子应为正,故这半导体是 P 型。

(2) 霍尔效应

$$U_{\mathrm{H}} = V = \frac{1}{n_0 q} \cdot \frac{BI}{a}$$

可得载流子浓度

$$n_0 = \frac{BI}{aqV}$$

7-28 如图 7-45 所示,一根很长的同轴电缆,由一导体圆柱(半径为 a)和同轴的导体圆管(内、外半径分别为 b、c)构成,使用时,电流 I 从一导体流出,从另一导体流回。设电流都是均匀地分布在导体的横截面上,求:导体圆柱内($r<a$)和两导体之间($a<r<b$)的磁场强度 $\boldsymbol{H}$ 的大小。

解:由电流分布的轴对称性可知,在同一横截面上绕轴半径为 r 的圆周上各点的 B 值相等,其方向为沿圆周的切线方向。用 $\boldsymbol{H}$ 的环路定理可求出:

(1) $r<a$,$H \cdot 2\pi r = \dfrac{I\pi r^2}{\pi a^2}$,故

$$H = \frac{Ir}{2\pi a^2}$$

(2) $a<r<b$,$H \cdot 2\pi r = I$,故

$$H = \frac{I}{2\pi r}$$

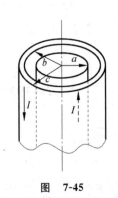

图 7-45

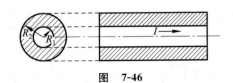

图 7-46

7-29 如图 7-46 所示,一根无限长的圆柱形导线,外面紧包一层相对磁导率为 μ_{r} 的圆管形磁介质。导线半径为 R_1,磁介质的外半径为 R_2,导线内均匀通过电流 I。求:

(1) 磁感应强度大小的分布(指导线内、介质内及介质以外空间);

(2) 磁介质内、外表面的磁化面电流线密度的大小。

解:(1) 由电流分布对称,知磁场分布必对称。将安培环路定理用于和导线同心的各个圆周环路。

在导线中,$0 < r < R_1$,有

$$H_1 \cdot 2\pi r = \frac{I}{\pi R_1^2} \cdot \pi r^2$$

得

$$H_1 = \frac{Ir}{2\pi R_1^2}$$

则

$$B_1 = \mu_0 H_1 = \frac{\mu_0 Ir}{2\pi R_1^2}$$

在磁介质内部,$R_1 < r < R_2$,有

$$H_2 \cdot 2\pi r = I$$

得

$$H_2 = \frac{I}{2\pi r}$$

则

$$B_2 = \frac{\mu_0 \mu_r I}{2\pi r}$$

在磁介质外面,$r > R_2$,有

$$H_3 = \frac{I}{2\pi r}$$

则

$$B_3 = \frac{\mu_0 I}{2\pi r}$$

(2) 磁化强度

$$M = \frac{B}{\mu_0} - H = \frac{\mu_r I}{2\pi r} - \frac{I}{2\pi r} = \frac{(\mu_r - 1)I}{2\pi r}$$

介质内表面处的磁化电流密度

$$j'_1 = M_1 = \frac{(\mu_r - 1)I}{2\pi R_1}$$

介质外表面处

$$j'_2 = M_2 = \frac{(\mu_r - 1)I}{2\pi R_2}$$

7-30　一螺绕环的中心周长为 $l = 10 \text{ cm}$,环上紧密地绕有 $N = 50$ 匝的线圈,线圈中通有 $I = 0.2 \text{ A}$ 的电流。

(1) 求管内的磁感应强度的大小 B_0 和磁场强度的大小 H_0;

(2) 若管内充满相对磁导率 $\mu_r = 3000$ 的磁介质,那么管内的 B 和 H 是多少?

(3) 磁介质内由导线中的电流产生的 B_0 和由磁化电流产生的 B' 各是多少?

解：(1) 由电流分布对称,可知磁场分布必对称。将安培环路定理用于螺绕环的中心圆周环路。在管内

$$H_0 \cdot l = NI$$

得

$$B_0 = \mu_0 \frac{NI}{l} = 1.3 \times 10^{-4}(\text{T})$$

$$H_0 = \frac{1}{\mu_0} B_0 = 100(\text{A/m})$$

(2) 若管内充满相对磁导率 $\mu_r = 3000$ 的磁介质,那么管内

$$B = \mu_r B_0 = 0.39(\text{T})$$

$$H = H_0 = 100(\text{A/m})$$

(3) 磁介质内由导线中的电流产生的 $B_0 = 1.3 \times 10^{-4}$ T,则由磁化电流产生的附加磁场为

$$B' = (\mu_r - 1)B_0 \approx 0.39(\text{T})$$

7-31 一铁环中心线的周长为 $l = 30$ cm,横截面积为 $S = 1.0 \text{ cm}^2$,环上紧密地绕有 $N = 300$ 匝线圈。当导线中电流 $I = 32$ mA 时,通过环截面的磁通量为 $\Phi = 2.0 \times 10^{-6}$ Wb。试求：

(1) 铁芯内的磁场强度 H；

(2) 铁芯的磁导率 μ,相对磁导率 μ_r 和磁化率 χ_m；

(3) 磁化后环形铁芯的面束缚电流线密度 j'。

解：(1) 磁场强度

$$H = nI = NI/l = 32(\text{A/m})$$

(2) 磁感应强度

$$B = \mu_0 \mu_r H = \mu_0 \mu_r NI/l$$

当铁环的周长远大于横截面半径时,横截面上的磁场可以认为是均匀的,则磁通量为

$$\Phi = \boldsymbol{B} \cdot \boldsymbol{S} = S\mu_0 \mu_r NI/l$$

铁芯的相对磁导率

$$\mu_r = \frac{\Phi l}{S\mu_0 NI} = 497$$

铁芯的磁导率

$$\mu = \mu_0 \mu_r = 6.25 \times 10^{-4}(\text{T} \cdot \text{m/A})$$

铁芯的磁化率

$$\chi_m = \mu_r - 1 = 496$$

(3) 磁化强度为

$$M = (\mu_r - 1)H = (\mu_r - 1)NI/l = (500-1) \times 500 \times 32 \times 10^{-3}/0.5$$
$$\approx 1.60 \times 10^4(\text{A/m})$$

磁化线电流密度为

$$j' = M = 1.60 \times 10^4(\text{A/m})$$

7-32 一介质棒被均匀磁化,其总磁矩为 $m = 12000$ A $\cdot$ m^2。已知磁介质棒长为 $L =$

100 mm，直径为 $d=20$ mm，求介质棒表面的磁化电流密度 j'。

解：$m=MLS=j'LS,S=\pi d^2/4$，故磁化电流密度为

$$j'=\frac{m}{LS}=\frac{4m}{\pi Ld^2}=3.82\times10^8(\text{A/m})$$

7-33　如图 7-47 所示，一个被均匀磁化的磁介质环，其相对磁导率为 μ_r，已知环的长度为 l，环上有一宽度为 δ 的缝隙（$\delta\ll l$），环的一部分绕有 N 匝线圈，线圈内通有电流 I。求缝隙中的磁感应强度的大小 B。

解：$\delta\ll l$，缝隙中的 **B** 与紧靠缝隙处铁环中的相同，将缝隙与铁环看成串接的磁路，因磁通连续，有

$$NI=\sum_i H_i l_i=\frac{Bl}{\mu_0\mu_r}+\frac{B\delta}{\mu_0}$$

故

$$B=\frac{\mu_0\mu_r NI}{l+\mu_r\delta}$$

* **7-34**　如图 7-48，一个磁介质球被均匀磁化，其磁化强度为 **M**。求介质球面上的点 P 的磁化电流密度 j'。（要求用图表明 j' 的方向）

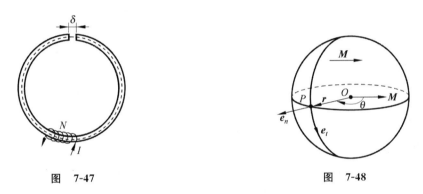

图　**7-47**　　　　　　　　　　　　　　　图　**7-48**

解：面磁化电流密度

$$j'=M\times e_n=M\sin\theta\cdot e_t$$

式中，e_n 为介质球面的法向单位矢量，θ 为 **M**、**r** 间的夹角，e_t 是磁化电流密度方向的单位矢量。

7-35　在空气与某磁体的分界面处，若磁体中的磁感应强度与分界面法线之间的夹角为 $\theta_2=70°$，试求空气中的磁感应强度与分界面法线之间的夹角 θ_1。已知空气的相对磁导率为 $\mu_{r1}=1$，磁介质的相对磁导率为 $\mu_{r2}=6000$。

解：由磁介质边界条件公式 $\dfrac{\tan\theta_1}{\tan\theta_2}=\dfrac{\mu_{r1}}{\mu_{r2}}$，得

$$\tan\theta_1=\frac{\mu_{r1}}{\mu_{r2}}\tan\theta_2$$

故

$$\theta_1=0.0262°=1'34''$$

* **7-36** 在一块很大的铁磁质($\mu_r = 500$)内挖一半径为 r、长度为 l 的针形细长小洞($r \ll l$),洞的轴线与磁感应强度 $\boldsymbol{B}$ 平行,假设挖洞后不影响铁磁质其余部分的磁化,求洞中心 O 的 B_0 与 H_0。已知铁磁质内磁感应强度的大小为 $B = 7$ T,方向如图 7-49 所示。

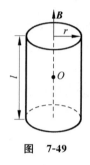　　　　　　　　　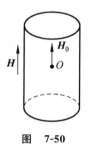

　　　　图　**7-49**　　　　　　　　　　　　　　图　**7-50**

解:如图 7-50 所示,由边界条件知,H 切向连续,有

$$H_0 = \frac{B}{\mu_0 \mu_r} = 1.11 \times 10^4 \, (\text{A/m})$$

$$B_0 = \mu_0 H_0 = B/\mu_r = 1.4 \times 10^{-2} \, (\text{T})$$

四、自　测　题

(一) 选择题

1. 一粗细均匀的导线,其横截面积为 S,单位体积内有 n 个自由电子,当导线两端加一电势差后,自由电子的漂移速率为 u,则导线中的电流为(　　)。

　　A. $\frac{1}{2} neuS$　　　　　B. $neuS$　　　　　C. $nuS/(2e)$　　　　　D. $nuS/(4e)$

2. 两条金属导线 1 和 2,材料相同,长度之比为 4∶1,横截面直径之比为 2∶1。当在导线 1 两端加上电压 U 后,其电流为 I。若将导线 1、2 串联,加上相同的电压 U,则流过两条导线的电流为(　　)。

　　A. $2I$　　　　　B. $I/2$　　　　　C. $4I$　　　　　D. $I/4$　　　　E. I

3. 如图 7-51 所示的一段含源电路,A、B 两端的电势差 U_{AB} 为(　　)。

　　A. $I(R + R_{i1} + R_{i2}) + (\mathscr{E}_2 - \mathscr{E}_1)$

　　B. $\mathscr{E}_2 - \mathscr{E}_1 = I(R + R_{i1} + R_{i2})$

　　C. $I(R + R_{i1} + R_{i2}) - (\mathscr{E}_2 - \mathscr{E}_1)$

　　D. $-I(R + R_{i1} + R_{i2}) - (\mathscr{E}_2 - \mathscr{E}_1)$

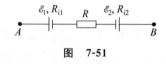

図　**7-51**

4. 电流元 $I d\boldsymbol{l}$ 是圆电流线圈的一部分,则(　　)。

　　A. 电流元受磁力为 0

　　B. 电流元受磁力不为 0,方向沿半径向外

　　C. 电流元受磁力不为 0,方向指向圆心

　　D. 电流元受磁力不为 0,方向垂直于圆电流所在平面

5. 若空间存在两根无限长直载流导线,空间的磁场分布就不具有简单的对称性,则该磁场分布(　　)。

A. 不能用安培环路定理来计算

B. 可以直接用安培环路定理求出

C. 只能用毕奥-萨伐尔定律求出

D. 可以用安培环路定理和磁感应强度的叠加原理求出

6. 如图 7-52 所示，两个半径为 R 的相同的金属环在 a、b 两点接触（ab 连线为环直径），并相互垂直放置。电流 I 沿 ab 连线方向由 a 端流入，b 端流出，则环中心 O 点的磁感应强度大小为（　　）。

A. 0 　　　　　B. $\dfrac{\mu_0 I}{4R}$ 　　　　C. $\dfrac{\sqrt{2}\mu_0 I}{4R}$ 　　　　D. $\dfrac{\mu_0 I}{R}$

E. $\dfrac{\sqrt{2}\mu_0 I}{8R}$

7. 均匀磁场的磁感应强度 $\boldsymbol{B}$ 垂直于半径为 r 的圆面。今以该圆周为边线，作一半球面 S，则通过 S 面的磁通量的大小为（　　）。

A. $2\pi r^2 B$ 　　　　B. $\pi r^2 B$ 　　　　C. 0 　　　　D. 无法确定的量

8. 两个全同的粒子 1、2 分别以初速度 v、$2v$ 垂直进入均匀磁场，经磁场偏转后，则（　　）。

A. 粒子 1 先回到出发点 　　　　B. 粒子 2 先回到出发点

C. 两个粒子同时回到出发点 　　　　D. 两个粒子不能回到出发点

9. 如图 7-53 所示，在一固定的均匀载流大平板附近有一载流小线框能自由转动或平动，线框平面与大平板垂直。大平板的电流与线框中电流方向如图所示，则图中观察者看到，通电线框将（　　）。

A. 靠近大平板 　　　　B. 顺时针转动

C. 逆时针转动 　　　　D. 离开大平板向外运动

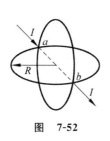

图　7-52

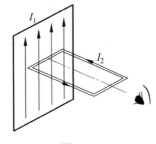

图　7-53

10. 载流长直螺线管内充满相对磁导率为 μ_r 的均匀抗磁介质，则螺线管内中部的磁感应强度 $\boldsymbol{B}$ 和磁场强度 $\boldsymbol{H}$ 的关系是（　　）。

A. $B = \mu_0 H$ 　　　B. $B < \mu_0 H$ 　　　C. $B > \mu_0 H$ 　　　D. $B = \mu_r H$

（二）填空题

1. 在横截面积为 $2\,\text{mm}^2$ 的铁导线中通有恒定电流，电流 $I = 0.04\,\text{A}$，导线中各点的场强为_____。（铁的电阻率为 $\rho = 8.85 \times 10^{-8}\,\Omega \cdot \text{m}$）

2. 半径为 R 的细导线环中通有电流 I,那么离环上所有点的距离皆等于 $r(r \geqslant R)$ 的一点处的磁感应强度的大小为 $B=$_____。

3. 磁场中任一点放一个小的载流探测线圈可以确定该点的磁感应强度,其大小等于放在该点处探测线圈所受的_____和线圈的_____的比值。

4. 如图 7-54 所示,两条无限长直载流导线 M 和 N 平行放置,相距为 a,电流均为 I,垂直纸面向外,则

(1) $\overline{MN}$ 的中点 P 的磁感应强度 $\boldsymbol{B}_P=$_____。

(2) 磁感应强度 $\boldsymbol{B}$ 沿图中环路 L 的线积分 $\oint_L \boldsymbol{B} \cdot \mathrm{d}\boldsymbol{l}=$_____。

5. 两个带电粒子以相同的速度垂直于磁感线飞入均匀磁场,若它们的质量之比为 $1:4$,电荷之比为 $1:2$,那么它们所受的磁场力之比为_____,运动轨迹半径之比为_____。

6. 有一根质量为 m、长为 l 的直导线,放在磁感应强度为 $\boldsymbol{B}$ 的均匀磁场中,$\boldsymbol{B}$ 的方向垂直于纸面向内,导线中电流方向如图 7-55 所示。当导线所受磁力与重力平衡时,导线中的电流 $I=$_____。

7. 如图 7-56 所示,将完全相同的几根导线焊成立方体,并在其对顶角 A、B 上接上电源,则立方体框架中的电流在其中心 O 处所产生的磁感应强度等于_____。

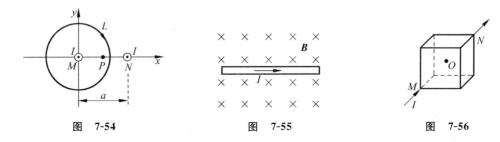

图　7-54　　　　　　　图　7-55　　　　　　　图　7-56

8. 一个单位长度上密绕有 n 匝线圈的长直螺线管,每匝线圈中通有强度为 I 的电流,管内充满相对磁导率为 μ_r 的磁介质,则管内中部附近磁感应强度 $B=$_____,磁场强度 $H=$_____。

9. 平行板电容器的电容为 $C=20.0\ \mu\mathrm{F}$,两板上的电压变化率为 $\dfrac{\mathrm{d}u}{\mathrm{d}t}=1.5 \times 10^5\ \mathrm{V/s}$,则该平行板电容器中的位移电流为_____。

(三) 计算题

1. 如图 7-57 所示,由两个电阻串联组成的分压器,已知电源两端的电压为 $U_1=10\ \mathrm{V}$,$R_1=4 \times 10^3\ \Omega$。如果要求 a、b 两点之间的电压为 $U_2=2\ \mathrm{V}$,则 R_2 应为多大?

2. 将半径为 R 的无限长导体管壁(厚度忽略不计)沿轴向割去一宽度为 $h(h \ll R)$ 的无限长窄条后,再沿轴向通以均匀的电流,其面密度为 $\boldsymbol{j}$,如图 7-58 所示,求管轴线 OO' 上的磁感应强度的大小。

3. 一根半径为 R 的长直导线通有电流 I,电流沿轴向均匀分布。作一宽为 R、长为 l 的假想平面 S,如图 7-59 所示。若假想平面 S 可在导线直径与轴 OO' 所确定的平面内离开 OO' 轴移动至远处,试求当通过 S 面的磁通量最大时 S 平面的位置。

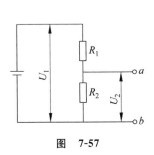

图　7-57

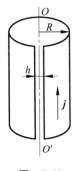

图　7-58

4. 如图 7-60 所示，一个带有正电荷 q 的粒子，以速度 v 平行于一均匀带电的长直导线运动，该导线的线电荷密度为 λ，并载有传导电流 I。试问粒子要以多大的速度运动，才能使其保持在一条与导线距离为 r 的平行直线上？

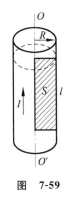

图　7-59

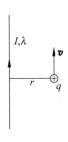

图　7-60

5. 已知载流圆线圈中心处的磁感应强度为 B_0，此圆线圈的磁矩与一边长为 a、通过电流为 I 的正方形线圈的磁矩之比为 $2:1$，求载流圆线圈的半径。

6. 相对磁导率为 μ_{r1} 的无限长磁介质圆柱体，半径为 R_1，其中通有电流 I，且电流沿横截面均匀分布。在磁介质圆柱体外有半径为 R_2 的无限长同轴圆柱面，该圆柱面上也通有均匀的电流 I，但方向相反。在圆柱体和圆柱面之间充满相对磁导率为 μ_{r2} 的均匀磁介质，圆柱面外是真空。试求磁感应强度 $\boldsymbol{B}$ 和磁场强度 $\boldsymbol{H}$ 的分布。

附：自测题答案

（一）选择题

1. B；　2. B；　3. C；　4. B；　5. D；　6. A；　7. B；

8. C；　9. B；　10. B

（二）填空题

1. $E = \rho \dfrac{I}{S} = 1.77 \times 10^{-3}$ V/m

2. $\dfrac{\mu_0 I R^2}{2r^3}$

3. 最大磁力矩,磁矩

4. $\mathbf{0}$;$-\mu_0 I$

5. $1:2,1:2$

6. $\dfrac{mg}{Bl}$

7. 0

8. $\mu_0 \mu_r n I$,nI

9. 3 A

（三）计算题

1. $R_2 = \dfrac{U_2}{U_1 - U_2} R_1 = 1 \times 10^3 \ \Omega$

2. $B = \dfrac{\mu_0 hj}{2\pi R}$,提示：用补偿法

3. $x = \dfrac{1}{2}(\sqrt{5} - 1)R$,$x$ 为 S 面上靠近轴线 OO' 的平行边到 OO' 的距离。

4. $v = \dfrac{\lambda}{\varepsilon_0 \mu_0 I}$

5. $R = \left(\dfrac{\mu_0 a^2 I}{\pi B_0}\right)^{1/3}$

6. $r < R_1$,$H = \dfrac{Ir}{2\pi R_1^2}$,$B = \dfrac{\mu_0 \mu_{r1} Ir}{2\pi R_1^2}$ $\left($提示：$H \cdot 2\pi r = I' = \dfrac{I}{\pi R_1^2} \cdot \pi r^2\right)$

   $R_1 < r < R_2$,$H = \dfrac{I}{2\pi r}$,$B = \dfrac{\mu_0 \mu_{r2} I}{2\pi r}$

   $r > R_2$,$H = 0$,$B = 0$(提示：$H \cdot 2\pi r = I - I = 0$)

第八章

电磁感应　电磁场基本规律

一、主要内容

（一）法拉第电磁感应定律

1831 年法拉第在广泛的实验基础上总结出法拉第电磁感应定律，明确地解释了电与磁之间的相互关系。

1. 电磁感应现象

法拉第把产生感应电流的情况概括为五类：变化的电流，变化的磁场，运动的恒定电流，运动的磁铁，在磁场中运动的导体。

综合分析上述实验的共同特点，均是产生感应电流的线圈的磁通量发生了变化，无论引起这种磁通量变化的原因是什么，在导体回路中都会产生感应电流，这类现象称为电磁感应现象。

2. 楞次定律

楞次定律即直接判断感应电流方向的方法：闭合回路中感应电流的方向，总是使得感应电流所激发的磁场去阻碍或补偿引起感应电流的磁通量的变化。

关于回路绕行正方向的规定：回路绕行的正方向与包围面的正法向 e_n 之间遵从右手螺旋关系，如图 8-1 所示。线圈中的感应电流的方向与回路绕行正方向一致时为正，反之则为负。当空间分布一定的磁场穿过线圈的方向与 e_n 一致时，通量为正，反之为负。

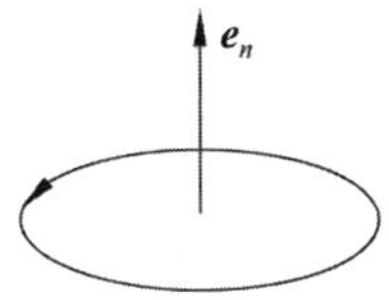

楞次定律实质上是能量守恒定律的一种体现。

图　8-1

3. 法拉第电磁感应定律

感应电动势 $\mathscr{E}$ 的大小与通过导体回路的磁通量 Φ 的时间变化率成正比，即

$$\mathscr{E} = -\frac{\mathrm{d}\Phi}{\mathrm{d}t} \tag{8-1}$$

式中负号表示电动势的方向，与楞次定律相符。

若导体回路由 N 匝线圈串联而成，则通过各匝线圈的磁通量之和记为

$$\Psi = \Phi_1 + \Phi_2 + \cdots + \Phi_N = \sum_i \Phi_i$$

称为通过线圈的全磁通。若通过每匝线圈的磁通量 Φ 都相同，则 $\Psi = N\Phi$，称为磁通匝链数，简称磁链，则总的电动势为

$$\mathscr{E} = -N\frac{\mathrm{d}\Phi}{\mathrm{d}t} \tag{8-2}$$

（二）动生电动势　感生电动势　涡旋场

1. 动生电动势

在任意的磁场中,导体或导体回路因运动或形变引起回路中磁通量变化而产生的电动势称为动生电动势。由电动势的定义可得

$$\mathscr{E}_i = \int_L (\boldsymbol{v} \times \boldsymbol{B}) \cdot d\boldsymbol{l} \tag{8-3}$$

式中 v 为导体上任一元段 $d\boldsymbol{l}$ 的速度,积分遍及整个导体 L。

动生电动势的非静电力起源于洛伦兹力。在形成动生电动势的过程中,外力对运动杆做功,将其他形式的能量转化为电源能量。而洛伦兹力在整个过程中只起到了能量的转化作用,本身不对电荷做功。

2. 感生电动势　感应电场的性质

磁场变化引起静止回路中的磁通量变化而产生的电动势称为感生电动势。产生感生电动势的非静电力场是变化的磁场所激发的感生电场或涡旋电场 $\boldsymbol{E}_{旋}$。由电动势的定义可得

$$\mathscr{E}_{感生} = -\int_S \frac{\partial \boldsymbol{B}}{\partial t} \cdot d\boldsymbol{S} = \oint_L \boldsymbol{E}_{旋} \cdot d\boldsymbol{l} \tag{8-4}$$

式中,L 为导体回路,S 为回路所围面积。

上式表明,变化的磁场激发电场。感生电场是闭合的涡旋场,其电场线是闭合的曲线。$\boldsymbol{E}_{旋}$ 的方向与 $\dfrac{\partial \boldsymbol{B}}{\partial t}$ 方向满足左手螺旋,如图 8-2 所示。

3. 圆柱形磁场激发的感生电场

对于约束在一半径为 R 的无限长圆柱内的均匀磁场 $\boldsymbol{B}$,当磁场均匀变化时,会在空间激发感生电场,该感生电场具有圆柱对称性,电场线为一系列共轴的圆圈,轴线即是圆柱形磁场的中心轴,所有圆圈所在平面彼此平行且垂直于轴线。利用磁场的安培环路定理可以求得电场强度的大小,表示为

$$\boldsymbol{E}_{旋} = -\frac{r}{2} \cdot \frac{d\boldsymbol{B}}{dt}, \quad r \leqslant R$$

$$\boldsymbol{E}_{旋} = -\frac{R^2}{2r} \cdot \frac{d\boldsymbol{B}}{dt}, \quad r \geqslant R$$

负号表明 $\boldsymbol{E}_{旋}$ 与磁场的变化 $\dfrac{d\boldsymbol{B}}{dt}$ 满足左手螺旋关系,如图 8-3 所示。

图　8-2

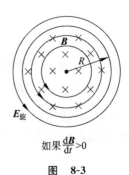

如果 $\dfrac{d\boldsymbol{B}}{dt} > 0$

图　8-3

（三）自感与互感

1. 自感现象与自感系数

线圈中电流的变化在自身中产生的感应电动势称为自感电动势。由法拉第电磁感应定律，自感电动势为

$$\mathscr{E}_L = -L\,\frac{\mathrm{d}I}{\mathrm{d}t} \tag{8-5}$$

式中的比例系数 L 称为自感系数，简称自感，与线圈尺寸、形状、周围磁介质（非铁磁性介质）有关，用以描述自感现象的强弱。

由毕奥-萨伐尔定律可知，对于自感 L 一定的线圈，通过线圈自身的磁链 Ψ 与 I 成正比，即

$$\Psi = LI \tag{8-6}$$

2. 互感现象与互感系数

两个相邻导体回路，其中一个回路中电流的变化导致在另一个回路中产生的感应电动势称为互感电动势。由法拉第电磁感应定律，互感电动势为

$$\mathscr{E}_{21} = -M_{21}\,\frac{\mathrm{d}I_1}{\mathrm{d}t}, \quad \mathscr{E}_{12} = -M_{12}\,\frac{\mathrm{d}I_2}{\mathrm{d}t} \tag{8-7}$$

式中，$M_{21} = M_{12} = M$ 称为互感系数，简称互感。它不仅与两个线圈各自的尺寸、形状及周围介质（非铁磁性介质）有关，也与两个线圈的相互位置有关。

由毕奥-萨伐尔定律可知，对于两个确定的相邻的线圈，且相对位置固定不变，则一个线圈的电流激发的磁场通过另一个线圈的磁链与该电流成正比，即

$$\Psi_{21} = M_{21}I_1, \quad \Psi_{12} = M_{12}I_2 \tag{8-8}$$

3. 电感和电容的暂态过程　磁场的能量

（1）RL 电路中的暂态过程

如图 8-4 所示，由电感和电阻组成的 RL 电路，在接通或切断电路的瞬间，由于自感作用，电路中的电流有一个逐渐增大或减小的暂态过程。由欧姆定律可得电流变化的规律为

$$i = I_0(1 - \mathrm{e}^{-\frac{t}{\tau}}), \quad i = I_0\mathrm{e}^{-\frac{t}{\tau}} \tag{8-9}$$

其中，第一个式子对应于接通电源的瞬间，第二个式子对应于断开电源的瞬间，$\tau = L/R$ 是 RL 电路的时间常数。

（2）RC 电路中的暂态过程

如图 8-5 所示为由电容和电阻组成的 RC 电路。在对电容器充、放电的过程中，电容器极板上的电荷随时间变化，从而导致回路中的电流亦随时间发生变化。

极板上电荷充、放电过程中随时间变化的规律分别为

$$q = C\mathscr{E}(1 - \mathrm{e}^{-\frac{t}{RC}}), \quad q = q_{\max}\mathrm{e}^{-\frac{t}{RC}} \tag{8-10}$$

由欧姆定律可得充、放电过程中电流变化的规律分别为

$$i = \frac{\mathscr{E}}{R}\mathrm{e}^{-\frac{t}{RC}}, \quad i = \frac{q_{\max}}{RC}\mathrm{e}^{-\frac{t}{RC}} = I_{\max}\mathrm{e}^{-\frac{t}{RC}} \tag{8-11}$$

图　8-4　　　　　　　　　　　　　　图　8-5

式中,第一式对应于电容器充电过程,第二式对应于电容器放电过程,且 RC 是 RC 电路的时间常数。

4. 磁场的能量

（1）线圈中磁场的能量

一个载流线圈,在通电的过程中,电源电动势克服线圈上的自感电动势做功,该功转化为能量储存在线圈中,称为自感磁能,表示为

$$W_m = \frac{1}{2}LI^2 \tag{8-12}$$

（2）磁能密度

磁能储存在磁场中,单位体积的磁场能量即为磁能密度,有

$$w_m = \frac{1}{2\mu}B^2 = \frac{1}{2}\mu H^2 = \frac{1}{2}BH \tag{8-13a}$$

或用矢量表示为

$$w_m = \frac{1}{2}\boldsymbol{B} \cdot \boldsymbol{H} \tag{8-13b}$$

（3）任意磁场的能量

对于非均匀磁场,总的磁场能量为

$$W_m = \int_V w_m dV = \int_V \left(\frac{1}{2}\boldsymbol{B} \cdot \boldsymbol{H}\right) dV \tag{8-14}$$

上式的积分范围为磁场占有的全部空间。

5. 麦克斯韦方程组

电磁场的基本方程组称为麦克斯韦方程组,其积分形式为

$$\oint_S \boldsymbol{D} \cdot d\boldsymbol{S} = \sum q_0 \tag{8-15a}$$

$$\oint_L \boldsymbol{E} \cdot d\boldsymbol{l} = -\int_S \frac{\partial \boldsymbol{B}}{\partial t} \cdot d\boldsymbol{S} \tag{8-15b}$$

$$\oint_S \boldsymbol{B} \cdot d\boldsymbol{S} = 0 \tag{8-15c}$$

$$\oint_L \boldsymbol{H} \cdot d\boldsymbol{l} = \sum I_C + \int_S \frac{\partial \boldsymbol{D}}{\partial t} \cdot d\boldsymbol{S} \tag{8-15d}$$

其物理意义简述为：方程(8-15a)表明电场是有源场；方程(8-15b)表明变化的磁场可激发电场；方程(8-15c)表明磁场是无源场；方程(8-15d)表明不仅电流能够激发磁场,变化

的电场亦可以激发磁场。

考虑到电磁场与物质的相互作用，存在三个重要的物态方程，即

$$D = \varepsilon_0 \varepsilon_r E \tag{8-15e}$$

$$H = \frac{1}{\mu_0 \mu_r} B \tag{8-15f}$$

$$j = \gamma E \tag{8-15g}$$

麦克斯韦方程组是由宏观电磁现象总结出来的电磁场的理论基础，是一切宏观电磁现象都遵从的客观规律。

二、解题指导

本章问题涉及的主要方法如下。

1. 法拉第电磁感应定律和楞次定律。一个回路无论什么原因，只要回路中磁通量随时间变化，回路中就有式(8-1)所示电动势产生。电动势的方向可由楞次定律判断，楞次定律可表述为回路中感应电流总是使它所激起的磁场反抗任何引起电磁感应的变化，此即式(8-1)中负号的意义。

判定感应电动势的方向可分三步：

(1) 确定引起电磁感应现象的磁通量变化的具体情况——增大或减小；

(2) 由楞次定律确定感应磁场的方向——相对于原磁场的相同或相反方向；

(3) 由感应磁场的方向进而判定感应电流及感应电动势的方向。

2. 动生电动势与感生电动势

(1) 动生电动势

磁场中的导体运动时，产生的感应电动势叫做动生电动势。产生动生电动势的原因是运动电荷在磁场中受到洛伦兹力，所以动生电动势的计算依据是式(8-3)，与导体是否形成回路无关。在导体形成回路的情况下计算动生电动势，可视方便程度选用式(8-3)或法拉第电磁感应定律式(8-1)求解。

(2) 感生电动势

感生电动势仅由磁场变化产生，产生感生电动势的原因是变化磁场在空间激发的感生电场，所以感生电动势的计算依据是式(8-4)，与导体是否运动无关。

3. 自感与互感

自感的定义式(8-6)可用于计算自感，但在实验上，常使用式(8-5)。求解自感的步骤：先设电路中有电流 I，求出电流 I 所激发磁场的磁感应强度分布，取一回路并求出此回路面积上磁通量与电流 I 的关系式，再由式(8-6)即可求出自感。

计算两线圈之间的互感时，步骤与计算自感类似，先设某一线圈中有电流 I，求出此电流 I 所激发磁场的磁感应强度分布，进而得出另一线圈中的磁通量，再由式(8-8)可求出互感。

例 8-1　（判断感应电动势方向）如图 8-6 所示，判断图(1)～(4)中的导线段 AC 或者导线框内的感应电动势的方向。

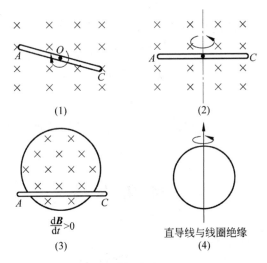

图 8-6

答：(1) 导线段 AO 与 CO 在同一均匀磁场内以相同的角速度旋转，产生的动生电动势大小相等，方向相反（A、C 点电势高于 O 点），故导线段 AC 上总的感应电动势为零。

(2) AC 在旋转的过程中没有切割磁感线，或者在旋转的过程中（$v \times B$）矢量始终垂直于 AC 导线，故感应电动势为零。

(3) 由变化的磁场产生的涡旋电场 $E_{旋}$ 为逆时针绕向，即 $E_{旋}$ 沿 AC 导线的分量均由 A 指向 C，根据公式 $\mathscr{E}_{感生} = \oint_L E_{旋} \cdot \mathrm{d}l$ 可知，$\mathscr{E}_{感生} > 0$，故感应电动势的方向为由 A 指向 C。

(4) 线框在绕轴旋转的过程中，穿过两个半圆面的磁通量始终等值而异号，总的磁通量恒为零，故线框内没有感应电动势。

该题主要涉及利用动生电动势和感生电动势的概念及楞次定律来判断感应电动势的方向。

例 8-2 （圆形线圈的电磁感应）如图 8-7 所示，有一半径为 $r = 10$ cm 的多匝圆形线圈，匝数 $N = 100$，置于均匀磁场 B 中（$B = 0.5$ T）。圆形线圈可绕通过圆心的轴 $O_1 O_2$ 转动，转速 $n = 600$ r/min。当圆线圈自图示的初始位置转过 $\frac{1}{2}\pi$ 时，求：

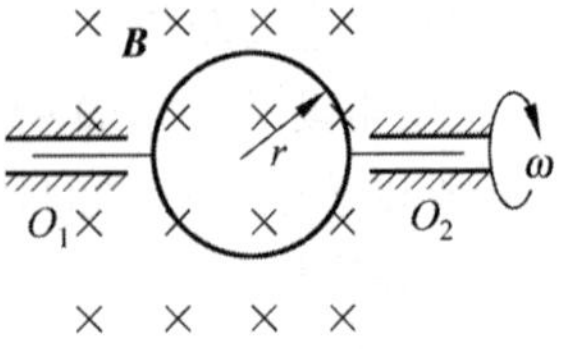

(1) 线圈中的瞬时电流值（线圈的电阻 R 为 100 Ω，不计自感）；

图 8-7

(2) 圆心处的磁感强度。

解：(1) 设线圈转至任意位置时圆线圈的法向与磁场之间的夹角为 θ，则通过该圆线圈平面的磁通量为

$$\Phi = B\pi r^2 \cos\theta, \quad \theta = \omega t = 2\pi n t$$

故

$$\Phi = B\pi r^2 \cos 2\pi n t$$

在任意时刻线圈中的感应电动势为

$$\mathscr{E} = -N\frac{\mathrm{d}\Phi}{\mathrm{d}t} = 2\pi^2 BNr^2 \sin 2\pi nt$$

于是电流为

$$i = \frac{\mathscr{E}}{R} = \frac{2\pi^2 NBr^2 n}{R}\sin 2\pi nt = I_{\mathrm{m}}\sin\frac{2\pi}{T}t$$

当线圈转过 $\pi/2$ 时，$t = T/4$，则

$$i = I_{\mathrm{m}} = 2\pi^2 r^2 NBn/R = 0.987 \ (\mathrm{A})$$

（2）由圆线圈中电流 I_m 在圆心处激发的磁场为

$$B' = \mu_0 NI_{\mathrm{m}}/(2r) = 6.20 \times 10^{-4} \ (\mathrm{T})$$

方向在图面内向下，故此时圆心处的实际磁感应强度的大小为

$$B_0 = (B^2 + B'^2)^{1/2} \approx 0.500 \ (\mathrm{T})$$

方向与磁场 **B** 的方向基本相同。

例 8-3　（直导线与矩行线圈的电磁感应）如图 8-8 所示，有一根长直导线，载有直流电流 I，近旁有一个两条对边与它平行并与它共面的矩形线圈，以匀速度 v 沿垂直于导线的方向离开导线。设 $t = 0$ 时，线圈位于图示位置，求：

（1）在任意时刻 t 通过矩形线圈的磁通量 Φ；

（2）在图示位置时矩形线圈中的电动势 $\mathscr{E}$。

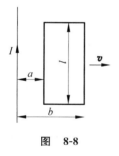

图　8-8

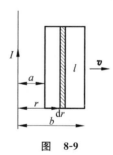

图　8-9

解：（1）如图 8-9 所示，在线圈内取一宽度为 $\mathrm{d}r$ 的窄条面积，窄条处的磁感应强度的大小为 $B = \dfrac{\mu_0 I}{2\pi r}$，方向垂直于纸面向内。于是，在线圈平移过程中，任一时刻 t，窄条内的磁通量为

$$\mathrm{d}\Phi(t) = \boldsymbol{B} \cdot \mathrm{d}\boldsymbol{S} = \frac{\mu_0 I}{2\pi r}l\,\mathrm{d}r$$

则在任一时刻 t，穿过矩形线圈的磁通量为

$$\Phi(t) = \oint_S \mathrm{d}\Phi = \int \frac{\mu_0 I}{2\pi r}l\,\mathrm{d}r = \frac{\mu_0 Il}{2\pi}\int_{a+vt}^{b+vt}\frac{\mathrm{d}r}{r} = \frac{\mu_0 Il}{2\pi}\ln\frac{b+vt}{a+vt}$$

（2）由法拉第电磁感应定律可得

$$\mathscr{E} = -\frac{\mathrm{d}\Phi}{\mathrm{d}t}\Big|_{t=0} = \frac{\mu_0 Ilv}{2\pi}\left(\frac{1}{a} - \frac{1}{b}\right) = \frac{\mu_0 Ilv(b-a)}{2\pi ab}$$

例 8-4　（圆柱形磁场区域中的感生电动势）一半径为 R 的无限长圆柱形均匀磁场 **B**，其大小 B 随时间均匀地增加。在垂直于磁场的横截面上放置了两段导线 AOC 和 MN（长为 l），如图 8-10 所示。求两段导线上的感生电动势的大小和方向。

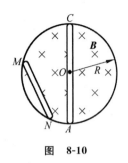
图 8-10

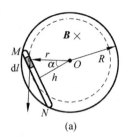
(a)

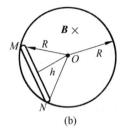
(b)

图 8-11

解：方法一：由于磁场的大小在均匀地增加，$\dfrac{\mathrm{d}B}{\mathrm{d}t}>0$，故有感生电场产生，在横截面上感生电场线为逆时针绕向的同心的圆环，如图 8-11(a) 所示。在距离圆心 O 为 r 处的感生电场的大小为

$$E_{旋} = -\frac{r}{2} \cdot \frac{\mathrm{d}B}{\mathrm{d}t}, \quad r < R$$

由感生电动势的定义式可得导线段 MN 上的感生电动势为

$$\mathscr{E}_{MN} = \int_M^N \boldsymbol{E}_{旋} \cdot \mathrm{d}\boldsymbol{l} = \int_M^N E_{旋} \cos\alpha \mathrm{d}l$$

由几何知识可知：$\cos\alpha = \dfrac{h}{r}$，故

$$\mathscr{E}_{MN} = \int_M^N \frac{r}{2} \cdot \frac{\mathrm{d}B}{\mathrm{d}t} \cdot \frac{h}{r} \mathrm{d}l = \frac{h}{2} \cdot \frac{\mathrm{d}B}{\mathrm{d}t} \int_M^N \mathrm{d}l = \frac{hl}{2} \cdot \frac{\mathrm{d}B}{\mathrm{d}t} = \frac{1}{2}l \frac{\mathrm{d}B}{\mathrm{d}t}\sqrt{R^2 - \left(\frac{l}{2}\right)^2}$$

方向由 M 指向 N。

对于导线段 AOC，由于其沿直径方向，上面任一线元 $\mathrm{d}l$ 均与其附近的 $\boldsymbol{E}_{旋}$ 垂直，$\boldsymbol{E}_{旋} \cdot \mathrm{d}\boldsymbol{l} = 0$，故 AOC 上的感应电动势为 0。

方法二：构造回路，利用法拉第电磁感应定律求解导线段 MN 上的感生电动势。

如图 8-11(b) 所示，连接 OM、ON，构成回路 $ONMO$。选取回路正向为 $ONMO$，则此三角形回路的磁通量为

$$\Phi = B \cdot \frac{1}{2}lh$$

此回路的感应电动势为

$$\mathscr{E} = -\frac{\mathrm{d}\Phi}{\mathrm{d}t} = -\frac{1}{2}lh\frac{\mathrm{d}B}{\mathrm{d}t} = -\frac{1}{2}l\frac{\mathrm{d}B}{\mathrm{d}t}\sqrt{R^2 - \left(\frac{l}{2}\right)^2}$$

由于半径 MO 与 NO 上的感生电场与半径垂直，故其上的感生电动势为零，于是整个回路上的感应电动势即为导线段 MN 上的感生电动势

$$\mathscr{E}_{MN} = \mathscr{E} = -\frac{1}{2}l\frac{\mathrm{d}B}{\mathrm{d}t}\sqrt{R^2 - \left(\frac{l}{2}\right)^2}$$

负号代表感生电动势的方向与回路方向相反，即由 M 指向 N。

例 8-5　（无限长同轴电缆的磁能和自感系数）一无限长的同轴电缆由中心圆柱形导体和外层圆筒形导体组成，二者的半径分别为 R_1 和 R_2，筒与圆柱体之间充以电介质，电介质与导体的 μ_r 均可取为 1。若此电缆通过电流 I（由中心圆柱体流出，由外圆柱筒流回，电流均匀分布），求：

（1）单位长度电缆内储存的磁能；

（2）单位长度电缆的自感系数。

解：（1）利用安培环路定理可求得空间的磁场分布为

$$H = \frac{Ir}{2\pi R_1^2}, \quad 0 < r < R_1$$

$$H = \frac{I}{2\pi r}, \quad R_1 < r < R_2$$

$$H = 0, \quad r > R_2$$

即磁场局限在电缆内部。

由磁场的轴对称性，在圆柱体内（$0 < r < R_1$）选取一长度为 l、半径为 r、厚度为 dr 的同轴圆柱薄壳筒，其体积为 $dV = 2\pi r l dr$，该体积元内的磁能密度为

$$w_{m1} = \frac{1}{2}\mu_0\mu_{r1}H_1^2 = \frac{1}{2}\mu_0\left(\frac{Ir}{2\pi R_1^2}\right)^2 = \frac{\mu_0 I^2 r^2}{8\pi^2 R_1^4}$$

该体积元内储存的磁场能量为

$$dW_{m1} = w_{m1}dV = \frac{\mu_0 I^2 r^2}{8\pi^2 R_1^4} \cdot 2\pi r l dr = \frac{\mu_0 I^2 r^3 l}{4\pi R_1^4}dr$$

则在长度为 l 的一段电缆中，在 $0 < r < R_1$ 区域内储存的磁场能量为

$$W_{m1} = \int dW_{m1} = \int_0^{R_1}\frac{\mu_0 I^2 r^3 l}{4\pi R_1^4}dr = \frac{\mu_0 I^2 l}{4\pi R_1^4}\int_0^{R_1}r^3 dr = \frac{\mu_0 I^2 l}{16\pi}$$

同理可以计算出在 $R_1 < r < R_2$ 区域内磁能密度为

$$w_{m2} = \frac{1}{2}\mu_0\mu_{r2}H_1^2 = \frac{1}{2}\mu_0\left(\frac{I}{2\pi r}\right)^2 = \frac{\mu_0 I^2}{8\pi^2 r^2}$$

在长度为 l 的一段电缆中，在 $R_1 < r < R_2$ 区域内储存的磁场能量为

$$W_{m2} = \int w_{m2}dV = \int_{R_1}^{R_2}\frac{\mu_0 I^2}{8\pi^2 r^2} \cdot 2\pi r l dr = \frac{\mu_0 I^2 l}{4\pi}\ln\frac{R_2}{R_1}$$

因此，长度为 l 的电缆内储存的总磁场能量为

$$W_m = W_{m1} + W_{m2} = \frac{\mu_0 I^2 l}{16\pi} + \frac{\mu_0 I^2 l}{4\pi}\ln\frac{R_2}{R_1} = \frac{\mu_0 I^2 l}{16\pi}\left(1 + 4\ln\frac{R_2}{R_1}\right)$$

单位长度的电缆内储存的磁场能量为

$$W_{m0} = \frac{W_m}{l} = \frac{\mu_0 I^2}{16\pi}\left(1 + 4\ln\frac{R_2}{R_1}\right)$$

（2）根据自感磁能的公式 $W_m = \frac{1}{2}LI^2$，可得单位长度的电缆的自感系数为

$$L = \frac{2W_{m0}}{I^2} = \frac{\mu_0}{8\pi}\left(1 + 4\ln\frac{R_2}{R_1}\right)$$

例 8-6 （长直螺线管的互感系数）如图 8-12 所示，一长直螺线管，单位长度上的匝数为 n。另有一半径为 r 的圆环放置在螺线管内部，圆环与螺线管共轴，且圆面垂直于管轴。求螺线管与圆环的互感系数。

解：设螺线管内通有电流 I_1，螺线管内的磁场为均匀场 $\boldsymbol{B}_1$，且 $B_1 = \mu_0 nI$，该磁场通过圆环的磁通量为

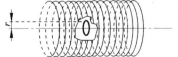

图 8-12

$$\Phi_{21} = B_1 \pi r^2 = \mu_0 n I_1 \pi r^2$$

由互感系数的定义式可得

$$M_{21} = \frac{\Phi_{21}}{I_1} = \mu_0 n \pi r^2$$

由于 $M_{12} = M_{21} = M$，故螺线管与圆环的互感系数即为 $M = \mu_0 n \pi r^2$。

三、习题解答

8-1 如图 8-13 所示，一个 40 匝的封闭线圈，半径 r 为 5 cm，处于均匀磁场中，线圈法向与磁场夹角为 60°。磁感应强度 $B = (t^2 + 3t + 5) \times 10^{-2}$ (T)。求 $t = 3$ s 时，线圈中的感应电动势。

解：通过线圈的磁通量为

$$\Phi = N\boldsymbol{B} \cdot \boldsymbol{S} = NBS \cos 60°$$

则由法拉第电磁感应定律可得线圈的感应电动势为

$$\mathcal{E} = -\frac{\mathrm{d}\Phi}{\mathrm{d}t} = -N\frac{\mathrm{d}B}{\mathrm{d}t}\pi r^2 \cos 60° = -1.4 \times 10^{-2} (\mathrm{V})$$

其方向与 $\boldsymbol{n}$ 的右手螺旋方向相反。

图 8-13   图 8-14

8-2 在通有电流 $I = 3$ A 的长直导线近旁有一导线段 ab，长 $l = 30$ cm，离长直导线的距离 $d = 20$ cm，如图 8-14 所示。当它沿平行于长直导线的方向以速度 $v = 5$ cm/s 平移时，导线段中的感应电动势多大？a、b 哪端的电势高？

解：导线段 ab 上任一与长直导线距离 r 点的磁场为 $B = \frac{\mu_0 I}{2\pi r}$，其方向垂直纸面向里。

导线段 ab 切割磁场线所产生的动生电动势为

$$\mathcal{E} = \int_a^b (\boldsymbol{v} \times \boldsymbol{B}) \cdot \mathrm{d}\boldsymbol{l} = -\int_d^{d+l} \frac{\mu_0 Iv}{2\pi r} \mathrm{d}r = -\frac{\mu_0 Iv}{2\pi r} \ln\frac{d+l}{d} = -2.7 \times 10^{-6} (\mathrm{V})$$

方向为由 b 指向 a，故 a 端电势高。

8-3 在均匀磁场 $\boldsymbol{B}$ 中，有一长为 L 的导体杆 MN 绕竖直轴 MO 以匀角速率 ω 转动，已知 MN 与 MO 的夹角为 θ，如图 8-15 所示，求 MN 中的感应电动势的大小和方向。

解：导线段 MN 切割磁场线所产生的动生电动势为

$$\mathcal{E} = \int_M^N (\boldsymbol{v} \times \boldsymbol{B}) \cdot \mathrm{d}\boldsymbol{l} = \int_M^N \omega r B \sin\theta \mathrm{d}l = \int_0^L \omega B \sin^2\theta l \, \mathrm{d}l = \frac{1}{2}\omega B L^2 \sin^2\theta$$

方向由 M 指向 N。

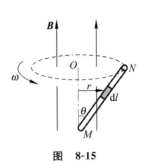

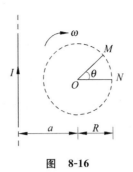

图　8-15　　　　　　　　　　　　　　　　　图　8-16

8-4　一无限长直导线中通有稳恒电流 I。导线旁有一长度为 R 的金属棒绕其一端 O 点以匀角速度 ω 在一平面内转动，O 点到导线的垂直距离为 $a(a>R)$，如图 8-16 所示。设长直导线与金属棒的旋转平面共面。

（1）当金属棒转到与长直导线垂直，即 ON 位置时，求棒内的感应电动势 $\mathscr{E}_{ON}$ 的大小和方向。

（2）当金属棒转到图中 OM 位置时，$\angle MON=\theta$，求棒内的感应电动势 $\mathscr{E}_{OM}$ 的大小和方向。

解：在金属棒的旋转平面内与长直导线距离 l 点的磁场 $B=\dfrac{\mu_0 I}{2\pi l}$，其方向垂直纸面向里。

（1）如图 8-17 所示，在金属棒上 r 处一长度为 $\mathrm{d}r$ 的线元，其由于转动切割磁感线而产生的动生电动势为

$$\mathrm{d}\mathscr{E}=(\boldsymbol{v}\times\boldsymbol{B})\cdot\mathrm{d}\boldsymbol{r}=\omega rB\,\mathrm{d}r=\frac{\mu_0 I\omega r\,\mathrm{d}r}{2\pi(r+a)}$$

此时金属棒上的动生电动势为

$$\mathscr{E}_{ON}=\int_a^{a+R}\frac{\mu_0 I\omega r\,\mathrm{d}r}{2\pi(r+a)}=\frac{\mu_0 I\omega}{2\pi}\int_a^{a+R}\left(1-\frac{a}{r+a}\right)\mathrm{d}r=\frac{\mu_0 I\omega}{2\pi}\left(R-a\ln\frac{a+R}{a}\right)$$

方向由 O 指向 N。

（2）如图 8-18 所示，在金属棒上 r 处一长度为 $\mathrm{d}r$ 的线元，其由于转动切割磁感线而产生的动生电动势为

$$\mathrm{d}\mathscr{E}=(\boldsymbol{v}\times\boldsymbol{B})\cdot\mathrm{d}\boldsymbol{r}=\omega rB\,\mathrm{d}r=\frac{\mu_0 I\omega r\,\mathrm{d}r}{2\pi(r\cos\theta+a)}$$

$$\mathscr{E}_{OM}=\int_a^{a+R\cos\theta}\frac{\mu_0 I\omega r\,\mathrm{d}r}{2\pi(r\cos\theta+a)}=\frac{\mu_0 I\omega}{2\pi}\left(\frac{R}{\cos\theta}-\frac{a}{\cos^2\theta}\ln\frac{a+R\cos\theta}{a}\right)$$

方向由 O 指向 M。

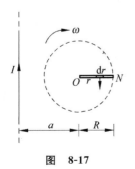

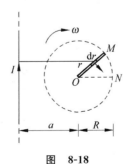

图　8-17　　　　　　　　　　　　　　　　　图　8-18

8-5　如图 8-19 所示,有一弯成 θ 角的金属架 COD,一导体杆 $MN(MN$ 垂直于 OD)以恒定速度 v 在金属架上滑动,且 v 的方向垂直于 MN 向右。已知外磁场 $\boldsymbol{B}$ 的方向垂直于金属架 COD 平面。设 $t=0$ 时,$x=0$。求在下列情况下金属框架内的感应电动势变化的规律:

(1) 磁场分布均匀,且 $\boldsymbol{B}$ 不随时间变化;

(2) 磁场为非均匀的时变磁场(即磁场与时间、位置有关),此时 O、N 两点间任意一点 x' 处的磁感应强度大小为 $B=Kx'\cos\omega t$。

解:(1) 对于均匀的磁场 $\boldsymbol{B}$,由图 8-20 可知

$$\Phi=\frac{1}{2}Bxy,\quad x=vt,\quad y=x\tan\theta$$

即

$$\Phi=\frac{1}{2}Bx^2\tan\theta$$

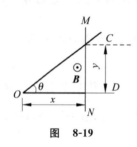

图　8-19

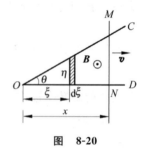

图　8-20

由法拉第电磁感应定律可得此时金属架内的感应电动势为

$$\mathscr{E}=-\frac{\mathrm{d}\Phi}{\mathrm{d}t}=-\frac{1}{2}B\tan\theta\frac{\mathrm{d}}{\mathrm{d}t}(x^2)=-\frac{1}{2}B\tan\theta\times 2x\frac{\mathrm{d}x}{\mathrm{d}t}=-Bx\tan\theta\frac{\mathrm{d}x}{\mathrm{d}t}$$

考虑到 $x=vt$,$\dfrac{\mathrm{d}x}{\mathrm{d}t}=v$,得

$$\mathscr{E}=-Bv^2t\tan\theta$$

在导体 MN 内 $\mathscr{E}$ 的方向由 M 向 N。

(2) 对于非均匀的时变磁场 $B=Kx\cos\omega t$,取回路绕行的正向为 $ONMO$,如图 8-20 所示。在任一时刻 t,在金属架内距离 O 点 ξ 处取一宽度为 $\mathrm{d}\xi$ 的面元,则其面积为 $\mathrm{d}S=\xi\tan\theta\mathrm{d}\xi$,该处的磁感应强度为 $B=K\xi\cos\omega t$,于是该面元的磁通量为

$$\mathrm{d}\Phi=\boldsymbol{B}\cdot\mathrm{d}\boldsymbol{S}=B\mathrm{d}S=K\xi\cos\omega t\cdot\xi\tan\theta\mathrm{d}\xi=K\xi^2\cos\omega t\tan\theta\mathrm{d}\xi$$

于是,在 t 时刻,金属架的磁通量为

$$\Phi(t)=\int\mathrm{d}\Phi=\int_0^{x'}K\xi^2\cos\omega t\tan\theta\mathrm{d}\xi=\frac{1}{3}Kx'^3\cos\omega t\tan\theta$$

由法拉第电磁感应定律可得 t 时刻金属架内的感应电动势为

$$\mathscr{E}=-\frac{\mathrm{d}\Phi(t)}{\mathrm{d}t}=-\frac{1}{3}K\tan\theta\frac{\mathrm{d}}{\mathrm{d}t}(\cos\omega t x'^3)$$

$$=-\frac{1}{3}K\tan\theta\left(-\omega\sin\omega t\cdot x'^3+3\cos\omega t x'^2\frac{\mathrm{d}x'}{\mathrm{d}t}\right)$$

$$=\frac{1}{3}K\tan\theta\omega\sin\omega t\cdot x'^3-K\tan\theta\cos\omega t x'^2\frac{\mathrm{d}x'}{\mathrm{d}t}$$

考虑到 $x' = vt$，$\dfrac{\mathrm{d}x'}{\mathrm{d}t} = v$，则

$$\mathscr{E} = \frac{1}{3}K\tan\theta\,\omega\sin\omega t \cdot v^3 t^3 - K\tan\theta\cos\omega t v^3 t^2$$

$$= Kv^3 t^2 \tan\theta\left(\frac{1}{3}\omega t\sin\omega t - \cos\omega t\right)$$

若 $\mathscr{E} > 0$，则 $\mathscr{E}$ 的方向与所设绕行正向一致；若 $\mathscr{E} < 0$，则 $\mathscr{E}$ 的方向与所设绕行正向相反。

8-6 如图 8-21 所示，真空中一长直导线通有电流 $I(t) = I_0\mathrm{e}^{-\lambda t}$（式中 I_0、λ 为常量，t 为时间），另有一带滑动边的矩形导线框与长直导线平行共面放置，二者相距为 a，矩形线框的滑动边与长直导线垂直，它的长度为 b，并且以匀速 v 平行于长直导线滑动。若忽略各导线框中产生的自感电动势，并设开始时滑动边与对边重合，试求在任意时刻 t，矩形线框内的感应电动势。

（1）分别求动生、感生电动势，然后求它们的代数和；

（2）直接用法拉第电磁感应定律求解。

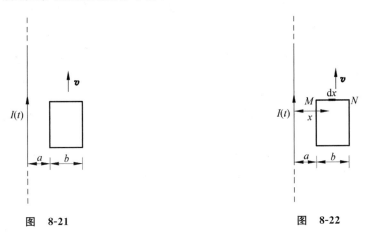

图　8-21　　　　　　　　　　　　　图　8-22

解：（1）如图 8-22 所示，在活动边 MN 上 x 处取一长度为 $\mathrm{d}x$ 的线元，其平动时切割磁感线所产生的动生电动势为

$$\mathrm{d}\mathscr{E} = (\boldsymbol{v}\times\boldsymbol{B})\cdot\mathrm{d}x = -vB\mathrm{d}x = -\frac{\mu_0 I}{2\pi x}v\mathrm{d}x$$

则在任一时刻 t，MN 由于平动切割磁感线而产生的动生电动势为

$$\mathscr{E}_1 = \int\mathrm{d}\mathscr{E} = -\int_a^{a+b}\frac{\mu_0 I}{2\pi x}v\mathrm{d}x = -\frac{\mu_0 I_0\mathrm{e}^{-\lambda t}v}{2\pi}\ln\frac{a+b}{a}$$

由于 $\mathscr{E}_1 < 0$，故其方向为由 N 指向 M，即为逆时针方向。

对于整个线框，选取导线框回路正向为顺时针方向，则在任一时刻 t，矩形框的磁通量为

$$\Phi(t) = \oint_S\mathrm{d}\Phi = \int\frac{\mu_0 I}{2\pi r}l\mathrm{d}r = \frac{\mu_0 Il}{2\pi}\int_a^{a+b}\frac{\mathrm{d}r}{r} = \frac{\mu_0 Il}{2\pi}\ln\frac{a+b}{a} = \frac{\mu_0 I_0\mathrm{e}^{-\lambda t}}{2\pi}vt\ln\frac{a+b}{a}$$

由于磁场的变化（即电流的变化）而产生的感生电动势为

$$\mathscr{E}_2 = -\frac{\mathrm{d}\Phi}{\mathrm{d}t}\bigg|_{vt} = -\frac{\mu_0}{2\pi}vt\ln\frac{a+b}{a}\cdot\frac{\mathrm{d}}{\mathrm{d}t}(I_0\mathrm{e}^{-\lambda t}) = \lambda\frac{\mu_0 I_0\mathrm{e}^{-\lambda t}}{2\pi}vt\ln\frac{a+b}{a}$$

由于 $\mathcal{E}_2 > 0$,故方向为顺时针。

总的感应电动势为

$$\mathcal{E} = \mathcal{E}_1 + \mathcal{E}_2 = -\frac{\mu_0 I_0 e^{-\lambda t} v}{2\pi} \ln \frac{a+b}{a} + \lambda \frac{\mu_0 I_0 e^{-\lambda t}}{2\pi} v t \ln \frac{a+b}{a}$$

$$= \frac{\mu_0 I_0 e^{-\lambda t} v}{2\pi} \ln \frac{a+b}{a} (\lambda t - 1)$$

若 $\lambda t > 1$,则 $\mathcal{E}$ 的方向为顺时针;若 $\lambda t < 1$,则 $\mathcal{E}$ 的方向为逆时针。

(2) 根据法拉第电磁感应定律,总的感应电动势为

$$\mathcal{E} = -\frac{\mathrm{d}\Phi}{\mathrm{d}t} = -\frac{\mu_0 I_0 e^{-\lambda t}}{2\pi} \ln \frac{a+b}{a} \cdot \frac{\mathrm{d}}{\mathrm{d}t}(vt) - \frac{\mu_0}{2\pi} v t \ln \frac{a+b}{a} \cdot \frac{\mathrm{d}}{\mathrm{d}t}(I_0 e^{-\lambda t})$$

$$= -\frac{\mu_0 I_0 e^{-\lambda t} v}{2\pi} \ln \frac{a+b}{a} + \lambda \frac{\mu_0 I_0 e^{-\lambda t}}{2\pi} v t \ln \frac{a+b}{a}$$

$$= \frac{\mu_0 I_0 e^{-\lambda t} v}{2\pi} \ln \frac{a+b}{a} (\lambda t - 1)$$

8-7　一矩形回路在磁场中运动,已知磁感应强度 $B_y = B_z = 0$,$B_x = 6 - y$,当 $t = 0$ 时,回路的一边与 z 轴重合,如图 8-23 所示。其中 B 以 T 为单位,y 以 m 为单位,t 以 s 为单位。求下列情况时,回路中感应电动势随时间变化的规律:

(1) 回路以速度 v 沿 y 轴正方向运动;

(2) 回路从静止开始,以加速度 $a = 2$ m/s² 沿 y 轴正方向运动;

(3) 如果回路沿 z 轴方向运动,复重(1)、(2)问题;

(4) 如果回路的电阻 $R = 2$ Ω,求(1)、(2)回路中的感应电流。

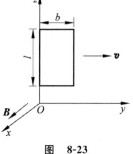

图　**8-23**

解:(1) 在题示磁场中,对于任一长度为 l、与 z 轴平行的直导线,当其以速度 v 平移至任意 y 坐标处时产生的动生电动势为

$$\mathcal{E}_1 = (\boldsymbol{v} \times \boldsymbol{B}) \cdot \boldsymbol{l} = vBl = v(6 - y)l$$

方向沿 z 轴负向。若直导线平移至 $y+b$ 处,动生电动势为 $\mathcal{E}_2 = v[6 - (y+b)]l$,方向沿 z 轴负向。则对于整个导线框,当其运动到任意位置时,总的动生电动势为

$$\mathcal{E} = \mathcal{E}_1 - \mathcal{E}_2 = v(6 - y)l - v[6 - (y+b)]l = vbl$$

方向与 $\mathcal{E}_1$ 的方向一致,即沿逆时针方向。

(2) 直导线以加速度作平动时,在任意 y 坐标处时产生的动生电动势为

$$\mathcal{E}_1 = (\boldsymbol{v} \times \boldsymbol{B}) \cdot \boldsymbol{l} = vBl = (at)(6 - y)l$$

若直导线平移至 $y+b$ 处,动生电动势为 $\mathcal{E}_2 = (at)[6 - (y+b)]l$。则对于整个导线框,当其运动到任意位置时,总的动生电动势为

$$\mathcal{E}' = \mathcal{E}_1 - \mathcal{E}_2 = (at)(6 - y)l - (at)[6 - (y+b)]l = atbl$$

(3) 若回路沿 z 轴方向运动,回路磁通量不变,电动势为 0。

(4) 匀速运动时的感应电流为

$$I = \frac{\mathcal{E}}{R} = \frac{vbl}{R}$$

加速运动时的感应电流为

$$I' = \frac{\mathscr{E}'}{R} = \frac{atbl}{R}$$

8-8　如图 8-24 所示，半径为 a 的圆柱形区域内，有随时间变化的均匀磁场 $\left(\dfrac{\mathrm{d}B}{\mathrm{d}t}>0\right)$，有一个等腰梯形导线框 $MNKPM$，上底长为 a，下底长为 $2a$，总电阻为 R，将其放置在同一平面上。问 MN 段、PK 段和闭合回路中的感生电动势各为多大？并指出方向。

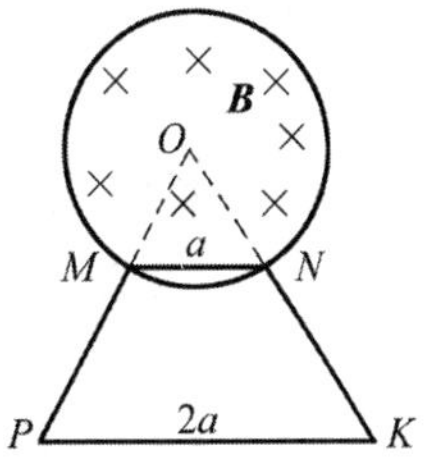

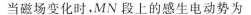

解：构建虚拟回路 $OMNO$，选取 $ONMO$ 为回路正向，则该回路的磁通量为

$$\Phi_1 = B \cdot \frac{1}{2}a \cdot \frac{\sqrt{3}}{2}a = \frac{\sqrt{3}}{4}a^2 B$$

当磁场变化时，MN 段上的感生电动势为

$$\mathscr{E}_1 = -\frac{\mathrm{d}\Phi_1}{\mathrm{d}t} = -\frac{\sqrt{3}}{4}a^2\frac{\mathrm{d}B}{\mathrm{d}t}$$

图 8-24

方向与回路正向相反，即由 M 指向 N。

同理，再构造虚拟回路 $OPKO$，选取 $OKPO$ 为回路正向，则该回路的磁通量为

$$\Phi_2 = B \cdot \frac{\pi/3}{2\pi}\pi a^2 = \frac{1}{6}\pi a^2 B$$

当磁场变化时，PK 段上的感生电动势为

$$\mathscr{E}_2 = -\frac{\mathrm{d}\Phi_2}{\mathrm{d}t} = -\frac{1}{6}\pi a^2\frac{\mathrm{d}B}{\mathrm{d}t}$$

方向与回路正向相反，即由 P 指向 K。

于是，整个导线框 $MPKN$ 的感生电动势为

$$\mathscr{E} = \mathscr{E}_1 - \mathscr{E}_2 = -\frac{\sqrt{3}}{4}a^2\frac{\mathrm{d}B}{\mathrm{d}t} + \frac{1}{6}\pi a^2\frac{\mathrm{d}B}{\mathrm{d}t} = a^2\left(\frac{1}{6}\pi - \frac{\sqrt{3}}{4}\right)\frac{\mathrm{d}B}{\mathrm{d}t}$$

方向为逆时针方向。

8-9　磁场沿圆柱体轴线均匀分布，磁感应强度按 $\dfrac{\mathrm{d}B}{\mathrm{d}t}=10^{-2}$ T/s 的速率减小。圆柱体半径为 R，其中 a、b 点离轴线的距离均为 3 cm，如图 8-25 所示。问电子在 a、b 两点和 O 点的加速度多大？方向如何？

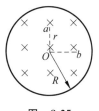

图 8-25

解：O 点在轴线上，$\boldsymbol{E}_{旋}$ 为 $\boldsymbol{0}$，故 $\boldsymbol{a}_O=\boldsymbol{0}$。

a、b 两点均在磁场内部，且距离 O 点为 r，则 $E_{旋}=\dfrac{r}{2}\cdot\dfrac{\mathrm{d}B}{\mathrm{d}t}$，于是

$$a_a = a_b = \frac{eE_{旋}}{m_e} = \frac{er}{2m_e}\cdot\frac{\mathrm{d}B}{\mathrm{d}t}$$

代入数据 $e=1.6\times10^{-19}$ C，$m_e=9.11\times10^{-31}$ kg，$r=3\times10^{-2}$ m，$\dfrac{\mathrm{d}B}{\mathrm{d}t}=10^{-2}$ T/s，得

$$a_a = a_b = 2.6\times10^7\,(\mathrm{m/s^2})$$

由于电子带负电，故在 a 点处加速度的方向向左，在 b 点处，加速度的方向向上。

8-10 如图 8-26 所示，一内外半径分别为 R_1、R_2 的均匀带电平面圆环，电荷面密度为 σ。其中心处有一半径为 r 的导体小圆环（R_1，$R_2 \gg r$），而环同心共面，设带电圆环以变角速度 $\omega = \omega(t)$ 绕垂直于环面的中心轴旋转，求导体小圆环中的感应电流 I 的大小和方向（已知小环的电阻为 R_0）。

图 8-26   图 8-27

解：如图 8-27 所示，在平面圆环上距离 O 为 R 处，取一宽度为 dR 的细圆环条，旋转时其等效电流为

$$dI = \frac{\sigma 2\pi R dR}{2\pi/\omega} = \sigma \omega R\, dR$$

在圆心 O 点处产生的磁感应强度为

$$dB = \frac{\mu_0\, dI}{2R} = \frac{\mu_0}{2}\sigma \omega\, dR$$

故在 O 点处的总磁感应强度为

$$B = \int dB = \frac{\mu_0}{2}\sigma \omega \int_{R_1}^{R_2} dR = \frac{\mu_0}{2}\sigma \omega (R_2 - R_1)$$

由于 R_1，$R_2 \gg r$，故小圆环内的磁场可认为是均匀的，并且就等于圆心 O 点处的磁场，磁场垂直于纸面向外。选取逆时针为小圆环回路的正向，则通过小圆环的磁通量为

$$\Phi = BS = \frac{\mu_0}{2}\sigma \omega (R_2 - R_1)\pi r^2$$

由法拉第电磁感应定律可得小圆环上的感应电动势为

$$\mathscr{E} = -\frac{d\Phi}{dt} = -\frac{\mu_0}{2}\sigma \pi r^2 (R_2 - R_1)\frac{d\omega}{dt}$$

感应电流为

$$I = \frac{|\mathscr{E}|}{R} = \frac{\mu_0}{2R_0}\sigma \pi r^2 (R_2 - R_1)\frac{d\omega}{dt}$$

若 $\dfrac{d\omega}{dt} > 0$，则感应电流 I 顺时针绕向；若 $\dfrac{d\omega}{dt} < 0$，则感应电流 I 逆时针绕向。

8-11 半径为 2.0 cm 的直螺线管，长 30.0 cm，上面均匀密绕 1200 匝线圈，线圈内为空气。

（1）求螺线管的自感；

（2）如果螺线管中的电流以 3.0×10^2 A/s 的速率改变，在线圈中产生的自感电动势多大？

解：（1）螺绕环的自感为

$$L = \mu_0 n^2 V = \mu_0 \frac{N^2}{L}\pi r^2 = \frac{4\pi \times 10^{-7} \times (1200)^2 \times \pi \times (2 \times 10^{-2})^2}{30 \times 10^{-2}}$$

$$= 7.57 \times 10^{-3} \, (\text{H})$$

(2) 当电流变化时,线圈产生的自感电动势为

$$\mathscr{E} = L \frac{\mathrm{d}i}{\mathrm{d}t} = 7.57 \times 10^{-3} \times 3.0 \times 10^2 = 2.27 \, (\text{V})$$

8-12 一长直螺线管的导线中通入 8.0 A 的恒定电流时,通过每匝线圈的磁通量是 $20 \, \mu\text{Wb}$;当电流以 2.0 A/s 的速率变化时,产生的自感电动势为 3.2 mV。求此螺线管的自感系数与总匝数。

解: 已知 $\mathscr{E} = 3.2 \, \text{mV} = 3.2 \times 10^{-3} \, \text{V}$,$\frac{\mathrm{d}i}{\mathrm{d}t} = 2.0 \, \text{A/s}$,故

$$L = \frac{\mathscr{E}}{\mathrm{d}i/\mathrm{d}t} = \frac{3.0 \times 10^{-3}}{2.0} = 1.6 \times 10^{-3} \, (\text{H})$$

已知 $I = 8.0 \, \text{A}$ 时,$\Phi = 20 \, \mu\text{Wb} = 20 \times 10^{-6} \, \text{Wb}$,而 $\Phi = \mu_0 n I S$,故

$$\mu_0 n S = \frac{\Phi}{I} = \frac{20 \times 10^{-6}}{8}$$

另一方面,$\mathscr{E} = L \frac{\mathrm{d}I}{\mathrm{d}t}$,$L = \mu_0 n^2 V = N \mu_0 n S$,于是

$$N = \frac{\mathscr{E}}{\mu_0 n S \cdot \frac{\mathrm{d}I}{\mathrm{d}t}} = \frac{3.2 \times 10^{-3} \times 8}{20 \times 10^6 \times 2} = 640 \, (\text{匝})$$

8-13 一同轴电缆如图 8-28 所示,由半径分别为 R_1、R_2 的两个无限长同轴薄壁圆筒组成,两筒间充以磁导率为 μ 的均匀介质,设电流 I 均匀地由内筒流入,从外筒流回。求:

(1) 磁感应强度 $\boldsymbol{B}$ 的分布;

(2) 长为 l 的一段电缆中的磁场能量;

(3) 长为 l 的一段电缆的自感系数。

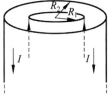

图 8-28

解: (1) 由安培环路定理可得:

$r < R_1$ 处,$B \cdot 2\pi r = \mu_0 \sum I_{\text{int}} = 0$,故

$$B = 0$$

$R_1 < r < R_2$ 处,$H \cdot 2\pi r = I$,故 $H = \dfrac{I}{2\pi r}$,则

$$B = \mu H = \frac{\mu I}{2\pi r}$$

(2) 磁场被限制在两个圆筒之间。由磁场的轴对称性,在 $R_1 < r < R_2$ 处选取一长度为 l、半径为 r、厚度为 $\mathrm{d}r$ 的同轴圆柱薄壳筒,其体积为 $\mathrm{d}V = 2\pi r l \, \mathrm{d}r$,该体积元内的磁能密度为

$$w_{\text{m}} = \frac{1}{2} \mu H^2 = \frac{1}{2} \mu \left(\frac{I}{2\pi r}\right)^2 = \frac{\mu I^2}{8\pi^2 r^2}$$

因此,长度为 l 的一段电缆中储存的磁场能量为

$$W_{\text{m}} = \int w_m \mathrm{d}V = \int_{R_1}^{R_2} \frac{\mu I^2}{8\pi^2 r^2} \cdot 2\pi r l \, \mathrm{d}r = \frac{\mu I^2 l}{4\pi} \ln \frac{R_2}{R_1}$$

（3）根据自感磁能的公式 $W_m = \dfrac{1}{2}LI^2$，可得长度为 l 的电缆的自感系数为

$$L = \frac{2W_m}{I^2} = \frac{\mu l}{2\pi}\ln\frac{R_2}{R_1}$$

8-14 两根足够长的共面平行导线轴线间的距离为 20 cm，导线的半径均为 0.1 cm。

（1）求两导线间每单位长度上的自感系数；

（2）当两导线中保持 20 A 方向相反的恒定电流时，将导线间距增至 40 cm，求磁场对单位长度导线所做的功；

（3）分别计算导线分开前、后单位长度导线的自感磁能，并说明能量关系（忽略导线内的磁场能量）。

解：（1）单位长度的两导线之间区域的磁通量为

$$\Phi = \int_a^{b-a}\left[\frac{\mu_0 I}{2\pi x} + \frac{\mu_0 I}{2\pi(b-x)}\right]\mathrm{d}x = \frac{\mu_0 I}{2\pi}\ln\frac{b-a}{a} + \frac{\mu_0 I}{2\pi}\ln\frac{b-a}{a} = \frac{\mu_0 I}{\pi}\ln\frac{b-a}{a}$$

由自感系数的定义式可得

$$L = \frac{\Phi}{I} = \frac{\mu_0}{\pi}\ln\frac{b-a}{a} = \frac{4\pi\times10^{-7}}{\pi}\ln\frac{20-0.1}{0.1} = 4\times10^{-7}\times5.29$$

$$= 2.12\times10^{-6}(\mathrm{H})$$

（2）通有反向电流时，两根导线之间的安培力表现为相互排斥。当其中一根导线发生 $\mathrm{d}r$ 的位移时，单位长度的导线所受安培力做的元功为

$$\mathrm{d}A = \boldsymbol{F}\cdot\mathrm{d}\boldsymbol{r} = F\mathrm{d}r = \frac{\mu_0 I^2}{2\pi r}\mathrm{d}r$$

故总功为

$$A = \int\mathrm{d}A = \int_b^{2b}\frac{\mu_0 I^2}{2\pi r}\mathrm{d}r = \frac{\mu_0 I^2}{2\pi}\ln 2 = \frac{4\pi\times10^{-7}\times20^2}{2\pi}\ln 2 = 5.55\times10^{-5}(\mathrm{J/m})$$

（3）导线分开前的自感磁能为

$$W_{m1} = \frac{1}{2}LI^2 = \frac{1}{2}\times2.12\times10^{-6}\times20^2 = 4.24\times10^{-4}(\mathrm{J/m})$$

导线分开后，自感系数变为

$$L' = \frac{\mu_0}{\pi}\ln\frac{2b-a}{a} = \frac{4\pi\times10^{-7}}{\pi}\ln\frac{40-0.1}{0.1} = 2.40\times10^{-6}(\mathrm{H})$$

故自感磁能为

$$W_{m2} = \frac{1}{2}L'I^2 = \frac{1}{2}\times2.40\times10^{-6}\times20^2 = 4.80\times10^{-4}(\mathrm{J/m})$$

自感增加了。

8-15 无限长直导线与一直角三角形回路 ABC 共面，已知 AC 边长为 b，且与长直导线平行，BC 边长为 a，B 点至长直导线的距离为 r_0，如图 8-29 所示。求长直导线与三角形之间的互感系数 M。

解：如图 8-30 所示，假设无限长直导线上通有电流 I，在三角形导体回路内距离直导线任意 r 处选取一宽度为 $\mathrm{d}r$ 的窄条，其面积为 $\mathrm{d}S = l\mathrm{d}r = \dfrac{b}{a}(r-r_0)\mathrm{d}r$，所在处的磁感应强度的大小为 $B = \dfrac{\mu_0 I}{2\pi r}$，于是该窄条的磁通量为

$$\mathrm{d}\Phi = \boldsymbol{B} \cdot \mathrm{d}\boldsymbol{S} = B\mathrm{d}S = \frac{\mu_0 I}{2\pi r} \cdot \frac{b}{a}(r - r_0)\mathrm{d}r = \frac{\mu_0 I}{2\pi} \cdot \frac{b}{a}\left(1 - \frac{r_0}{r}\right)\mathrm{d}r$$

整个三角形导体回路的磁通量为

$$\Phi = \int \mathrm{d}\Phi = \int_{r_0}^{a+r_0} \frac{\mu_0 I}{2\pi} \cdot \frac{b}{a}\left(1 - \frac{r_0}{r}\right)\mathrm{d}r = \frac{\mu_0 I}{2\pi} \cdot \frac{b}{a}\left(a - r_0 \ln \frac{a+r_0}{r_0}\right)$$

由互感系数的定义式可得

$$M = \frac{\Phi}{I} = \frac{\mu_0}{2\pi} \cdot \frac{b}{a}\left(a - r_0 \ln \frac{a+r_0}{r_0}\right)$$

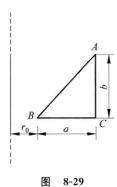

图　8-29

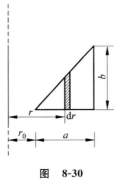

图　8-30

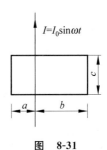

图　8-31

8-16　一无限长直导线通有电流 $I = I_0 \sin \omega t$，和直导线在同一平面内有一矩形线框，其短边与直导线平行，且 $b/a = 3$，如图 8-31 所示。求：

（1）直导线与线框的互感系数；

（2）线框中的互感电动势。

解：（1）假设无限长直导线通有电流 I，则其产生的磁场通过矩形线框的磁通量为

$$\Phi = \int \mathrm{d}\Phi = \int_a^b \frac{\mu_0 I}{2\pi r} c\,\mathrm{d}r = \frac{\mu_0 Ic}{2\pi} \ln \frac{b}{a} = \frac{\mu_0 Ic}{2\pi} \ln 3$$

故互感系数为

$$M = \frac{\Phi}{I} = \frac{\mu_0 c}{2\pi} \ln 3$$

（2）线框中的互感电动势为

$$\mathscr{E}_1 = -M\frac{\mathrm{d}I}{\mathrm{d}t} = -M\frac{\mathrm{d}}{\mathrm{d}t}(I_0 \sin \omega t) = -\frac{\mu_0 c\omega \ln 3}{2\pi} I_0 \cos \omega t$$

8-17　如图 8-32 所示的截面为矩形的螺绕环，总匝数为 N。

（1）求此螺绕环的自感系数；

（2）沿环的轴线拉一根直导线，求直导线与螺绕环的互感系数 M_{12} 和 M_{21}，二者是否相等？

解：（1）假设螺绕环上通有电流 I，则在螺绕环管内，磁感应强度的大小为 $B = \frac{\mu_0 NI}{2\pi r}$。如图 8-33 所示，在任意矩形横截面上，距离轴线 r 处选取一宽度为 $\mathrm{d}r$ 的窄条，其面积为 $\mathrm{d}S = h\mathrm{d}r$，于是该窄条的磁通量为

$$\mathrm{d}\Phi = \boldsymbol{B} \cdot \mathrm{d}\boldsymbol{S} = B\mathrm{d}S = \frac{\mu_0 NI}{2\pi r} h\,\mathrm{d}r$$

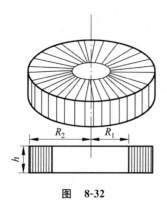

图　8-32

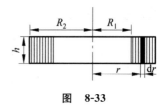

图　8-33

则该横截面(即通过任一线圈)的磁通量为

$$\Phi = \int d\Phi = \int_{R_1}^{R_2} \frac{\mu_0 NI}{2\pi r} h\, dr = \frac{\mu_0 NI}{2\pi} h\ln\frac{R_2}{R_1}$$

由于有 N 匝线圈,每匝线圈的磁通量相等,都为 Φ,则此螺绕环总的磁通量,即磁通匝链数为

$$\Psi = N\Phi = \frac{\mu_0 N^2 I}{2\pi} h\ln\frac{R_2}{R_1}$$

于是此螺绕环的自感系数为

$$L = \frac{\Psi}{I} = \frac{\mu_0 N^2 h}{2\pi}\ln\frac{R_2}{R_1}$$

(2) 假设长直导线通有电流 I,则该电流激发的磁场对螺绕环的磁通匝链数为

$$\Psi = N\Phi = N\int d\Phi = \int_{R_1}^{R_2} \frac{\mu_0 I}{2\pi r} h\, dr = \frac{\mu_0 NI}{2\pi} h\ln\frac{R_2}{R_1}$$

互感系数为

$$M = \frac{\Psi}{I} = \frac{\mu_0 Nh}{2\pi}\ln\frac{R_2}{R_1}$$

8-18 一圆环形线圈 a 由 100 匝细线绕成,截面积为 $2.0\ \text{cm}^2$,放在另一个匝数为 200、半径为 $10.0\ \text{cm}$ 的圆环形线圈 b 的中心,两线圈同轴。求:

(1) 两线圈的互感系数;

(2) 当线圈 a 中的电流以 50 A/s 的变化率减少时,线圈 b 内磁通量的变化率;

(3) 线圈 b 的感生电动势。

解:(1) 假设线圈 b 通有电流 I_2,由于 $S_1 = 2.0\times10^{-4}\ \text{m}^2 \ll S_2 = \pi r_2^2 = \pi\times10^{-2}\ \text{m}^2$,故可以认为线圈 a 内的磁场是均匀的,其磁感应强度的大小即为线圈 b 中心处的 B,且 $B = \frac{\mu_0 N_2 I_2}{2r_2}$,则线圈 a 的磁通匝链数为

$$\Psi_{12} = N_1\Phi_{12} = N_1 \frac{\mu_0 N_2 I_2}{2r_2} S_1$$

故互感系数为

$$M = \frac{\Psi_{12}}{I_2} = \frac{\mu_0 N_1 N_2}{2r_2} S_1 = \frac{4\pi\times10^{-7}\times100\times200\times2.0\times10^{-4}}{2\times10\times10^{-2}}$$

$$= 2.5\times10^{-5}\ (\text{H})$$

（2）和（3）

当线圈 a 中的电流发生变化时，会在线圈 b 中激发互感电动势，即

$$\mathscr{E}_{21} = \frac{\mathrm{d}\varPsi_{21}}{\mathrm{d}t} = M\frac{\mathrm{d}I_1}{\mathrm{d}t} = -2.5 \times 10^{-5} \times 50 = -1.25 \times 10^{-3}(\mathrm{V})$$

于是，对于线圈 b，每一匝线圈的磁通量的变化率为

$$\frac{\mathrm{d}\varPhi_{21}}{\mathrm{d}t} = \frac{1}{N_2} \cdot \frac{\mathrm{d}\varPsi_{21}}{\mathrm{d}t} = \frac{-1.25 \times 10^{-3}}{200} = -6.25 \times 10^{-6}(\mathrm{Wb/s})$$

8-19　自感为 $0.5~\mathrm{mH}$、电阻为 $0.01~\Omega$ 的线圈串接到内阻可以忽略、电动势为 $12~\mathrm{V}$ 的电源上，问电流在开关接通多长时间达到稳定值的 90%？此时，在线圈上储存了多少磁能？到此时电源共消耗了多少能量？

解：对于 RL 电路，其时间常数为 $\tau = L/R = \dfrac{0.5 \times 10^{-3}}{0.01} = 0.05$ （s）。根据 RL 电路接通电源后电流变化的规律，有

$$i = I_0(1 - \mathrm{e}^{-\frac{t}{\tau}}) = 0.9I_0$$

则 $1 - \mathrm{e}^{-\frac{t}{\tau}} = 0.9$，于是

$$t = -\tau\ln 0.1 = 0.05 \times 2.303 \approx 0.115 \text{（s）}$$

由自感磁能公式可得，当电流为 $i = 0.9I_0$ 时，自感线圈储存的磁能为

$$W_m = \frac{1}{2}Li^2 = \frac{1}{2}L\left(0.9 \times \frac{\mathscr{E}}{R}\right)^2 = \frac{1}{2} \times 0.5 \times 10^{-3} \times \left(0.9 \times \frac{12}{0.01}\right)^2$$
$$= 2.9 \times 10^2(\mathrm{J})$$

此时电源消耗的能量包括用于克服自感电动势做的功和提供给电路的焦耳热，即 $W = W_m + W'$，其中焦耳热能为

$$W' = \int_0^t Ri^2\,\mathrm{d}t = \int_0^t RI^2(1 - \mathrm{e}^{-\frac{t}{\tau}})^2\,\mathrm{d}t = RI^2\left(t - \frac{\tau}{2}\mathrm{e}^{-2\frac{t}{\tau}} + 2\tau\mathrm{e}^{-\frac{t}{\tau}}\right)\Big|_0^t$$
$$= RI^2\left[t - \frac{\tau}{2}(\mathrm{e}^{-2\frac{t}{\tau}} - 1) + 2\tau(\mathrm{e}^{-\frac{t}{\tau}} - 1)\right]$$
$$= 0.01 \times \left(\frac{12}{0.01}\right)^2 \times \left[0.115 - \frac{0.05}{2} \times (0.01 - 1) + 2 \times 0.05 \times (0.1 - 1)\right]$$
$$= 7.2 \times 10^2(\mathrm{J})$$

于是，电源总共消耗的能量为

$$W = W_m + W' = 2.9 \times 10^{-2} + 7.2 \times 10^{-2} = 1.01 \times 10^{-3}(\mathrm{J})$$

8-20　一个 $10~\mu\mathrm{F}$ 的电容器充电到 $100~\mathrm{V}$ 后，通过电阻 $R = 10~\Omega$ 放电，求：

（1）刚开始时的电流；

（2）电荷量减少一半所需的时间；

（3）能量减少一半所需的时间。

解：（1）由 RC 电流放电过程中电流变化的规律 $i = \dfrac{q_{max}}{RC}\mathrm{e}^{-\frac{t}{RC}} = \dfrac{U_{max}}{R}\mathrm{e}^{-\frac{t}{RC}}$，可知

$$i = \frac{100}{10}\mathrm{e}^{-\frac{t}{10 \times 10 \times 10^{-6}}} = 10\mathrm{e}^{-10^4 t}$$

刚开始时，即 $t = 0$，则

$$i(0) = 10 \text{（A）}$$

（2）由放电过程中的电荷变化规律 $q = q_{max} e^{-\frac{t}{RC}}$ 可知，当 $q = \frac{1}{2} q_{max}$ 时，有 $e^{-\frac{t}{RC}} = \frac{1}{2}$，即

$$t = -RC \ln \frac{1}{2} = 10 \times 10 \times 10^{-6} \ln 2 = 6.93 \times 10^{-5} (\text{s})$$

（3）根据电场能量的公式 $W = \frac{1}{2} CU^2$ 可知，若能量减少一半，则电压满足 $U = \frac{1}{\sqrt{2}} U_{max}$ $= \frac{100}{\sqrt{2}} (\text{V})$，并且 $U = iR$，于是根据电流变化的公式，有

$$U = \frac{100}{\sqrt{2}} = 10 e^{10^4 t} \times 10$$

解得

$$t = \frac{1}{2} \ln 2 \times 10^{-4} = 0.35 \times 10^{-4} (\text{s})$$

8-21　真空中两个长直螺线管 I 和 II，长度相等，单层密绕匝数相同，直径之比 $d_1 : d_2 =$ 1 : 4，当它们通以相同的电流时，两螺线管储存的磁能之比 $W_1 : W_2$ 为多少？

解：由密绕螺线管的自感系数 $L = \mu_0 \mu_r n^2 V = \mu_0 \mu_r nSL = \mu_0 \mu_r \frac{N^2}{L} \pi \frac{d^2}{4}$，结合自感磁能公式 $W = \frac{1}{2} LI^2$，可得 $W \propto d^2$，故

$$W_1 : W_2 = d_1^2 : d_2^2 = 1 : 16$$

8-22　真空中一个边长为 l 的正方形导线框与长直导线共面，长直导线中电流为 I_1，正方形导线框中电流为 I_2，如图 8-34 所示。当正方形线框与长直导线的距离从 a 减为 $a/2$ 时，求磁能的增量 ΔW。

解：如图 8-35 所示，对于正方形导线框，其靠近长直导线的一边所受到的安培力 F_1 大小为

$$F_1 = B_1 I_2 l = \frac{\mu_0 I_1}{2 \pi r} I_2 l$$

方向水平向左，指向长直导线。

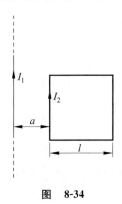

图　8-34

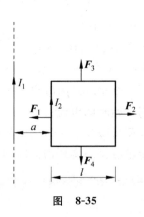

图　8-35

远离直导线的一边受到的安培力 F_2 大小为

$$F_2 = B_1' I_2 l = \frac{\mu_0 I_1}{2 \pi (r + l)} I_2 l$$

方向水平向右。

其他两条边所受到的安培力 $\boldsymbol{F}_3$ 和 $\boldsymbol{F}_4$ 等值反向，相互抵消。故当正方形线框与长直导线的距离从 a 减为 $a/2$ 时，$\boldsymbol{F}_1$ 做的功为

$$A_1 = \int \boldsymbol{F}_1 \cdot \mathrm{d}\boldsymbol{r} = \int_a^{a/2} -F_1 \mathrm{d}r = \int_a^{a/2} \frac{\mu_0 I_1}{2\pi r} I_2 l \mathrm{d}r = \frac{\mu_0 I_1 I_2 l}{2\pi} \ln 2$$

$A_1 > 0$，故 $\boldsymbol{F}_1$ 做正功。

而 $\boldsymbol{F}_2$ 做的功为

$$A_2 = \int \boldsymbol{F}_2 \cdot \mathrm{d}\boldsymbol{r} = \int_a^{a/2} F_2 \mathrm{d}r = \int_a^{a/2} \frac{\mu_0 I_1}{2\pi(r+l)} I_2 l \mathrm{d}r = \frac{\mu_0 I_1 I_2 l}{2\pi} \ln \frac{a+2l}{2(a+l)}$$

$A_2 < 0$，故 $\boldsymbol{F}_2$ 做负功。

则在平移的过程中，线框所受安培力做的总功为

$$A = A_1 + A_2 = \frac{\mu_0 I_1 I_2 l}{2\pi}\left[\ln \frac{a+2l}{2(a+l)} + \ln 2\right] = \frac{\mu_0 I_1 I_2 l}{2\pi} \ln \frac{a+2l}{a+l}$$

$A > 0$，故安培力做正功，这个功就转换为磁场能量，于是磁能的增量为

$$\Delta W = A = \frac{\mu_0 I_1 I_2 l}{2\pi} \ln \frac{a+2l}{a+l}$$

讨论题

电荷 Q 均匀分布在一个质量为 m 的细绝缘圆环上，圆环初始处于静止状态，当加上一个垂直于圆环平面的磁场 $B(t)$ 时，圆环的角速度会加速到多大？

解： 变化的磁场在圆环中感生出一个电场，让我们想象把圆环分成每段长度为 ΔS 的小段，并记感生电场的切向分量为 E_t（在一般情况下 E_t 可以不同）。圆环的每一段的电量为

$$\Delta Q = Q \frac{\Delta S}{2\pi r}$$

式中 r 是圆环的半径，作用在其上的力为

$$\Delta F_t = \Delta Q E_t$$

所产生的力矩为

$$\Delta \tau = r \Delta F_t$$

这样圆环受到的总力矩

$$\tau = \sum r \Delta F_t = \sum r Q \frac{\Delta S}{2\pi r} E_t = \frac{Q}{2\pi} \sum E_t \Delta S$$

定义 $\sum E_t \Delta S$ 为圆环的感生电动势，它正比于磁感应强度的变化率：

$$\sum E_t \Delta S = -\frac{\Delta \Phi}{\Delta t} = -\pi r^2 \frac{\Delta B}{\Delta t}$$

圆环的转动惯量为 $J = mr^2$，由于力矩的作用，圆环开始加速旋转。时间 Δt 内，其角速度变化了

$$\Delta \omega = \alpha \Delta t = \frac{\tau}{J} \Delta t = \frac{Q}{2\pi}\left(-\pi r^2 \frac{\Delta B}{\Delta t}\right)\frac{1}{mr^2} \Delta t = -\frac{Q}{2m} \Delta B$$

因磁感应强度由零变到 B，圆环的最终角速度为

$$\omega = -\frac{QB}{2m}$$

　　注意结果中：①符号表示，若电荷为正，圆环角速度的方向与磁感应强度方向相反；②最终的角速度不依赖于圆环半径、磁场变化时间以及磁感应强度随时间变化的方式；③计算中忽略了转动的圆环所产生的磁场；④除了圆柱对称性的均匀磁场外，找到真实的在圆环中感生电场的值是不可能的，因为磁场的几何结构未知，且我们不知道圆环在磁场中的位置，可以确定感应电动势，但不是电场本身。

四、自　测　题

（一）选择题

　　1. 如图 8-36 所示，一矩形线圈，以匀速自无场区平移进入均匀磁场区，又平移穿出。在图示(a)、(b)、(c)、(d)各 $I\text{-}t$ 曲线中哪一种符合线圈中的电流随时间的变化关系（取逆时针指向为电流正方向，且不计线圈的自感）？（　　　）

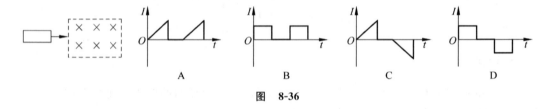

图　8-36

　　2. 如图 8-37 所示，长度为 l 的直导线 ab 在均匀磁场 $\boldsymbol{B}$ 中以速度 v 移动，直导线 ab 中的电动势为（　　　）。

　　A. Blv　　　　　　B. $Blv\sin\alpha$　　　　C. $Blv\cos\alpha$　　　　D. 0

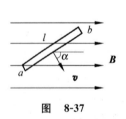

图　8-37

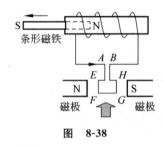

图　8-38

　　3. 在如图 8-38 所示的装置中，把静止的条形磁铁从螺线管中按图示情况抽出时：（　　　）。

　　A. 螺线管线圈中感生电流方向如 A 点处箭头所示

　　B. 螺线管右端感应呈 S 极

　　C. 线框 $EFGH$ 从图下方粗箭头方向看去将逆时针旋转

　　D. 线框 $EFGH$ 从图下方粗箭头方向看去将顺时针旋转

　　4. 图 8-39 中，六根无限长导线互相绝缘，通过电流均为 I，区域Ⅰ、Ⅱ、Ⅲ、Ⅳ均为相等的正方形，哪一个区域指向纸内的磁通量最大？（　　　）

　　A. Ⅰ区域　　　　　　B. Ⅱ区域　　　　　C. Ⅲ区域

　　D. Ⅳ区域　　　　　　E. 最大不止一个

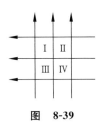

图 8-39

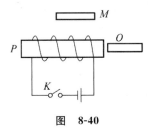

图 8-40

5. 如图 8-40 所示，M、P、O 为由软磁材料制成的棒，三者在同一平面内，当 K 闭合后，（   ）。

    A. M 的左端出现 N 极　　　　　　B. P 的左端出现 N 极

    C. O 的右端出现 N 极　　　　　　D. P 的右端出现 N 极

6. 半径为 a 的圆线圈置于磁感应强度为 B 的均匀磁场中，线圈平面与磁场方向垂直，线圈电阻为 R；当把线圈转动使其法向与 B 的夹角 $\alpha = 60°$ 时，线圈中通过的电荷与线圈面积及转动所用的时间的关系是（   ）。

    A. 与线圈面积成正比，与时间无关　　B. 与线圈面积成正比，与时间成正比

    C. 与线圈面积成反比，与时间成正比　　D. 与线圈面积成反比，与时间无关

7. 用导线围成如图 8-41 所示的回路（以 O 点为圆心的圆，加一直径），放在轴线通过 O 点垂直于图面的圆柱形均匀磁场中，如磁场方向垂直图面向里，其大小随时间减小，则感应电流的流向为（   ）。

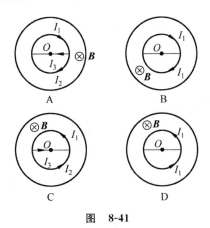

图 8-41

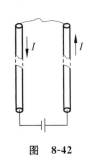

图 8-42

8. 两根很长的平行直导线，其间距离为 a，与电源组成闭合回路，如图 8-42 所示。已知导线上的电流为 I，在保持 I 不变的情况下，若将导线间的距离增大，则空间的（   ）。

    A. 总磁能将增大　　　　　　　　　B. 总磁能将减少

    C. 总磁能将保持不变　　　　　　　D. 总磁能的变化不能确定

（二）填空题

1. 真空中有一载有稳恒电流 I 的细线圈，则通过包围该线圈的封闭曲面 S 的磁通量 $\Phi = $＿＿＿＿＿＿。若通过 S 面上某面元 dS 的元磁通为 $d\Phi$，而线圈中的电流增加为 $2I$ 时，通过

同一面元的元磁通为 $d\Phi'$，则 $d\Phi：d\Phi' = $ _____。

2. 一段导线被弯成圆心在 O 点、半径为 R 的三段圆弧 $\overset{\frown}{ab}$、$\overset{\frown}{bc}$、$\overset{\frown}{ca}$，它们构成了一个闭合回路，$\overset{\frown}{ab}$ 位于 Oxy 平面内，$\overset{\frown}{bc}$ 和 $\overset{\frown}{ca}$ 分别位于另两个坐标面中（如图 8-43 所示）。均匀磁场 B 沿 x 轴正方向穿过圆弧 $\overset{\frown}{bc}$ 与坐标轴所围成的平面。设磁感应强度随时间的变化率为 $K(K>0)$，则闭合回路 $abca$ 中感应电动势的数值为 _____；圆弧 $\overset{\frown}{bc}$ 中感应电流的方向是 _____。

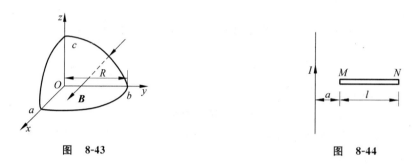

图　8-43　　　　　　　　　　　　　　　图　8-44

3. 如图 8-44 所示，一段长度为 l 的直导线 MN，水平放置在载电流为 I 的竖直长导线旁与竖直导线共面，并从静止由图示位置自由下落，则 t 秒末导线两端的电势差 $\varphi_M - \varphi_N = $ _____。

4. 一自感线圈中，电流强度在 $0.002\ \text{s}$ 内均匀地由 $10\ \text{A}$ 增加到 $12\ \text{A}$，此过程中线圈内自感电动势为 $400\ \text{V}$，则线圈的自感系数为 $L = $ _____。

5. 真空中两只长直螺线管 1 和 2，长度相等，单层密绕匝数相同，直径之比 $d_1/d_2 = 1/4$。当它们通以相同电流时，两螺线管储存的磁能之比为 $W_1/W_2 = $ _____。

（三）计算题

1. 如图 8-45 所示，两条平行长直导线和一个矩形导线框共面，且导线框的一个边与长直导线平行，它到两长直导线的距离分别为 r_1、r_2。已知两导线中电流都为 $I = I_0 \sin \omega t$，其中 I_0 和 ω 为常数，t 为时间。导线框长为 a，宽为 b，求导线框中的感应电动势。

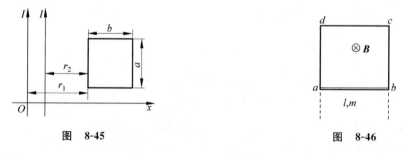

图　8-45　　　　　　　　　　　　　　　图　8-46

2. 如图 8-46 所示，在竖直面内有一矩形导体回路 $abcd$ 置于均匀磁场 B 中，B 的方向垂直于回路平面，$abcd$ 回路中的 ab 边的长为 l，质量为 m，可以在保持良好接触的情况下下滑，且摩擦力不计。ab 边的初速度为零，回路电阻 R 集中在 ab 边上。

（1）求任一时刻 ab 边的速率 v 和 t 的关系；

（2）设两竖直边足够长，最后达到稳定的速率为多大？

3. 如图 8-47 所示,两根平行长直导线,横截面的半径都是 a,中心线相距为 d,属于同一回路。设两导线内部的磁通都略去不计,试证明这样一对导线单位长的自感系数为

$$L = \frac{\mu_0}{\pi} \ln \frac{d-a}{a}$$

4. 一个正在充电的圆形平行板电容器,若极板上电荷平方的时间变化率为 $\mathrm{d}(q^2)/\mathrm{d}t$,电容器的电容量为 C,求充电过程中单位时间内由电容器表面输入的电磁场能量 P_0。(忽略边缘效应)

5. 无限长直导线,通以恒定电流 I。有一与之共面的直角三角形线圈 ABC,已知其 AC 边长为 b,且与长直导线平行,BC 边长为 a。若线圈以垂直于导线方向的速度 v 向右平移,当 B 点与长直导线的距离为 d 时,求线圈 ABC 内的感应电动势的大小和感应电动势的方向。

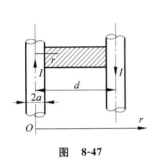

图　8-47

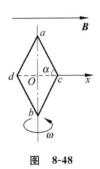

图　8-48

6. 一菱形线圈在均匀恒定磁场 $\boldsymbol{B}$ 中以匀角速度 ω 绕其对角线 ab 轴作逆时针方向转动,转轴与 $\boldsymbol{B}$ 垂直,如图 8-48 所示。当线圈平面转至与 $\boldsymbol{B}$ 平行时,求 ac 边中的感应电动势 $\mathscr{E}$。已知 $\angle acd = \alpha$,对角线 dc 的长度为 $2x_c$。(x 轴坐标原点在点 O)

附：自测题答案

(一) 选择题

1. D;　2. D;　3. C;　4. B;　5. B;　6. A;　7. B;　8. A

(二) 填空题

1. 1.0；1∶2

2. $\varepsilon = \pi R^2 K/4$；从 c 流至 b

3. $-\dfrac{\mu_0 Ig}{2\pi} t \ln \dfrac{a+l}{a}$

4. 0.400 H

5. 1∶163

（三）计算题

1. $\mathscr{E} = -\dfrac{\mu_0 I_0 a \omega}{2\pi} \ln \left[\dfrac{(r_1 + b)(r_2 + b)}{r_1 r_2} \right] \cos \omega t$

2. （1）$v = \dfrac{Rmg}{B^2 l^2} - \exp\left(-\dfrac{B^2 l^2}{mR} t \right)$；　（2）$v = \dfrac{Rmg}{B^2 l^2}$

3. （略）

4. $P_0 = \dfrac{q}{C} \cdot \dfrac{\mathrm{d}q}{\mathrm{d}t} = \dfrac{1}{2C} \cdot \dfrac{\mathrm{d}(q^2)}{\mathrm{d}t}$

5. $\mathscr{E} = \dfrac{\mu_0 Ib}{2\pi a} v \left(\ln \dfrac{a+d}{d} - \dfrac{a}{a+d} \right)$，方向：$ACBA$（即顺时针）

6. $\mathscr{E} = \dfrac{1}{2} \omega B x_c^2 \tan \alpha$，方向为 $a \to c$

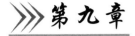
气体动理论

一、主要内容

气体动理论是利用统计方法,从物质的微观结构出发来阐明热现象的规律。它揭示了气体的压强、温度、内能等宏观参量的微观本质,并给出了它们与相应微观参量的统计平均值之间的关系。

(一)热力学系统的状态及其描述

1. 热力学系统

由大量分子所组成的气体,简称系统。系统以外的物体统称为外界或环境。

2. 平衡态与非平衡态

在没有外界影响时,热力学系统(简称系统)的宏观性质(包括压强、温度、密度等)不随时间发生变化的宏观状态称为平衡态。处于平衡态时,系统有确定的状态参量(p, V, T)。

若系统的宏观性质随时间在不断地变化,则称系统处于非平衡态。

3. 热平衡

两个温度不同的系统通过热接触,经过一段时间后达到一个共同的平衡态,并具有相同的温度,称两个系统达到热平衡。

温度是描述热平衡态的物理量。

4. 热力学第零定律

如果两个系统中的每一个都与第三个系统处于热平衡,则它们彼此也必定处于热平衡,这称为热力学第零定律或热平衡定律。

(二)理想气体物态方程

在平衡态下,对一定质量的气体,其状态参量(p, V, T)满足

$$pV = \frac{m'}{M}RT \tag{9-1}$$

$$p = nkT \tag{9-2}$$

式中摩尔气体常量$R = 8.31 \, \text{J/(mol·K)}$,玻耳兹曼常量$k = 1.38 \times 10^{-23} \, \text{J/K}$。

（三）理想气体压强公式

1. 理想气体的分子模型和统计假设

（1）气体分子可视为相互之间没有作用力、遵从经典力学规律的弹性质点。

（2）处于平衡态时，气体分子按位置分布均匀；由于碰撞，分子的速度各不相同且变化迅速，但分子速度按方向的分布均匀，满足 $\overline{v_x^2} = \overline{v_y^2} = \overline{v_z^2} = \dfrac{1}{3}\overline{v^2}$。

2. 理想气体的压强公式

$$p = \frac{2}{3}n\bar{\varepsilon}_t \tag{9-3}$$

式中 $\bar{\varepsilon}_t$ 表示气体分子的平均平动动能。该公式表明气体压强具有统计意义，只对大量气体分子的集体才有意义。

3. 理想气体的温度

将理想气体物态方程 $p = nkT$ 与式（9-3）对比，可得分子热运动的平均平动动能为

$$\bar{\varepsilon}_t = \frac{1}{2}m\overline{v^2} = \frac{3}{2}kT \tag{9-4}$$

表明分子无规则热运动的平均平动动能与温度成正比。温度体现了分子热运动的剧烈程度，这就是温度的微观意义。

4. 道尔顿分压定律

有 m 种不同的理想气体共同密封在一个容器内，处于平衡状态，则混合气体的压强等于各组分气体的分压强之和，即

$$p = p_1 + p_2 + \cdots + p_m$$

（四）能量均分定理

1. 自由度

自由度是描述一个物体在空间的位置所需要的独立坐标数，用 i 表示。

分子的自由度：单原子分子 $i=3$；刚性双原子分子 $i=5$；刚性多原子分子 $i=6$。

2. 能量均分定理

在温度为 T 的平衡态下，气体分子每一个自由度上的平均动能都相等，都等于 $\dfrac{1}{2}kT$。

一个自由度为 i 的分子，其平均总动能为

$$\bar{\varepsilon} = \frac{i}{2}kT \tag{9-5}$$

3. 理想气体内能

由于分子之间无势能,所以理想气体的内能就等于所有分子热运动的动能总和。

ν 摩尔理想气体的内能为

$$E = \frac{i}{2}\nu RT \tag{9-6}$$

（五）麦克斯韦速率分布律

1. 速率分布函数

$$f(v) = \frac{\mathrm{d}N}{N\,\mathrm{d}v} \tag{9-7}$$

式中 $\frac{\mathrm{d}N}{N}$ 表示气体分子速率处在速率 v 附近 $\mathrm{d}v$ 速率区间内的概率。

速率分布函数满足归一化条件:

$$\int_0^\infty f(v)\,\mathrm{d}v = 1 \tag{9-8}$$

2. 麦克斯韦速率分布函数

$$f(v) = 4\pi v^2 \left(\frac{m}{2\pi kT}\right)^{3/2} \cdot \exp\left(-\frac{mv^2}{2kT}\right) \tag{9-9}$$

式中 m 为分子质量。

3. 三种速率

（1）平均速率：气体分子速率的统计平均值

$$\bar{v} = \sqrt{\frac{8kT}{\pi m}} \approx 1.6\sqrt{\frac{RT}{M}} \tag{9-10}$$

（2）方均根速率：

$$v_{\mathrm{rms}} = \sqrt{\frac{3kT}{m}} \approx 1.73\sqrt{\frac{RT}{M}} \tag{9-11}$$

（3）最概然速率：速率分布函数的极大值所对应的速率

$$v_{\mathrm{p}} = \sqrt{\frac{2kT}{m}} \approx 1.41\sqrt{\frac{RT}{M}} \tag{9-12}$$

三种速率之比为 $v_{\mathrm{p}} : \bar{v} : v_{\mathrm{rms}} = 1 : 1.128 : 1.224$,如图 9-1 所示。

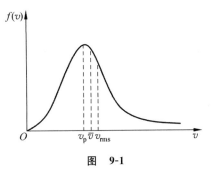

图 **9-1**

（六）玻耳兹曼分布

在重力场中,分子数随高度的分布规律

$$n(z) = n_0\exp\left(-\frac{mgz}{kT}\right) \tag{9-13}$$

式中 $n(z)$ 和 n_0 分别为高度是 z 和 0 处的分子数密度。

在任意势场中,粒子数的分布规律

$$n_1 = n_2 \exp\left(-\frac{\varepsilon_1 - \varepsilon_2}{kT}\right) \tag{9-14}$$

式中 n_1 和 n_2 分别为势能是 ε_1 和 ε_2 的粒子数密度。

(七) 真实气体

1. 真实气体的等温线

不同温度下,真实气体的等温线如图 9-2 所示。

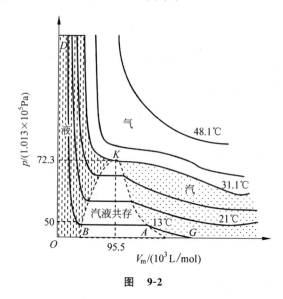

图 9-2

2. 范德瓦尔斯方程

范德瓦尔斯将气体分子视为有吸引作用的刚性小球,修正了理想气体的物态方程。

1 mol 真实气体的物态方程为

$$\left(p + \frac{a}{V_m^2}\right)(V_m - b) = RT \tag{9-15}$$

对于质量为 m 的真实气体:

$$\left(p + \frac{m'^2}{M^2} \cdot \frac{a}{V^2}\right)\left(V - \frac{m'}{M}b\right) = \frac{m'}{M}RT \tag{9-16}$$

式中,a 和 b 是与气体种类有关的常量,V_m 是 1 mol 真实气体的体积。

(八) 分子的平均碰撞频率和平均自由程

1. 平均碰撞频率

一个分子在单位时间内与其他分子平均碰撞的次数称为平均碰撞频率,表示为

$$\bar{Z} = \sqrt{2}\pi d^2 n \bar{v} \tag{9-17}$$

式中 d 为分子的有效直径，n 为分子数密度，$\bar{v}$ 为分子的平均速率。

2. 平均自由程

分子连续两次碰撞之间飞行的平均距离称为平均自由程，表示为

$$\bar{\lambda} = \frac{\bar{v}}{\bar{Z}} \tag{9-18}$$

$$\bar{\lambda} = \frac{1}{\sqrt{2}\pi d^2 n} = \frac{kT}{\sqrt{2}\pi d^2 p} \tag{9-19}$$

（九）气体内的迁移现象

1. 黏性现象(亦称内摩擦现象)

黏性现象是指由于气体内各层之间流速不同而产生的动量迁移现象。

黏性系数：

$$\eta = \frac{1}{3}\rho\bar{\lambda}\,\bar{v}$$

2. 扩散现象

扩散现象是指由于气体内各处的分子数密度不同或各部分气体的种类不同而产生的气体质量迁移现象。

扩散系数：

$$D = \frac{1}{3}\bar{\lambda}\,\bar{v}$$

3. 热传导现象

热传导现象是指由于气体内各处温度不同而产生的能量迁移现象。

导热系数：

$$\kappa = \frac{1}{3}\cdot\frac{C_{V,\mathrm{m}}}{M}\rho\bar{\lambda}\,\bar{v}$$

二、解 题 指 导

本章问题涉及的主要方法如下。

1. 利用理想气体物态方程 $pV = \frac{m'}{M}RT$、$p = nkT$ 求解有关气体状态的问题。计算中注意一些物理量之间的代换，如密度 $\rho = \frac{m'}{V}$、分子数密度 $n = \frac{N}{V}$、物质的量 $\nu = \frac{m'}{M} = \frac{N}{N_A}$ 等。

2. 涉及宏观状态量与微观量的统计平均值之间的计算：压强和温度这两个宏观状态量都与描述分子运动的微观量的统计平均值相联系，$p = \frac{2}{3}n\bar{\varepsilon}_t$，$\bar{\varepsilon}_t = \frac{3}{2}kT$。

3. 能量的计算：在确定的温度 T 下，对于单个气体分子，其平均总动能 $\bar{\varepsilon}=\dfrac{i}{2}kT$、平均平动动能 $\bar{\varepsilon}_t=\dfrac{t}{2}kT$、平均转动动能 $\bar{\varepsilon}_r=\dfrac{r}{2}kT$ 等的计算取决于分子的自由度（$i=t+r$）；对于气体系统，由于是理想气体，总的内能就是所有分子的动能总和，即

$$E=N\frac{i}{2}kT=\frac{i}{2}\nu(N_A k)T=\frac{i}{2}\nu RT$$

对于某一确定的气体系统，系统的内能仅是温度 T 的函数，若温度发生变化（ΔT），内能随之发生变化，满足 $\Delta E=\dfrac{i}{2}\nu R\Delta T$，从而引起系统内其他状态参量（如压强 p）发生改变。

4. 利用速率分布函数 $f(v)$ 和速率分布曲线分析理想气体分子的速率、动能等物理量的平均值以及分子数分布的特点。例如，求解 $g(v)$（表示任一速率 v 的函数）在区间 $v_1\sim v_2$ 内的平均值，有

$$\bar{g}=\frac{\displaystyle\int_{v_1}^{v_2}g(v)\mathrm{d}N}{\displaystyle\int_{v_1}^{v_2}\mathrm{d}N}=\frac{\displaystyle\int_{v_1}^{v_2}g(v)f(v)\mathrm{d}v}{\displaystyle\int_{v_1}^{v_2}f(v)\mathrm{d}v}$$

如果是在全速率区间 $0\sim\infty$ 内求解 $g(v)$ 的平均值，由于 $\displaystyle\int_0^\infty f(v)\mathrm{d}v=1$，于是

$$\bar{g}=\int_0^\infty g(v)f(v)\mathrm{d}v$$

例 9-1　（平衡态概念的理解）将金属棒的一端与沸水接触，另一端插入装有冰水混合物的容器内。过了一段时间之后，金属棒上各处的温度不再随时间变化。试问，这时金属棒是否处于平衡态？为什么？

答：金属棒所处的状态不是平衡态。因为平衡态是指在没有外界影响时，系统的宏观性质不随时间发生变化的宏观状态。并且处于平衡态时，系统有唯一确定的状态参量（p，V，T）。而金属棒一端接触沸水，另一端接触冰水混合物，始终处于外界的影响下，而且金属棒上各处的温度均各不相同，所以金属棒是处于稳定状态，而非平衡态。

例 9-2　（理想气体物态方程的应用）容器中密封有某种理想气体，分别经历两次加热过程，获得两条过程曲线，如图 9-3(a)、(b)所示。试分析：(1)图(a)中气体的压强如何变化；(2)图(b)中气体的体积如何变化。

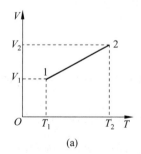
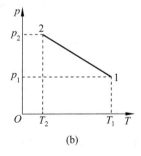

(a)　　　　　　　　　　(b)

图　9-3

解：(1) 连接 O_1、O_2，不难看出这两条直线的斜率满足

$$\frac{V_1}{T_1} > \frac{V_2}{T_2}, \quad 即 \quad \frac{T_1}{V_1} < \frac{T_2}{V_2}$$

由理想气体物态方程 $pV = \frac{m'}{M}RT$ 可知

$$p = \frac{m'}{M}R\frac{T}{V}$$

于是

$$p_1 < p_2$$

即在加热过程中气体的压强在增大。

(2) 连接 O_1、O_2，两条直线的斜率满足

$$\frac{p_1}{T_1} < \frac{p_2}{T_2}, \quad 即 \quad \frac{T_1}{p_1} > \frac{T_2}{p_2}$$

由理想气体物态方程可知

$$V = \frac{m'}{M}R\frac{T}{p}$$

于是

$$V_1 > V_2$$

即在加热过程中气体的体积在减小。

例 9-3　(理想气体的物态方程和道尔顿分压原理的应用)如图 9-4 所示,容器 1 的容积是容器 2 的两倍,若容器 1 中充有压强为 2.0×10^4 Pa 的氦气,容器 2 中充有压强为 1.2×10^4 Pa 的氖气,现打开阀门使两种气体混合,试求达到平衡态之后,混合气体的压强以及两种气体的分压强。假设混合过程中气体的温度均保持不变。

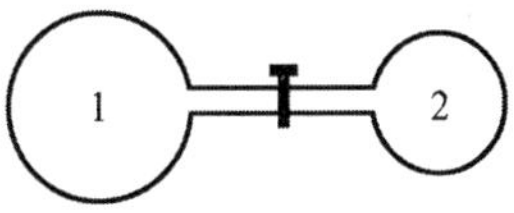

图　9-4

解：设混合前氦气、氖气的压强和体积分别为 p_1 和 V_1、p_2 和 V_2；混合后氦气、氖气的分压强分别为 p_{He}、p_{Ne},混合气体的压强为 p,总体积为 $V_1 + V_2$。

依题意,混合前后的气体均可视为理想气体,由于温度始终保持不变,于是由理想气体的物态方程可知

$$p_{He}(V_1 + V_2) = p_1 V_1; \quad p_{Ne}(V_1 + V_2) = p_2 V_2$$

于是

$$p_{He} = \frac{V_1}{V_1 + V_2}p_1 = \frac{2V_2}{3V_2}p_1 = \frac{2}{3}p_1 = \frac{2}{3} \times 2.0 \times 10^4 = 1.33 \times 10^4 \, (\text{Pa})$$

$$p_{Ne} = \frac{V_2}{V_1 + V_2}p_1 = \frac{V_2}{3V_2}p_2 = \frac{1}{3}p_2 = \frac{1}{3} \times 1.2 \times 10^4 = 4.0 \times 10^3 \, (\text{Pa})$$

由道尔顿分压原理可得混合气体压强为

$$p = p_{He} + p_{Ne} = 1.73 \times 10^4 \, (\text{Pa})$$

例 9-4　(对温度微观意义的理解)匀速高速开行的密闭火车车厢内的空气一定比停着的车厢内的空气温度高吗? 如果火车突然刹车,车厢内空气的温度将发生怎样的变化?

答：从微观的角度来看,温度是气体分子无规则热运动的平均平动动能的量度,与气体整体的有规则的定向运动无关。空气随车厢作定向运动,车厢内空气的热运动并没有变化,

因此和车厢停着时相比较,空气的温度不会升高。

如果火车突然刹车,空气分子的定向运动随之停止,其定向运动的动能通过分子与分子之间的碰撞以及分子与车厢壁的碰撞转化为分子热运动的动能。空气分子的平均动能增加了,故温度升高。

例 9-5 (能量均分定理的应用)1 mol 的水蒸气分解为同温度的氢气和氧气,试求:

(1) 混合气体中氢气和氧气的内能之比;

(2) 水蒸气分解后内能增加了多少?(结果表示为百分比形式)

解:(1) 1 mol 的水蒸气分解为 1 mol 的氢气和 0.5 mol 的氧气,水蒸气的自由度为 $i=6$,氢气和氧气的自由度相同,均为 $i'=5$。

由于温度 T 相同,则分解前水蒸气的内能为

$$E = \frac{i}{2}RT = 6 \times \frac{1}{2}RT$$

分解后,氢气和氧气的内能分别为

$$E_{H_2} = \frac{i'}{2}RT = 5 \times \frac{1}{2}RT ; \quad E_{O_2} = 0.5 \times \frac{i'}{2}RT = 2.5 \times \frac{1}{2}RT$$

故混合气体中氢气和氧气的内能之比为

$$E_{H_2} : E_{O_2} = 5 : 2.5 = 2 : 1$$

(2) 混合气体的总内能为

$$E' = E_{H_2} + E_{O_2} = 7.5 \times \frac{1}{2}RT$$

内能增加的百分比为

$$\eta = \frac{E' - E}{E} = \frac{7.5 - 6}{6} = 0.25 = 25\%$$

例 9-6 (对速率分布函数物理意义的理解)已知某气体在温度 T 时的速率分布函数为 $f(v)$,试分析下列各表达式的物理意义。(N 代表总分子数)

(1) $f(v)dv$; (2) $Nf(v)dv$; (3) $\int_{v_1}^{v_2} f(v)dv$; (4) $\int_{v_1}^{v_2} Nf(v)dv$;

(5) $\int_0^\infty \frac{1}{2}mv^2 f(v)dv$

解:(1) $f(v)dv = \frac{dN}{N}$,表示气体分子速率处在 v 附近 dv 速率区间内的概率。或者表述为,分布在 $v \sim v+dv$ 速率区间内的平均分子数占总分子数的百分比。

(2) $Nf(v)dv$ 表示分布在 $v \sim v+dv$ 速率区间内的平均分子数。

(3) $\int_{v_1}^{v_2} f(v)dv$ 表示气体分子速率处在 $v_1 \sim v_2$ 区间内的概率。或者表述为,分布在 $v_1 \sim v_2$ 速率区间内的平均分子数占总分子数的百分比。

(4) $\int_{v_1}^{v_2} Nf(v)dv$ 表示分布在 $v_1 \sim v_2$ 速率区间内的平均分子数。

(5) $\int_0^\infty \frac{1}{2}mv^2 f(v)dv$ 表示在全速率区间内,分子平动动能的平均值。

例 9-7 (对速率分布函数物理意义的理解)按照金属导电的古典电子论,金属导体具有晶体结构,自由电子在点阵间的运动图像与容器中气体分子的热运动相似,故称为电子气。已知导体中电子气的速率分布函数为:

$$f(v) = \begin{cases} \dfrac{4\pi A}{N}v^2, & 0 < v < v_F \\ 0, & v > v_F \end{cases}$$

其中，N 为总电子数；v_F 为电子的最大速率，称为费米速率。

（1）定出 A 的值（用已知量 N、v_F 表示）；

（2）求出电子气中电子的平均动能。

解：（1）利用速率分布函数的归一化条件 $\int_0^\infty f(v)\mathrm{d}v = 1$，有

$$\int_0^{v_F} \frac{4\pi A}{N}v^2 \mathrm{d}v = 1$$

得到

$$A = \frac{3N}{4\pi v_F^3}$$

（2）$\overline{v^2} = \int_0^\infty v^2 f(v)\mathrm{d}v = \int_0^{v_F} \frac{4\pi A}{N}v^4 \mathrm{d}v = \frac{4\pi A v_F^5}{5N}$

将 $A = \dfrac{3N}{4\pi v_F^3}$ 代入上式，有 $\overline{v^2} = \dfrac{3v_F^2}{5}$，于是电子的平均动能为

$$\bar{\varepsilon} = \frac{1}{2}m\overline{v^2} = \frac{3}{5} \times \frac{1}{2}mv_F^2 = \frac{3}{5}\varepsilon_F$$

其中 $\varepsilon_F = \dfrac{1}{2}mv_F^2$。

例 9-8　（大气压强随高度的变化）地球表面附近的大气压强公式为

$$p(z) = p_0 \exp\left(-\frac{mgz}{kT}\right)$$

式中，$p_0 = 1.01 \times 10^5$ Pa 为 $z=0$ 处的大气压强。设大气的温度为 $27℃$，问在距离地面多高处大气压强降为 6.0×10^4 Pa？设空气的摩尔质量为 29×10^{-3} kg/mol。

解：由 $p(z) = p_0 \exp\left(-\dfrac{mgz}{kT}\right)$ 可得

$$z = \frac{kT}{mg}\ln\frac{p_0}{p_z} = \frac{RT}{Mg}\ln\frac{p_0}{p_z} = \frac{8.31 \times 300}{29 \times 10^{-3} \times 9.8}\ln\frac{1.01 \times 10^5}{6.0 \times 10^4} = 4560\,(\mathrm{m})$$

例 9-9　（理想气体的平均自由程的计算）在一个标准大气压下，氮气分子的平均自由程为 6.0×10^{-8} m，而目前实验室能够获得的极限真空约为 1.33×10^{-11} Pa。

（1）当温度不变时，在该极限真空条件下，氮气分子的平均自由程为多少？

（2）若温度 $T = 27℃$，在两种大气压强条件下，氮气分子的密度各为多少？

解：（1）由 $\bar{\lambda} = \dfrac{1}{\sqrt{2}\pi d^2 n} = \dfrac{kT}{\sqrt{2}\pi d^2 p}$ 可知，在温度不变的条件下 $\bar{\lambda} \propto \dfrac{1}{p}$，则

$$\bar{\lambda} = \frac{p_0}{p}\bar{\lambda}_0 = \frac{1.01 \times 10^5}{1.33 \times 10^{-11}} \times 6.0 \times 10^{-8} = 4.56 \times 10^8\,(\mathrm{m})$$

$\bar{\lambda}$ 的值很大，分子之间的碰撞很难发生。

（2）由 $p = nkT$ 可知，$n = \dfrac{p}{kT}$，于是：

标准大气压下，$n_0 = \dfrac{1.01 \times 10^5}{1.38 \times 10^{-23} \times 300} = 2.44 \times 10^{25}\,(\mathrm{m}^{-3})$；

极限真空条件下，$n = \dfrac{1.33 \times 10^{-11}}{1.38 \times 10^{-23} \times 300} = 3.21 \times 10^{9} (\text{m}^{-3})$。

三、习题解答

9-1 求压强为 300 Pa、温度为 27℃时氮的比体积，即 1 kg 氮的体积。

解：已知 $p = 300 \text{ Pa}, T = 27℃ = 300 \text{ K}, m' = 1 \text{ kg}, M = 28 \times 10^{-3} \text{ kg}$。利用理想气体物态方程 $pV = \dfrac{m'}{M}RT$，可得比体积为

$$V_1 = \frac{1}{pM}RT = \frac{8.31 \times 300}{300 \times 28 \times 10^{-3}} = 296.8 \, (\text{m}^3/\text{kg})$$

9-2 已知真空度为 1.013×10^{-13} Pa，温度为 27℃，求此时 1 cm³ 空气内平均有多少分子。

解：利用理想气体物态方程 $p = nkT$，可得

$$n = \frac{p}{kT} = \frac{1.013 \times 10^{-13}}{1.38 \times 10^{-23} \times 300} = 2.4 \times 10^{7} (\text{m}^{-3}) = 24 \, (\text{cm}^{-3})$$

9-3 一只充好气的皮球，其中有氮气 10 g，温度为 20℃，求：

(1) 一个氮分子的热运动平均平动动能、平均转动动能和平均总动能；

(2) 球内氮气的内能。

解：(1) $\bar{\varepsilon}_t = \dfrac{t}{2}kT = \dfrac{3}{2} \times 1.38 \times 10^{-23} \times 293 = 6.07 \times 10^{-21} (\text{J})$

$\bar{\varepsilon}_r = \dfrac{r}{2}kT = \dfrac{2}{2} \times 1.38 \times 10^{-23} \times 293 = 4.04 \times 10^{-21} (\text{J})$

$\bar{\varepsilon} = \dfrac{i}{2}kT = \dfrac{5}{2} \times 1.38 \times 10^{-23} \times 293 = 10.11 \times 10^{-21} (\text{J})$

(2) $E = \dfrac{i}{2}\nu RT = \dfrac{5}{2} \times \dfrac{10}{28} \times 8.31 \times 293 = 2.17 \times 10^{3} (\text{J})$

9-4 容器中装有氦气 0.1 mol，假设一能量为 10^{12} eV 的高能粒子射入容器内，其能量全部被氦气吸收并转化为氦气分子的热运动能量，求氦气的温度升高了多少。

解：由 $E = \dfrac{i}{2}\nu RT$ 可知 $\Delta E = \dfrac{i}{2}\nu R\Delta T$，有

$$\Delta T = \frac{2\Delta E}{i\nu R} = \frac{2 \times 10^{12} \times 1.6 \times 10^{-19}}{3 \times 0.1 \times 8.31} = 1.28 \times 10^{-7} (\text{K})$$

9-5 已知某理想气体分子的方均根速率为 380 m/s。当其压强为 1.013×10^{5} Pa 时，求气体的密度。

解：由教材中式(9.4-4)可知，$p = \dfrac{1}{3}nm\overline{v^2} = \dfrac{1}{3}\rho\overline{v^2}$，故

$$\rho = 3p/\overline{v^2} = \frac{3 \times 1.013 \times 10^{5}}{380^2} = 2.10 \, (\text{kg/m}^3)$$

9-6 一体积为 $10 \times 10 \times 3$ m³ 的密封房间，室温为 27℃，已知空气的密度 $\rho = 1.29 \text{ kg/m}^3$，摩尔质量为 29×10^{-3} kg/mol，且空气分子可认为是刚性双原子分子。求：

(1) 室内空气分子热运动的平均平动动能的总和是多少？

（2）如果气体的温度升高 1.0 K,而体积不变,则气体的内能变化多少？

（3）气体分子的方均根速率增加多少？

解：（1）根据 $\overline{\varepsilon_t}=\dfrac{1}{2}m\overline{v^2}=\dfrac{3}{2}kT$ 可得 $E_t=N\dfrac{1}{2}m\overline{v^2}=\dfrac{3}{2}NkT$,即

$$E_t=\dfrac{3}{2}RTNm/(N_A m)=\dfrac{3}{2}(m'/M)RT=\dfrac{3}{2}(RT/M)\rho V$$

$$=\dfrac{3}{2}\times\left(\dfrac{8.31\times300}{29\times10^{-3}}\right)\times1.29\times10\times10\times3=4.5\times10^7\,(\mathrm{J})$$

（2）$\Delta E=(m'/M)\dfrac{1}{2}iR\Delta T=(\rho V/M)\dfrac{1}{2}iR\Delta T$

$$=\dfrac{1.29\times10\times10\times3}{29\times10^{-3}}\times\dfrac{1}{2}\times5\times8.31\times1=2.77\times10^5\,(\mathrm{J})$$

（3）$\Delta\sqrt{\overline{v^2}}=\sqrt{\overline{v_2^2}}-\sqrt{\overline{v_1^2}}=(3R/M)^{1/2}(\sqrt{T_2}-\sqrt{T_1})$

$$=(3\times8.31/29\times10^{-3})^{1/2}(\sqrt{301}-\sqrt{300})=0.856\,(\mathrm{m/s})$$

9-7　体积 $V=1\,\mathrm{m^3}$ 的容器内混有 $N_1=1.0\times10^{25}$ 个氮气分子和 $N_2=2.0\times10^{25}$ 个氧气分子,混合气体的温度为 300 K,求：

（1）气体分子的平动动能总和；

（2）混合气体的压强。

解：（1）$\overline{\varepsilon_t}=\dfrac{3}{2}kT=\dfrac{3}{2}\times1.38\times10^{-23}\times300=6.21\times10^{-21}\,(\mathrm{J})$

$$E_t=N\overline{\varepsilon_t}=(N_1+N_2)\overline{\varepsilon_t}=3\times10^{25}\times6.21\times10^{-21}=1.86\times10^5\,(\mathrm{J})$$

（2）$p=nkT=NKT=3\times10^{25}\times1.38\times10^{-23}\times300=1.24\times10^5\,(\mathrm{Pa})$

9-8　求温度为 127℃时,氧分子的平均速率、方均根速率和最概然速率。

解：氧分子的三种速率分别为

$$\bar{v}=1.60\sqrt{\dfrac{RT}{M}}=1.60\times\sqrt{\dfrac{8.31\times400}{32\times10^{-3}}}=516\,(\mathrm{m/s})$$

$$\sqrt{\overline{v^2}}=1.73\sqrt{\dfrac{RT}{M}}=558\,(\mathrm{m/s})$$

$$v_p=1.41\sqrt{\dfrac{RT}{M}}=454\,(\mathrm{m/s})$$

9-9　一氧气瓶的容积为 V,充了气未使用时压强为 p_1,温度为 T_1；使用后瓶内氧气的质量减少为原来的一半,其压强降为 p_2。试求此时瓶内氧气的温度 T_2,及使用前后分子热运动平均速率之比 $\overline{v_1}/\overline{v_2}$。

解：由于 $p_1V=\nu RT_1$,$p_2V=\dfrac{1}{2}\nu RT_2$,故

$$T_2=2T_1p_2/p_1$$

于是

$$\dfrac{\overline{v_1}}{\overline{v_2}}=\sqrt{\dfrac{T_1}{T_2}}=\sqrt{\dfrac{p_1}{2p_2}}$$

9-10 有 N 个粒子，其速率分布函数为

$$f(v) = c, \quad 0 \leqslant v \leqslant v_0$$
$$f(v) = 0, \quad v > v_0$$

试求其速率分布函数中的常数 c 和粒子的平均速率（均通过 v_0 表示）。

解：(1) 根据归一化条件 $\int_0^\infty f(v)\mathrm{d}v = 1$，有

$$\int_0^\infty f(v)\mathrm{d}v = \int_0^{v_0} c\mathrm{d}v = cv_0 = 1$$

即得

$$c = 1/v_0$$

(2) 根据定义式 $\bar{v} = \int_0^\infty vf(v)\mathrm{d}v$，得

$$\bar{v} = \int_0^{v_0} vc\,\mathrm{d}v = \int_0^{v_0} v\frac{1}{v_0}\mathrm{d}v = \frac{v_0}{2}$$

9-11 由 N 个分子组成的气体，其分子速率分布如图 9-5 所示。

(1) 求常数 a 的值；

(2) 试求速率在 $1.5v_0 \sim 2v_0$ 之间的分子数目；

(3) 试求分子的平均速率。

解：(1) 由速率分布曲线可知

$$f(v) = av/v_0, \quad 0 \leqslant v \leqslant v_0$$
$$f(v) = a, \quad v_0 \leqslant v \leqslant 2v_0$$
$$f(v) = 0, \quad v > 2v_0$$

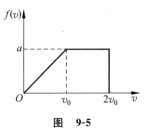

图 **9-5**

由速率归一化条件

$$\int_0^\infty f(v)\mathrm{d}v = \int_0^{v_0} \frac{av}{v_0}\mathrm{d}v + \int_{v_0}^{2v_0} a\mathrm{d}v = \frac{av_0}{2} + av_0 = \frac{3}{2}av_0 = 1$$

可得

$$a = \frac{2}{3v_0}$$

(2) 在 $1.5v_0 \sim 2v_0$ 之间的分子数为

$$\Delta N = \int_{1.5v_0}^{2v_0} \mathrm{d}N = \int_{1.5v_0}^{2v_0} Nf(v)\mathrm{d}v = \int_{1.5v_0}^{2v_0} Na\,\mathrm{d}v = \frac{1}{3}N$$

(3) $\bar{v} = \int_0^\infty vf(v)\mathrm{d}v = \int_0^{v_0} v\frac{av}{v_0}\mathrm{d}v + \int_{v_0}^{2v_0} va\,\mathrm{d}v = \frac{11}{9}v_0$

*9-12 假设地球大气层由同种分子构成，且充满整个空间，并设各处温度 T 相等，试根据玻耳兹曼分布律计算大气层中分子的平均重力势能 $\overline{\varepsilon_p}$。

$\left(\text{已知积分公式} \int_0^\infty x^n \mathrm{e}^{-ax}\mathrm{d}x = n!/a^{n+1}\right)$

解：取 z 轴竖直向上，地面处 $z = 0$，根据玻耳兹曼分布律，在重力场中坐标在 $x \sim x + \mathrm{d}x, y \sim y + \mathrm{d}y, z \sim z + \mathrm{d}z$ 区间内具有各种速度的分子数为

$$\mathrm{d}N = n_0 \exp\left[-mgz/(kT)\right]\mathrm{d}x\mathrm{d}y\mathrm{d}z$$

n_0 为地面处分子数密度，则分子重力势能的平均值为

$$\overline{\varepsilon_p} = \frac{\int_0^\infty mgz\,\mathrm{d}N}{\int_0^\infty \mathrm{d}N} = \frac{\int_{-\infty}^\infty \int_{-\infty}^\infty \int_0^\infty n_0 \exp\left[-mgz/(kT)\right]mgz\,\mathrm{d}z\mathrm{d}y\mathrm{d}x}{\int_{-\infty}^\infty \int_{-\infty}^\infty \int_0^\infty n_0 \exp\left[-mgz/(kT)\right]\mathrm{d}z\mathrm{d}y\mathrm{d}x}$$

$$= \frac{mg\int_0^\infty \exp\left[-mgz/(kT)\right]z\,\mathrm{d}z}{\int_0^\infty \exp\left[-mgz/(kT)\right]\mathrm{d}z} = \frac{mg\left(\frac{kT}{mg}\right)^2}{\frac{kT}{mg}} = kT$$

9-13　在温度为 $t_1 = 15℃$、压强为 $p_1 = 0.76$ m 汞柱高时,测量到氩分子和氖分子的平均自由程分别为 $\overline{\lambda_{Ar}} = 6.7 \times 10^{-8}$ m 和 $\overline{\lambda_{Ne}} = 13.2 \times 10^{-8}$ m,求:

(1) 氖分子和氩分子有效直径之比 $\dfrac{d_{Ne}}{d_{Ar}} = ?$

(2) 温度为 $t_2 = 27℃$、压强为 $p_2 = 0.50$ m 汞柱高时,氩分子的平均自由程 $\overline{\lambda'_{Ar}} = ?$

解:(1) 根据 $\overline{\lambda} = \dfrac{kT}{\sqrt{2}\pi d^2 p}$,得

$$\frac{d_{Ne}}{d_{Ar}} = \left(\frac{\overline{\lambda_{Ar}}}{\overline{\lambda_{Ne}}}\right)^{1/2} = \left(\frac{6.7 \times 10^{-8}}{13.2 \times 10^{-8}}\right)^{1/2} = 0.71$$

(2) $\overline{\lambda'_{Ar}} = \overline{\lambda_{Ar}}\dfrac{p_1 T_2}{p_2 T_1} = \overline{\lambda_{Ar}}\dfrac{p_1(t_2+273)}{p_2(t_1+273)}$

$$= 6.7 \times 10^{-8} \times \frac{0.76 \times (27+273)}{0.5 \times (15+273)} = 1.1 \times 10^{-7}\,(\text{m})$$

9-14　某种理想气体在温度为 300 K 时,分子平均碰撞频率为 $\overline{Z_1} = 6.0 \times 10^9/\text{s}$。若保持压强不变,当温度升到 800 K 时,求分子的平均碰撞频率 $\overline{Z_2}$。

解:根据 $\overline{Z} = \sqrt{2}\pi d^2 n\overline{v}$,得

$$\frac{\overline{Z_2}}{\overline{Z_1}} = \overline{v_2}n_2/(\overline{v_1}n_1) = \left(\frac{T_2}{T_1}\right)^{1/2} \cdot \frac{T_1}{T_2} = \left(\frac{T_1}{T_2}\right)^{1/2}$$

故

$$\overline{Z_2} = \left(\frac{T_1}{T_2}\right)^{1/2}\overline{Z_1} = \left(\frac{3}{8}\right)^{1/2} \times 6.0 \times 10^9 = 3.67 \times 10^9\,(\text{s}^{-1})$$

*9-15　在标准状态下,氦气的黏性系数 $\eta = 1.89 \times 10^{-5}$ Pa·s,摩尔质量 $M = 0.004$ kg/mol,氦分子的平均速率 $\overline{v} = 1.20 \times 10^3$ m/s。求氦分子的平均自由程。

解:根据 $\eta = \dfrac{1}{3}\rho\overline{\lambda}\,\overline{v}$,得

$$\overline{\lambda} = \frac{3\eta}{\rho\overline{v}} = \frac{3\eta V_0}{M\overline{v}} = \frac{3 \times 1.89 \times 10^{-5} \times 22.4 \times 10^{-3}}{0.004 \times 1.20 \times 10^3} = 2.65 \times 10^{-7}\,(\text{m})$$

*9-16　在标准状态下氦气的导热系数 $\kappa = 5.79 \times 10^{-2}$ W/(m·K),分子平均自由程 $\overline{\lambda} = 2.60 \times 10^{-7}$ m,求氦分子的平均速率。

解:根据 $\kappa = \dfrac{1}{3} \cdot \dfrac{C_{V,m}}{M}\rho\overline{v}\overline{\lambda} = \dfrac{1}{3} \cdot \dfrac{C_{V,m}}{V_m}\overline{v}\overline{\lambda}$,得

$$\overline{v} = \frac{3V_m\kappa}{C_{V,m}\overline{\lambda}} = \frac{3V_m\kappa}{\frac{3}{2}R\overline{\lambda}} = \frac{2V_m\kappa}{R\overline{\lambda}} = \frac{2 \times 22.4 \times 10^{-3} \times 5.79 \times 10^{-2}}{8.31 \times 2.60 \times 10^{-7}}$$

$$= 1.20 \times 10^3\,(\text{m/s})$$

* **9-17** 在标准状态下,氧气的扩散系数为 $D=1.9\times10^{-5}$ m²/s,求氧气分子的平均自由程和分子的有效直径。

解：(1) 氧气在标准状态下的平均速率为

$$\bar{v}=\sqrt{\frac{8RT}{\pi M}}=\sqrt{\frac{8\times8.31\times273}{3.14\times32\times10^{-3}}}=425\ (\text{m/s})$$

根据 $D=\frac{1}{3}\bar{v}\bar{\lambda}$,得

$$\bar{\lambda}=\frac{3D}{\bar{v}}=\frac{3\times1.9\times10^{-5}}{425}=1.3\times10^{-7}\ (\text{m})$$

(2) 根据 $\bar{\lambda}=\frac{kT}{\sqrt{2}\pi d^2 p}$,得

$$d=\sqrt{\frac{kT}{\sqrt{2}\pi\bar{\lambda}p}}=\sqrt{\frac{1.38\times10^{-23}\times273}{\sqrt{2}\times3.14\times1.3\times10^{-7}\times1.013\times10^5}}=2.5\times10^{-10}\ (\text{m})$$

四、自 测 题

(一) 选择题

1. 一瓶氧气和一瓶氢气,它们的密度相同,平均平动动能相同,则它们(   )。

    A. 温度和压强都相同

    B. 温度和压强都不相同

    C. 温度相同,但是氧气的压强大于氢气的压强

    D. 温度相同,但是氧气的压强小于氢气的压强

2. 容器 1、2、3 内装有同种理想气体,其分子数密度相同,平均速率之比为 $\bar{v}_1:\bar{v}_2:\bar{v}_3=1:2:3$,则其压强之比 $p_1:p_2:p_3$ 为(   )。

    A. 1:2:3   B. 1:4:9   C. 3:2:1   D. 1:4:6

3. 在一密闭的容器中,装有 A、B、C 三种理想气体,处于平衡状态。三种气体的分子数密度之比为 $n_1:n_2:n_3=1:2:3$,其中 A 种气体产生的压强为 p_1,则混合气体的压强 p 为(   )。

    A. $3p_1$ B. $4p_1$ C. $5p_1$ D. $6p_1$

4. 1 mol 水蒸气(视为刚性分子结构的理想气体),当温度为 T 时,其内能为(   )。

    A. $\frac{5}{2}RT$ B. $\frac{5}{2}kT$ C. $3RT$ D. $3kT$

5. 两个相同的容器 A、B 分别装有同温度的氢气和氧气,并以一细玻璃管相连通,管中有一滴水银作活塞,如图 9-6 所示。A 容器中氢气的质量为 0.1 kg,若要使水银滴刚好在管的中央,则 B 容器中装入的氧气的质量为(   )。

    A. (1/16) kg   B. 0.8 kg

    C. 1.6 kg   D. 3.2 kg

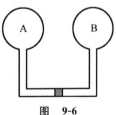

图 9-6

6. 容器中装有一定质量的理想气体,温度为 T,气体分子的质量为 m。根据理想气体的分子模型和统计假设,分子速度在 x 方向的分量平方的平均值为(　　)。

    A. $\overline{v_x^2}=\sqrt{\dfrac{3kT}{m}}$　　　　B. $\overline{v_x^2}=\dfrac{1}{3}\sqrt{\dfrac{3kT}{m}}$　　　　C. $\overline{v_x^2}=\dfrac{3kT}{m}$　　　　D. $\overline{v_x^2}=\dfrac{kT}{m}$

7. 一定质量的某种理想气体,在温度为 T_1 与 T_2 时的分子最概然速率分别为 v_{p1} 和 v_{p2},分子速率分布函数的最大值分别为 $f(v_{p1})$ 和 $f(v_{p2})$。若 $T_1>T_2$,则(　　)。

    A. $v_{p1}>v_{p2}$,$f(v_{p1})>f(v_{p2})$　　　　　　　B. $v_{p1}>v_{p2}$,$f(v_{p1})<f(v_{p2})$

    C. $v_{p1}<v_{p2}$,$f(v_{p1})>f(v_{p2})$　　　　　　　D. $v_{p1}<v_{p2}$,$f(v_{p1})<f(v_{p2})$

8. 已知某理想气体的分子速率分布函数为 $f(v)$,分子总数为 N,分子质量为 m,则表达式 $\int_{v_1}^{v_2}\dfrac{1}{2}mv^2Nf(v)\mathrm{d}v$ 的物理意义是(　　)。

    A. 速率分布在 $v_1\sim v_2$ 区间内的分子的平均平动动能

    B. 速率分布在 $v_1\sim v_2$ 区间内的分子的平动动能之和

    C. 速率为 v_1 的分子的总平动动能与速率为 v_2 的分子的总平动动能之和

    D. 速率为 v_1 的分子的总平动动能与速率为 v_2 的分子的总平动动能之差

9. 容器中密封有 1 mol 的某种理想气体,这时分子热运动的平均自由程 $\bar\lambda$ 仅决定于(　　)。

    A. 压强 p　　　　　B. 体积 V　　　　　C. 温度 T　　　　　D. 平均碰撞频率 $\bar Z$

10. 若温度保持不变,当一定质量的理想气体体积减小时,气体分子的平均碰撞频率 $\bar Z$ 和平均自由程 $\bar\lambda$ 的变化情况是(　　)。

    A. $\bar Z$ 减小而 $\bar\lambda$ 不变　　　　　　　B. $\bar Z$ 减小而 $\bar\lambda$ 增大

    C. $\bar Z$ 增大而 $\bar\lambda$ 减小　　　　　　　D. $\bar Z$ 不变而 $\bar\lambda$ 增大

(二) 填空题

1. 有一个电子管,其真空度(即电子管内气体压强)为 1.33×10^{-3} Pa,则 27℃ 时管内单位体积的分子数为_____。(玻耳兹曼常量 $k=1.38\times10^{-23}$ J/K)

2. 从分子动理论导出的压强公式来看,气体作用在器壁上的压强,决定于_____和_____。

3. CO_2 的自由度为_____。(注意,CO_2 视为刚性分子,且两个氧原子对称地附在碳原子的两侧。)

4. 一容积为 V 的氧气瓶,充入一定量的氧气后压强为 p_0,但是由于密封不严导致漏气,过了一段时间之后压强降为 p,此时瓶中剩下的氧气的内能与漏气前氧气的内能之比为_____。

5. 某种理想气体在温度为 T_1 时的平均速率等于温度为 T_2 时的方均根速率,则 $T_1:T_2=$_____。

6. 说明下列各项的物理意义:

$\dfrac{1}{2}kT$ _____;

$\int_0^{v_p}f(v)\mathrm{d}v$ _____;

$$\int_0^{v_p} N f(v) dv \underline{\qquad}_\circ$$

7. 温度同为 T 时，氦、氮两种气体分子按速率的分布曲线如图 9-7 所示，其中：

(1) 曲线 I 表示_____气分子的速率分布曲线；

曲线 II 表示_____气分子的速率分布曲线。

(2) 画有阴影的小长条面积表示_____。

(3) 分布曲线下所包围的面积表示_____。

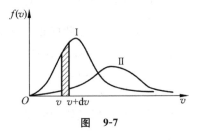

图 9-7

8. 一定质量的理想气体，在压强保持不变的条件下，体积增加为原来的两倍，于是描述分子运动的下列各物理量与原来的量值之比是：

(1) 平均总动能 $\dfrac{\bar{\varepsilon}}{\varepsilon_0} = \underline{\qquad}$；

(2) 平均速率 $\dfrac{\bar{v}}{v_0} = \underline{\qquad}$；

(3) 平均自由程 $\dfrac{\bar{\lambda}}{\lambda_0} = \underline{\qquad}_\circ$

(三) 计算题

1. 在清晨温度为 $t_1 = 10\,℃$ 时，一只打足气的皮球内空气的压强为 $p_1 = 4.0 \times 10^5\,Pa$。至正午，温度升高到 $t_2 = 35\,℃$ 时，球内的压强 p_2 为多少？假设皮球的体积不变。

2. 容器内装有某种理想气体，测得在压强为 $3.11 \times 10^5\,Pa$、温度为 $27\,℃$ 时，其密度为 $0.25\,kg/m^3$，试分析该气体是何种气体。（摩尔气体常量 $R = 8.31\,J/(mol \cdot K)$）

3. 一容器内密封有一定质量的氧气，温度为 $27\,℃$ 时压强为 $1.01 \times 10^5\,Pa$。求：(1)分子数密度；(2)分子的平均平动动能；(3)分子的方均根速率。

4. 一超声波源发射超声波的功率为 $10\,W$。假设它工作 $10\,s$，并且全部波动能量都被 $1\,mol$ 氧气吸收而用于增加其内能，则氧气的温度升高了多少？（氧气分子视为刚性分子）

5. 在 $160\,km$ 高空，空气密度为 $1.5 \times 10^{-9}\,kg/m^3$，温度为 $500\,K$，分子直径约为 $3.5 \times 10^{-10}\,m$。求该处空气分子的平均自由程和平均碰撞频率。（空气的摩尔质量为 $29 \times 10^{-3}\,kg/mol$）

附：自测题答案

(一) 选择题

1. D; 2. B; 3. D; 4. C; 5. C; 6. D; 7. B;

8. B; 9. B; 10. C

(二) 填空题

1. $3.21 \times 10^{17}/m^3$

2. 单位体积内的分子数（即分子数密度）；分子的平均平动动能

3. 6

4. $p:p_0\left(\text{提示}:E=\dfrac{i}{2}\nu RT=\dfrac{i}{2}pV,E_0=\dfrac{i}{2}\nu_0 RT_0=\dfrac{i}{2}p_0V\right)$

5. 1.18

6. 表示一个分子一个自由度的平均动能；表示速率在 $0\sim v_{\mathrm p}$ 区间内的分子数占总分子数的百分比（或者表示分子的速率处在 $0\sim v_{\mathrm p}$ 区间内的概率）；表示速率在 $0\sim v_{\mathrm p}$ 区间内的分子数

7. （1）氮,氦； （2）速率在 $v\sim v+\mathrm dv$ 范围内的分子数占总分子数的百分比；

（3）速率在 $0\sim\infty$ 全速率区间内的分子数的百分比的总和，即 $\displaystyle\int_0^\infty f(v)\mathrm dv=1$，曲线下的面积恒为 1

8. （1）2； （2）$\sqrt2$； （3）2

（三）计算题

1. $p_2=4.35\times10^5$ Pa

2. $M=\dfrac{m'}{V}\cdot\dfrac{RT}{p}=\rho\dfrac{RT}{p}=2\times10^{-3}$（kg/mol），故该气体是氢气

3. （1）$2.44\times10^{25}/\mathrm m^3$； （2）$6.21\times10^{-21}$ J； （3）0.483 km/s

4. 4.81 K

5. $\bar\lambda=60$ m，$\bar Z=\dfrac{\bar\lambda}{\bar v}=\bar\lambda\sqrt{\dfrac{\pi M}{8RT}}=9.96\times10^{-2}\approx0.1$（s）

第十章

热力学基础

一、主要内容

　　热力学是基于大量的实验事实来研究热现象宏观规律的理论。其核心内容包括热力学第一定律和热力学第二定律,前者是能量的规律,后者是熵的法则。

(一)准静态过程

　　1. 准静态过程:在过程中的任一时刻,系统都无限接近于平衡态,即任一中间状态都可以近似地看成是平衡态。

　　2. 非静态过程:在任一时刻,系统都还没有来得及建立新的平衡态,而是处于非平衡态。

　　注意,在后面的讨论中,若没有特别指明,均为准静态过程。

(二)功　热量

1. 体积功

　　在准静态过程中,系统对外界所做的功为

$$\mathrm{d}A = p\mathrm{d}V, \quad A = \int_{V_1}^{V_2} p\mathrm{d}V$$

功在数值上等于 p-V 图上过程曲线下的面积,如图 10-1 所示。功是过程量,取决于过程进行的具体形式。

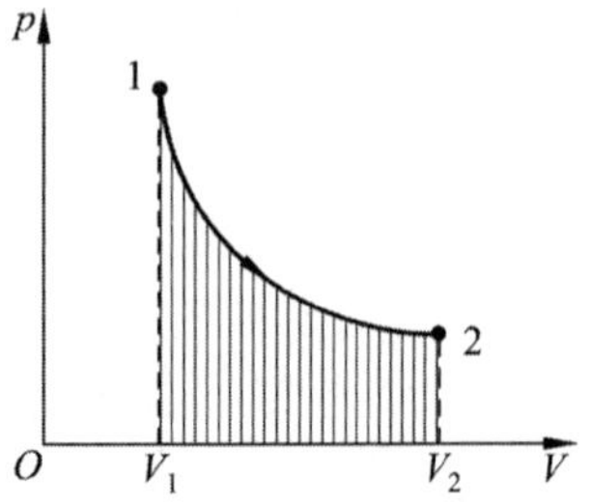

2. 热量

　　热量是系统与外界由于存在温度差而传递的能量。热量也是过程量。

(三)热力学第一定律

　　系统从外界吸收的热量等于系统内能的增量和系统对外界所做的功之和,即

$$Q = \Delta E + A \tag{10-1}$$

在准静态过程中,对于中间的任意一个无穷小过程有

图　10-1

$$\text{d}Q = \text{d}E + \text{d}A \tag{10-2}$$

热力学第一定律是包括热现象在内的能量守恒定律。

（四）热容　理想气体的典型过程

1. 热容

在一定条件下,系统温度升高 $\text{d}T$ 时,若系统吸收的热量为 $\text{d}Q$,则系统的热容 C 为

$$C = \frac{\text{d}Q}{\text{d}T} \tag{10-3}$$

1 mol 物体的热容称为摩尔热容,表示为

$$C_{\text{m}} = \frac{1}{\nu} \cdot \frac{\text{d}Q}{\text{d}T} \tag{10-4}$$

摩尔定容热容

$$C_{V,\text{m}} = \frac{1}{\nu} \left(\frac{\text{d}Q}{\text{d}T} \right)_V \tag{10-5}$$

摩尔定压热容

$$C_{p,\text{m}} = \frac{1}{\nu} \left(\frac{\text{d}Q}{\text{d}T} \right)_p \tag{10-6}$$

理想气体的定容摩尔热容

$$C_{V,\text{m}} = \frac{i}{2} R \tag{10-7}$$

理想气体的定压摩尔热容

$$C_{p,\text{m}} = \frac{i+2}{2} R \tag{10-8}$$

迈耶公式

$$C_{p,\text{m}} = C_{V,\text{m}} + R \tag{10-9}$$

比热比

$$\gamma = \frac{C_{p,\text{m}}}{C_{V,\text{m}}} = \frac{i+2}{i} \tag{10-10}$$

2. 焓

$$H = E + pV \tag{10-11}$$

焓是状态函数。

3. 理想气体的典型过程

应用热力学第一定律分析理想气体在几种典型的热力学过程中的性质和能量转移的规律。

（1）准静态过程

各准静态过程的重要公式总结于表 10-1。

表 10-1　理想气体准静态过程的公式

过程	过程方程	内能增量 ΔE	系统做功 A	吸收热量 Q
等体	$pT^{-1}=$常数	$\nu C_{V,\mathrm{m}}(T_2-T_1)$	0	$\nu C_{V,\mathrm{m}}(T_2-T_1)$
等压	$VT^{-1}=$常数	$\nu C_{V,\mathrm{m}}(T_2-T_1)$	$p(V_2-V_1)=\nu R(T_2-T_1)$	$\nu C_{p,\mathrm{m}}(T_2-T_1)$
等温	$pV=$常数	0	$\nu RT\ln\dfrac{V_2}{V_1}$	$\nu RT\ln\dfrac{V_2}{V_1}$
绝热	$pV^{\gamma}=$常数	$\nu C_{V,\mathrm{m}}(T_2-T_1)$	$\dfrac{1}{\gamma-1}(p_1V_1-p_2V_2)$	0
多方*	$pV^{n}=$常数	$\nu C_{V,\mathrm{m}}(T_2-T_1)$	$\dfrac{1}{n-1}(p_1V_1-p_2V_2)$ $=\nu\dfrac{R}{n-1}(T_2-T_1)$	$\nu C_{n,\mathrm{m}}(T_2-T_1)$,其中 $C_{n,\mathrm{m}}=\left(\dfrac{n-\gamma}{n-1}\right)C_{V,\mathrm{m}}$

注意：对于准静态绝热过程,利用理想气体物态方程还能够得到另外两个过程方程,分别为

$$TV^{\gamma-1} = 常数$$
$$p^{\gamma-1}T^{-\gamma} = 常数$$

（2）绝热自由膨胀

这是非静态过程,但热力学第一定律仍然适用,初、末两平衡态亦满足理想气体物态方程。该过程的特点是：

$\Delta E=0$,内能不变；$T_1=T_2$,温度复原；膨胀后体积增加,压强减少。

（五）循环过程　卡诺循环

1.热机

热机是指通过重复进行某些过程而将热量转化为持续的有用功的机器。在热机中被用来吸收热量并对外界做功的物质称为工作物质,简称工质。

2.循环过程

工质经历若干个过程后又回到原来的状态。循环过程中内能不变即 $\Delta E=0$,故工质对外界所做的净功等于从外界吸收的净热量,即

$$A = Q = Q_1 - Q_2' \tag{10-12}$$

式中,Q_1 是循环过程中工质从高温热库中吸收的热量,Q_2' 是工质向低温热库释放的热量。

3.热机效率

系统作正循环,即工质从高温热库吸热,对外做功,同时向低温热库放热。其在 p-V 图中的循环曲线顺时针绕向,曲线所包围面积即为工质对外界所做的净功,如图 10-2（a）所示。

热机效率：在一个循环过程中,系统对外界所做的净功 A 与工质吸收的热量 Q_1 的百分比,即

$$\eta = \frac{A}{Q_1} = 1 - \frac{Q_2'}{Q_1} \tag{10-13}$$

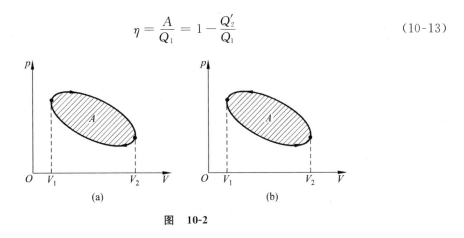

图 10-2

4. 致冷系数

系统作逆循环,即工质接受外界做功,从低温热库待致冷区域吸热,同时向高温热库放热。其在 p-V 图中的循环曲线逆时针绕向,曲线所包围面积即为外界对工质所做的净功,如图 10-2(b)所示。

致冷系数:在一个循环过程中,工质从低温热库吸收的 Q_2 热量与外界对工质所做的净功 A' 之比,即

$$w = \frac{Q_2}{A'} = \frac{Q_2}{Q_1' - Q_2} \tag{10-14}$$

式中 Q_1' 是工质向高温热库释放的热量。

5. 卡诺循环

(1) 卡诺循环:系统只和两个恒温热库交换热量的准静态循环过程。过程曲线由两个等温过程和两个绝热过程组成。

(2) 正循环卡诺机的效率

$$\eta_C = 1 - \frac{T_2}{T_1} \tag{10-15}$$

式中 T_1 和 T_2 分别为高温热库和低温热库的温度。

(3) 逆循环卡诺机的致冷系数

$$w_C = \frac{T_2}{T_1 - T_2} \tag{10-16}$$

6. 热温比

在准静态循环过程中,热温比沿任意循环过程积分恒等于 0,即热温比的积分与过程无关:

$$\oint \frac{\mathrm{d}Q}{T} = 0 \tag{10-17}$$

式中热量 $\mathrm{d}Q$ 与温度 T 之比称为热温比。

（六）热力学第二定律的表述　卡诺定理

1. 可逆和不可逆过程

（1）可逆过程：一个热力学系统由某一初态出发，经过某一过程到达末态后，如果还存在另一过程，它能使系统和外界完全复原（即系统回到初态，又同时消除了原过程对外界引起的一切影响），则原过程称为可逆过程；

（2）不可逆过程：一个热力学系统由某一初态出发，经过某一过程到达末态后，如果不存在另一过程使系统和外界完全复原，则原过程称为不可逆过程。

理想的、无耗散的准静态过程是可逆的。一切与热现象有关的实际宏观过程都是不可逆的。

2. 热力学第二定律

（1）克劳修斯表述：不可能把热量从低温物体自动地传向高温物体而不引起其他的变化。

（2）开尔文表述：不可能从单一热库吸收热量，使之完全转化为有用的功而不产生其他的影响。

两种表述完全等价。

3. 卡诺定理

（1）在相同的高温热库和低温热库之间工作的一切可逆热机都具有相同的效率，与工质无关；

（2）在相同的高温热库和低温热库之间工作的一切不可逆热机的效率都小于可逆热机的效率。

4. 热力学第二定律的微观意义

一切自发的自然过程总是向着分子运动的无序性增大的方向进行。

（七）熵　熵增加原理

1. 热力学概率

系统某一宏观状态所对应的微观状态的数目 Ω 称为该宏观状态的热力学概率。

热力学第二定律的统计意义：一切孤立系统内部所发生的过程，总是由热力学概率小的宏观状态向热力学概率大的宏观状态方向进行。

2. 玻耳兹曼熵公式和熵增加原理

（1）玻耳兹曼熵

$$S = k\ln\Omega \tag{10-18}$$

表明热力学概率 Ω 越大，系统的无序度越大，熵 S 也越大。熵是系统无序程度的量度。

（2）熵增加原理

在孤立系统中所进行的自然过程总是向着熵 S 增大的方向进行,平衡态的熵最大,即

$$\Delta S > 0 \tag{10-19}$$

3. 克劳修斯熵和熵变的计算

（1）克劳修斯不等式

对于一般的循环过程,热温比应满足

$$\oint \frac{\mathrm{d}Q}{T} \leqslant 0 \tag{10-20}$$

式中等号适用于可逆循环过程,不等号适用于不可逆循环过程。

（2）克劳修斯熵

对于任一可逆过程,热温比的线积分与路径（过程）无关,只由初、末状态决定。于是引入一个系统的状态函数 S,定义为熵,而热温比沿任一路径（过程）的积分等于熵在初、末两个状态的增量,即

$$S_2 - S_1 = \int_1^2 \frac{\mathrm{d}Q}{T} \tag{10-21}$$

对于任一无穷小过程,有

$$\mathrm{d}S = \frac{\mathrm{d}Q}{T} \tag{10-22}$$

（3）热力学第二定律的数学表述

积分表达式:

$$\Delta S = S_2 - S_1 \geqslant \int_1^2 \frac{\mathrm{d}Q}{T} \tag{10-23}$$

其中等号适用于可逆过程,不等号适用于不可逆过程。

微分表达式:

$$\mathrm{d}S \geqslant \frac{\mathrm{d}Q}{T} \tag{10-24}$$

孤立系统中发生的一切不可逆过程使系统的熵增加,即 $\Delta S > 0$;

孤立系统中发生的一切可逆绝热过程使系统的熵保持不变,即 $\Delta S = 0$,称为等熵过程。

（4）熵变的计算

对于可逆过程,从状态 1 到状态 2,系统的熵变为

$$\Delta S = S_2 - S_1 = \int_1^2 \frac{\mathrm{d}Q}{T} \tag{10-25}$$

可逆等温过程:

$$\Delta S_T = \int_1^2 \frac{\mathrm{d}Q}{T} = \nu R \int_{V_1}^{V_2} \frac{\mathrm{d}V}{V} = \nu R \ln \frac{V_2}{V_1} \tag{10-26}$$

可逆等体过程:

$$\Delta S_V = \int_1^2 \frac{\mathrm{d}Q}{T} = \nu C_{V,\mathrm{m}} \int_{T_1}^{T_2} \frac{\mathrm{d}T}{T} = \nu C_{V,\mathrm{m}} \ln \frac{T_2}{T_1} \tag{10-27}$$

可逆等压过程：

$$\Delta S_p = \int_1^2 \frac{\mathrm{d}Q}{T} = \nu C_{p,\mathrm{m}} \int_{T_1}^{T_2} \frac{\mathrm{d}T}{T} = \nu C_{p,\mathrm{m}} \ln \frac{T_2}{T_1} \tag{10-28}$$

可逆绝热过程：

$$\Delta S_Q = 0$$

对于不可逆过程，可在初、末两态之间构造一个假想的可逆过程来计算熵变。

二、解 题 指 导

本章问题涉及的主要方法如下。

1. 利用热力学第一定律 $Q = A + \Delta E$ 对理想气体的典型准静态过程进行分析和计算。注意：

(1) 对于各种准静态过程，如果气体的温度发生变化，内能随之改变，且内能的增量满足相同的公式 $\Delta E = \nu C_{V,\mathrm{m}} \Delta T = \nu C_{V,\mathrm{m}}(T_2 - T_1)$；

(2) 对于各种准静态过程，体积功的计算公式各不相同，但都与体积的变化有关，例如等压功 $A = p\Delta V = p(V_2 - V_1)$，等温功 $A = \nu RT \ln \dfrac{V_2}{V_1}$，绝热功 $A = \dfrac{1}{\gamma - 1}(p_1 V_1 - p_2 V_2)$。

2. 利用摩尔热容直接计算理想气体的典型准静态过程中的热量。例如：在等压过程中，系统与外界之间交换的热量 $Q = \nu C_{p,\mathrm{m}} \Delta T = \nu C_{p,\mathrm{m}}(T_2 - T_1)$；在等体过程中，热量 $Q = \nu C_{V,\mathrm{m}} \Delta T = \nu C_{V,\mathrm{m}}(T_2 - T_1)$。

3. 两种典型的绝热过程中气体状态变化的特点以及能量转换的关系：

(1) 不管是准静态绝热过程还是非静态的绝热自由膨胀，系统与外界之间没有热量的传递，$Q = 0$；

(2) 对于准静态绝热过程，三个状态参量均在变化，过程方程 $pV^\gamma = $ 常量容易记忆，其他两个等价的方程则可以利用理想气体物态方程进行代换；

(3) 对于绝热自由膨胀，系统的 $A = 0$，故 $\Delta E = 0$，即内能不变，温度复原，体积增大，压强降低。

4. 循环过程中的能量转换和效率的计算。注意：

(1) 循环曲线所包围的面积即为净功的绝对值，顺时针对应正循环，$A > 0$；逆时针对应逆循环，$A < 0$。在某些情况下，可以直接利用几何的方法，通过计算面积来求解循环过程的功。

(2) 利用热力学第一定律和理想气体物态方程，对组成循环的各个分过程进行分析，计算每一过程吸收（或释放）的热量，对外做的功（或负功），从而获得整个过程中系统吸收的净热量 Q 和系统对外做的净功 A，进而计算热机效率

$$\eta = \frac{A}{Q} = 1 - \frac{Q_2'}{Q_1}$$

(3) 卡诺循环过程中能量交换的特点和效率的计算。在两个等温过程中系统实现与外界热量的交换，热量的绝对值就等于等温功的绝对值。卡诺热机的效率

$$\eta = \frac{A}{Q} = 1 - \frac{T_2}{T_1}$$

（4）在分析任意准静态过程（非典型过程）时，可以通过构造循环过程（例如人为引入等温线、绝热线等典型过程），从而能够利用循环过程的特点（$\Delta E = 0, Q = A$），并结合典型过程的能量变化特点来分析该任意过程中能量的变化。

5. 利用克劳修斯熵公式计算典型的可逆过程的熵变，即

$$\Delta S = \int_1^2 \frac{\text{d}Q}{T}$$

例 10-1 （对热量和内能概念的理解）下列两种说法是否正确：

（1）物体温度越高，含有的热量越多；

（2）物体温度越高，其内能越大。

分析：（1）不正确。热量是物体与外界之间由于存在着温度差而传递的能量。热量是一个过程量，其值取决于物体状态变化的具体过程。所以"物体含有热量"这一说法是没有意义的，只能说，在某一过程中，物体吸收或者释放了多少热量。

（2）正确。内能是物体内所有分子热运动动能和分子之间相互作用的势能的总和。内能是一个状态量，其值取决于物体的状态。如果其他参量保持不变，则温度越高，分子热运动越剧烈，分子的动能越大，故而内能就越大。

例 10-2 （等值、绝热过程的功、热量和内能增量的计算）1 mol 的氮气分别经（1）等温过程；（2）绝热过程；（3）等压过程被压缩为原来体积的一半。已知初始平衡态时，氮气的压强为 1.013×10^5 Pa，温度为 27℃。求：在这三个过程中，气体吸收的热量、对外做的功以及内能的变化各为多少？

解：已知 $\nu = 1$ mol，$p_1 = 1.013 \times 10^5$ Pa，$T_1 = 300$ K，$\dfrac{V_2}{V_1} = \dfrac{1}{2}$，$i = 5$，$C_{V,m} = \dfrac{i}{2}R = \dfrac{5}{2}R = 20.78$ J/(mol · K)，$\gamma = \dfrac{i+2}{i} = \dfrac{7}{5} = 1.4$

（1）等温过程

$$A = \nu R T_1 \ln \frac{V_2}{V_1} = 1 \times 8.31 \times 300 \times \ln \frac{1}{2} = -1727 (\text{J})$$

等温过程，$\Delta T = 0$，故

$$\Delta E = 0$$

由热力学第一定律可得

$$Q = A + \Delta E = A = -1727 (\text{J})$$

小结：在等温压缩过程中，系统内能不变，外界对系统所做的功全部转化为热量释放给了外界。

（2）绝热过程

由绝热过程方程可知

$$T_1 V_1^{\gamma-1} = T_2 V_2^{\gamma-1}$$

故

$$T_2 = \left(\frac{V_1}{V_2}\right)^{\gamma-1} T_1 = 2^{0.4} \times 300 = 396 (\text{K})$$

$$\Delta E = \nu C_{V,m}(T_2 - T_1) = 1 \times 20.78 \times (396 - 300) = 1995 (\text{J})$$

绝热过程,$Q=0$,由热力学第一定律可得

$$A = -\Delta E = -1995\,(\text{J})$$

小结:在绝热压缩过程中,系统与外界没有热量的交换,外界对系统所做的功全部用于增加系统的内能。

(3)等压过程

由等压过程方程可知

$$\frac{V_1}{T_1} = \frac{V_2}{T_2}$$

故

$$T_2 = \frac{V_2}{V_1}T_1 = \frac{1}{2} \times 300 = 150\,(\text{K})$$

$$A = p_1(V_2 - V_1) = -\frac{1}{2}p_1V_1 = -\frac{1}{2}\nu RT_1 = -\frac{1}{2} \times 1 \times 8.31 \times 300 = -1247\,(\text{J})$$

$$\Delta E = \nu C_{V,m}(T_2 - T_1) = 1 \times 20.78 \times (150 - 300) = -3117\,(\text{J})$$

由热力学第一定律可得

$$Q = A + \Delta E = -1247 - 3117 = -4364\,(\text{J})$$

小结:在等压压缩过程中,外界对系统所做的功以及系统内能的减少量一并转化为热量释放给了外界。

例 10-3 (理解绝热、等温过程的特点)如图 10-3 所示,一理想气体分别经①、②、③过程由 A 状态到达 B、C、D 状态,其中②是绝热过程。试分析这三个过程中哪些是吸热过程,哪些是放热过程。

解: $T_2 < T_1$,①、②、③过程温度降低,且内能减少相同的量值,即

$$\Delta E_1 = \Delta E_2 = \Delta E_3 = \Delta E < 0$$

由功的几何意义,①、②、③过程曲线下的梯形面积即为过程中的体积功,不难看出

$$A_1 < A_2 < A_3$$

② 过程是绝热过程,$Q_2 = 0$,即 $A_2 + \Delta E_2 = 0$,于是 $|\Delta E_2| = |\Delta E| = A_2$,得

$$A_1 < |\Delta E| < A_3$$

① 过程,$Q_1 = A_1 + \Delta E_1 = A_1 - |\Delta E| < 0$,为放热过程。

③ 过程,$Q_3 = A_3 + \Delta E_3 = A_3 - |\Delta E| > 0$,为吸热过程。

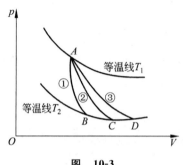

图 10-3

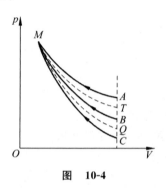

图 10-4

例 10-4 (利用循环过程判断系统的热量传递)图 10-4 所示为一理想气体几种状态变化过程的 p-V 图,其中 MT 为等温线,MQ 为绝热线,试分析在 AM、BM、CM 三种准静态过

程中：(1)温度降低的是哪些过程；(2)气体放热的是哪些过程。

解：(1) AM 过程：

由图不难看出，对于 A、T 两个平衡态，$V_A = V_T$，$p_A > p_T$，根据理想气体物态方程 $pV = \nu RT$ 可知，$T_A > T_T$。

由于 MT 是等温线，$T_M = T_T$，故对于过程曲线 AM 而言，$T_A > T_M$，AM 为降温过程。

BM、CM 过程：

同理，对于 B、C 两个平衡态，$V_B = V_C = V_T$，$p_T > p_B > p_C$，故 $T_T > T_B > T_C$，于是有 $T_B < T_M$，$T_C < T_M$，BM、CM 均为升温过程。

小结：在 p-V 图中同一条等体曲线上，平衡态的压强越大，其温度也越大。故 $T_A > T_T > T_B > T_Q > T_C$。

(2) AM 过程：

AM 为降温过程，故内能减少，$\Delta E_{AM} < 0$，又体积压缩，$A_{AM} < 0$，由热力学第一定律可知 $Q_{AM} = A_{AM} + \Delta E_{AM} < 0$，即 AM 为放热过程。

BM 过程：

由图不难看出，$BMQB$ 构成一循环过程，即 $BM + MQ$(绝热过程)$+ QB$(等体过程)

循环为逆时针绕向，系统对外做的净功 $A < 0$，吸收的净热量 $Q < 0$。

对绝热线 MQ：$Q_{MQ} = 0$

对等体线 QB：$A_{QB} = 0$，而 $\Delta T > 0$，$\Delta E_{QB} > 0$，故 $Q_{QB} > 0$

由于 $Q = Q_{BM} + Q_{MB} + Q_{QB} < 0$，故

$$Q_{BM} < 0$$

即 BM 过程是放热过程。

CM 过程：

同理，$CMQC$ 构成一循环过程，顺时针绕向，$A > 0$，$Q > 0$。

对绝热线 MQ：$Q_{MQ} = 0$

对等体线 QC：$A_{QC} = 0$，而 $\Delta T < 0$，$\Delta E_{QC} < 0$，故 $Q_{QC} < 0$

由于 $Q = Q_{CM} + Q_{MQ} + Q_{QC} > 0$，故

$$Q_{CM} > 0$$

即 CM 过程是吸热过程。

综上所述，温度降低的是 AM 过程，气体放热的是 AM、BM 过程。

例 10-5　(对热力学第一定律的理解)证明两条绝热线 1、2 不可能相交，如图 10-5 所示。

证明：用反证法。

假设两条绝热线 1、2 相交于 M、N 两点，由此构成一个循环过程 $M1N2M$。这是一个正循环，系统对外界做了净功，$A > 0$。而两段过程曲线均为绝热线，使得整个循环过程与外界没有热量交换，$Q = 0$。同时，循环过程的内能不变，$\Delta E = 0$。所以该循环过程不满足热力学第一定律。因此假设不成立，即两条绝热线不可能相交。

例 10-6　(非静态绝热过程的分析)一绝热容器被活塞平

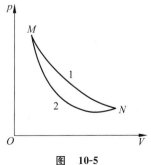

图　10-5

分为左右体积相等的两部分,分别填充了同温度、同质量的氧气和氢气。若活塞可以不漏气、无摩擦地移动,试比较当活塞静止时,两部分气体温度的高低。

解:初始状态,氧气和氢气的温度 T、体积 V、质量 m' 均相同,而 $M_{O_2} > M_{H_2}$,由理想气体物态方程 $pV = \dfrac{m'}{M}RT$ 可知

$$p_{O_2} < p_{H_2}$$

故活塞将向氧气一方移动。

在活塞移动过程中,氢气作绝热膨胀,$Q=0$,氢气对外界做正功,$A_{H_2} > 0$,由热力学第一定律可知,氢气内能减少即 $\Delta E_{H_2} < 0$,温度降低。

在活塞移动过程中,氧气作绝热压缩,$Q=0$,氧气对外界做负功,$A_{O_2} < 0$,由热力学第一定律可知,氧气内能增加即 $\Delta E_{O_2} > 0$,温度升高。

因此,当活塞静止时,氧气的温度高于氢气的温度。

注意:由于是非静态过程,故准静态绝热过程方程 $pV^\gamma = $ 常量在这里不适用,但热力学第一定律是普遍适用的。

例 10-7　(热机循环效率的求解)图 10-6 所示为 1 mol 刚性双原子分子理想气体所经历的循环过程,其中 ab 为等温线,V_1、V_2 已知,求循环的效率。

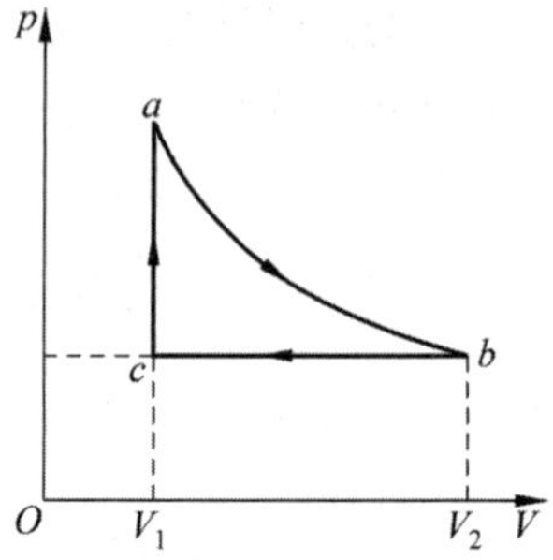

解:刚性双原子分子

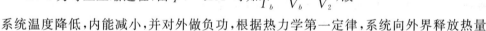

$$i = 5, C_{V,m} = \frac{i}{2}R = \frac{5}{2}R, C_{p,m} = \frac{i+2}{2}R = \frac{7}{2}R, \nu = 1 \text{ mol}$$

$a \to b$ 为等温膨胀过程,系统对外界做功 A_1,内能不变,根据热力学第一定律 $Q = A + \Delta E$,系统从外界吸收热量

$$Q_1 = A_1 = \nu RT_a \ln \frac{V_2}{V_1} = \nu RT_b \ln \frac{V_2}{V_1}$$

图　10-6

$b \to c$ 为等压压缩过程,由 $pV = \nu RT$ 可知 $\dfrac{T_c}{T_b} = \dfrac{V_c}{V_b} = \dfrac{V_1}{V_2}$,故系统温度降低,内能减小,并对外做负功,根据热力学第一定律,系统向外界释放热量

$$Q_2 = \nu C_{p,m}(T_b - T_c) = \nu C_{p,m} T_b \left(1 - \frac{V_1}{V_2}\right)$$

$c \to a$ 为等体升压过程,由 $pV = \nu RT$ 可知 $\dfrac{p_a}{p_c} = \dfrac{T_a}{T_c}$,故系统温度升高,内能增加,不对外做功,根据热力学第一定律,系统从外界吸收热量

$$Q_1' = \nu C_{V,m}(T_a - T_c) = \nu C_{V,m} T_a \left(1 - \frac{T_c}{T_a}\right)$$

考虑到 $T_a = T_b$,$\dfrac{T_c}{T_b} = \dfrac{V_1}{V_2}$,故 $\dfrac{T_c}{T_a} = \dfrac{V_1}{V_2}$,于是上式变为

$$Q_1' = \nu C_{V,m}(T_a - T_c) = \nu C_{V,m} T_b \left(1 - \frac{V_1}{V_2}\right)$$

故该循环的效率为

$$\eta = 1 - \frac{Q_2}{Q_1 + Q_1'} = 1 - \frac{\nu C_{p,m} T_b \left(1 - \dfrac{V_1}{V_2}\right)}{\nu R T_b \ln \dfrac{V_2}{V_1} + \nu C_{V,m} T_b \left(1 - \dfrac{V_1}{V_2}\right)}$$

$$= 1 - \frac{7 \times \left(1 - \dfrac{V_1}{V_2}\right)}{2\ln \dfrac{V_1}{V_2} + 5 \times \left(1 - \dfrac{V_1}{V_2}\right)}$$

例 10-8　（卡诺热机效率的求解）卡诺热机 1、2 串联工作构成一联合热机,即工作时卡诺热机 1 的高温热库作为卡诺热机 2 的低温热库。若卡诺热机 1、2 的效率分别为 η_1 和 η_2,问联合热机的效率 η 为多少?

解：设三个恒温热库的温度分别为 T_1、T_2、T_3,且 $T_1 > T_2 > T_3$,卡诺热机 1 吸收和释放的热量分别为 Q_1 和 Q_2,卡诺热机 2 吸收和释放的热量分别为 Q_1' 和 Q_2',两台卡诺热机对外做的净功分别为 A 和 A',循环曲线如图 10-7 所示。

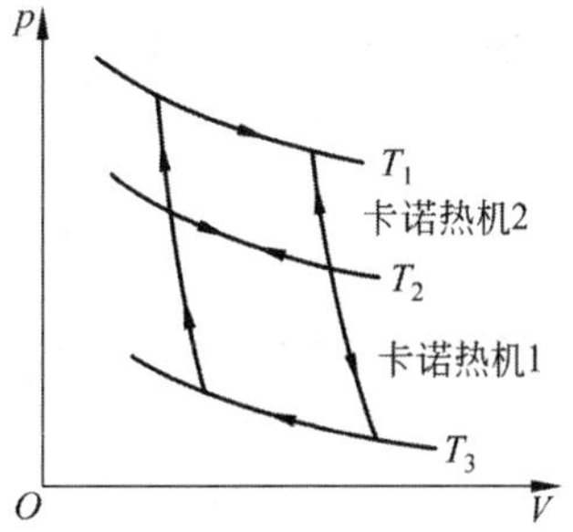

由于卡诺热机 1 的高温热库是卡诺热机 2 的低温热库,故 $Q_1 = Q_2'$,对卡诺热机 2,释放的热量满足 $Q_2' = Q_1' - A'$,于是有

$$\eta_2 = \frac{A'}{Q_1'}, \quad \eta_1 = \frac{A}{Q_1} = \frac{A}{Q_2'}$$

图　10-7

得

$$A' = \eta_2 Q_1',$$
$$A = \eta_1 Q_1 = \eta_1 Q_2' = \eta_1 (Q_1' - A') = \eta_1 Q_1'(1 - \eta_2)$$

故联合热机的效率为

$$\eta = \frac{A + A'}{Q_1'} = \eta_1(1 - \eta_2) + \eta_2$$

例 10-9　（对可逆过程的理解）试判断下列说法是否正确:

(1) 准静态过程一定是可逆过程;

(2) 可逆过程一定是准静态过程;

(3) 凡是有热接触的物体,它们之间进行热交换的过程都是不可逆过程。

分析：(1) 错误。准静态过程不一定是可逆过程,只有无摩擦、无耗散的准静态过程才是可逆过程。

(2) 正确。可逆过程一定是准静态过程,因为非静态过程一定是不可逆过程。

(3) 错误。由于存在温度差而发生的实际的热交换过程都是不可逆的。但是如果两个物体温度相同,它们之间的热交换过程可以是可逆的,例如可逆等温过程。

例 10-10　（对熵增加原理的理解）一杯热开水在空气中逐渐冷却,水的熵减少了,这是否与熵增加原理相矛盾?

分析：不矛盾。熵增加原理适用于孤立系统,而一杯开水不是一个孤立系统,它与周围空气有热量的交换。如果把水和周围的空气看作一个系统,可近似认为是一个孤立系统。那么在热开水冷却的过程中,整个系统的熵必然增加。

例 10-11　（计算熵变）在 0℃ 时,1 mol 的冰熔解为 1 mol 的水需要吸收热量 6000 J,在此条件下，求 1 mol 冰熔解为水时的熵变。

解：已知 $T=273$ K，$Q=6000$ J。

对于冰熔解为水的相变过程，其熵变为

$$\Delta S = \int \frac{\mathrm{d}Q}{T} = \frac{1}{T}\int \mathrm{d}Q = \frac{Q}{T} = \frac{6000}{273} = 22.0 \ (\mathrm{J/K})$$

三、习题解答

10-1 32 g 的氧气分别经（1）等体过程和（2）等压过程，使其温度由 50℃升至 100℃。则在上述两个过程中氧气分别吸收了多少热量？分别增加了多少内能？分别对外所做的功是多少？

解：（1）等体过程

$$A = 0$$

$$Q = \nu C_{V,m}\Delta T = \frac{32}{32}\times\frac{5}{2}\times 8.31\times(100-50) = 1.04\times 10^3 \ (\mathrm{J})$$

$$\Delta E = Q = 1.04\times 10^3 \ (\mathrm{J})$$

（2）等压过程

$$Q = \nu C_{p,m}\Delta T = \frac{32}{32}\times\frac{5+2}{2}\times 8.31\times(100-50) = 1.45\times 10^3 \ (\mathrm{J})$$

$$\Delta E = \nu C_{V,m}\Delta T = 1.04\times 10^3 \ (\mathrm{J})$$

$$A = Q - \Delta E = (1.45-1.04)\times 10^3 = 0.41\times 10^3 \ (\mathrm{J})$$

10-2 20 g 的氦气在吸收了 10^3 J 的热量以后温度升高至 320 K，如果在整个吸热的过程中压强保持不变，试求氦气最初的温度是多少。

解：已知 $m'=20$ g，$Q=10^3$ J，$T_2=320$ K，由于整个过程压强不变，则

$$Q = \nu C_{p,m}\Delta T = \frac{m'}{M}\cdot\frac{i+2}{2}R\times(T_2-T_1)$$

故

$$T_1 = T_2 - \frac{2QM}{(i+2)Rm'} = 320 - \frac{2\times 10^3\times 4}{(3+2)\times 8.31\times 20} = 310.4 \ (\mathrm{K})$$

10-3 3 mol 氧气在压强为 2 个标准大气压时的体积为 40 L，先将它绝热压缩到体积的一半，再令它等温膨胀回原来的体积。求在这一过程中氧气吸收的热量、对外做的功以及内能的变化。

解：已知 $\nu=3$ mol，$p_1=2$ atm$=2\times 1.013\times 10^5$ Pa，$V_1=40$ L，$V_2=\frac{40}{2}=20$ L，由于氧气是双原子分子 $i=5$，故

$$\gamma = \frac{i+2}{i} = \frac{7}{5} = 1.4$$

由绝热过程方程 $p_1V_1^\gamma = p_2V_2^\gamma$，得

$$p_2 = p_1\left(\frac{V_1}{V_2}\right)^\gamma = 2\times\left(\frac{40}{20}\right)^{1.4} = 5.28 \ (\mathrm{atm})$$

根据理想气体物态方程 $p = \dfrac{\nu R T}{V}$，得

$$T_2 = \frac{p_2 V_2}{\nu R} = \frac{5.28 \times 1.013 \times 10^5 \times 20 \times 10^{-3}}{3 \times 8.31} = 429 \,(\text{K})$$

绝热过程：

$$Q_1 = 0$$

$$A_1 = \frac{1}{\gamma - 1}(p_1 V_1 - p_2 V_2) = \frac{1}{1.4 - 1}(2 \times 40 - 5.28 \times 20) \times 1.013 \times 10^2$$

$$= -6.48 \times 10^3 \,(\text{J})$$

等温膨胀过程：

$$Q_2 = \nu R T_2 \ln \frac{V_1}{V_2} = 3 \times 8.31 \times 429 \times \ln 2 = 7.41 \times 10^3 \,(\text{J})$$

$$A_2 = Q_2 = 7.41 \times 10^3 \,(\text{J})$$

故整个过程中吸收的热量为

$$Q = Q_1 + Q_2 = Q_2 = 7.41 \times 10^3 \,(\text{J})$$

对外所做的功为

$$A = A_1 + A_2 = -6.48 \times 10^3 + 7.41 \times 10^3 = 0.93 \times 10^3 \,(\text{J})$$

内能的改变量为

$$\Delta E = Q - A = (7.41 - 0.93) \times 10^3 = 6.48 \times 10^3 \,(\text{J})$$

10-4　1 mol 的某刚性单原子理想气体，在温度为 300 K 时体积为 50 L，分别经过绝热膨胀、等温膨胀和等压膨胀过程，最后体积都变为 500 L。分别计算这三个过程中气体对外所做的功，并在同一 $p\text{-}V$ 图上画出这三个过程的过程曲线。

解： 已知 $\nu = 1$ mol，$T_1 = 300$ K，$V_1 = 50$ L，$V_2 = 500$ L，由于气体是单原子分子，$i = 3$，故

$$\gamma = \frac{i+2}{i} = \frac{5}{3} = 1.67$$

（1）绝热膨胀

由绝热过程方程 $T_1 V_1^{\gamma - 1} = T_2 V_2^{\gamma - 1}$，得

$$T_2 = T_1 \left(\frac{V_1}{V_2}\right)^{\gamma - 1}$$

绝热功为

$$A_Q = -\Delta E = \nu C_{V,m}(T_1 - T_2) = 1 \times \frac{3}{2} \times 8.31 \times 300 \times \left[1 - (50/500)^{1.67 - 1}\right]$$

$$= 2.94 \times 10^3 \,(\text{J})$$

（2）等温膨胀

等温功为

$$A_T = \nu R T_1 \ln \frac{V_2}{V_1} = 1 \times 8.31 \times 300 \times \ln \frac{500}{50} = 5.74 \times 10^3 \,(\text{J})$$

（3）等压膨胀

等压功为

$$A_p = p_1(V_2 - V_1) = \frac{\nu R T_1}{V_1}(V_2 - V_1) = \frac{1 \times 8.31 \times 300}{50} \times (500 - 50)$$

$$= 22.4 \times 10^3 \,(\text{J})$$

三条过程曲线如图 10-8 所示。

10-5 一汽缸内有 5 mol 的双原子理想气体,在压缩的过程中,外力做功 149 J,气体温度升高 1 K。试计算气体内能的增量、吸收的热量以及该过程中气体的摩尔热容。

解:已知 $\nu = 5$ mol,$A = -149$ J,$\Delta T = 1$ K,由于是双原子气体,$i = 5$,故

$$C_{V,m} = \frac{i}{2}R = \frac{5}{2}R$$

$$\Delta E = \nu C_{V,m}\Delta T = 5 \times \frac{5}{2} \times 8.31 \times 1 = 103.9 \text{ (J)}$$

$$Q = A + \Delta E = (-149 + 103.9) = -45.1 \text{ (J)}$$

$$C_m = \frac{Q}{\nu \Delta T} = \frac{-45.1}{5 \times 1} = -9.02 \text{ J/(mol} \cdot \text{K)}$$

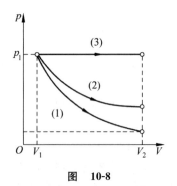

图 **10-8**

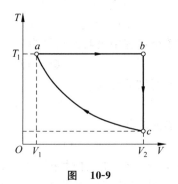

图 **10-9**

10-6 如图 10-9 所示为一循环过程。该循环的工质为理想气体,物质的量为 ν,其摩尔定容热容为 $C_{V,m}$,比热比为 γ。已知状态 a 的体积为 V_1,温度为 T_1,状态 b 的体积为 V_2,$c \to a$ 过程是绝热的。求

(1) 状态 c 的温度 T_c;

(2) 循环效率 η。

解:由图 10-9 可知

$$T_b = T_a = T_1, \quad V_c = V_b = V_2$$

(1) $c \to a$ 绝热过程,则

$$T_c = T_1\left(\frac{V_1}{V_2}\right)^{\gamma-1}$$

(2) $a \to b$ 为等温膨胀过程,工质吸收热量

$$Q_1 = \nu R T_1 \ln\frac{V_2}{V_1}$$

$b \to c$ 为等体降温过程,工质放出热量

$$Q_2 = \nu C_{V,m}(T_b - T_c) = \nu C_{V,m}T_1\left(1 - \frac{T_c}{T_1}\right) = \nu C_{V,m}T_1\left[1 - \left(\frac{V_1}{V_2}\right)^{\gamma-1}\right]$$

故循环效率为

$$\eta = 1 - \frac{Q_2}{Q_1} = 1 - \frac{C_{V,m}}{R} \cdot \frac{1 - \left(\frac{V_1}{V_2}\right)^{\gamma-1}}{\ln\frac{V_2}{V_1}}$$

10-7 一台冰箱工作时,其冷冻室中的温度为 $-10℃$,室温为 $24℃$。若按理想卡诺致冷循环计算,则此致冷机每消耗 10^3 J 的功,可以从冷冻室吸出多少热量?

解:已知 $T_1 = 24℃ = 297$ K,$T_2 = -10℃ = 263$ K,$A = 10^3$ J,由卡诺致冷机的致冷效率公式 $w = \dfrac{Q_2}{A} = \dfrac{T_2}{T_1 - T_2}$,可得

$$Q_2 = \frac{AT_2}{T_1 - T_2} = \frac{10^3 \times 263}{297 - 263} = 7.74 \times 10^3 \, (\text{J})$$

10-8 2 mol 氢气(视为理想气体)开始时处于标准状态,后经等温过程从外界吸取了 400 J 的热量,达到末态。求末态的压强。

解:已知 $\nu = 2$ mol,$p_1 = 1$ atm $= 1.013 \times 10^5$ Pa,$T_1 = 273$ K,$Q = 400$ J。在等温过程中,$\Delta T = 0$,由等温功 $Q = \nu RT \ln \dfrac{V_2}{V_1}$,得

$$\ln \frac{V_2}{V_1} = \frac{Q}{\nu RT} = 0.0882$$

即

$$\frac{V_2}{V_1} = 1.09$$

则由等温过程方程 $p_1 V_1 = p_2 V_2$,可得末态压强为

$$p_2 = \frac{V_1}{V_2} p_1 = 0.92 \, (\text{atm}) = 0.92 \times 10^5 = 0.93 \times 10^5 \, (\text{Pa})$$

10-9 已知某刚性双原子分子理想气体在等压膨胀过程中对外做功 2 J,求气体在该过程中吸收了多少热量。

解:对于等压过程,气体对外做功为

$$A = p \Delta V = \nu R \Delta T$$

气体内能的增量为

$$\Delta E = \nu C_{V,m} \Delta T = \nu \frac{i}{2} R \Delta T = \frac{i}{2} A$$

由于是双原子分子,$i = 5$,故

$$Q = \Delta E + A = \frac{i}{2} A + A = 7 \, (\text{J})$$

10-10 3 mol 温度为 $T_0 = 273$ K 的理想气体,先经等温过程使体积膨胀为原来的 5 倍,然后等体加热,使其末态的压强刚好等于初始压强,整个过程中气体吸收的热量为 $Q = 8 \times 10^4$ J。试画出此过程的 p-V 图,并求这种气体的比热比 $\gamma = \dfrac{C_{p,m}}{C_{V,m}}$。

解:初态参量为 p_0、V_0、T_0;末态参量为 p_0、$5V_0$、T。

由理想气体物态方程可知

$$\frac{p_0 V_0}{T_0} = \frac{p_0 5 V_0}{T}$$

得

$$T = 5 T_0$$

p-V 图如图 10-10 所示。

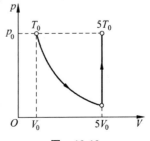

图 10-10

等温过程：

$$\Delta E = 0$$

$$Q_T = A_T = \nu RT \ln \frac{V_2}{V_1} = 3RT_0 \ln 5 = 1.09 \times 10^4 \text{(J)}$$

等体过程：

$$A_V = 0$$

$$Q_V = \Delta E = \nu C_{V,m} \Delta T = \nu C_{V,m} 4 T_0 = 3.28 \times 10^3 C_{V,m}$$

由 $Q = Q_T + Q_V$，得

$$C_{V,m} = (Q - Q_T)/(3.28 \times 10^3) = 21.0 \text{ J/(mol·K)}$$

则

$$\gamma = \frac{C_{p,m}}{C_{V,m}} = \frac{C_{V,m} + R}{C_{V,m}} = 1.40$$

10-11　1 mol 理想气体在 $T_1 = 300$ K 的高温热库与 $T_2 = 200$ K 的低温热库之间作理想卡诺循环，在 300 K 的等温线上起始体积为 $V_1 = 0.001$ m³，终了体积为 $V_2 = 0.005$ m³，试求此气体在每一次循环中：

(1) 从高温热库吸收的热量 Q_1；

(2) 气体所做的净功 A；

(3) 气体传给低温热库的热量 Q_2。

解：(1) $Q_1 = RT_1 \ln (V_2/V_1) = 4.01 \times 10^3 \text{(J)}$

(2) 热机效率为 $\eta = 1 - \dfrac{T_2}{T_1} = 0.33$，故气体所做的净功为

$$A = \eta Q_1 = 1.32 \times 10^3 \text{(J)}$$

(3) $Q_2 = Q_1 - A = 2.69 \times 10^3 \text{(J)}$

10-12　一理想的卡诺热机，当高温热库的温度为 127℃、低温热库的温度为 27℃时，其每次循环对外做净功 8000 J。今维持低温热库的温度不变，提高高温热库温度，使其每次循环对外做净功 10000 J。若两个卡诺循环都工作在相同的两条绝热线之间，试求：

(1) 第二个循环的热机效率；

(2) 第二个循环的高温热库的温度。

解：(1) 第一个循环的热机效率为 $\eta_1 = 1 - \dfrac{Q_2'}{Q_1} = 1 - \dfrac{T_2}{T_1}$，从高温热库 T_1 吸收的热量 $Q_1 = A + Q_2'$，故

$$Q_2' = \frac{T_2}{T_1 - T_2} A = \frac{300}{400 - 300} \times 8000 = 24000 \text{ (J)}$$

由于两个卡诺循环工作在相同的两条绝热线之间，且低温热库相同，故它们向低温热库释放的热量 Q_2' 相同。

对于第二个卡诺循环，从高温热库 T_3 吸收的热量为

$$Q_3 = A' + Q_2' = 10000 + 24000 = 34000 \text{ (J)}$$

其效率为

$$\eta_2 = 1 - \frac{Q_2'}{Q_3} = 1 - \frac{24000}{34000} = 29.41\%$$

（2）由于 $\eta_2 = 1 - \dfrac{Q_2'}{Q_3} = 1 - \dfrac{T_2}{T_3}$，故

$$T_3 = \frac{T_2}{1-\eta_2} = \frac{300}{1-0.2941} = 425 \text{（K）}$$

10-13　有一个以氮气（视为刚性分子理想气体）为工质的卡诺循环热机，在绝热膨胀过程中气体的体积增大到原来的 3 倍，求循环的效率。

解：根据绝热过程方程 $TV^{\gamma-1} = $ 恒量，得

$$T_1 V_1^{\gamma-1} = T_2 (3V_1)^{\gamma-1}$$

解得

$$T_2/T_1 = 3^{1-\gamma}$$

故循环效率为

$$\eta = 1 - \frac{T_2}{T_1} = 1 - 3^{1-\gamma}$$

由于氮气是双原子气体，$i = 5$，则 $\gamma = \dfrac{i+2}{2} = 1.4$，于是

$$\eta = 1 - 3^{1-1.4} = 35.6\%$$

[*]**10-14**　一定量的理想气体经历如图 10-11 所示的循环过程，其中 $A \to B$ 和 $C \to D$ 是等压过程，$B \to C$ 和 $D \to A$ 是绝热过程。已知 $T_C = 300$ K，$T_B = 400$ K，试求此循环的效率。

解：循环的效率为 $\eta = 1 - \dfrac{Q_2}{Q_1}$，其中在等压过程 $A \to B$ 和 $C \to D$ 中，系统吸收和释放的热量分别为

$$Q_1 = \nu C_{p,\mathrm{m}}(T_B - T_A), \quad Q_2 = \nu C_{p,\mathrm{m}}(T_C - T_D)$$

$$\frac{Q_2}{Q_1} = \frac{T_C - T_D}{T_B - T_A} = \frac{T_C(1 - T_D/T_C)}{T_B(1 - T_A/T_B)}$$

根据绝热过程方程，有

$$p_A^{\gamma-1} T_A^{-\gamma} = p_D^{\gamma-1} T_D^{-\gamma}, \quad p_B^{\gamma-1} T_B^{-\gamma} = p_C^{\gamma-1} T_C^{-\gamma}$$

由于 $p_A = p_B$，$p_C = p_D$，故

$$T_A/T_B = T_D/T_C$$

得

$$\eta = 1 - \frac{Q_2}{Q_1} = 1 - \frac{T_C}{T_B} = 25\%$$

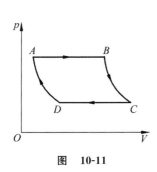

图　10-11

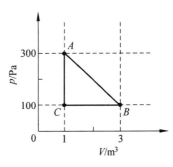

图　10-12

10-15 一定量的某种理想气体进行如图 10-12 所示的循环过程。已知气体在状态 A 的温度为 $T_A = 300$ K,求:

(1) 气体在状态 B、C 的温度;

(2) 各过程中气体对外所做的功;

(3) 经过整个循环过程,气体从外界吸收的总热量(各过程吸热的代数和)。

解: 由图 10-12 可知,$p_A = 300$ Pa,$p_B = p_C = 100$ Pa,$V_A = V_C = 1$ m³,$V_B = 3$ m³。

(1) $C \rightarrow A$ 为等体过程,据方程 $p_A/T_A = p_C/T_C$,得

$$T_C = T_A p_C / p_A = 100 \text{ (K)}$$

$B \rightarrow C$ 为等压过程,据方程 $V_B/T_B = V_C/T_C$,得

$$T_B = T_C V_B / V_C = 300 \text{ (K)}$$

(2) 各过程中气体所做的功分别为

$$A \rightarrow B: A_1 = \frac{1}{2}(p_A + p_B)(V_B - V_C) = 400 \text{ (J)}$$

$$B \rightarrow C: A_2 = p_B(V_C - V_B) = -200 \text{ (J)}$$

$$C \rightarrow A: A_3 = 0$$

(3) 整个循环过程中气体所做总功为

$$A = A_1 + A_2 + A_3 = 200 \text{ (J)}$$

因为循环过程气体内能增量为 $\Delta E = 0$,因此该循环中气体总吸热

$$Q = A + \Delta E = 200 \text{ (J)}$$

10-16 求在一个大气压下,温度为 0℃、30 g 的水变成 100℃的蒸汽时的熵变。已知水的比热容 $c = 4.2$ J/(g·K),水的汽化热 $L = 2260$ J/g。

解: 0℃的水等压升温至 100℃时的熵变为

$$\Delta S_1 = \int_{T_1}^{T_2} \frac{\mathrm{d}Q}{T} = \int_{T_1}^{T_2} \frac{cm\,\mathrm{d}T}{T} = cm \ln \frac{T_2}{T_1}$$

100℃的水等压等温汽化为 100℃的水蒸气时的熵变为

$$\Delta S_2 = \int_{T_2} \frac{\mathrm{d}Q}{T} = \frac{Q_2}{T_2} = \frac{Lm}{T_2}$$

故 0℃的水变成 100℃的蒸汽时的总熵变为

$$\Delta S = \Delta S_1 + \Delta S_2 = cm \ln \frac{T_2}{T_1} + \frac{Lm}{T_2} = m\left(c \ln \frac{T_2}{T_1} + \frac{L}{T_2}\right)$$

$$= 30 \times \left(4.2 \times \ln \frac{373}{273} + \frac{2260}{373}\right) = 221.1 \text{ (J/K)}$$

10-17 计算 2 mol 铜在一个大气压下,温度由 300 K 升到 1200 K 时的熵变。已知在此温度范围内铜的摩尔定压热容为 $C_{p,m} = a + bT$,其中 $a = 2.3 \times 10^4$ J/(mol·K),$b = 5.92$ J/(mol·K²)。

解: 已知 $\nu = 2$ mol,$T_1 = 300$ K,$T_2 = 1200$ K,在等压升温的过程中,铜的熵变为

$$\Delta S = \int_{T_1}^{T_2} \frac{\mathrm{d}Q}{T} = \int_{T_1}^{T_2} \frac{\nu C_{p,m}\mathrm{d}T}{T} = \int_{T_1}^{T_2} \frac{\nu(a+bT)\mathrm{d}T}{T} = \nu a \ln \frac{T_2}{T_1} + \nu b(T_2 - T_1)$$

$$= 2 \times 2.3 \times 10^4 \times \ln \frac{1200}{300} + 2 \times 5.92 \times (1200 - 300)$$

$$= 7.45 \times 10^4 \text{ (J/K)}$$

10-18 试估算你一天产生多少熵。假设你一天大约向周围环境散发 8×10^6 J 的热量,

环境的温度按 300 K 计算,并且忽略进食时带进体内的熵(设人体温度为 36℃)。

解:人体温度为 $T_1 = 36℃ = 309$ K,环境温度为 $T_2 = 300$ K。

一天产生的熵即为人和环境熵的增量之和,即

$$\Delta S = \Delta S_1 + \Delta S_2 = \frac{-Q}{T_1} + \frac{Q}{T_2} = 8 \times 10^6 \times \left(\frac{-1}{309} + \frac{1}{300}\right) = 776.8 \ (J/K)$$

讨论题:节流过程　焦耳-汤姆孙效应

在一个绝热的管子中装一个用多孔物质(如棉絮或玻璃棉)做成的塞子,称为多孔塞,其对气流有较大的阻滞作用。加压使气体从多孔塞的一侧持续地缓慢地流到另一侧,并维持两侧压强恒定。这样的过程称为节流过程。实验发现,在节流过程中,多孔塞两侧会产生温度差,称为焦耳-汤姆孙效应。对于如氮、氧、空气等气体,在常温常压下节流后温度会降低,称为焦-汤致冷效应,该效应被应用来使气体降温和液化,是目前低温技术的重要手段之一;对于如氢、氦等气体,在常温常压下节流后温度反而会升高,称为焦-汤致温效应。

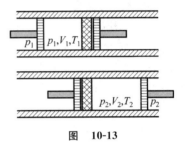

图　10-13

如图 10-13 所示是一个节流过程的简易装置。在一两端开口的绝热汽缸中有一多孔塞,两侧各有一个活塞。开始时,在多孔塞左侧有一定量的气体(p_1,V_1,T_1),而右侧没有气体。然后缓慢推动左侧的活塞压缩气体。当所有气体全部到达右侧后,气体的压强、体积和温度变为 p_2、V_2、T_2。左、右两个活塞始终维持压强在 p_1 和 p_2,且 $p_1 > p_2$,试分析该过程中的功和内能的变化,并说明其是何种等值过程。

分析:在上述过程中,气体对左边的活塞做功 $A_1 = -p_1 V_1$,同时气体对右边的活塞做功 $A_2 = p_2 V_2$,即气体对外界做净功 $A = A_1 + A_2 = p_2 V_2 - p_1 V_1$。利用热力学第一定律分析。由于过程是绝热的,$Q = 0$,有

$$E_2 - E_1 = -A = p_1 V_1 - p_2 V_2$$

或

$$E_1 + p_1 V_1 = E_2 + p_2 V_2$$

即

$$H_1 = H_2$$

说明绝热节流过程是个等焓过程。

四、自　测　题

(一)选择题

1. 一定量的某理想气体由平衡态 A 变化到平衡态 B,变化过程不清楚,但已知气体物质的量,以及 A、B 两态的温度、压强和气体体积,则可以求解的是(　　)。

A. 气体与外界之间交换的热量　　　　B. 气体对外所做的功

C. 气体内能的增量　　　　　　　　C. 气体的摩尔热容

2. 理想气体绝热地向真空自由膨胀,体积增大为原来的两倍,则初、末两态的温度 T_1 与 T_2 和初、末两态气体分子的平均自由程 $\bar{\lambda}_1$ 与 $\bar{\lambda}_2$ 的关系为(　　)。

A. $T_1 = T_2, \bar{\lambda}_1 = \bar{\lambda}_2$
B. $T_1 = T_2, \bar{\lambda}_1 = \frac{1}{2}\bar{\lambda}_2$

C. $T_1 = 2T_2, \bar{\lambda}_1 = \bar{\lambda}_2$
D. $T_1 = 2T_2, \bar{\lambda}_1 = \frac{1}{2}\bar{\lambda}_2$

3. 一定质量的理想气体,从相同状态出发,分别经历等温过程、等压过程和绝热过程,使其体积增加一倍。那么气体温度的改变(绝对值)在(　　)。

A. 绝热过程中最大,等压过程中最小
B. 绝热过程中最大,等温过程中最小
C. 等压过程中最大,绝热过程中最小
D. 等压过程中最大,等温过程中最小

4. 一定量的某种理想气体,其体积和压强按照 $V = a/\sqrt{p}$ 的规律变化,其中 a 是常量,则气体膨胀后,其温度将(　　)。

A. 升高　　　　B. 降低　　　　C. 不变　　　　D. 不确定

5. 一定量的某种理想气体初始温度为 T,体积为 V,该气体在下面循环过程中经过三个准静态过程:(1)绝热膨胀到体积为 $2V$;(2)等体变化使温度恢复为 T;(3)等温压缩到原来体积 V。则此整个循环过程中:(　　)。

A. 气体向外界放热
B. 气体对外界做正功
C. 气体内能增加
D. 气体内能减少

6. 图 10-14(a)、(b)、(c)各表示联结在一起的两个循环过程,其中图(c)是两个半径相等的圆构成的两个循环过程,图(a)和(b)则为半径不等的两个圆。那么(　　)。

A. 图(a)总净功为负,图(b)总净功为正,图(c)总净功为零
B. 图(a)总净功为负,图(b)总净功为负,图(c)总净功为正
C. 图(a)总净功为正,图(b)总净功为负,图(c)总净功为零
D. 图(a)总净功为正,图(b)总净功为正,图(c)总净功为负

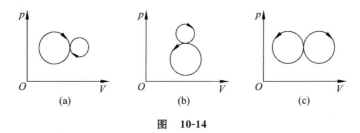

(a)　　　　　　(b)　　　　　　(c)

图　10-14

7. 两个卡诺热机的循环曲线如图 10-15 所示,一个工作在温度为 T_1 与 T_3 的两个热库之间,另一个工作在温度为 T_2 与 T_3 的两个热库之间,已知这两个循环曲线所包围的面积相等。由此可知:(　　)。

A. 两个热机的效率一定相等
B. 两个热机从高温热库所吸收的热量一定相等
C. 两个热机向低温热库所放出的热量一定相等
D. 两个热机吸收的热量与放出的热量(绝对值)

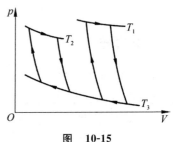

图　10-15

的差值一定相等

8. 在温度分别为 327℃ 和 27℃ 的高温热库和低温热库之间工作的热机,理论上的最大效率为(　　)。

　　A. 25%　　　　　B. 50%　　　　　　C. 75%　　　　　D. 91.74%

9. 有人设计一台可逆卡诺热机。每循环一次可从 400 K 的高温热库吸热 1800 J,向 300 K 的低温热库放热 800 J,同时对外做功 1000 J,这样的设计是(　　)。

　　A. 可以的,符合热力学第一定律

　　B. 可以的,符合热力学第二定律

　　C. 不行的,卡诺循环所做的功不能大于向低温热库放出的热量

　　D. 不行的,这个热机的效率超过理论值

10. 一绝热容器被隔板分成两半,一半是真空,另一半是理想气体。若把隔板抽出,气体将进行自由膨胀,达到平衡后:(　　)。

　　A. 温度不变,熵增加　　　　　　　　B. 温度升高,熵增加

　　C. 温度降低,熵增加　　　　　　　　D. 温度不变,熵不变

(二)填空题

1. 在 p-V 图上:

(1) 系统的某一平衡态用_____来表示;

(2) 系统的某一平衡过程用_____来表示;

(3) 系统的某一平衡循环过程用_____来表示。

2. 要使一热力学系统的内能增加,可以通过_____或_____两种方式,或者两种方式兼用来完成。

热力学系统的状态发生变化时,其内能的改变量只决定于_____,而与_____无关。

3. 如图 10-16 所示,某理想气体从状态 a 经三个不同的过程到达状态 b,已知 $a2b$ 为绝热线,则吸热的过程是_____;放热的过程是_____;内能减小的过程是_____。

4. 一定量的理想气体,若经等体过程从状态 a 变到状态 b,将从外界吸收热量 416 J;若经等压过程从状态 a 变到与状态 b 具有相同温度的状态 c,将从外界吸收热量 582 J。因此,在从状态 a 变到状态 c 的等压过程中,气体对外界所做的功为_____。

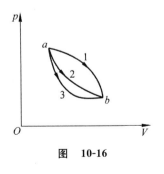

图　10-16

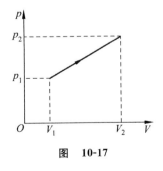

图　10-17

5. 如图 10-17 所示,1 mol 刚性双原子分子理想气体沿 p-V 图上的一条直线由初态 (p_1, V_1) 膨胀到末态 (p_2, V_2),在该过程中气体对外做的功 $A =$ _____,气体内能的增量

$\Delta E=$ _____。

6. 1 mol 单原子分子理想气体,从状态 1 经一等体过程后达到状态 2,温度从 200 K 上升到 500 K,若该过程为准静态等体过程,气体吸收的热量为 _____;若为非静态等体过程,则气体吸收的热量为 _____。

7. 有 ν 摩尔理想气体,作如图 10-18 所示的循环过程 $acba$,其中 acb 为半圆弧,ba 为等压线,且 $p_c=2p_a$。已知气体沿 $a\to b$ 的等压过程膨胀时吸热 Q_{ab},则在循环过程 $acba$ 中,气体吸收的净热量 Q _____ Q_{ab}。(填入:$>$,$<$或$=$)

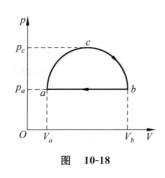

图　10-18

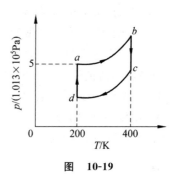

图　10-19

8. 一定量的理想气体,在 p-T 图上经历一个如图 10-19 所示的循环过程 $abcda$,其中 $a\to b$,$c\to d$ 两个过程是绝热过程,则该循环的效率 $\eta=$ _____。

9. 所谓第二类永动机是指 _____,它不可能制成是因为违背了 _____。

10. 关于一个系统的熵变:

(1)任一绝热过程,熵变 ΔS _____ $=0$;

(2)任一可逆过程,熵变 ΔS _____ $=0$。(填"一定"或者"不一定")

(三)计算题

1. 1 mol 的氢气最初处于标准状态下(即 $p_0=1.013\times10^5$ Pa,$T_0=273$ K),经历某一过程从外界吸收热量 500 J,试问:

(1)若该过程是等体过程,则气体对外做的功是多少?末态时气体的温度和压强各是多少?

(2)若该过程是等温过程,则气体对外做的功是多少?末态时气体的体积是多少?

(3)若该过程是等压过程,则末态时气体的温度是多少?气体对外做的功是多少?

2. 若刚性双原子分子理想气体在等压膨胀过程中对外做功 2 J,则该气体必须吸收多少热量?

3. 如图 10-20 所示,1 mol 的理想气体经历了由两个等体过程和两个等压过程构成的循环过程。已知状态 1 的温度为 T_1,状态 3 的温度为 T_3,且状态 2 和 4 在同一条等温线上。试求气体在这一循环过程中做的功。

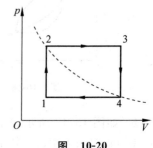

4. 一卡诺热机低温热库的温度为 27℃,效率为 25%;若要将其效率提高到 40%,则高温热库的温度需要提高多少?

5. 1 mol 铜在 1.013×10^5 Pa 压强下温度由 300 K 上升到

图　10-20

1200 K,求在此过程中的熵变。已知在此温度范围内铜的摩尔定压热容为 $C_{p,\mathrm{m}}=a+bT$,其中 $a=2.3\times10^4\ \mathrm{J/(mol\cdot K)}$,$b=5.92\ \mathrm{J/(mol\cdot K^2)}$。

附：自测题答案

（一）选择题

1. C；   2. B；   3. D；   4. B；   5. A；   6. C；   7. D；

8. B；   9. D；   10. A

（二）填空题

1. 一个点；一条曲线；一条闭合曲线

2. 外界对系统做功,向系统传递热量；初、末两个状态,系统所经历的过程

3. $a1b$；$a3b$；$a1b$、$a2b$、$a3b$

4. 166 J

5. $\dfrac{1}{2}(p_1+p_2)(V_2-V_1)$；$\dfrac{5}{2}(p_2V_2-p_1V_1)$

6. 3739.5 J；3739.5 J

7. $<$

8. 50% $\Big($提示：将该循环过程曲线转换到 p-V 图上,可看出就是一个卡诺循环,$\eta=1-\dfrac{T_2}{T_1}\Big)$

9. 从单一热库吸热,在循环中不断对外做功的热机；热力学第二定律

10. 不一定；不一定。（提示：(1)不可逆绝热过程 $\Delta S>0$；(2)孤立系统中的可逆过程 $\Delta S=0$,若系统与外界之间有热量的交换,则 $\Delta S>0$ 或 $\Delta S<0$ 都有可能）

（三）计算题

1. (1) 0,297 K,1.102×10^5 Pa；   (2) 500 J,0.028 $\mathrm{m^3}$；   (3) 290.2 K；142.9 J。(提示：在标准状态下,气体的摩尔体积 $V_{\mathrm{m,0}}=22.4\times10^{-3}\ \mathrm{m^3}$)

2. 7 J

3. $A=R[T_1+T_3-2(T_1T_3)^{1/2}]$

（提示：该循环过程的功等于两个等压过程的功之和,即 $A=A_1+A_2=R(T_3-T_2)-R(T_2-T_1)=R(T_1+T_3)-2RT_2$。注意到：$p_1=p_4$,$p_2=p_3$,$V_1=V_2$,$V_3=V_4$,$T_2=T_4$,代入理想气体物态方程 $p_1V_1=RT_1$,$p_2V_2=RT_2$,$p_3V_3=RT_3$,$p_4V_4=RT_4$,可得 $p_1p_3V_1V_3=R^2T_1T_3$,$p_2p_4V_2V_4=p_1p_3V_1V_3=R^2T_2^2$,于是 $T_1T_3=T_2^2$)

4. 100 K

5. 3.72×10^4 J/K

第十一章

振　动

一、主要内容

（一）简谐振动的描述

1. 动力学描述

作机械简谐振动的物体所受合外力都与位移成正比而反向，或物体加速度与物体离开平衡位置的位移成正比而反向：

$$F = -kx \tag{11-1}$$

式中 F 称为弹性力，k 为弹簧的劲度系数。简谐振动的动力学方程为

$$\frac{\mathrm{d}^2 x}{\mathrm{d}t^2} + \omega^2 x = 0 \tag{11-2}$$

式中 ω 为角频率，对于弹簧振子，$\omega = \sqrt{\dfrac{k}{m}}$，$m$ 为振子的质量。

2. 运动学描述

如图 11-1 所示，简谐振动的位移

$$x = A\cos(\omega t + \varphi_0) \tag{11-3}$$

式中，A 为振动的振幅；ω 为振动的角频率；φ_0 为振动的初相。

简谐振动物体的速度：

$$v = -A\omega\sin(\omega t + \varphi_0)$$

$$= A\omega\cos\left(\omega t + \varphi_0 + \frac{\pi}{2}\right) \tag{11-4}$$

简谐振动的加速度：

$$a = \frac{\mathrm{d}v}{\mathrm{d}t} = -A\omega^2\cos(\omega t + \varphi_0)$$

$$= A\omega^2\cos(\omega t + \varphi_0 + \pi) \tag{11-5}$$

即

$$a = -\omega^2 x \tag{11-6}$$

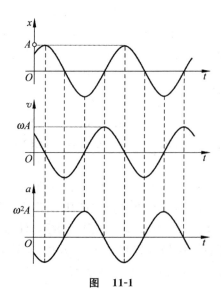

图　11-1

3. 简谐振动的特征物理量

振幅 A：简谐振动物体离开平衡位置的最大位移取决于振动的初始条件。表示为

$$A = \sqrt{x_0^2 + \frac{v_0^2}{\omega^2}} \tag{11-7}$$

式中 x_0、v_0 分别为初始时刻振动物体的初位移、初速度。

周期 T：振动物体完成一次振动所需的时间。

频率 ν：振动物体在 1 秒内所完成振动的次数。

角频率 ω：振动物体在 2π 秒内所完成振动的次数，取决于振动系统自身的性质。

三者间的关系：

$$\nu = \frac{1}{T} \tag{11-8}$$

$$\omega = 2\pi\nu = \frac{2\pi}{T} \tag{11-9}$$

相位：t 时刻的相位 $\omega t + \varphi_0$ 是描述物体在 t 时刻振动状态的物理量。

初相：指当 $t = 0$ 时，振动物体的相位 φ_0，有

$$\tan\varphi_0 = -\frac{v_0}{\omega x_0} \tag{11-10}$$

4. 动能、势能、总能量

动能：

$$E_k = \frac{1}{2}mv^2 = \frac{1}{2}m\omega^2 A^2 \sin^2(\omega t + \varphi) \tag{11-11}$$

势能：

$$E_p = \frac{1}{2}kx^2 = \frac{1}{2}kA^2 \cos^2(\omega t + \varphi) \tag{11-12}$$

总能量：

$$E = E_p + E_k = \frac{1}{2}m\omega^2 A^2 = \frac{1}{2}kA^2 \tag{11-13}$$

5. 简谐振动的旋转矢量表示法

如图 11-2 所示，规定振幅矢量 A 以角速度 ω 的大小绕 O 点逆时针旋转，其端点作匀速圆周运动。

端点在 x 轴上的投影式：$x = A\cos(\omega t + \varphi_0)$

于是，简谐振动的三个特征物理量被直观地表示出来：矢量 A 的模即为振动的振幅，矢量 A 旋转的角速度即为振动的角频率，矢量 A 在初始时刻与 x 轴正向的夹角即为振动的初相。在任意时刻 t，矢量 A 与 x 轴正向的夹角则为 t 时刻的振动相位。

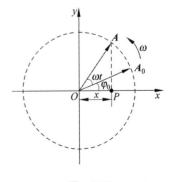

图 11-2

6. 简谐振动的合成

（1）两个同方向、同频率简谐振动的合成

两个简谐振动方程为

$$x_1 = A_1 \cos (\omega t + \varphi_1)$$
$$x_2 = A_2 \cos (\omega t + \varphi_2)$$

合成后是一个简谐振动，其方程为

$$x = x_1 + x_2 = A \cos (\omega t + \varphi) \tag{11-14}$$

式中

$$A = \sqrt{A_1^2 + A_2^2 + 2A_1 A_2 \cos (\varphi_2 - \varphi_1)} \tag{11-15}$$

$$\tan \varphi = \frac{A_1 \sin \varphi_1 + A_2 \sin \varphi_2}{A_1 \cos \varphi_1 + A_2 \cos \varphi_2} \tag{11-16}$$

当 $\Delta\varphi = \varphi_2 - \varphi_1 = 2k\pi$ $(k = 0, \pm1, \pm2, \cdots)$ 时，$A = A_1 + A_2$，合成后振幅最大；

当 $\Delta\varphi = \varphi_2 - \varphi_1 = (2k+1)\pi$ $(k = 0, \pm1, \cdots)$ 时，$A = |A_1 - A_2|$，合成后振幅最小；

一般情况，$A_1 + A_2 > A > |A_1 - A_2|$。

（2）两个同方向、不同频率简谐振动的合成

两个简谐振动方程为

$$x_1 = A \cos \omega_1 t = A \cos 2\pi \nu_1 t$$
$$x_2 = A \cos \omega_2 t = A \cos 2\pi \nu_2 t$$

合成运动的方程为

$$x = x_1 + x_2 = \left(2A \cos 2\pi \frac{\nu_2 - \nu_1}{2} t \right) \cos 2\pi \frac{\nu_2 + \nu_1}{2} t \tag{11-17}$$

合成后的振动不再是简谐振动。当两个振动的频率相差很小（$|\nu_2 - \nu_1| \ll (\nu_2 + \nu_1)$）时，合振动的振幅时而加强时而减弱，这种现象称为"拍"，$\nu = |\nu_2 - \nu_1|$ 为合振幅变化的频率，称为拍频。

（3）两个同频率、相互垂直的简谐振动合成

两个简谐振动方程为

$$x = A_1 \cos (\omega t + \varphi_1)$$
$$y = A_2 \cos (\omega t + \varphi_2)$$

合成后的轨迹方程为

$$\frac{x^2}{A_1^2} + \frac{y^2}{A_2^2} - \frac{2xy}{A_1 A_2} \cos (\varphi_2 - \varphi_1) = \sin^2 (\varphi_2 - \varphi_1) \tag{11-18}$$

为一般的椭圆方程。

① 当 $\varphi_2 - \varphi_1 = 0$ 或 π 时，运动轨迹为直线，合振动仍为简谐振动。

② 当 $\varphi_2 - \varphi_1 = \frac{\pi}{2}$ 或 $\frac{3}{2}\pi$ 时，轨迹为正椭圆。

③ 当 $\varphi_2 - \varphi_1$ 为其他值时，轨迹为斜椭圆。

（二）阻尼振动

阻尼振动是振动系统由于受到阻尼作用，振幅逐渐减小的振动。

阻尼振动的微分方程为

$$\frac{\mathrm{d}^2 x}{\mathrm{d}t^2} + 2\beta \frac{\mathrm{d}x}{\mathrm{d}t} + \omega_0^2 x = 0 \tag{11-19}$$

阻尼振动的固有角频率

$$\omega_0 = \sqrt{\frac{k}{m}} \tag{11-20}$$

阻尼系数

$$\beta = \frac{\gamma}{2m} \tag{11-21}$$

根据阻尼系数 β 的大小,可得三种不同的阻尼振动状态的解。

（1）欠阻尼 $\beta < \omega_0$

$$x = A\mathrm{e}^{-\beta t} \cos(\omega t + \varphi_0) \tag{11-22}$$

其中

$$\omega = \sqrt{\omega_0^2 - \beta^2}$$

（2）过阻尼 $\beta > \omega_0$

$$x = C_1 \mathrm{e}^{-(\beta - \beta_0)t} + C_2 \mathrm{e}^{-(\beta + \beta_0)t} \tag{11-23}$$

其中

$$\beta_0 = \sqrt{\beta^2 - \omega^2}$$

（3）临界阻尼 $\beta = \omega_0$

$$x = (C_1 + C_2 t)\mathrm{e}^{-\beta t} \tag{11-24}$$

后两种阻尼运动不再是周期性的振动。

（三）受迫振动和共振

受迫振动是振动系统在振动过程中始终受到外来周期性驱动力作用的振动。
周期性驱动力为：$F(t) = F\cos \omega t$

1. 受迫振动的微分方程

$$\frac{\mathrm{d}^2 x}{\mathrm{d}t^2} + 2\beta \frac{\mathrm{d}x}{\mathrm{d}t} + \omega_0^2 x = C\cos \omega t \tag{11-25}$$

其中

$$\beta = \frac{\gamma}{2m}, \quad \omega_0^2 = \frac{k}{m}, \quad C = \frac{F}{m}$$

受迫振动的微分方程解

$$x(t) = A_0 \mathrm{e}^{-\beta t} \cos(\sqrt{\beta^2 - \omega_0^2}\, t + \varphi_0) + A\cos(\omega t + \varphi) \tag{11-26}$$

受迫振动达到稳定状态的解：

$$x = A\cos(\omega t + \varphi) \tag{11-27}$$

式中

$$A = \frac{C}{\sqrt{(\omega_0^2 - \omega^2)^2 + 4\beta^2 \omega^2}}, \quad \varphi = \arctan \frac{-2\beta\omega}{\omega_0^2 - \omega^2} \tag{11-28}$$

2. 共振

当驱动力的角频率 ω 为

$$\omega = \sqrt{\omega_0^2 - 2\beta^2} = \Omega_0 \tag{11-29}$$

振幅 A 具有极大值

$$A = \frac{C}{2\beta \sqrt{\omega_0^2 - \beta^2}} \tag{11-30}$$

式中 Ω_0 称为共振角频率。

二、解 题 指 导

本章问题涉及的主要方法如下。

1. 建立简谐振动的动力学方程。

通过牛顿运动定律,得出物体满足 $\dfrac{d^2 x}{dt^2} + \omega^2 x = 0$ 形式的动力学微分方程。

2. 建立简谐振动的运动学方程。

通过已知条件或振动曲线,求出简谐振动的特征物理量 A、ω、φ_0,求出运动学方程 $x = A\cos(\omega t + \varphi_0)$。

3. 旋转矢量方法的运用。

当需要确定物理量如 ω、t、φ_0 的时候,由于三角函数的解具有多值性的特性,给计算带来困难,利用旋转矢量方法可直观描述简谐振动的状态,避免了三角函数运算的多值性,简化了运算。

例 11-1 （简谐振动的计算）某质点作简谐振动,其最大速度和最大加速度的值分别为 6.0 m/s 和 $1.8 \times 10^2 \text{ m/s}^2$。起始时质点在位移正方向,且速度恰为最大速度的一半,方向指向平衡位置,试写出该点的振动方程。

解：由题意知简谐振动的最大速度

$$|v_m| = A\omega = 6.0 \text{ (m/s)} \tag{1}$$

最大加速度

$$|a_m| = A\omega^2 = 1.8 \times 10^2 \text{ (m/s}^2） \tag{2}$$

比较式（1）、式（2）,有

$$\frac{|a_m|}{|v_m|} = \frac{A\omega^2}{A\omega} = \omega$$

得

$$\omega = \frac{1.8 \times 10^2}{6.0} = 30 \text{ (rad/s)}$$

将 ω 之值代入式（1）可得

$$A = 0.2 \text{ (m)}$$

因 $t = 0$ 时,$|v_0| = \dfrac{v_m}{2} = 3.0 \text{ m/s}$,因此时质点向平衡位置运动,需 $v_0 = -3.0 \text{ m/s}$。

由简谐振动方程 $v = -A\omega\sin(\omega t + \varphi_0)$,可得

$$v_0 = -A\omega\sin\varphi_0$$

即

$$-3.0 = -30 \times 0.2\sin\varphi_0, \quad \sin\varphi_0 = \frac{1}{2}$$

由于 $v_0 < 0$,故判断

$$\varphi_0 = \frac{\pi}{6}$$

故该质点的振动方程为

$$x = 0.2\cos\left(30t + \frac{\pi}{6}\right)$$

本题说明可通过已知条件从最大加速度和最大速度分别求得简谐振动表达式中的频率 ω、振幅 A,再由初速度的大小及方向求得初相,从而得出该简谐振动的表达式。

例 11-2 (简谐振动的计算)在一轻质弹簧下悬挂一质量 $m = 0.02$ kg 的物体,弹簧伸长 $x_0 = 9.8$ cm,此时物体位于平衡位置 O 处,如图 11-3 所示。现将物体下拉 1.0 cm 后放手,让其振动,此时物体向上运动的速度 $v_0 = 0.1$ m/s。

(1) 证明此振动为简谐振动;

(2) 以放手时刻为计时起点,写出物体的振动方程。

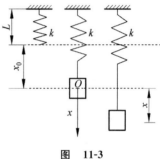

图 11-3

解:(1) 设弹簧原长为 l,劲度系数为 k,选取悬挂物体的平衡位置为坐标原点,建立坐标如图 11-3 所示。

当物体处于任一位置 x 时,物体受到重力和弹力的作用,其合力为

$$f = mg - k(x_0 + x) = mg - kx_0 - kx$$

由题意知在平衡位置处 $mg = kx_0$,代入上式得

$$f = -kx$$

可见,物体所受合外力是线性恢复力符合简谐振动的动力学条件,故物体的振动为简谐振动。

(2) 建立振动方程,关键在于确定振动系统的振幅 A、角频率 ω 和初相 φ_0。

弹簧振子的角频率

$$\omega = \sqrt{\frac{k}{m}} = \sqrt{\frac{mg}{\frac{x_0}{m}}} = \sqrt{\frac{g}{x_0}} = \sqrt{\frac{9.8}{9.8 \times 10^{-2}}} = 10 \text{ (rad/s)}$$

根据题意,物体开始振动时为计时起点,则 $t = 0$ 时,$x_0 = 1.0$ (cm) $= 1.0 \times 10^{-2}$ (m),考虑到 v_0 方向向上,则

$$v_0 = -0.1 \text{ (m/s)}$$

所以振幅

$$A = \sqrt{x_0^2 + \frac{v_0^2}{\omega}} = \sqrt{(1 \times 10^{-2})^2 + \frac{(-0.1)^2}{10}} = 1.41 \times 10^{-2} \text{(m)}$$

由 $\tan\varphi = -\frac{v_0}{x_0\omega} = \frac{0.1}{10^{-2} \times 10} = 1$,且由于 $v_0 < 0$,可得 $\varphi = \frac{\pi}{4}$,故振动方程为

$$x = 1.41 \times 10^{-2} \cos\left(10t + \frac{\pi}{4}\right)$$

例 11-3　（旋转矢量法及相位差与时间差的关系）已知一简谐振动 $A = 0.1$ m，$T = 1.2$ s，若 $t = 0$ 时质点位于 $x_0 = -0.05$ m 处且正朝 $-x$ 方向运动，求：质点达到平衡位置所需最短时间。

解：由已知条件可作出旋转矢量图，如图 11-4(a) 所示，当 $t = 0$ 时，有

$$\begin{cases} x_0 = -0.05 \\ v_0 < 0 \end{cases} \quad 则 \quad \varphi_1 = \frac{2}{3}\pi$$

第一次到平衡位置的相位 $\varphi_2 = \frac{3}{2}\pi$，如图 11-4(b) 所示。所以两时刻的相位差

$$\Delta\varphi = \frac{3}{2}\pi - \frac{2}{3}\pi = \frac{5}{6}\pi$$

所需时间为

$$\Delta t = \frac{\Delta\varphi}{\omega} = \frac{\Delta\varphi}{2\pi/T} = \frac{1.2}{2\pi} \cdot \frac{5}{6}\pi = 0.5 \text{ (s)}$$

此题利用旋转矢量方法非常直观地描述了简谐振动的状态，避免了三角函数运算的多值性，简化了运算。

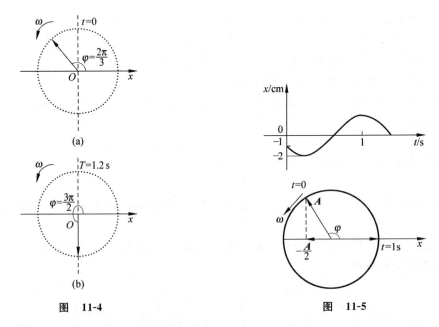

图 11-4　　　　　　　　　　　　图 11-5

例 11-4　（旋转矢量法及已知振动曲线求初相）如图 11-5 所示，已知 x-t 曲线、振幅矢量的初始位置，写出振动方程。

解：由 x-t 曲线图知 $A = 2$ cm，由旋转矢量图可知，$t = 0$ 时的相位

$$\varphi_0 = \frac{2\pi}{3}$$

$t = 1$ s 时的相位为

$$\varphi = 2\pi$$

所以相位差为

$$\Delta\varphi = \omega\Delta t = 2\pi - \frac{3}{2}\pi = \frac{4}{3}\pi$$

可得

$$\omega = \frac{\frac{4\pi}{3}}{1} = \frac{4\pi}{3}$$

振动方程为

$$x = 2\cos\left(\frac{4\pi}{3}t + \frac{2\pi}{3}\right)(\text{cm})$$

三、习 题 解 答

11-1 一个弹簧振子按照

$$x = 0.1\cos\left(4\pi t + \frac{\pi}{4}\right) \quad (\text{SI})$$

的规律作简谐振动。

(1) 求振动的角频率、周期、振幅、初相、最大速度和最大加速度;

(2) 分别求解 $t=1$ s、2 s 及 5 s 时的相位;

(3) 分别画出振子的位移、速度和加速度随时间的变化曲线。

解:(1) 由 $x = A\cos(\omega t + \varphi_0)$ 可得,角频率 $\omega = 4\pi$,周期 $T = \frac{2\pi}{\omega} = 0.5$ s,振幅 $A = 0.1$ m,初相 $\varphi_0 = \frac{\pi}{4}$,最大速度 $0.4\pi = 1.26$ m/s,最大加速度 $1.6\pi^2 = 15.78$ m/s^2。

(2) $t=1$ s 时,$\varphi_1 = \omega_0 t + \varphi_0 = 4\pi + \frac{\pi}{4} = \frac{17}{4}\pi$

$t=2$ s 时,$\varphi_2 = \omega_0 t + \varphi_0 = 8\pi + \frac{\pi}{4} = \frac{33}{4}\pi$

$t=5$ s 时,$\varphi_3 = \omega_0 t + \varphi_0 = 20\pi + \frac{\pi}{4} = \frac{81}{4}\pi$

(3) $v = \frac{\mathrm{d}x}{\mathrm{d}t} = -0.4\pi\sin\left(4\pi t + \frac{\pi}{4}\right)$

$a = \frac{\mathrm{d}v}{\mathrm{d}t} = -1.6\pi^2\cos\left(4\pi t + \frac{\pi}{4}\right)$

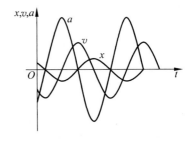

图 11-6

振子的位移、速度和加速度随时间的变化曲线如图 11-6 所示。

11-2 质量为 m 的物体悬挂在劲度系数为 k 的弹簧上,运动周期为 T。若再挂上质量为 m' 的物体,周期变为 $3T$。试用 m 表示 m'。

解:由 $\omega^2 = \frac{k}{m}$,$\omega'^2 = \frac{k}{m+m'}$,及 $T = \frac{2\pi}{\omega}$,可得

$$\frac{3T}{T} = \frac{\omega}{\omega'} = \sqrt{\frac{\frac{k}{m}}{\frac{k}{m+m'}}}$$

因此有

$$\sqrt{\frac{m+m'}{m}} = 3$$

$$m' = 8m$$

11-3 一竖直悬挂的轻质弹簧的劲度系数为 k,挂上质量为 m 的物体后伸长 l,将物体拉离平衡位置 y 后松手。证明:物体在平衡位置附近作简谐振动,并证明振动周期与一长度为 l 的单摆的振动周期相同。

证明:由胡克定律,$mg = kl$,有

$$mg - k(x+l) = m\frac{\mathrm{d}^2 x}{\mathrm{d}t^2}$$

即

$$\frac{\mathrm{d}^2 x}{\mathrm{d}t^2} + \frac{k}{m}x = 0$$

则有

$$x = A\cos\left(\sqrt{\frac{k}{m}}t + \varphi_0\right)$$

$$v = -\sqrt{\frac{k}{m}}A\sin\left(\sqrt{\frac{k}{m}}t + \varphi_0\right)$$

由 $t=0$ 时 $v=0$,$v = -\sqrt{\frac{k}{m}}A\sin\varphi_0$,得到 $\sin\varphi_0 = 0$,$\varphi_0 = 0$

则有

$$t = 0, \quad x = y = A$$

因此

$$x = y\cos\sqrt{\frac{k}{m}}t$$

故该物体在平衡位置附近作简谐振动。可知

$$T = \frac{2\pi}{\omega} = 2\pi\sqrt{\frac{m}{k}}$$

又,因为单摆的振动周期 $T' = 2\pi\sqrt{\frac{l}{g}}$ 及 $mg = kl$,则有

$$T = 2\pi\sqrt{\frac{m}{k}} = 2\pi\sqrt{\frac{l}{g}} = T'$$

11-4 弹簧振子的质量为 $0.025\,\mathrm{kg}$,劲度系数为 $k = 0.4\,\mathrm{N/m}$。令 $t=0$ 时物体在 $x_0 = 0.1\,\mathrm{m}$ 处,以初速度 $v_0 = 0.4\,\mathrm{m/s}$ 向正方向运动。求:

(1) 周期、振幅和初相,写出振动表达式;

(2) 振动的能量;

(3) 从开始运动经过 $\frac{\pi}{8}$ s 时物体的坐标,速度和加速度。

解:(1) $T = \dfrac{2\pi}{\omega} = 2\pi\sqrt{\dfrac{m}{k}} = 2\pi\sqrt{\dfrac{0.025}{0.4}} = 0.5\pi$

由 $x = A\cos(\omega t + \varphi_0)$，角频率 $\omega = \sqrt{\dfrac{k}{m}} = 4$，可得

$$x = A\cos(4t + \varphi_0), \quad v = -4A\sin(4t + \varphi_0)$$

$t = 0$ s 时，$v_0 = -4A\sin\varphi_0 = 0.4$ (m/s)，则 $x = A\cos\varphi_0 = 0.1$ (m)

$$A = \sqrt{0.1^2 + 0.1^2} = \frac{\sqrt{2}}{10} \ (\text{m})$$

$$\sin\varphi_0 = -\frac{\sqrt{2}}{2}, \quad 则 \ \varphi_0 = -\frac{\pi}{4}$$

（2）$E = \dfrac{1}{2}kA^2 = \dfrac{1}{2} \times 0.4 \times (0.1\sqrt{2})^2 = 0.004$ (J)

（3）将 $t = \dfrac{\pi}{8}$ s 代入 $x = 0.1\sqrt{2}\cos\left(4t - \dfrac{\pi}{4}\right)$，得

$$x = 0.1\sqrt{2}\cos\left(\frac{\pi}{2} - \frac{\pi}{4}\right) = 0.1 \ (\text{m})$$

$$v = -0.4\sqrt{2}\sin\left(4t - \frac{\pi}{4}\right) = -0.4\sqrt{2}\sin\frac{\pi}{4} = -0.4 \ (\text{m/s})$$

$$a = \frac{\mathrm{d}v}{\mathrm{d}t} = -1.6\sqrt{2}\cos\left(4t - \frac{\pi}{4}\right) = -1.6\sqrt{2}\cos\frac{\pi}{4} = -1.6 \ (\text{m/s}^2)$$

11-5 一质量 $m = 10$ g 的物体作简谐振动，振幅 $A = 20$ cm，周期 $T = 4$ s。令 $t = 0$ s 时位移 $x_0 = 20$ cm。求：

（1）由初始位置运动到 $x = 10$ cm 处的最少时间为多少？

（2）还需要多长的时间物体第二次经过 $x = 10$ cm 处？

解：因为 $\omega = \dfrac{2\pi}{T} = \dfrac{\pi}{2}$，则

$$x = 0.2\cos\left(\frac{\pi}{2}t + \varphi_0\right)$$

$t = 0$ 时，$x = 0.2\cos\varphi_0 = 0.2$，有 $\varphi_0 = 0$，则得

$$x = 0.2\cos\frac{\pi}{2}t$$

（1）令 $x = 0.1$，$\cos\dfrac{\pi}{2}t = \dfrac{1}{2}$，有

$$t = \frac{2}{\pi} \times \frac{\pi}{3} = \frac{2}{3} \ (\text{s})$$

（2）由相位关系，当相位为 $\pi + \dfrac{\pi}{3} = \dfrac{4}{3}\pi$ 时，再次回到 0.1 m，则

$$t' = \frac{2}{\pi} \times \frac{4\pi}{3} = \frac{8}{3} \ (\text{s})$$

11-6 如图 11-7 所示，将 9 kg 的水银注入 U 形管，U 形管内直径为 1.2 cm。水银在平衡位置附近作振动。

（1）证明水银在管中作简谐振动；

（2）求振动周期。提示：1 m³ 水银质量为 13600 kg，不考虑摩擦力和表面张力的作用。

解：（1）由能量守恒，$\dfrac{1}{2}mv^2 + mgx = E_0$，及 $m = \rho xs = \rho\left(\dfrac{\pi}{4}d^2\right)x$，可得

$$\frac{m}{2}\left(\frac{\mathrm{d}x}{\mathrm{d}t}\right)^2 + \left(\rho\,\frac{\pi}{4}d^2\right)x^2 = E_0$$

方程两边对 t 求导,得

$$m\cdot\frac{\mathrm{d}x}{\mathrm{d}t}\cdot\frac{\mathrm{d}^2x}{\mathrm{d}t^2} + \left(\rho\,\frac{\pi}{4}d^2\right)g2x\cdot\frac{\mathrm{d}x}{\mathrm{d}t} = 0$$

则有

$$\frac{\mathrm{d}^2x}{\mathrm{d}t^2} + \frac{2g\rho s}{m}x = 0$$

为简谐振动微分方程,故水银在管中作简谐振动。

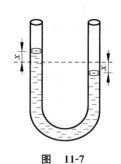

图　11-7

(2) 由 $\dfrac{\mathrm{d}^2x}{\mathrm{d}t^2}+\dfrac{2g\rho s}{m}x=0$,可得

$$\omega^2 = \frac{2\rho g s}{m}$$

则

$$T = \frac{2\pi}{\omega} = 2\pi\sqrt{\frac{m}{2\rho g s}} = 2\pi\sqrt{\frac{9}{2\times1.36\times10^4\times9.8\times\frac{\pi}{4}\times(1.2\times10^{-2})^2}} = 3.43\,(\mathrm{s})$$

11-7 一石块在直径为 0.8 m 的水平圆周上运动,频率为 30 r/min。远处射来的光束将此石块投影到附近墙壁上,求投影运动的振幅、频率及周期。

解: 设矢量 **A** 在任一瞬时与 x 轴夹角为 $\omega t+\varphi_0$,用 x 表示矢量在坐标轴上投影

$$x = A\cos(\omega_0 t + \varphi_0)$$

则有

$$A = \frac{D}{2} = 0.4\,(\mathrm{m}),\quad \nu = 30\ \mathrm{r/min} = 30\ \mathrm{r/60\ s} = 0.5\ \mathrm{Hz},\quad T = \frac{1}{\nu} = 2\ \mathrm{s}$$

11-8 质量为 36 kg 的物体作振幅为 13 cm、周期为 12 s 的简谐振动。在 $t=0$ 时,位移为 13 cm。求:

(1) 在 $x=5$ cm 处,物体的速度;

(2) $t=2$ s 时物体所受力的大小。

解: (1) $T=\dfrac{2\pi}{\omega}$,$\omega=\dfrac{2\pi}{T}=\dfrac{\pi}{6}\ \mathrm{rad/s}$

则

$$x = 0.13\cos\left(\frac{\pi}{6}t + \varphi_0\right)\,(\mathrm{m})$$

由

$$x_0 = 0.13\cos\varphi_0 = 0.13,\quad \varphi_0 = 0$$

可得

$$x = 0.13\cos\frac{\pi}{6}t\,(\mathrm{m})$$

$$v = -\frac{\pi}{6}\times0.13\sin\left(\frac{\pi}{6}t\right)\,(\mathrm{m/s})$$

当 $x=0.05$ m 时,$\cos\dfrac{\pi}{6}t=\dfrac{5}{13}$,可得 $\sin\dfrac{\pi}{6}t=\pm\dfrac{12}{13}$,因此有

$$v = \pm \frac{\pi}{6} \times 0.13 \times \frac{12}{13} = \pm 0.02\pi \ (\text{m/s}), \quad 即 \ v = \pm 2\pi \ (\text{cm/s}) = \pm 6.28 \ (\text{cm/s})$$

（2）由 $\omega = \sqrt{\dfrac{k}{m}} = \dfrac{\pi}{6}$，可得

$$k = m\omega^2 = 36 \times \frac{\pi^2}{36} = \pi^2$$

$t = 2$ s 时，$x = 0.13\cos\dfrac{\pi}{3} = \dfrac{13}{200}$（m），则物体所受力的大小为

$$F = kx = \frac{13}{200}\pi^2 (\text{N}) = 0.64 \ (\text{N})$$

11-9　一弹簧振子，劲度系数 $k = 25$ N/m，已知初始时刻的动能和势能分别为 $E_{k0} = 0.4$ J 和 $E_{p0} = 0.6$ J，求：

（1）振动的振幅 A；

（2）势能和动能相等时的位移 x。

解：（1）由 $E = E_{k0} + E_{p0} = \dfrac{1}{2}kA^2$，得 $A = \sqrt{\dfrac{2E}{k}} = \dfrac{\sqrt{2}}{5} = 0.28$（m）。

（2）由已知 $E_k = E_p = 0.5$，即 $E_p = \dfrac{1}{2}kx^2 = 0.5$

则有

$$x = \sqrt{\frac{2E_p}{k}} = \pm 0.2 \ (\text{m})$$

11-10　在一平板上放一质量为 $m = 1$ kg 的物体，平板在竖直方向作简谐振动，其振动周期为 $T = \dfrac{1}{2}$ s，振幅 $A = 4$ cm。求：

（1）物体对平板的压力 N 的表达式；

（2）平板以多大的振幅振动时，物体才能离开平板？（取 $g = 9.8$ N/kg）

解：（1）选平板振动位移最大处开始计时，若以平衡位置为原点，竖直向下建立 x 轴正向，则有

$$\omega = \frac{2\pi}{T} = 4\pi, \quad \varphi_0 = 0$$

则

$$x = 0.04\cos(4\pi t)$$
$$v = \frac{\text{d}x}{\text{d}t} = -0.16\pi\sin(4\pi t)$$
$$a = \frac{\text{d}v}{\text{d}t} = -0.64\pi^2\cos(4\pi t)$$

对物体进行受力分析：
$$mg - N' = ma$$
$$N' = mg - ma = 9.8 + 0.64\pi^2\cos(4\pi t)$$

故物体对平板的压力
$$N = -N' = -9.8 - 0.64\pi^2\cos(4\pi t)$$

（2）当 $N=0$，即全部由重力提供加速度时，物体恰好离开平板，此时

$$mg - ma = 0, \quad mg + m[16\pi^2 A \cos(4\pi t)] = 0$$

有

$$\cos(4\pi t) = -\frac{g}{16\pi^2 A} \geqslant -1$$

$$A \geqslant \frac{g}{16\pi^2} = 6.21 \times 10^{-2} \, (\text{m})$$

11-11 有一质点，同时参与 $x_1 = 5\cos(\omega t + 2)$ cm 和 $x_2 = 5\cos(\omega t + 1)$ cm 的两个简谐振动（其中时间单位用 s）。问这两个振动在任意时刻哪个的相位超前，超前多少？

解：在任意时刻 t，两个振动的相位差为 $(\omega t + 2) - (\omega t + 1) = 1$（rad），由于 $0 < 1 < \pi$，所以 x_1 超前，超前 1 rad。

11-12 两个同方向的简谐振动，振动方程分别为

$$x_1 = 0.1\cos\left(4\pi t + \frac{1}{3}\pi\right)\text{m}, \quad x_2 = 0.3\cos\left(4\pi t - \frac{2}{3}\pi\right)\text{m}$$

求合振动的振幅。

解：相位差

$$\left(4\pi t - \frac{2\pi}{3}\right) - \left(4\pi t + \frac{\pi}{3}\right) = -\pi$$

则

$$A = \sqrt{A_1^2 + A_2^2 + 2A_1 A_2 \cos(\varphi_2 - \varphi_1)}$$
$$= \sqrt{0.1^2 + 0.3^2 + 2 \times 0.1 \times 0.3 \times (-1)} = 0.2 \, (\text{m})$$

11-13 两个同方向的简谐振动，已知方程式分别为

$$x_1 = 5\cos(10t + 0.75\pi)\text{cm}, \quad x_2 = 6\cos(10t + 0.25\pi)\text{cm}$$

求：（1）合振动的振幅；

（2）若另有谐振动 $x_3 = 7\cos(10t + \varphi)$ cm，则 φ 为何值时 $x_1 + x_3$ 的振幅最大？φ 又为何值时 $x_2 + x_3$ 的振幅最小？

解：（1）$\varphi_2 - \varphi_1 = -\frac{\pi}{2}$，$\cos\left(-\frac{\pi}{2}\right) = 0$

则

$$A = \sqrt{A_1^2 + A_2^2 + 2A_1 A_2 \cos\left(-\frac{\pi}{2}\right)} = \sqrt{25 + 36} = \sqrt{61} = 7.8 \, (\text{m})$$

（2）当 $\cos(\varphi_3 - \varphi_1) = 1$ 时，$x_1 + x_3$ 的振幅最大，有

$$10t + \varphi - 10t - \frac{3}{4}\pi = 2n\pi, \quad \varphi = \left(2n + \frac{3}{4}\right)\pi$$

令 $n = 0$，则 $\varphi = \frac{3}{4}\pi = 135°$。

同理，$\cos(\varphi_3 - \varphi_2) = -1$ 时，$x_2 + x_3$ 的振幅最小，有

$$10t + \varphi - 10t - \frac{1}{4}\pi = 2n\pi + \pi, \quad \varphi = \left(2n + \frac{5}{4}\right)\pi$$

令 $n = 0$，则 $\varphi = \frac{5}{4}\pi = 225°$。

11-14　示波器的电子束受到两个互相垂直电场的作用。若电子两个方向上的位移分别为 $x=A\cos\omega t$ 和 $y=A\cos(\omega t+\varphi)$，求在 $\varphi=0$ 和 $\pi/6$ 时，电子在荧光屏上的轨迹方程。

解：将 $x=A\cos\omega t$ 和 $y=A\cos(\omega t+\varphi)$ 联立消去 t，得到轨迹方程

$$x^2+y^2-2xy\cos\varphi=A^2\sin^2\varphi$$

当 $\varphi=0$ 时，

$$x^2+y^2-2xy=0,\quad y=x$$

当 $\varphi=\dfrac{\pi}{6}$ 时，

$$x^2+y^2-\sqrt{3}xy=\dfrac{A^2}{4}$$

11-15　两条劲度系数分别为 k_1 和 k_2 的轻弹簧，若分别将它们（1）串联在一起，（2）并联在一起，然后竖直悬挂，在下面系一重物 m，构成一个可沿竖直方向振动的弹簧振子，如图 11-8 所示。试求在上述两种情况下，振子的周期各为多少。

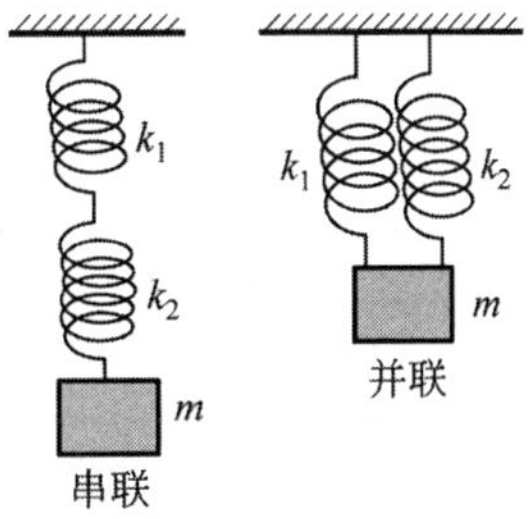

解：（1）弹簧串联组合后的劲度系数

$$k=\dfrac{1}{\dfrac{1}{k_1}+\dfrac{1}{k_2}}=\dfrac{k_1k_2}{k_1+k_2}$$

则

$$T=\dfrac{2\pi}{\omega}=2\pi\sqrt{\dfrac{m}{k}}=2\pi\sqrt{\dfrac{m(k_1+k_2)}{k_1k_2}}$$

（2）弹簧并联组合后的劲度系数

$$k=k_1+k_2$$

则

$$T'=2\pi\sqrt{\dfrac{m}{k}}=2\pi\sqrt{\dfrac{m}{k_1+k_2}}$$

图　11-8

*** 11-16**　如图 11-9 所示，在水平桌面上用轻弹簧（劲度系数为 k）连接两个质量均为 m 的小球 A 和 B。今沿弹簧轴线向相反方向拉开两球然后释放，求此后两球振动的角频率 ω。

解：对 B 球，以其平衡位置为原点。由于 B 球向右移动 x 距离时，A 球同时向左移动了 x 距离，所以弹簧伸长为 $2x$。

对 B 球应用牛顿第二定律，得

$$m\dfrac{\mathrm{d}^2x}{\mathrm{d}^2t}=-k(2x)$$

由此可以得到 B 球的振动角频率，也就是 A 球的振动角频率

$$\omega=\sqrt{\dfrac{2k}{m}}$$

*** 11-17**　（1）一个质量为 m、半径为 R 的环放在刀口上，环可以在自身平面内摆动，形成一个物理摆，如图 11-10(a) 所示。求此圆环摆小摆动时的周期 T_1。

（2）假设一个相同的环固定在与其共面且与圆周相切的轴 PP' 上，环可以自由地在纸面内外摆动，如图 11-10(b) 所示。求此圆环摆小摆动时的周期 T_2。

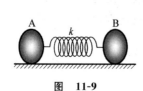

图 11-9

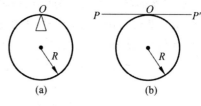

图 11-10

解：（1）设圆环微转动角度为 θ，圆环相对于刀口的转动惯量为 J，由转动定律，可得

$$J \frac{\mathrm{d}^2 \varphi}{\mathrm{d}^2 t^2} = -mgR \sin \theta$$

由于 θ 很小，所以 $\theta \approx \sin \theta$，则 $J \dfrac{\mathrm{d}^2 \theta}{\mathrm{d}^2 t^2} + mgR\theta = 0$ 为简谐振动方程。因此有

$$\omega^2 = \frac{mgR}{J}$$

又因为 $J = J_C + md^2 = mR^2 + mR^2 = 2mR^2$

代入上式得

$$\omega = \sqrt{\frac{g}{2R}}$$

则

$$T_1 = \frac{2\pi}{\omega} = 2\pi \sqrt{\frac{2R}{g}}$$

（2）圆环在纸内摆动时，圆环相对于切线转动惯量 $J = \dfrac{3}{2}mR^2$，则

$$\omega = \sqrt{\frac{mgR}{J}} = \sqrt{\frac{2g}{3R}}$$

$$T_2 = \frac{2\pi}{\omega} = 2\pi \sqrt{\frac{3R}{2g}}$$

讨论题

如图 11-11 所示，电场 E 沿 z 方向，带电粒子的速度 v_0 也沿 z 方向，磁场 B 沿 y 方向。则

$$\boldsymbol{E} = E\boldsymbol{k}, \quad \boldsymbol{B} = B\boldsymbol{j}, \quad \boldsymbol{v}_0 = v_0 \boldsymbol{k}$$

带电粒子在电磁场中运动受到的力

$$\boldsymbol{f} = q\boldsymbol{E} + q\boldsymbol{v} \times \boldsymbol{B} = qE\boldsymbol{k} + q(v_x \boldsymbol{i} + v_y \boldsymbol{j} + v_z \boldsymbol{k}) \times B\boldsymbol{j}$$
$$= -qv_z B\boldsymbol{i} + (qE + qv_x B)\boldsymbol{k}$$

带电粒子的加速度为

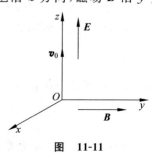

图 11-11

$$a_x = -\frac{qv_z B}{m}, \quad a_y = 0, \quad a_z = \frac{q}{m}(E + v_x B)$$

因为 $a_y = 0$，且 $v_{0y} = 0$，则 $v_y = 0$，即粒子在 Oxz 平面上运动。

分析讨论粒子在此平面上沿两坐标轴的运动：

$$\frac{\mathrm{d}v_z}{\mathrm{d}t} = a_z = \frac{qE}{m} + \frac{qB}{m}v_x$$

$$\frac{\mathrm{d}^2 v_z}{\mathrm{d}t^2} = \frac{qB}{m}\frac{\mathrm{d}v_x}{\mathrm{d}t} = \frac{qB}{m}a_x = -\frac{q^2 B^2}{m^2}v_z$$

令 $\omega = \dfrac{qB}{m}$，则

$$\frac{\mathrm{d}^2 v_z}{\mathrm{d}t^2} = -\omega^2 v_z$$

解得 z 方向的运动速度为

$$v_z = v_{zm}\cos(\omega t + \varphi)$$

$$\frac{qE}{m} = -\omega v_{zm}\sin\varphi$$

可以得到

$$v_{zm} = \sqrt{v_0^2 + \left(\frac{E}{B}\right)^2}, \quad \tan\varphi = -\frac{E}{Bv_0}$$

因

$$a_z = \frac{q}{m}(E + v_x B)$$

所以

$$v_x = \frac{m}{qB}a_z - \frac{E}{B} = -\frac{m\omega v_{zm}}{qB}\sin(\omega t + \varphi) - \frac{E}{B} = -v_{zm}\sin(\omega t + \varphi) - \frac{E}{B}$$

代入初始条件 $t=0, x=0, z=0$，得

$$x = \int_0^x \mathrm{d}x = \int_0^t v_x \mathrm{d}t = -\frac{v_{zm}}{\omega}\big[\cos(\omega t + \varphi) - \cos\varphi\big] - \frac{E}{B}t$$

$$z = \int_0^z \mathrm{d}z = \int_0^t v_z \mathrm{d}t = -\frac{v_{zm}}{\omega}\big[\sin(\omega t + \varphi) - \sin\varphi\big]$$

四、自 测 题

（一）选择题

1. 一弹簧振子，重物的质量为 m，弹簧的劲度系数为 k，该振子作振幅为 A 的简谐振动。当重物通过平衡位置且向规定的正方向运动时，开始计时。则其振动方程为（　　）。

A. $x = A\cos\left(\sqrt{k/m}\,t + \dfrac{1}{2}\pi\right)$　　　　　B. $x = A\cos\left(\sqrt{k/m}\,t - \dfrac{1}{2}\pi\right)$

C. $x = A\cos\left(\sqrt{m/k}\,t + \dfrac{1}{2}\pi\right)$　　　　　D. $x = A\cos\left(\sqrt{m/k}\,t - \dfrac{1}{2}\pi\right)$

E. $x = A\cos\sqrt{k/m}\,t$

2. 一长度为 l，劲度系数为 k 的均匀轻弹簧分割成长度分别为 l_1 和 l_2 的两部分，且 $l_1 = n l_2$，n 为整数。则相应的劲度系数 k_1 和 k_2 为（　　）。

A. $k_1 = \dfrac{kn}{n+1}, k_2 = k(n+1)$　　　　　B. $k_1 = \dfrac{k(n+1)}{n}, k_2 = \dfrac{k}{n+1}$

C. $k_1 = \dfrac{k(n+1)}{n}, k_2 = k(n+1)$　　　　　　　D. $k_1 = \dfrac{kn}{n+1}, k_2 = \dfrac{k}{n+1}$

3. 一物体作简谐振动,振动方程为 $x = A\cos\left(\omega t + \dfrac{1}{2}\pi\right)$。则该物体在 $t = 0$ 时刻的动能与 $t = T/8$(T 为振动周期)时刻的动能之比为(　　　)。

A. $1 : 4$　　　　　　　　　　　　　　　B. $1 : 2$

C. $1 : 1$　　　　　　　　　　　　　　　D. $2 : 1$

E. $4 : 1$

4. 一个弹簧振子和一个单摆(只考虑小幅度摆动),在地面上的固有振动周期分别为 T_1 和 T_2。将它们拿到月球上去,相应的周期分别为 T_1' 和 T_2'。则有(　　　)。

A. $T_1' > T_1$ 且 $T_2' > T_2$　　　　　　　B. $T_1' < T_1$ 且 $T_2' < T_2$

C. $T_1' = T_1$ 且 $T_2' = T_2$　　　　　　　D. $T_1' = T_1$ 且 $T_2' > T_2$

5. 图 11-12 中三条曲线分别表示简谐振动中的位移 x、速度 v 和加速度 a。下列说法中哪一个是正确的?(　　　)

A. 曲线 3、1、2 分别表示 x、v、a 曲线　　　B. 曲线 2、1、3 分别表示 x、v、a 曲线

C. 曲线 1、3、2 分别表示 x、v、a 曲线　　　D. 曲线 2、3、1 分别表示 x、v、a 曲线

E. 曲线 1、2、3 分别表示 x、v、a 曲线

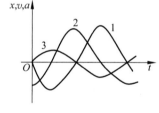

图 11-12

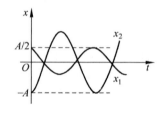

图 11-13

6. 图 11-13 中所画的是两个简谐振动的振动曲线。若这两个简谐振动可叠加,则合成的余弦振动的初相为(　　　)。

A. $\dfrac{3}{2}\pi$　　　　　　B. π　　　　　　C. $\dfrac{1}{2}\pi$　　　　　　D. 0

(二) 填空题

1. 一质点作简谐振动。其振动曲线如图 11-14 所示。根据此图,它的周期 $T =$ _____,用余弦函数描述时初相 $\varphi_0 =$ _____。

2. 一弹簧振子系统具有 1.0 J 的振动能量、0.10 m 的振幅和 1.0 m/s 的最大速率,则弹簧的劲度系数为_____,振子的振动频率为_____。

3. 一弹簧振子作简谐振动,振幅为 A,周期为 T,其运动方程用余弦函数表示。若 $t = 0$ 时:

(1) 振子在平衡位置向正方向运动,则初相为_____;

(2) 振子在负的最大位移处,则初相为_____;

(3) 振子在位移为 $A/2$ 处,且向负方向运动,则初相为_____。

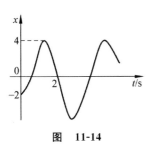

图 11-14

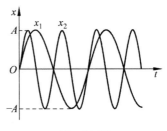

图 11-15

4. 两个简谐振动曲线如图 11-15 所示,则两个简谐振动的频率之比 $\nu_1 : \nu_2 =$ _____,加速度最大值之比 $a_{1m} : a_{2m} =$ _____,初始速率之比 $v_1 : v_2 =$ _____。

5. 质量为 m 的物体和一个轻弹簧组成弹簧振子,其固有振动周期为 T。当它作振幅为 A 的自由简谐振动时,其振动能量 $E =$ _____。

6. 两质点沿水平 x 轴线作相同频率和相同振幅的简谐振动,平衡位置都在坐标原点。它们总是沿相反方向经过同一个点,其位移 x 的绝对值为振幅的一半,则它们之间的相位差为_____。

7. 一简谐振动用余弦函数表示,其振动曲线如图 11-16 所示,则此简谐振动的三个特征量为

$A =$ _____;$\omega =$ _____;$\varphi_0 =$ _____。

8. 两个同方向同频率的简谐振动,其振动表达式分别为(SI)

$$x_1 = 6 \times 10^{-2} \cos\left(5t + \frac{\pi}{2}\right)$$

$$x_2 = 2 \times 10^{-2} \cos\left(\frac{\pi}{2} - 5t\right)$$

它们的合振动的振幅为_____,初相为_____。

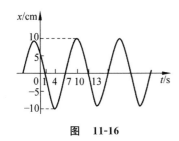

图 11-16

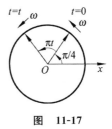

图 11-17

9. 如图 11-17 所示,一简谐振动的旋转矢量图,振幅矢量长 2 cm,则该简谐振动的初相为_____。振动方程为_____。

(三)计算题

1. 有一单摆,摆长为 $l = 100$ cm,开始观察时($t = 0$),摆球正好过 $x_0 = -6$ cm 处,并以 $v_0 = 20$ cm/s 的速度沿 x 轴正向运动,若单摆运动近似看成简谐振动。试求:

(1)振动频率;(2)振幅和初相。

2. 在一竖直轻弹簧下端悬挂质量 $m = 5$ g 的小球,弹簧伸长 $\Delta l = 1$ cm 而平衡。经推动

后,该小球在竖直方向作振幅为 $A=4$ cm 的振动,求:

(1) 小球的振动周期;(2) 振动能量。

附:自测题答案

(一) 选择题

　　1. B;　　2. C;　　3. D;　　4. D;　　5. E;　　6. B

(二) 填空题

　　1. 3.43 s;$-2\pi/3$

　　2. 2×10^2 N/m;1.6 Hz

　　3. $-\pi/2$;π;$\pi/3$

　　4. 2:1;4:1;2:1

　　5. $2\pi^2 mA^2/T^2$

　　6. $\pm2\pi/3$

　　7. 10 cm;$(\pi/6)$ rad/s;$\pi/3$

　　8. 4×10^{-2}m;$\dfrac{1}{2}\pi$

　　9. $\pi/4$;$x=2\times10^{-2}\cos(\pi t+\pi/4)$(SI)

(三) 计算题

　　1. $\nu=\omega/(2\pi)=0.5$ Hz;8.8 cm,3.96 rad (或-2.33 rad)

　　2. 0.201 s;3.92×10^{-3} J

第十二章

波　动

一、主要内容

（一）惠更斯原理

介质中波动传到的各点都可看成是发射子波的波源,在其后的任一时刻,这些子波的包迹就决定了新的波阵面。

（二）平面简谐波的描述

1. 描述波动的特征物理量

波长 λ：同一波线上振动状态完全相同的相邻两点的距离。

波的周期 T：波传播一个波长的距离所需时间,或一个完整波形通过波线上某点所需时间。

波的频率 ν：单位时间内波传播的距离中包含完整波的个数,与介质中质元的振动频率相等。

波速 u：单位时间内,振动状态(即相位)传播的距离。它仅取决于传播介质的性质。

这些物理量之间的关系如下：

$$\nu = \frac{1}{T} \tag{12-1}$$

$$u = \lambda\nu = \lambda/T \tag{12-2}$$

$$\omega = \frac{2\pi}{T} = 2\pi\nu \tag{12-3}$$

$$k = \frac{\omega}{u} \tag{12-4}$$

k 称为波数,其值等于在 2π 长度内所包含的完整波的个数。

2. 波动方程

当平面简谐波沿 x 轴传播,波函数为

$$y(x,t) = A\cos\left[\omega\left(t \mp \frac{x}{u}\right) + \varphi_0\right] \tag{12-5}$$

或

$$y(x,t) = A\cos\left[2\pi\left(\frac{t}{T} \mp \frac{x}{\lambda}\right) + \varphi_0\right] \tag{12-6}$$

其中,"一"表示波沿 x 轴正向传播,"+"表示波沿 x 轴负向传播。

3. 波线上任意两点的相位差

$$\Delta\varphi = 2\pi\left(\frac{t}{T} - \frac{x_1}{\lambda}\right) - 2\pi\left(\frac{t}{T} - \frac{x_2}{\lambda}\right) = 2\pi\frac{x_2 - x_1}{\lambda} \tag{12-7}$$

4. 波的能量

波的能量:介质中体积为 $\mathrm{d}V$ 质元的能量为

$$\mathrm{d}E = \mathrm{d}E_\mathrm{p} + \mathrm{d}E_\mathrm{k} = (\rho\mathrm{d}V)A^2\omega^2\sin^2\omega\left(t - \frac{x}{u}\right) \tag{12-8}$$

波的能量密度

$$w(x,t) = \frac{\mathrm{d}E}{\mathrm{d}V} = \rho A^2\omega^2\sin^2\omega\left(t - \frac{x}{u}\right) \tag{12-9}$$

其在一个周期内的平均值为平均能量密度,$\bar{w} = \frac{1}{2}\rho\omega^2 A^2$。

能流 P:单位时间内通过空间某一面积 S 的能量称为通过该面积的能流,表示为

$$P = wSu \tag{12-10}$$

式中 u 为波速,如图 12-1 所示。

能流密度 I:单位时间内通过与波线相垂直的单位面积的能量,表示为

$$I = \frac{\bar{P}}{S} = \bar{w}u = \frac{1}{2}\rho A^2\omega^2 u \tag{12-11}$$

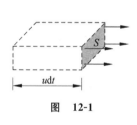

图　12-1

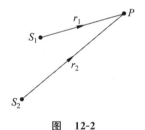

图　12-2

(三) 波的干涉

1. 波的干涉现象

相干波:满足频率相同、振动方向相同、相位相同或相位差恒定的波。

相干现象:相干波在空间相遇时,使空间某些点的振动始终加强,某些点振动始终减弱或完全抵消的现象。波的干涉现象是波动所独有的特征之一。

2. 相干波干涉加强、减弱的条件

如图 12-2 所示,两列相干波在 P 点相遇,其合成后振动方程为

$$y = y_1 + y_2 = A\cos(\omega t + \varphi) \tag{12-12}$$

其中

$$y_1 = A_1 \cos\left(\omega t - \frac{2\pi}{\lambda}r_1 + \varphi_{01}\right)$$

$$y_2 = A_2 \cos\left(\omega t - \frac{2\pi}{\lambda}r_2 + \varphi_{02}\right)$$

$$A^2 = A_1^2 + A_2^2 + 2A_1 A_2 \cos\Delta\varphi$$

$$\Delta\varphi = \frac{2\pi}{\lambda}(r_2 - r_1) + (\varphi_{01} - \varphi_{02})$$

当 $\Delta\varphi = \pm 2k\pi, (k=0,1,2,\cdots)$，振幅最大，$A = A_1 + A_2$，干涉加强。

当 $\Delta\varphi = \pm(2k+1)\pi, (k=0,1,2,\cdots)$，振幅最小，$A = |A_1 - A_2|$，干涉减弱。

3. 驻波

（1）形成驻波的条件：两相同振幅的相干波在同一直线上沿相反方向传播。

（2）驻波方程：

$$y = y_1 + y_2 = A\cos(\omega t - kx) + A\cos(\omega t + kx)$$
$$= 2A\cos(kx)\cos(\omega t) \tag{12-13}$$

（3）波腹和波节位置

波腹：振幅达到最大值的点。坐标为

$$x = k\frac{\lambda}{2}, \quad k = 0, \pm 1, \pm 2, \cdots \tag{12-14}$$

波节：振动处于静止的点。坐标为

$$x = (2k+1)\frac{\lambda}{4}, \quad k = 0, \pm 1, \pm 2, \cdots \tag{12-15}$$

（4）半波损失

在技术上要实现驻波，一般是采用入射波在某点反射形成反射波，入射波和反射波相叠加。当波从波疏介质入射到波密介质界面上反射时，反射波存在 π 的相位突变，相当于有半个波长的波程差；当波从波密介质入射到波疏介质界面上反射时，反射波没有 π 的相位突变。

（四）多普勒效应

当波源或接收器相对介质运动时，接收到的波的频率与发射波的波源的频率会存在差别，这一现象称为多普勒效应。

设波源的运动速度为 v_S，波在介质中的传播速度为 u，观察者的运动速度为 v_R；波源的振动频率为 ν，观察者接收到的频率为 ν_R，则

$$\nu_R = \frac{u \pm v_R}{u \mp v_S}\nu \tag{12-16}$$

式中，当观察者与波源相向运动时，v_R 前取正号，v_S 前取负号；当观察者与波源相背运动时，v_R 前取负号，v_S 前取正号。

二、解 题 指 导

本章问题涉及的主要方法如下。

1. 根据已知质点振动方程，分析波动过程中相位（振动状态）传播的规律，求出波函数。

已知位于离坐标原点为 l 处的质点 Q 的振动方程为 $y = A\cos(\omega t + \varphi_0)$，$t$ 时刻位于 x 位置处 P 点的振动状态，对于右行波（沿 x 正向传播）而言，是 Q 点在 $\left(t - \dfrac{x-l}{u}\right)$ 时刻的振动状态以速度 u 传播到 P 的，则波函数为

$$y = A\cos\left[\omega\left(t - \frac{x-l}{u}\right) + \varphi_0\right]$$

而左行波（沿 x 负向传播），则波函数为

$$y = A\cos\left[\omega\left(t + \frac{x-l}{u}\right) + \varphi_0\right]$$

2. 根据已知波形曲线或波线某点的振动曲线，求出波函数。

首先通过振动曲线或波形图找出某点振动的特征量 A、ω、φ_0，求出振动方程 $y = A\cos(\omega t + \varphi_0)$，通过 $\Delta\varphi = 2\pi\left(\dfrac{t}{T} - \dfrac{x_1}{\lambda}\right) - 2\pi\left(\dfrac{t}{T} - \dfrac{x_2}{\lambda}\right) = 2\pi\dfrac{x_2 - x_1}{\lambda}$ 求出波的特征物理量 λ（或 u），得出波函数：

$$y(x,t) = A\cos\left[\omega\left(t \mp \frac{x}{u}\right) + \varphi_0\right] \quad \text{或} \quad y = A\cos\left[\omega\left(t \mp \frac{x-l}{u}\right) + \varphi_0\right]$$

3. 根据入射波波函数，求反射波波函数。

已知入射波波函数 $y_入 = A\cos\left[\omega\left(t - \dfrac{x}{u}\right) + \varphi_0\right]$，则反射波波函数为

$$y_反 = A\cos\left\{\omega\left[t - \frac{2(L-x)}{u} - \frac{x}{u}\right] + \varphi_0\right\}$$

其中 L 为波源到反射壁的距离。

如有半波损失，则反射波波函数为

$$y_反 = A\cos\left\{\omega\left[t - \frac{2(L-x)}{u} - \frac{x}{u}\right] + \varphi_0 + \pi\right\}$$

4. 已知两列相干波，讨论相干条件。

干涉加强和减弱的条件可通过公式

$$\Delta\varphi = \frac{2\pi}{\lambda}(r_2 - r_1) + (\varphi_{01} - \varphi_{02})$$

得出，其中当 $\varphi_{01} = \varphi_{02}$ 时，波程差 $r_2 - r_1 = k\lambda$ 和 $r_2 - r_1 = \dfrac{\lambda}{2}(2k+1)$ 是讨论的重点。当初相不相等时，同样可用此式计算，只是将初相差换算成初波程差。

例 12-1 （已知某点的振动方程写波函数）一波长为 λ 的简谐波沿 Ox 轴正方向传播，在 $x=0$ 处的质点的振动方程是

$$y = \left(\frac{\sqrt{3}}{2}\sin\omega t - \frac{1}{2}\cos\omega t\right) \times 10^{-2}\,(\text{SI})$$

求该简谐波的表达式。

解：如图 12-3 所示，已知条件中的振动方程为两个简谐振动的合成，用旋转矢量法将其化成简谐振动的标准形式：

$$y = \frac{1}{2}(\sqrt{3}\sin \omega t - \cos \omega t) \times 10^{-2}$$

$$= \frac{1}{2}\left[\sqrt{3}\cos\left(\omega t - \frac{1}{2}\pi\right) + \cos(\omega t + \pi)\right] \times 10^{-2}$$

$$= 1 \times 10^{-2}\cos(\omega t + 4\pi/3)\,(\text{SI})$$

由 $y(x,t) = A\cos\left[\omega\left(t - \dfrac{x}{u}\right) + \varphi_0\right] = A\cos\left(\omega t - \dfrac{2\pi}{\lambda}x + \varphi_0\right)$ 得

$$y = 1 \times 10^{-2}\cos\left(\omega t - 2\pi\frac{x}{\lambda} + \frac{4}{3}\pi\right)$$

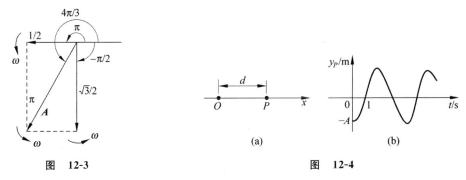

图　12-3　　　　　　　　　　　图　12-4

例 12-2　（已知某点振动曲线求波函数）一平面简谐波沿 Ox 轴的负方向传播，波长为 λ，P 点位置及 P 处质点的振动规律如图 12-4(a)、(b)所示。

(1) 求 P 处质点的振动方程；

(2) 求此波的波函数。

解：(1) 由振动曲线可知 P 点振幅为 A，振动的周期 $T = 4$ s，故 $\omega = \dfrac{2\pi}{T} = \dfrac{1}{2}\pi$。由旋转矢量法知初相位 $\varphi_0 = \pi$，所以 P 点振动方程为

$$y_P = A\cos\left(\frac{1}{2}\pi t + \pi\right)(\text{SI})$$

(2) 由 $y = A\cos\left[\omega\left(t + \dfrac{x-l}{u}\right) + \varphi_0\right]$ 可得波函数为

$$y = A\cos\left[2\pi\left(\frac{t}{4} + \frac{x-d}{\lambda}\right) + \pi\right](\text{SI})$$

例 12-3　（已知波形曲线求某点振动方程及波函数）已知某平面简谐波在 $t = 0$ 时的波形曲线如图 12-5(a)所示。波沿 x 轴正方向传播，并知该波的周期 $T = 3$ s，求：

(1) 点 O 处质元的振动方程；

(2) 该波的波函数；

(3) $t = 1.5$ s 时的波形图；

(4) 点 P 处质元的振动方程，并作出点 P 处质元的振动曲线，且求出 $t = 0$ 时点 P 处质元的振动方向。

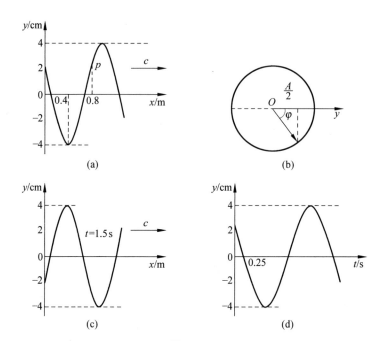

图 12-5

解:(1) 由图 12-5(a)所示的波形曲线显见 $A = 4 \times 10^{-2}$ m;由题意 $T = 3$ s,所以

$$\omega = \frac{2\pi}{T} = \frac{2}{3}\pi$$

求初相位 φ 可用旋转矢量法或解析法。

点 O 处质元在 $t = 0$ 时刻的振动状态为 $y_0 = 2$ cm $= \dfrac{A}{2}, v_0 > 0$(由于波沿 x 轴正向传播),故 $t = 0$ 时,点 O 处质元所对应的旋转矢量如图 12-5(b)所示。显然

$$\varphi = -\frac{\pi}{3} \quad \text{或} \quad \frac{5\pi}{3}$$

点 O 处质元的振动方程为

$$y = 4 \times 10^{-2} \cos\left(\frac{2}{3}\pi t - \frac{\pi}{3}\right) \text{ m} \tag{1}$$

或

$$y = 4 \times 10^{-2} \cos\left(\frac{2}{3}\pi t + \frac{5\pi}{3}\right) \text{ m} \tag{2}$$

(2) 求该波的波函数,首先需求出该波的波长或者波速(相速),然后求出该波的波函数。

已知 O 点处质元的振动初相位 $\varphi_1 = \dfrac{5\pi}{3}$,设该波的波长为 λ,由图 12-5(a)可见,振动状态为 $t = 0, x = 0.4$ m 时,$y = -4 \times 10^{-2}$ m。

可由旋转矢量法知 $x = 0.4$ m 的参考点 B 处质元的初相位 $\varphi_2 = \pi$,有

$$\Delta\varphi = \varphi_1 - \varphi_2 = 2\pi\left(\frac{t}{T} - \frac{x_1}{\lambda}\right) - 2\pi\left(\frac{t}{T} - \frac{x_2}{\lambda}\right)$$

$$= 2\pi\frac{x_2 - x_1}{\lambda}$$

即

$$2\pi\left(\frac{0.4}{\lambda}\right)=\frac{5\pi}{3}-\pi$$

可得 $\lambda=1.2$ m。由

$$y(x,t)=A\cos\left[2\pi\left(\frac{t}{T}-\frac{x}{\lambda}\right)+\varphi_0\right]$$

得

$$y=4\times10^{-2}\cos\left[2\pi\left(\frac{t}{3}-\frac{x}{1.2}\right)+\frac{5\pi}{3}\right](\text{m})$$

（3）由于 $T=3$ s，所以 $t=1.5$ s 时的波形曲线如图 12-5(c)所示，此波形与 $t=0$ 时刻的波形（如图 12-5(a)所示）相比，波线上各质元的振动都经历了半个周期。

（4）要求点 P 处质元的振动方程，只要以 $x=0.8$ m 代入波函数便可以得到，所以点 P 处质元的振动方程为

$$y=4\times10^{-2}\cos\left[2\pi\left(\frac{t}{3}-\frac{0.8}{1.2}\right)-\frac{\pi}{3}\right]$$

$$=4\times10^{-2}\cos\left(\frac{2}{3}\pi t-\frac{5}{3}\pi\right)$$

或

$$y=4\times10^{-2}\cos\left[2\pi\left(\frac{t}{3}-\frac{0.8}{1.2}\right)+\frac{5\pi}{3}\right]$$

$$=4\times10^{-2}\cos\left(\frac{2}{3}\pi t+\frac{\pi}{3}\right)$$

点 P 处质元的振动曲线如图 12-5(d)所示。$t=0$ 时刻该质元的振动方向向下，即振动速度为负。

例 12-4（已知波形曲线求波函数）图 12-6 为一平面余弦波在 $t=0$ 时刻与 $t=2$ s 时刻的波形图，求：

（1）坐标原点处介质质点的振动方程；

（2）该波的波函数。

解：（1）由 y-x 波形曲线可知 $\lambda=160$ m，$\Delta x=u\Delta t$，其中 $\Delta x=20$ m，$\Delta t=2$，所以 $u=10$ m/s。

由 $u=\lambda\nu=\lambda/T$ 和 $\omega=\dfrac{2\pi}{T}$ 得

$$\omega=\frac{\pi}{8}\text{ rad/s}$$

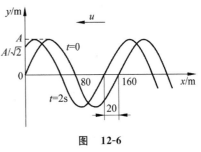

图 12-6

当 $t=0$ 时，在 $x=0$ 处，$y=0$ 且向上运动，由旋转矢量法可以判断 $\varphi=-\dfrac{\pi}{2}$，所以坐标原点的振动方程为

$$y_0=A\cos\left(\frac{\pi}{8}t-\frac{\pi}{2}\right)\text{ m}$$

（2）由

$$y(x,t)=A\cos\left[2\pi\left(\frac{t}{T}+\frac{x}{\lambda}\right)+\varphi_0\right]$$

可得波函数

$$y = A\cos\left(\frac{\pi}{8}t + \frac{\pi}{80}x - \frac{\pi}{2}\right) \text{m}$$

例 12-5 （波的干涉计算）S_1、S_2 为同一介质中相距 $\frac{3}{4}\lambda$ 的两相干波源,源发射的平面

简谐波振幅均为 A,波的强度均为 I_0,沿其连线方向传播。若 S_1 经平衡位置向负方向运动时 S_2 恰好在正方向最远端,设介质不吸收波的能量,试求:

(1) S_1、S_2 两侧合成波的强度;

(2) S_1、S_2 之间因干涉而加强的点的位置。

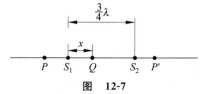

图 12-7

解:(1) 合成波的强度决定于合成波的振幅,$I \propto A^2$,而振幅又决定于两相干波的相位差,所以此题应从相位差入手解决。

由题意可知,两波的初相差为 $\frac{\pi}{2}$,则在相遇点两波的相位差为

$$\Delta\varphi = \varphi_1 - \varphi_2 - 2\pi\frac{r_1 - r_2}{\lambda} = \frac{\pi}{2} - 2\pi\frac{r_1 - r_2}{\lambda}$$

如图 12-7 所示,设 P 点为两波在 S_1 外侧的任一相遇点,在该点两波的波程差为

$$r_1 - r_2 = -\frac{3}{4}\lambda$$

即

$$\Delta\varphi = \frac{\pi}{2} - \frac{2\pi}{\lambda}\left(-\frac{3}{4}\right)\lambda = 2\pi$$

满足干涉相长条件,且与 P 点在 S_1 外侧的位置无关。所以合成波的振幅 $A = A_0 + A_0 = 2A_0$,故合成波的强度为 $I = 4I_0$。

又设 P' 点为两波在 S_2 外侧的任一相遇点,该点处两波波程差为 $r_1 - r_2 = \frac{3}{4}\lambda$,则相位差

$$\Delta\varphi = \frac{\pi}{2} - \frac{2\pi}{\lambda}\left(\frac{3}{4}\lambda\right) = -\pi$$

满足干涉相消条件,且与 P' 点在 S_2 外侧的位置无关,合成波的振幅 $A = A_0 - A_0 = 0$,故合成波的强度为 $I = 0$。

(2) 设 Q 点为两波在 S_1、S_2 之间的任一干涉点,S_1 距 Q 点的距离为 x,则 S_2 距 Q 点的距离为 $\frac{3}{4}\lambda - x$,在 Q 点两波相位差为

$$\Delta\varphi = \frac{\pi}{2} - \frac{2\pi}{\lambda}\left[x - \left(\frac{3}{4}\lambda - x\right)\right] = \frac{\pi}{2} - \frac{4\pi}{\lambda}x + \frac{3}{2}\pi$$

$$= 2\pi - \frac{4\pi}{\lambda}x$$

由干涉加强条件:

$$\Delta\varphi = 2\pi - \frac{4\pi}{\lambda}x = 2k\pi, \quad k = 0, \pm 1, \pm 2, \cdots$$

得

$$x = (1-k)\frac{\lambda}{2}$$

因为 $0 \leqslant x \leqslant \dfrac{3\lambda}{4}$，因此 k 只能取 1、0，相应的干涉加强的点的位置为 0、$\dfrac{\lambda}{2}$。

例 12-6 （驻波的计算）如图 12-8 所示，在弹性介质中有一沿 x 轴正向传播的平面波，其表达式为

$$y = 0.01\cos\left(4t - \pi x - \frac{1}{2}\pi\right)(\text{SI})$$

若在 $x = 5.00$ m 处有一介质分界面，且在分界面处反射波相位突变，设反射波的强度不变，试写出反射波的表达式。

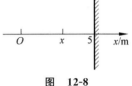

图 12-8

解：波由 $x \to 5 \to x$ 所需时间为 $\dfrac{2(5-x)}{u}$，已知，入射波波函数为

$$y = 0.01\cos\left(4t - \pi x - \frac{1}{2}\pi\right)(\text{SI})$$

由 $y_{反} = A\cos\left\{\omega\left[t - \dfrac{2(L-x)}{u} - \dfrac{x}{u}\right] + \varphi_0 + \pi\right\}$，其中 $L = 5$ m，得反射波的波函数

$$y = 0.01\cos\left(4t + \pi x + \frac{1}{2}\pi\right)(\text{SI})$$

三、习题解答

12-1 人类能听到的声波频率范围为 $20 \sim 20000$ Hz，若声速为 340 m/s，求相应的波长范围。

解：根据 $u = \lambda\nu$ 得，$\lambda = u/\nu$，则有

$$\lambda_1 = \frac{u}{\nu_1} = \frac{340}{20} = 17\ (\text{m})$$

$$\lambda_2 = \frac{u}{\nu_2} = \frac{340}{20000} = 0.017\ (\text{m}) = 1.7\ (\text{cm})$$

所以波长范围为 $0.017 \sim 17$ m。

12-2 某电台播音频率为 760 kHz，电波速度为 3×10^8 m/s，求电波波长。

解：由 $\lambda = c/\nu$ 可知

$$\lambda = c/\nu = \frac{3 \times 10^8}{760 \times 10^3} = 394.74\ (\text{m}) \approx 395\ (\text{m})$$

12-3 波长为 λ 的声波从波速为 v 的介质传播到波速为 $4v$ 的另一种介质，求声波在第二种介质中的波长。

解：根据波在不同介质中传播的频率不改变的原理，即 $\nu_1 = \nu_2$，$\nu = v_1/\lambda_1 = v_2/\lambda_2$。变换后 $\lambda_2 = v_2 \cdot \lambda_1/v_1 = \dfrac{4v \cdot \lambda}{v} = 4\lambda$，即声波在第二种介质中的波长为 4λ。

12-4 对于 $y = 5\sin 30\pi[t - (x/240)]$ 的波，其中 x 和 y 的单位取 cm，t 的单位取 s，求：

（1）$t = 0$ 时，$x = 2$ cm 处的位移；

（2）波长，波速，频率。

解：(1) 当 $t=0, x=2$ 时，

$$y = 5\sin 30\pi[t-(x/240)] = 5\sin(-30\pi/120) = 5\sin\left(-\frac{1}{4}\pi\right)$$

$$= -\frac{5\sqrt{2}}{2}\,(\text{cm}) = -3.535\,(\text{cm})$$

(2) 根据波函数 $y(x,t) = A\cos\left[\omega\left(t-\dfrac{x}{u}\right)+\varphi_0\right]$，该题的波函数为 $y=5\sin 30\pi[t-(x/240)]$，频率为 $\omega=30\pi$，比较两个关系式可知波速 $u=240\,\text{cm/s}$

周期 $T=\dfrac{2\pi}{\omega}=\dfrac{2\pi}{30\pi}=\dfrac{1}{15}=0.0667\,(\text{s})$，故频率 $\nu=\dfrac{1}{T}=15\,\text{Hz}$。

波长 $\lambda=u/\nu=\dfrac{240}{15}=16\,(\text{cm})$

12-5 一列沿绳子传播的波，其波函数为 $y=0.02\sin(30t-4.0x)$（SI）．求它的振幅、频率、速度和波长。

解：根据波函数 $y(x,t)=A\cos\left[\omega\left(t-\dfrac{x}{u}\right)+\varphi_0\right]$，该题的波函数为

$$y=0.02\sin(30t-4.0x)=0.02\sin\left[30\left(t-\dfrac{4.0}{30}x\right)\right]$$

$$=0.02\sin\left[30\left(t-\dfrac{x}{7.5}\right)\right]=0.02\cos\left[30\left(t-\dfrac{x}{7.5}\right)-\dfrac{\pi}{2}\right]$$

比较两个关系式可知振幅 $A=0.02\,\text{m}$，波速 $u=7.5\,\text{m/s}$，频率 $\omega=30\,\text{rad/s}$，周期 $T=\dfrac{2\pi}{\omega}=\dfrac{2\pi}{30}=\dfrac{\pi}{15}$，频率 $\nu=\dfrac{1}{T}=\dfrac{15}{\pi}=4.78\,\text{Hz}$，波长

$$\lambda=\dfrac{u}{\nu}=\dfrac{7.5}{4.78}=1.57\,(\text{m})$$

12-6 图 12-9 所示为 $t=0$ 时刻的波形图，已知波速为 $300\,\text{m/s}$，求它的振幅、频率、波长，并写出波沿 x 轴正向传播的波函数。

解：由图 12-9 可知：振幅 $A=0.05\,\text{m}$，波长 $\lambda=0.08\,\text{m}$。

已知波速 $u=300\,\text{m/s}$，由 $\lambda=uT$，可得频率为

$$\nu=\dfrac{1}{T}=\dfrac{u}{\lambda}=3750\,(\text{Hz})$$

由式(12-6)可得一般波函数为

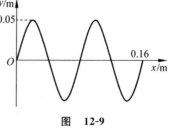

图 12-9

$$y(x,t)=A\cos\left[2\pi\left(\nu t-\dfrac{x}{\lambda}\right)+\varphi_0\right]$$

当 $t=0, x=0$ 时，$y=0$ 且 $\dfrac{\partial y}{\partial t}<0$，代入上式可得 $\varphi_0=\dfrac{\pi}{2}$，故，波函数为

$$y(x,t)=0.05\cos\left[2\pi(3750t-12.5x)+\dfrac{\pi}{2}\right]\text{(SI)}。$$

12-7 一列简谐波沿拉伸的绳子的正方向运动，振幅为 $2.0\,\text{cm}$，波长为 $1.0\,\text{m}$，波速为 $5.0\,\text{m/s}$，在 $x=0, t=0$ 处，有 $y=0$ 且 $\partial y/\partial t<0$，求波函数。

解：波函数的一般解为

$$y(x,t) = A\cos\left[2\pi\left(\frac{t}{T} - \frac{x}{\lambda}\right) + \varphi_0\right]$$

由题可知：$A = 2.0 \text{ cm} = 0.02 \text{ m}, \lambda = 1.0 \text{ m}, u = 5.0 \text{ m/s}$。

在 $x = 0, t = 0$ 处，有 $y = 0$，可得 $A\cos\varphi_0 = 0$，即

$$\varphi_0 = \pm\frac{\pi}{2}$$

在 $x = 0, t = 0$ 处，$\partial y/\partial t < 0$，可得 $\sin\varphi_0 > 0$，即

$$0 < \varphi_0 < \pi$$

综上所述：$\varphi_0 = \frac{\pi}{2}$，则波函数为

$$y(x,t) = 0.02\cos\left[2\pi(5t - x) + \frac{\pi}{2}\right]$$

12-8 有一列波在密度 $\rho = 800 \text{ kg/m}^3$ 的介质中以 $u = 10^3 \text{ m/s}$ 的波速传播，波的幅度 $A = 1.0\times10^{-4} \text{ m}$，频率 $\nu = 10^3 \text{ Hz}$。求：

（1）该波的强度；

（2）在 1 min 内垂直通过一面积 $S = 4\times10^{-4} \text{ m}^2$ 的能量。

解：（1）因为波的强度

$$I = \frac{\overline{P}}{S} = \overline{w}u = \frac{1}{2}\rho A^2\omega^2 u$$

所以

$$I = \frac{1}{2}\rho A^2(2\pi\nu)^2 u = \frac{1}{2}\times800\times(1.0\times10^{-4})^2\times(10^3\times2\pi)^2\times10^3$$

解得

$$I = 1.58\times10^5 \text{ (W/m}^2)$$

（2）因为波的强度代表单位时间垂直通过单位面积的能量，故在 1 min，即 60 s 内垂直通过面积 S 的能量为

$$W = I\cdot\Delta t\cdot S = 1.58\times10^5\times60\times4\times10^{-4}$$
$$= 3.79\times10^3 \text{ (J)}$$

12-9 一球面波在各向同性的均匀介质中传播，波源的发射功率为 2 W。问：离波源 $r_1 = 1 \text{ m}, r_2 = 2 \text{ m}$ 处波的强度各为多大？（不计介质吸收，波源视为点波源）

解：因为 $I = \frac{P}{S}$，则有

$$I_1 = \frac{P}{S_1} = \frac{P}{4\pi r_1^2} = \frac{2}{4\pi} = \frac{1}{2\pi} \quad \text{J/(s·m}^2)$$

$$I_2 = \frac{P}{S_2} = \frac{P}{4\pi r_2^2} = \frac{2}{16\pi} = \frac{1}{8\pi} \quad \text{J/(s·m}^2)$$

12-10 一驻波中相邻两波节的距离为 $d = 8.00 \text{ cm}$，质元的振动频率为 $\nu = 2.00\times10^3 \text{ Hz}$，求形成该驻波的两个波的波长 λ 和传播速度 u。

解：（1）因为 $d = \frac{\lambda}{2} = 8\times10^{-2} \text{ (m)}$，所以 $\lambda = 0.16 \text{ (m)}$。

（2）$u = \lambda\nu = 0.16\times2\times10^3 = 0.32\times10^3 = 320 \text{ (m/s)}$

12-11 入射波 $y=1\times10^{-4}\cos\left[2000\pi\left(t-\dfrac{x}{34}\right)\right]$(SI)在固定端反射,固定端的坐标为 $x_0=51$ m。写出反射波和驻波的表达式。(介质无吸收)

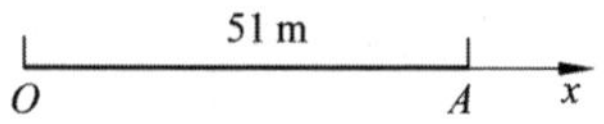

解: 如图 12-10 所示,以 x 向右为正方向,O 点发出的波在固定端 A 点引起的振动为

图　12-10

$$y=1\times10^{-4}\cos\left(2000\pi t-\frac{2000\pi}{34}\times51\right)\text{(m)}$$

在 A 点,该振动向 x 反向传播,A 为固定点,由于半波损失,反向波为

$$y_{反}=1\times10^{-4}\cos\left[\left(2000\pi t-\frac{2000\pi}{34}\times51\right)+\frac{2000\pi}{34}(x-51)+\pi\right]$$

$$=1\times10^{-4}\cos\left(2000\pi t+\frac{2000\pi}{34}x+\pi\right)$$

正向波与反向波在 OA 区间合成的驻波

$$y=y_入+y_反=1\times10^{-4}\cos\left(2000\pi t+\frac{\pi}{2}\right)\cos\left(\frac{1000\pi}{17}x+\frac{\pi}{2}\right)\text{(m)}$$

求解本题的基本出发点是叠加原理。关键问题在于处理好反射波,确定反射波时应注意:①波遇到波密介质反射时存在半波损失;②反向传播空间的坐标变换,本题图示为 $x-51$。

12-12 当火车驶近时,观察者觉得它的汽笛的基音比驶离时高一个音(即频率高到 9/8 倍),已知空气中声速 $u=340$ m/s,求火车的速率。

解: 设火车速度为 v_S,声波在空气中的速度为 $u=340$ m/s,波源的振动频率为 ν。

火车驶近时,观察者接收的频率

$$\nu_R=\frac{u}{u-v_S}\nu \tag{1}$$

火车驶离时,观察者接收的频率

$$\nu_R'=\frac{u}{u+v_S}\nu \tag{2}$$

由题可得

$$\nu_R=\frac{9}{8}\nu_R', \tag{3}$$

由式(1)~式(3),可得

$$\frac{u}{u-v_S}=\frac{9}{8}\cdot\frac{u}{u+v_S} \tag{4}$$

故

$$v_S=20\text{ m/s}。$$

12-13 一声源以 10000 Hz 的频率振动,若人耳可闻声的最高频率为 20000 Hz,问该声源必须以多大速率向着静止的观察者运动,才能使观察着听不到声音?已知,声速为 $u=340$ m/s。

解: 已知声源的频率振动 $\nu=10000$ Hz,声速为 $u=340$ m/s,声源以速率 v_S 向着静止的观察者运动时,观察者接收到的频率为

$$\nu_R=\frac{u}{u-v_S}\nu$$

当 $\nu_R \geqslant 20000$ Hz 时,观察者听不到声音,故 $\nu_R = 20000$ Hz 时,v_S 有最小值:

$$v_S = u\left(1 - \frac{\nu}{\nu_R}\right) = 170 \text{ (m/s)}$$

即声源必须以不小于 170 m/s 的速率向着静止的观察者运动,才能使观察者听不到声音。

四、自　测　题

(一)选择题

1. 下列函数 $f(x,t)$ 可表示弹性介质中的一维波动,式中 A、a 和 b 是正的常量。其中哪个函数表示沿 x 轴负向传播的行波?(　　)

  A. $f(x,t) = A\cos(ax + bt)$ B. $f(x,t) = A\cos(ax - bt)$

  C. $f(x,t) = A\cos ax \cdot \cos bt$ D. $f(x,t) = A\sin ax \cdot \sin bt$

2. 一平面简谐波,其振幅为 A,频率为 ν。波沿 x 轴正方向传播。设 $t = t_0$ 时刻的波形如图 12-11 所示,则 $x = 0$ 处质点的振动方程为(　　)。

  A. $y = A\cos\left[2\pi\nu(t + t_0) + \dfrac{1}{2}\pi\right]$ B. $y = A\cos\left[2\pi\nu(t - t_0) + \dfrac{1}{2}\pi\right]$

  C. $y = A\cos\left[2\pi\nu(t - t_0) - \dfrac{1}{2}\pi\right]$ D. $y = A\cos\left[2\pi\nu(t - t_0) + \pi\right]$

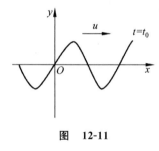

图　12-11

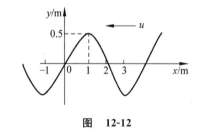

图　12-12

3. 一沿 x 轴负方向传播的平面简谐波在 $t = 2$ s 时的波形曲线如图 12-12 所示,则原点 O 的振动方程为(　　)。

  A. $y = 0.50\cos\left(\pi t + \dfrac{1}{2}\pi\right)$ (SI)   B. $y = 0.50\cos\left(\dfrac{1}{2}\pi t - \dfrac{1}{2}\pi\right)$ (SI)

  C. $y = 0.50\cos\left(\dfrac{1}{2}\pi t + \dfrac{1}{2}\pi\right)$ (SI)   D. $y = 0.50\cos\left(\dfrac{1}{4}\pi t + \dfrac{1}{2}\pi\right)$ (SI)

4. 如图 12-13 所示,S_1 和 S_2 为两相干波源,它们的振动方向均垂直于图面,发出波长为 λ 的简谐波,P 点是两列波相遇区域中的一点,已知 $\overline{S_1 P} = 2\lambda$,$\overline{S_2 P} = 2.2\lambda$,两列波在 P 点发生相消干涉。若 S_1 的振动方程为 $y_1 = A\cos\left(2\pi t + \dfrac{1}{2}\pi\right)$,则 S_2 的振动方程为(　　)。

  A. $y_2 = A\cos\left(2\pi t - \dfrac{1}{2}\pi\right)$ B. $y_2 = A\cos(2\pi t - \pi)$

图　12-13

C. $y_2 = A\cos\left(2\pi t + \dfrac{1}{2}\pi\right)$ D. $y_2 = 2A\cos(2\pi t - 0.1\pi)$

5. 如图 12-14 中,图(a)表示 $t=0$ 时的余弦波的波形图,波沿 x 轴正向传播;图(b)为一余弦振动曲线。则图(a)中所表示的 $x=0$ 处振动的初相位与图(b)所表示的振动的初相位(   )。

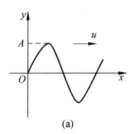 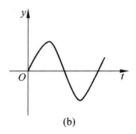

(a)   (b)

图 12-14

A. 均为零 B. 均为 $\dfrac{1}{2}\pi$

C. 均为 $-\dfrac{1}{2}\pi$ D. 分别为 $\dfrac{1}{2}\pi$ 与 $-\dfrac{1}{2}\pi$

E. 分别为 $-\dfrac{1}{2}\pi$ 与 $\dfrac{1}{2}\pi$

6. 当一平面简谐机械波在弹性介质中传播时,下述各结论哪个是正确的?(   )

A. 介质质元的振动动能增大时,其弹性势能减小,总机械能守恒

B. 介质质元的振动动能和弹性势能都作周期性变化,但二者的相位不相同

C. 介质质元的振动动能和弹性势能的相位在任一时刻都相同,但二者的数值不相等

D. 介质质元在其平衡位置处弹性势能最大

7. 一平面简谐波的表达式为 $y = A\cos 2\pi(\nu t - x/\lambda)$。在 $t = 1/\nu$ 时刻,$x_1 = 3\lambda/4$ 与 $x_2 = \lambda/4$ 两点处质元速度之比是(   )。

A. -1 B. $\dfrac{1}{3}$ C. 1 D. 3

8. 机械波的表达式为 $y = 0.03\cos 6\pi(t + 0.01x)$(SI),则(   )。

A. 其振幅为 3 m

B. 其波速为 10 m/s

C. 波沿 x 轴正向传播

D. 其周期为 $\dfrac{1}{3}$ s

(二) 填空题

1. 一简谐波沿 x 轴正方向传播,x_1 和 x_2 两点处的振动曲线分别如图 12-15(a)和(b)所示。已知 $x_2 > x_1$ 且 $x_2 - x_1 < \lambda$(λ 为波长),则 x_2 点的相位比 x_1 点的相位滞

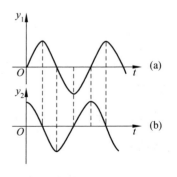

图 12-15

后_____。

2. 在固定端 $x=0$ 处反射的反射波表达式是 $y_2=A\cos 2\pi(\nu t-x/\lambda)$。设反射波无能量损失,那么入射波的表达式是 $y_1=$_____;形成的驻波的表达式是 $y=$_____。

3. 一简谐波沿 Ox 轴正方向传播,图 12-16 中所示为该波 t 时刻的波形图。欲沿 Ox 轴形成驻波,且使坐标原点 O 处出现波节,试在另一图上画出需要叠加的另一简谐波 t 时刻的波形图。

4. 设沿弦线传播的一入射波的表达式为 $y_1=A\cos\left(\omega t-2\pi\dfrac{x}{\lambda}\right)$,波在 $x=L$ 处(B 点)发生反射,反射点为自由端(如图 12-17 所示)。设波在传播和反射过程中振幅不变,则反射波的表达式是 $y_2=$_____。

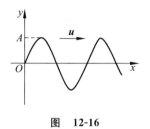

图 12-16

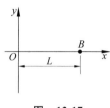

图 12-17

5. 两相干波源 S_1 和 S_2 的振动方程分别是 $y_1=A\cos\omega t$ 和 $y_2=A\cos\left(\omega t+\dfrac{1}{2}\pi\right)$。$S_1$ 距 P 点 3 个波长,S_2 距 P 点 21/4 个波长。两波在 P 点引起的两个振动的相位差是_____。

6. 惠更斯引入_____的概念提出了惠更斯原理,菲涅耳再用_____的思想补充了惠更斯原理,发展成了惠更斯-菲涅耳原理。

(三)计算题

1. 一平面简谐波沿 Ox 轴正方向传播,波的表达式为 $y=A\cos 2\pi(\nu t-x/\lambda)$,另一平面简谐波沿 Ox 轴负方向传播,波的表达式为 $y=2A\cos 2\pi(\nu t+x/\lambda)$。

求:(1) $x=\lambda/4$ 处介质质点的合振动方程;

(2) $x=\lambda/4$ 处介质质点的速度表达式。

2. 在弹性介质中有一沿 x 轴正向传播的平面波,其表达式为 $y=0.01\cos\left(4t-\pi x-\dfrac{1}{2}\pi\right)$(SI)。若 $x=5.00$ m 处有一介质分界面,且在分界面处反射波相位突变 π,设反射波的强度不变,试写出反射波的表达式。

3. 如图 12-18 所示,一平面简谐波沿 Ox 轴的负方向传播,波速大小为 u,若 P 处介质质点的振动方程为 $y_P=A\cos(\omega t+\varphi)$,求:

(1) O 处质点的振动方程;

(2) 该波的波动表达式;

(3) 与 P 处质点振动状态相同的那些点的位置。

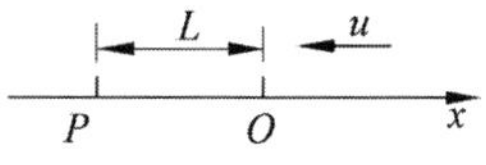

图 12-18

4. 如图 12-19 所示,S_1、S_2 为两平面简谐波相干波源。S_2 的相位比 S_1 的相位超前

294

$\pi/4$,波长 $\lambda=8.00\,\mathrm{m}$,$r_1=12.0\,\mathrm{m}$,$r_2=14.0\,\mathrm{m}$,S_1 在 P 点引起的振动振幅为 $0.30\,\mathrm{m}$,S_2 在 P 点引起的振动振幅为 $0.20\,\mathrm{m}$,求 P 点的合振幅。

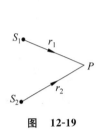

图 12-19

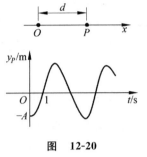

图 12-20

5. 一平面简谐波沿 Ox 轴的负方向传播,波长为 λ,P 处质点的振动规律如图 12-20 所示。

(1) 求 P 处质点的振动方程;

(2) 求此波的波动表达式;

(3) 若图中 $d=\dfrac{1}{2}\lambda$,求坐标原点 O 处质点的振动方程。

附：自测题答案

（一）选择题

1. A;　　2. B;　　3. C;　　4. D;　　5. D;　　6. D;　　7. A;　　8. D

（二）填空题

1. $\dfrac{3}{2}\pi$

2. $A\cos\left[2\pi(\nu t+x/\lambda)+\pi\right]$；$2A\cos\left(2\pi x/\lambda+\dfrac{1}{2}\pi\right)\cos\left(2\pi\nu t+\dfrac{1}{2}\pi\right)$

3. 答案见图 12-21

4. $A\cos\left(\omega t+2\pi\dfrac{x}{\lambda}-4\pi\dfrac{L}{\lambda}\right)$

5. 0(或同相或 -4π 或 4π)

6. 子波;子波干涉(或子波相干叠加)

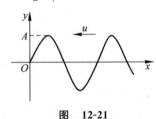

图 12-21

（三）计算题

1. (1) $y=A\cos\left(2\pi\nu t+\dfrac{1}{2}\pi\right)$;　(2) $v=2\pi\nu A\cos\left(2\pi\nu t+\pi\right)$

2. $y=0.01\cos\left(4t+\pi x+\dfrac{1}{2}\pi-10\pi\right)$ 或 $y=0.01\cos\left(4t+\pi x+\dfrac{1}{2}\pi\right)$ (SI)

3. （1）$y_0 = A\cos\left[\omega\left(t + \dfrac{L}{u}\right) + \varphi\right]$；　（2）$y = A\cos\left[\omega\left(t + \dfrac{x+L}{u}\right) + \varphi\right]$；

　（3）$x = -L \pm k\,\dfrac{2\pi u}{\omega}, k = 1, 2, 3, \cdots$

4. $A = (A_1^2 + A_2^2 + 2A_1 A_2 \cos\Delta\phi)^{1/2} = 0.464\ (\text{m})$

5. （1）$y_P = A\cos\left[(2\pi t/4) + \pi\right] = A\cos\left(\dfrac{1}{2}\pi t + \pi\right)$（SI）；

　（2）$y = A\cos\left[2\pi\left(\dfrac{t}{4} + \dfrac{x-d}{\lambda}\right) + \pi\right]$（SI）；

　（3）$y_0 = A\cos\left(\dfrac{1}{2}\pi t\right)$

第十三章

光 的 干 涉

一、主 要 内 容

（一）光波

光是一种电磁波,通常意义上的光波是指电磁波的可见光波段,频率在 $3.9 \times 10^{14} \sim 7.7 \times 10^{14}$ Hz 之间,相应的真空中的波长在 $0.76 \sim 0.39~\mu m$ 之间。

1. 光速

在介质中的光速为

$$v = \frac{1}{\sqrt{\varepsilon_0 \varepsilon_r \mu_0 \mu_r}}$$

在真空中的光速为

$$c = \frac{1}{\sqrt{\varepsilon_0 \mu_0}} = 2.99792458 \times 10^8 \, (\mathrm{m/s})$$

满足

$$v = \frac{c}{\sqrt{\varepsilon_r \mu_r}} = \frac{c}{n} \tag{13-1}$$

式中 n 为介质的折射率。

2. 光矢量 E：光波中的电场强度矢量。

3. 光强

光强指单位时间内通过单位垂直面积的平均能量,光强与电场矢量的振幅的平方成正比,即 $I \propto A^2$。

（二）相干光波的产生

1. 普通光源的发光特点：原子发光具有间断性,每次发光只能发出一段长度有限、频率一定、振动方向一定和相位随机的波列。各个原子发射的波列之间完全是彼此独立、互不相干的。

2. 相干条件：频率相同、相位差恒定、光矢量振动方向相同。

3. 获得相干光的基本原理：将同一光源同一点发出的光,利用光学的方法分成两束(或多束)。常用方法有分波前法和分振幅法。

（三）光程　光程差

光程指光在均匀介质中通过的几何路径 l 与该介质折射率 n 的乘积,即

$$L = nl \qquad (13\text{-}2)$$

若光连续通过若干均匀介质，则

$$L = \sum_i n_i l_i, \quad L = \int \mathrm{d}L = \int_A^B n\,\mathrm{d}l$$

光程差

$$\Delta L = n_2 r_2 - n_1 r_1$$

两个相干点源在同一场点产生的两个光振动的相位差 $\Delta\varphi$ 与光程差 ΔL 之间满足

$$\Delta\varphi = \Delta\varphi_0 + \frac{2\pi}{\lambda}\Delta L \qquad (13\text{-}3)$$

式中 $\Delta\varphi_0$ 为初相差，$\Delta\varphi_0 = \varphi_{01} - \varphi_{02}$。

理想透镜的等光程性：

(1) 物点与像点之间各条光线的光程都相等，或者说透镜物像之间具有等光程性；

(2) 平行光等相面上各点与会聚点之间的光程相等。

（四）杨氏干涉实验

杨氏实验是典型的两光束分波前干涉实验。

1. 干涉条纹分布特点

实验装置如图 13-1 所示，来自 S_1 和 S_2 的两个光振动在 P 点的光程差为

$$\Delta L = r_2 - r_1 = \frac{d}{D}x \qquad (13\text{-}4)$$

明纹条件：

$$\Delta L = \pm k\lambda, \quad k = 0,1,2,\cdots \qquad (13\text{-}5)$$

暗纹条件：

$$\Delta L = \pm(2k-1)\frac{\lambda}{2}, \quad k = 1,2,3,\cdots$$

$$(13\text{-}6)$$

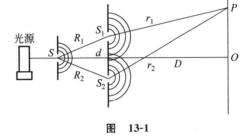

图　**13-1**

明纹中心位置

$$x = \pm k\frac{D}{d}\lambda, \quad k = 0,1,2,\cdots \qquad (13\text{-}7)$$

暗纹中心位置

$$x = \pm(2k-1)\frac{D}{2d}\lambda, \quad k = 1,2,3,\cdots \qquad (13\text{-}8)$$

条纹间距

$$\Delta x = \frac{D}{d}\lambda \qquad (13\text{-}9)$$

屏上 P 点的光强

$$\begin{aligned}
I(P) &= I_1 + I_2 + 2\sqrt{I_1 I_2}\cos\Delta\varphi \\
&= A_1^2 + A_2^2 + 2A_1 A_2\cos\Delta\varphi
\end{aligned} \qquad (13\text{-}10)$$

2. 干涉条纹的可见度

条纹的可见度(对比度)γ定义为

$$\gamma = \frac{I_{max} - I_{min}}{I_{max} + I_{min}} \tag{13-11}$$

式中 I_{max} 和 I_{min} 分别为明纹中心强度和暗纹中心强度。

当光强极小值为零($I_{min} = 0$)时,$\gamma = 1$,可见度最大,条纹十分清晰明显;当光强极大值和极小值相差不多时($I_{max} \approx I_{min}$),γ趋于零,干涉条纹完全不可辨认。

3. 光场的空间相干性

(1) 光源的临界宽度为

$$b = \frac{l}{d}\lambda \tag{13-12}$$

b为能得到条纹 $\gamma \neq 0$ 的光源最大宽度,只有当实际光源的宽度 $b < \dfrac{l}{d}\lambda$ 时才能在屏上观察到干涉条纹。杨氏干涉实验中光源 S 用针孔和细缝就是要限定光源的宽度,从而提高条纹的可见度。

(2) 光场的空间相干性

光源的空间相干性描述了同一时刻光场中在横方向上多大范围内的两个点 S_1 和 S_2 所引起的次波是相干的。这个范围越大,空间相干性就越好;反之,则空间相干性越差。光源的空间相干性与光源的宽度密切相关。

当光源的宽度 b 给定时,光场中的两点 S_1 和 S_2 之间的临界间距为 $d = \dfrac{l}{b}\lambda$,即满足

$$b \cdot \frac{d}{l} = \lambda \tag{13-13}$$

d 表示光场中保持相干性的两点的最大横向距离,它对扩展光源中心的张角 α,称为干涉孔径角,表示为

$$\alpha_0 = \frac{d}{l} \tag{13-14}$$

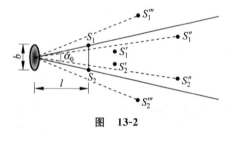

图 13-2

光场中两点的空间相干性可以用 α 来衡量。如图 13-2 所示,当光源宽度 b 一定时,凡对光源中心所张的孔径角 $\alpha < \alpha_0$ 的两点,如 S_1' 和 S_2',S_1'' 和 S_2'' 都是相干的;凡对光源中心所张的孔径角 α_0 之外的两点,如 S_1''' 和 S_2''' 则是非相干的。

光源宽度和干涉孔径角的关系为

$$b\alpha_0 = \lambda \tag{13-15}$$

4. 光场的时间相干性

光场的时间相干性描述了场中任意一点 P 在两个不同时刻的振动的相干性。两个时刻的时间间隔越长,时间相干性越好;反之,则时间相干性越差。光场的时间相干性与光源

的单色性密切相关。

（1）频谱宽度（如图 13-3 所示）

$$\Delta\nu = \frac{\nu_2 - \nu_1}{2} \qquad (13\text{-}16)$$

（2）相干时间和相干长度

① 相干时间 τ_0：原子每次发光过程所持续的时间。

② 相干长度

$$L_0 = c\tau_0 \qquad (13\text{-}17)$$

③ 相干长度和谱线宽度 $\Delta\lambda$ 的关系

$$L_0 = \frac{\lambda^2}{\Delta\lambda} \qquad (13\text{-}18)$$

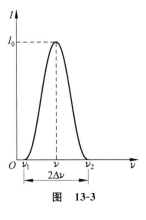

图　**13-3**

（五）薄膜干涉

1. 等倾干涉

（1）实验装置（图 13-4）

（2）反射光线对的光程差（图 13-5）

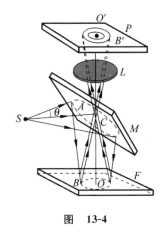

图　**13-4**

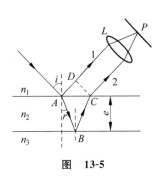

图　**13-5**

① 当 $n_1 < n_2 < n_3$ 或 $n_1 > n_2 > n_3$ 时，薄膜上、下表面处的反射情况完全相同，1、2 两束反射光线之间无附加光程差，反射光线对的光程差为

$$\delta = \delta_0 = 2e\sqrt{n_2^2 - n_1^2\sin^2 i} \qquad (13\text{-}19)$$

② 当 $n_1 < n_2 > n_3$ 或 $n_1 > n_2 < n_3$ 时，薄膜上、下表面反射情况不同，1、2 两束反射光线之间存在附加光程差，反射光线对的光程差为

$$\delta = 2e\sqrt{n_2^2 - n_1^2\sin^2 i} + \frac{\lambda}{2} \qquad (13\text{-}20)$$

（3）干涉条纹特点

对于平行平面薄膜，厚度 e 是常数，若给定了 λ、n_1、n_2，那么光程差就只与入射角 i 有关。因此，入射角 i 相同的光形成同一级干涉条纹，这就是等倾干涉。等倾干涉条纹是一组明暗相间的同心圆环。

亮条纹条件

$$\delta = 2e\sqrt{n_2^2 - n_1^2 \sin^2 i} + \frac{\lambda}{2} = k\lambda, \quad k = 1,2,3,\cdots \tag{13-21}$$

暗条纹条件

$$\delta = 2e\sqrt{n_2^2 - n_1^2 \sin^2 i} + \frac{\lambda}{2} = (2k+1)\frac{\lambda}{2}, \quad k = 0,1,2,\cdots \tag{13-22}$$

式中 k 为干涉条纹的级次。注意：上面两式针对的是置于空气中的平行平面薄膜。

2. 等厚干涉

(1) 劈尖干涉(如图 13-6 所示)

① 反射光线对在膜的上表面叠加时的光程差为

有附加光程差时，$\delta = 2ne + \dfrac{\lambda}{2}$ (13-23a)

无附加光程差时，$\delta = 2ne$ (13-23b)

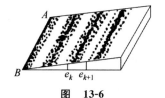

图 13-6

光程差只与入射点所对应的膜厚 e 有关,故在薄膜厚度相同的地方,反射光线对所产生的光程差相同,称为等厚干涉,形成的干涉条纹为等厚条纹。

② 干涉条纹特点

有附加光程差时：

$$\delta = 2ne + \frac{\lambda}{2} = \begin{cases} k\lambda, & k = 1,2,3,\cdots,\text{明纹} \\ (2k+1)\dfrac{\lambda}{2}, & k = 0,1,2,\cdots,\text{暗纹} \end{cases} \tag{13-24}$$

无附加光程差时：

$$\delta = 2ne = \begin{cases} k\lambda, & k = 0,1,2,3,\cdots,\text{明纹} \\ (2k+1)\dfrac{\lambda}{2}, & k = 0,1,2,\cdots,\text{暗纹} \end{cases} \tag{13-25}$$

相邻两明纹或暗纹对应的膜厚之差

$$\Delta e = \frac{\lambda}{2n} \tag{13-26}$$

相邻两条明纹或暗纹在表面上的间距

$$\Delta l = \frac{\Delta e}{\sin\theta} \approx \frac{\Delta e}{\theta} = \frac{\lambda}{2n\theta} \tag{13-27}$$

形成平行等间距的条纹。

(2) 牛顿环

① 空气膜两表面产生的反射光线对的光程差为

$$\delta = 2e + \frac{\lambda}{2} \tag{13-28}$$

② 干涉条纹特点

明环的条件

$$\delta = 2e + \frac{\lambda}{2} = k\lambda, \quad k = 1,2,3,\cdots \tag{13-29a}$$

暗环的条件

$$\delta = 2e + \frac{\lambda}{2} = (2k+1)\frac{\lambda}{2}, \quad k = 0,1,2,\cdots \tag{13-29b}$$

③ 干涉暗环半径和透镜曲率半径的关系

$$r = \sqrt{kR\lambda} \tag{13-30}$$

（六）迈克耳孙干涉仪

1. 迈克耳孙干涉仪的结构和光路如图 13-7 所示。

2. 条纹特点：

（1）当 M_1 和 M_2' 严格平行时，虚膜为一平行平面空气膜，在 E 处发生等倾干涉。

（2）当 M_1 和 M_2' 靠得很近且相互倾斜时，虚膜成为一个劈尖，在 E 处发生等厚干涉。

（3）视场中移动过的条纹数目为 Δk，则 M_1 移动过的距离为

$$\Delta e = \Delta k \frac{\lambda}{2} \tag{13-31}$$

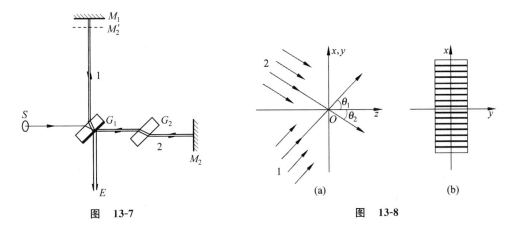

图　13-7　　　　　　　　　　　图　13-8

（七）两束平行光的干涉

1. 干涉条纹及其间距

干涉条纹如图 13-8(b) 所示。

（1）两束相干的平行光束交叠，在接收屏上形成平行等间隔的条纹。

（2）第 k 级明纹的位置为

$$x = \frac{k\lambda}{\sin\theta_1 + \sin\theta_2} \tag{13-32}$$

干涉条纹的间距为

$$\Delta x = \frac{\lambda}{\sin\theta_1 + \sin\theta_2} \tag{13-33}$$

若 $\theta_1 = \theta_2 = \theta$，干涉条纹的间距

$$\Delta x = \frac{\lambda}{2\sin\theta} \tag{13-34}$$

2. 空间频率

条纹间距的倒数为空间频率

$$f = \frac{1}{\Delta x} = \frac{\sin \theta_1 + \sin \theta_2}{\lambda} \qquad (13\text{-}35)$$

二、解 题 指 导

本章问题涉及的主要方法如下。

1. 干涉光束的光程及双光束光程差的计算：均匀介质中，参与干涉的光束的光程为几何路径乘以光路上的折射率 $L_i = n r_i$，光程差为 $\Delta L = L_2 - L_1 = n r_2 - n r_1$。由光程差条件得出明暗条纹位置分布，例如杨氏干涉中条纹分布、条纹间隔、薄膜干涉中的条纹分布和条纹特点。

2. 近轴光线的小角度近似

杨氏干涉中的近似：①接收屏与干涉屏的间距远大于双缝的间距，$D \gg d$；②干涉光束均为傍轴光线，即与光轴之间的夹角很小。这样就使得近似关系 $r_2 - r_1 \approx d \sin \theta$ 和 $\sin \theta \approx \frac{x}{D}$ 成立。

劈尖干涉中的近似：①入射平行光近乎垂直入射；②劈尖角很小，$\theta \to 0$。这样就使得近似关系 $\Delta L = 2ne + \frac{\lambda}{2}$ 和条纹间距 $\Delta l = \frac{\lambda}{2n\theta}$ 成立。

3. 附加光程差（半波损失）：对于某一条反射线，通过对反射界面两侧介质折射率大小的比较判断有无半波损失产生；对于反射光线对，可简化为判断入射介质、薄膜介质、折射介质的折射率大小的排列，从而判断是否有附加的光程差。

4. 条纹可见数目问题：即可观察范围问题，最大的干涉级次对应于 $\theta \to \pm \frac{\pi}{2}$。具体计算时，令 $\theta = \pm \frac{\pi}{2}$，代入干涉明纹条件 $d \sin \theta = k\lambda$ 得正负干涉级次的极大值，再取整即可。

例 13-1 （双缝干涉条纹的计算）在杨氏干涉实验中，当发生下列变化时，干涉条纹的位置将如何变化？（1）屏幕移近；（2）波长变长；（3）双缝的距离 d 变小。

解：根据杨氏双缝干涉明纹位置的公式

$$x = \pm k \frac{D}{d} \lambda, \quad k = 0, 1, 2, \cdots$$

和条纹间距公式

$$\Delta x \doteq \frac{D}{d} \lambda$$

可知：

（1）屏幕移近时，即 D 变小，则 x 变小，即各级条纹向中间靠拢，条纹间距 Δx 变小；

（2）波长变长时，即 λ 变大，则 x 变大，即各级条纹由中心向外移，条纹间距 Δx 变大；

（3）双缝距离 d 变小，则 x 变大，即各级条纹亦由中心向外移，条纹间距 Δx 变大。

此题的目的是为了复习和巩固杨氏干涉实验,并进一步认识杨氏干涉条纹的特征(条纹位置、间距、形状及走向)。因干涉现象的应用常与条纹的变动有关,所以不仅要掌握条纹的静态分布,而且要注意分析条纹的变化情况。

例 13-2　(增反膜与增透膜的计算)波长 600 nm 的单色光垂直入射到置于空气中的薄膜上,已知膜的折射率为 1.54,求:

(1) 反射光最强时膜的最小厚度;

(2) 透射光最强时膜的最小厚度。

解:对空气中的薄膜,反射光线对有附加的光程差。设薄膜厚度为 e,反射光线对的光程差为

$$\delta = 2ne + \frac{\lambda}{2}$$

(1) 要反射光最强,则必须满足

$$\delta = 2ne + \frac{\lambda}{2} = k\lambda, \quad k = 1,2,3,\cdots$$

所以反射光最强时,膜的最小厚度为

$$e_{\min} = \frac{\lambda}{4n} = \frac{600}{4 \times 1.54} = 97.4 \text{(nm)}$$

(2) 要透射光最强时,亦即反射光最弱,必须满足

$$\delta = 2ne + \frac{\lambda}{2} = (2k-1)\frac{\lambda}{2}, \quad k = 1,2,3,\cdots$$

透射光最强时,膜的最小厚度为

$$e_{\min} = \frac{\lambda}{2n} = \frac{600}{2 \times 1.54} = 195 \text{(nm)}$$

此题涉及垂直观察正入射薄膜干涉的问题,需要明确最小厚度和 k 的关系。需考察反射和透射光束的互补关系。

例 13-3　(双缝干涉条纹的计算)两狭缝相距 0.3 mm,位于离接收屏 50 cm 处,当用波长为 600 nm 的光照射双缝时,干涉图样的第 3 级明纹和第 3 级暗纹与中心亮纹的距离各是多少?

解:根据杨氏干涉的亮条纹和暗条纹的条件

$$\frac{d}{D}x = \pm k\lambda, \quad k = 0,1,2,\cdots; \qquad \frac{d}{D}x = \pm(2k-1)\frac{\lambda}{2}, \quad k = 1,2,3,\cdots$$

明纹到中心亮纹的距离 $x = \pm k\frac{D}{d}\lambda$,令 $k=3$,得第 3 级明纹到中心亮纹的距离

$$x = k\frac{D}{d}\lambda = 3 \times \frac{50 \times 10^{-2}}{0.3 \times 10^{-3}} \times 600 \times 10^{-9} = 3 \times 10^{-3} \text{(m)} = 3 \text{(mm)}$$

暗纹到中心亮纹的距离 $x = \pm(2k-1)\frac{D}{2d}\lambda$,令 $k=3$,得第 3 级暗纹到中心亮纹的距离

$$x = 5\frac{D}{2d}\lambda = 5 \times \frac{50 \times 10^{-2}}{2 \times 0.3 \times 10^{-3}} \times 600 \times 10^{-9}$$

$$= 2.5 \times 10^{-3} \text{(m)} = 2.5 \text{(mm)}$$

此题是双狭缝干涉问题,主要考查各级明暗条纹产生的光程差条件和条纹位置,以及和

级次 k 的关系。

例 13-4 （白光入射情况的双缝干涉）白色平行光垂直入射到间距为 $d=0.2$ mm 的双缝上,距 $D=1$ m 处放置屏幕,分别求第 1 级和第 5 级明纹彩色带的宽度。（设白光的波长范围为 400～760 nm）

解：由公式 $x=k\dfrac{D}{d}\lambda$,可知波长范围为 $\Delta\lambda$ 时,明纹彩色宽度为

$$\Delta x = k \frac{D}{d}\Delta\lambda$$

令 $k=1$,可得第 1 级明纹彩色带的宽度为

$$\Delta x = \frac{D}{d}\Delta\lambda = \frac{1}{0.2\times10^{-3}}\times(760-400)\times10^{-9}(\text{m}) = 1.8(\text{mm})$$

令 $k=5$,可得第 5 级明纹彩色带的宽度为

$$\Delta x = 5\frac{D}{d}\Delta\lambda = 5\times\frac{1}{0.2\times10^{-3}}\times(760-400)\times10^{-9}(\text{m}) = 9(\text{mm})$$

此题是双狭缝干涉中白光入射的问题,主要考查在白光下,对干涉条纹特点的理解。

例 13-5 （劈尖干涉条纹的计算）用波长为 500 nm 的单色光垂直照射到由两块光学平玻璃构成的空气劈形膜上。在观察反射光的干涉现象中,距劈形膜棱边 $l=1.56$ cm 的 A 处是从棱边算起的第 4 条暗条纹中心。

(1) 求此空气劈形膜的劈尖角 θ;

(2) 改用 600 nm 的单色光垂直照射到此劈尖上仍观察反射光的干涉条纹,A 处是明条纹还是暗条纹?

(3) 在第(2)问的情形从棱边到 A 处的范围内共有几条明纹?几条暗纹?

解：(1) 棱边处 $e_1=0$ 是第 1 条暗纹中心,在膜厚度为 $e_2=\dfrac{1}{2}\lambda$ 处是第 2 条暗纹中心,依此可知第 4 条暗纹中心处,即 A 处膜厚度为

$$e_4 = \frac{3}{2}\lambda$$

劈尖角

$$\theta = \frac{e_4}{l} = \frac{3\lambda}{2l} = 4.8\times10^{-5}(\text{rad})$$

(2) 由上问可知 A 处膜厚为

$$e_4 = 3\times500/2 = 750(\text{nm})$$

对于 $\lambda'=600$ nm 的光,连同附加光程差,在 A 处两反射光的光程差为

$$\delta = 2e_4 + \frac{1}{2}\lambda'$$

而 $2e_4/\lambda' + \dfrac{1}{2}=3.0$。即 $\delta=2e_4+\dfrac{1}{2}\lambda'=3\lambda'$,满足亮条纹条件,所以 A 处是明纹。

(3) 由于光程差为

$$\delta = 2e_4 + \frac{1}{2}\lambda'$$

故棱边处仍是暗纹,A 处是第 3 条明纹,所以共有 3 条明纹,3 条暗纹。

此题的关键在于对劈尖干涉中亮条纹及暗条纹条件的应用,以及对附加光程差的判别和条纹发布情况的分析。

例 13-6 (入射光波长变化时劈尖干涉的计算)用波长为 λ_1 的单色光照射空气劈形膜,从反射光干涉条纹中观察到劈形膜装置的 A 点处是暗条纹。若连续改变入射光波长,直到波长变为 $\lambda_2(\lambda_2 > \lambda_1)$ 时,A 点再次变为暗条纹。求 A 点的空气薄膜厚度。

解:设 A 点处空气薄膜的厚度为 e,用波长为 λ_1 的单色光照射空气劈形膜时,A 点的光程差为 $2e + \frac{1}{2}\lambda_1$。若 A 点处是暗条纹,则

$$2e + \frac{1}{2}\lambda_1 = (2k_1 + 1)\frac{\lambda_1}{2}, \quad k = 0,1,2,\cdots \tag{1}$$

波长为 λ_2 时 A 点的光程差为 $2e + \frac{1}{2}\lambda_2$,若 A 点再次变为暗条纹,则

$$2e + \frac{1}{2}\lambda_2 = (2k_2 + 1)\frac{\lambda_2}{2} \tag{2}$$

由于 $\lambda_2 > \lambda_1$,故

$$k_1 = k_2 + 1 \tag{3}$$

由式(1)～式(3)可得空气薄膜的厚度为

$$e = \frac{1}{2} \cdot \frac{\lambda_1 \lambda_2}{\lambda_2 - \lambda_1}$$

此题的关键在于级次和波长的关系。波长长对应的级次小,波长短对应的级次大,当波长变大时,同一点对应的暗条纹的级次依次减少 1。

例 13-7 (迈克耳孙干涉仪的计算)钠黄光中包含着两条相近的谱线,其波长分别为 $\lambda_1 = 589.0 \text{ nm}$ 和 $\lambda_2 = 589.6 \text{ nm}$。用钠黄光照射迈克耳孙干涉仪。当干涉仪的可动反射镜连续地移动时,视场中的干涉条纹将周期性地由清晰逐渐变模糊,再逐渐变清晰,再变模糊,……。求视场中的干涉条纹某一次由最清晰变为最模糊的过程中可动反射镜移动的距离 d。

解:视场中的干涉条纹最清晰的条件是 λ_1 的明纹与 λ_2 的明纹重合;变为最模糊的条件是 λ_1 的暗纹与 λ_2 的明纹重合。

可动反射镜 M_2 移动的距离为 d,则在此过程中,设 λ_1 变为暗条纹,则光程差增加了

$$2d = \left(k + \frac{1}{2}\right)\lambda_1 \tag{1}$$

同时 λ_2 变为亮条纹,光程差增加了

$$2d = k\lambda_2 \tag{2}$$

由式(1)和式(2)联立解得

$$d = \frac{\lambda_1 \lambda_2}{4(\lambda_2 - \lambda_1)} = \frac{589.0 \times 589.6}{4 \times (589.6 - 589.0)} \text{ (nm)} = 1.45 \times 10^{-4} \text{ (m)}$$

此题中最清晰和最模糊的意味着视场中可见度最大和最小,即明条纹和明条纹重叠,明条纹和暗条纹重叠。但需要清楚地是波长短的级次变化快,波长长的级次变化慢,因此由最清晰第一次变为最模糊是波长短的 k 级暗条纹和波长长的同一级次 k 的亮条纹重叠。

例 13-8 (白光入射条件下的薄膜干涉计算)白光垂直照射到空气中一厚度为 380 nm 的肥皂膜上,设肥皂膜的折射率为 1.33,试问:

(1) 该肥皂膜正面呈现什么颜色?

(2) 背面呈现什么颜色?

解:(1) 正面为反射光加强,且有由半波损失引起的附加光程差,即 $\delta = 2ne + \dfrac{\lambda}{2}$。

根据亮条纹条件 $2ne + \dfrac{\lambda}{2} = k\lambda(k=1,2,3\cdots)$,可得

$$\lambda = \frac{4ne}{2k-1}$$

$k=1:\lambda = \dfrac{4ne}{2-1} = 4 \times 1.33 \times 380 = 2021.6\,(\text{nm})$　(非可见光,舍去)

$k=2:\lambda = \dfrac{4ne}{4-1} = \dfrac{1}{3} \times 4 \times 1.33 \times 380 = 673.9\,(\text{nm})$　(红光)

$k=3:\lambda = \dfrac{4ne}{6-1} = \dfrac{1}{5} \times 4 \times 1.33 \times 380 = 404.3\,(\text{nm})$　(紫光)

$k=4:\lambda = \dfrac{4ne}{8-1} = \dfrac{1}{7} \times 4 \times 1.33 \times 380 = 288.8\,(\text{nm})$　(非可见光,舍去)

所以正面呈红紫色。

(2) 背面为透射光加强,即反射光减弱

根据暗条纹条件 $2ne + \dfrac{\lambda}{2} = (2k+1)\dfrac{\lambda}{2}(k=0,1,2,\cdots)$,可得

$$\lambda = \frac{2ne}{k}$$

$k=1:\lambda = \dfrac{2ne}{1} = 2 \times 1.33 \times 380 = 1010.8\,(\text{nm})$　(非可见光,舍去)

$k=2:\lambda = \dfrac{2ne}{2} = \dfrac{1}{2} \times 2 \times 1.33 \times 380 = 505.4\,(\text{nm})$　(蓝绿光)

$k=3:\lambda = \dfrac{2ne}{3} = \dfrac{1}{3} \times 2 \times 1.33 \times 380 = 336.9\,(\text{nm})$　(非可见光,舍去)

所以背面呈蓝绿色。

此题在白光入射下,利用薄膜的干涉条件正确判别哪种波长加强或减弱,了解可见光的范围和各种波长对应的颜色。题中反射光和透射光的颜色是互补色。

例 13-9　(牛顿环及对附加光程差的理解)在如图 13-9 所示的装置中,平面玻璃由两部分构成(右边是冕玻璃,折射率 $n=1.50$;左边是火石玻璃,折射率 $n=1.75$),透镜是用冕玻璃制成,而在透镜和平面玻璃间充满二硫化碳,其折射率 $n=1.62$。问由此而成的牛顿环的花样如何?

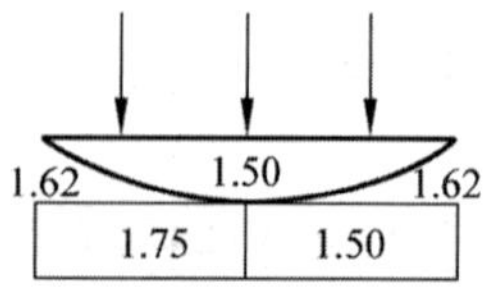

图 13-9

解:因为牛顿环的左半部的折射率满足 $n_1 < n_2 < n_3$,没有附加光程差,所以厚度为 e 的地方光程差为 $\delta = 2ne$。

牛顿环的右半部的折射率满足 $n_1 < n_2 > n_3$,有附加光程差,所以光程差为 $\delta = 2ne + \dfrac{\lambda}{2}$。

当右半部厚度为 e 的地方的 $\delta = 2ne = k\lambda$,满足亮条纹条件时,对称的左半部 $\delta = 2ne + \dfrac{\lambda}{2} = (2k+1)\dfrac{\lambda}{2}$,恰好满足暗条纹条件,所以形成的牛顿环仍是圆环。但如果左半环是亮条纹,则右半环是暗条纹,即左右同心半圆环的明暗是互补的。

此题的关键是对在什么条件下有附加光程差,在什么条件下没有附加光程差能进行正确的判断。

三、习题解答

13-1　一双缝实验中两缝间距为 4.0 mm,入射光包含 400 nm 和 600 nm 两种波长成分,试求在与缝相距为 1.0 m 的接收屏上,这两种波长的第 2 级明纹之间的距离。

解: 两种波长的光形成两组杨氏干涉条纹,两组条纹的第 2 级明纹分别为

$$x_1 = 2\frac{D}{d}\lambda_1 = 2 \times \frac{1}{4.0 \times 10^{-3}} \times 400 \times 10^{-9} = 2 \times 10^{-4}\,(\text{m})$$

$$x_2 = 2\frac{D}{d}\lambda_2 = 2 \times \frac{1}{4.0 \times 10^{-3}} \times 600 \times 10^{-9} = 3 \times 10^{-4}\,(\text{m})$$

两种波长的第 2 级明纹之间的距离为

$$\Delta x = x_2 - x_1 = 1 \times 10^{-4}\,(\text{m}) = 0.1\,(\text{mm})$$

13-2　在杨氏双缝实验中,用波长范围在 400~700 nm 的复色平行光垂直照射双缝,双缝间距为 0.2 mm,接收屏到双缝的距离为 1 m。试求在接收屏上离零级明纹 25 mm 处,哪些波长的光最大限度地加强。

解: 根据明纹条件 $x = \pm k\frac{D}{d}\lambda$,当用波长 400~700 nm 的复色光垂直照射双缝时,在屏上 25 mm 处,光加强的波长为

$$\lambda = \frac{d}{kD}x = \frac{0.2 \times 10^{-3}}{k \times 1.0} \times 25 \times 10^{-3} = \frac{1}{k} \times 5 \times 10^{-6}\,(\text{m})$$

当 $\lambda = 400$ nm 时,$k = 12.5$

当 $\lambda = 700$ nm 时,$k = 7.14$

加强的波长分别对应 k 取 8、9、10、11、12,相应的波长为

$$\lambda_1 = \frac{1}{8} \times 5 \times 10^{-6} = 6.25 \times 10^{-7}\,(\text{m}) = 625\,(\text{nm})$$

$$\lambda_2 = \frac{1}{9} \times 5 \times 10^{-6} = 5.556 \times 10^{-7}\,(\text{m}) = 555.6\,(\text{nm})$$

$$\lambda_3 = \frac{1}{10} \times 5 \times 10^{-6} = 5.0 \times 10^{-7}\,(\text{m}) = 500\,(\text{nm})$$

$$\lambda_4 = \frac{1}{11} \times 5 \times 10^{-6} = 4.545 \times 10^{-7}\,(\text{m}) = 454.5\,(\text{nm})$$

$$\lambda_5 = \frac{1}{12} \times 5 \times 10^{-6} = 4.167 \times 10^{-7}\,(\text{m}) = 416.7\,(\text{nm})$$

13-3　在双缝干涉装置中,用波长为 600 nm 的单色光垂直照射双缝。现将两块透明的塑料薄片 T_1、T_2 分别放置在缝 S_1、S_2 后面。当两薄片插入后,观察到屏上中央零级明纹向下移至原先的第 5 级明纹位置上。若 T_1 和 T_2 厚均为 $100\,\mu m$,T_2 的折射率为 1.55,求 T_1 的折射率。

解: 插入两个薄片之后,光程差为

$$\Delta L = (r_2 - e + n_2 e) - (r_1 - e + n_1 e) = (r_2 - r_1) + (n_2 - n_1)e$$

由于两薄片插入后屏上中央零级明纹向下移至原先的第 5 级明纹位置,有

$$r_2 - r_1 = -5\lambda, \quad \Delta L = 0$$

代入上式得 $(n_2 - n_1)e = 5\lambda$,则

$$n_1 = n_2 - \frac{5\lambda}{e} = 1.55 - \frac{5 \times 600 \times 10^{-9}}{100 \times 10^{-6}} = 1.52$$

13-4 图 13-10 所示为瑞利干涉仪,用于测量空气的折射率。在双缝后面放置两个完全相同的玻璃管 T_1 和 T_2,开始时 T_1 管被抽成真空,T_2 管内充满待测量的空气。实验开始后,向 T_1 管内缓缓注入空气,直至两管压强一致。在整个过程中观察到 P 点的强度变化了 98 次。已知入射光波长为 589.3 nm,管长为 20 cm。试求空气的折射率 n。

解: 设管子的长度为 l,空气的折射率为 n。观察到 P 点的强度变化了 1 次,对应光通过 T_2 和 T_1 时产生的光程差为 λ。

当向 T_1 管内缓缓注入空气,直至两管压强一致。折射率相同时,P 点的强度变化了 98 次,则 $nl - l = 98\lambda$,故所求空气的折射率为

$$n = \frac{98\lambda}{l} + 1 = \frac{98 \times 589.3 \times 10^{-9}}{20 \times 10^{-2}} + 1 = 1.000289$$

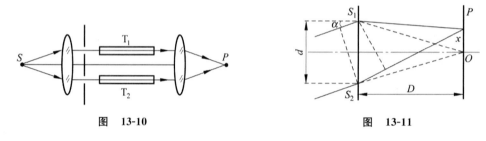

图 **13-10**　　　　　　　　　　　　　图 **13-11**

13-5 如图 13-11 所示,波长为 λ 的平行单色光以小倾角 α 斜入射到间距为 d 的双缝上,接收屏到双缝距离为 D。

(1) 求零级明纹的位置;

(2) 若屏中央恰好出现的是暗条纹,倾角 α 必须满足什么条件?

解: (1) 平行单色光以小倾角 α 斜入射到间距为 d 的双缝,则屏上 P 点的光程差为

$$\Delta L = d(\sin\theta - \sin\alpha) = \frac{d}{D}x - d\sin\alpha$$

根据零级明纹的条件: $\frac{d}{D}x - d\sin\alpha = 0$,得零级明纹的位置为

$$x = D\sin\alpha \approx D\alpha$$

若规定斜向上入射 $\alpha > 0$,则 $x > 0$,零级明纹在 O 点的上方;若斜向下入射,$\alpha < 0$,则 $x < 0$,零级明纹在 O 点的下方。

(2) 若要在屏中央 O 处出现暗纹,则 $\theta = 0°$,且由于是斜向上入射,零级明纹在 O 点的上方,故在 O 点处形成的是某负级次的暗纹,于是

$$\delta = 0 - d\sin\alpha = -(2k-1)\frac{\lambda}{2}$$

即

$$\alpha = \arcsin\left[(2k-1)\frac{\lambda}{2d}\right]$$

因为 $\sin \alpha \approx \alpha$，有

$$\alpha = (2k-1)\frac{\lambda}{2d}$$

所以，当 $k=1,2,3,\cdots$ 时

$$\alpha_1 = \frac{\lambda}{2d}, \quad \alpha_2 = \frac{3\lambda}{2d}, \quad \alpha_3 = \frac{5\lambda}{2d}, \quad \cdots$$

若光斜向下入射，零级明纹在 O 点的下方，则在 O 点处形成的是某正级次的暗纹。

13-6　用波长为 550 nm 的黄绿光水平照射一双缝，在接收屏上观察到中央明纹和 1 级明纹的间距为 15 cm。已知屏和双缝之间的距离为 2 m。求：

(1) 双缝的间距；

(2) 在接收屏上一共能看到几条明纹。

解：(1) 根据杨氏干涉的条纹间距 $\Delta x = \frac{D}{d}\lambda$，得双缝的间距为

$$d = \frac{D}{\Delta x}\lambda = \frac{2}{15 \times 10^{-2}} \times 550 \times 10^{-9} = 7.3 \times 10^{-6}(\mathrm{m})$$

(2) 令 $\theta = \frac{\pi}{2}$，代入方程 $d\sin\theta = k\lambda$，得

$$k = \frac{d}{\lambda} = \frac{7.3 \times 10^{-6}}{550 \times 10^{-9}} = 13.3$$

取整得 $k_{\max} = 13$，即在接收屏上总共能看到包括零级中央明纹在内的共 $27(=2\times 13+1)$ 条明纹。

13-7　一双缝实验中，双缝间距为 0.1 mm，在 1.0 m 远的接收屏上测得两条 10 级明纹之间的距离为 100 mm。求所用单色光的波长。

解法一：两条 10 级明纹之间的距离为 100 mm，则条纹间距为 $\Delta x = 5$ mm，根据条纹间距 $\Delta x = \frac{D}{d}\lambda$，则单色光的波长为

$$\lambda = \frac{d}{D}\Delta x = \frac{0.1 \times 10^{-3}}{1.0} \times 5 \times 10^{-3}(\mathrm{m}) = 500(\mathrm{nm})$$

解法二：$x_{10} = \frac{100 \times 10^{-3}}{2} = 50 \times 10^{-3}(\mathrm{m})$

由 $x_k = k\frac{D}{d}\lambda$，得

$$\lambda = \frac{d}{kD}x_k = \frac{0.1 \times 10^{-3} \times 50 \times 10^{-3}}{10 \times 1.0} = 0.5 \times 10^{-6}(\mathrm{m}) = 500(\mathrm{nm})$$

*13-8　如图 13-12 所示，两个相干点光源 S_1 和 S_2 在 2 m 远处的接收屏上生成干涉条纹。现将一焦距为 50 cm 的凸透镜 L 置于光源和屏之间，且 S_1 和 S_2 在 L 的焦平面上。求干涉条纹的间距将变化多少倍。

解：设两个相干点光源 S_1 和 S_2 的距离为 d，点光源到接收屏的距离为 D，则干涉条纹的间距为

$$\Delta x_0 = \frac{D}{d}\lambda$$

图 13-12

凸透镜 L 置于光源和屏之间，且 S_1 和 S_2 相对于光轴对称且

在 L 的焦平面上,经 L 后变成两束相干平行光。设透镜的焦距为 f,两束平行光与光轴之间的夹角均为 $\alpha = \dfrac{d}{2f}$,其条纹间距为

$$\Delta x = \frac{\lambda}{2\sin\alpha} \approx \frac{\lambda}{2\alpha} = \frac{f\lambda}{d}$$

所以

$$\frac{\Delta x}{\Delta x_0} = \frac{f}{D} = \frac{1}{4}$$

干涉条纹的间距将变化 $\dfrac{1}{4}$ 倍。

13-9 如图 13-13 所示,在劳埃德镜实验中,光源到接收屏的垂直距离为 1.5 m,光源到劳埃德镜面的垂直距离为 2 mm。若光波波长 $\lambda = 500$ nm,求:

(1) 条纹间距;

(2) 第 1 条明纹到屏中央的距离。

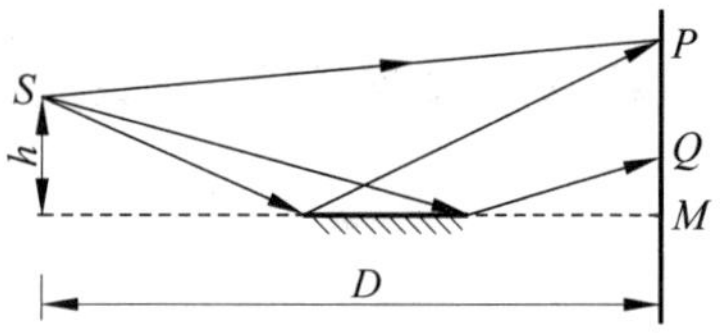

图 13-13

解:光源 S 经镜面反射的像为 S',屏上的干涉等效于点光源 S 和 S' 产生的杨氏干涉,其中 $d = 2h$。

(1) 条纹间距

$$\Delta x = \frac{D}{d}\lambda = \frac{D}{2h}\lambda = \frac{1.5}{2 \times 2 \times 10^{-3}} \times 500 \times 10^{-9} = 1.9 \times 10^{-4}\,(\text{m})$$

(2) 由于存在半波损失,屏中央 M 点为暗条纹,所以第 1 条明纹到屏中央的距离为

$$\frac{\Delta x}{2} = 0.95 \times 10^{-4}\,(\text{m})$$

*13-10 波长为 632.8 nm 的 He-Ne 激光的谱线宽度为(以波长计)$\Delta\lambda = 2 \times 10^{-3}$ nm,试计算它的频谱宽度 $\Delta\nu$、相干长度 L_0 及相干时间 τ_0。

解:根据 $\nu = \dfrac{c}{\lambda}$,则频谱宽度

$$\Delta\nu = \frac{c}{\lambda^2}\Delta\lambda = \frac{3 \times 10^8}{(632.8 \times 10^{-9})^2} \times 2 \times 10^{-12} = 1.5 \times 10^9\,(\text{Hz})$$

相干时间

$$\tau_0 = \frac{1}{\Delta\nu} = 6.7 \times 10^{-10}\,(\text{s})$$

相干长度

$$L_0 = c\tau_0 = 6.7 \times 10^{-10} \times 3 \times 10^8 = 0.2\,(\text{m})$$

13-11 用波长 $\lambda = 550$ nm 的单色光垂直照射一个玻璃劈尖,测量得相邻条纹的间距为 $\Delta l = 4.2$ mm,已知劈尖折射率 $n = 1.5$,求劈尖角 θ。

解:根据相邻条纹的间距 $\Delta l = \dfrac{\lambda}{2n\theta}$,故劈尖角为

$$\theta = \frac{\lambda}{2n\Delta l} = \frac{550 \times 10^{-9}}{2 \times 1.5 \times 4.2 \times 10^{-3}} = 4.4 \times 10^{-5}\,(\text{rad})$$

13-12 两块 20 cm 长的平板玻璃一端接触,另一端夹一直径为 0.05 mm 的细丝,其间形成一空气劈尖,用 $\lambda = 632.8$ nm 的光垂直照射,问:

（1）干涉条纹的间距是多少？

（2）在整个玻板上可以看到多少条明纹？

解：（1）劈尖形成的干涉条纹的间距为 $\Delta l=\dfrac{\Delta e}{\sin\theta}$，其中

$$\sin\theta\approx\theta=\frac{0.05}{20\times10^{-2}}=2.5\times10^{-5}\,(\text{rad}),\quad \Delta e=\frac{\lambda}{2}=316.4\,(\text{nm})$$

故

$$\Delta l=\frac{316.4\times10^{-9}}{2.5\times10^{-5}}\,(\text{m})=1.27\,(\text{mm})$$

（2）$\dfrac{L}{\Delta l}=157.4$，故整个玻板上可以看到明纹的条数为 157。

13-13 在阳光下，观察到一透明介质膜的反射光呈现绿色（$\lambda=510\,\text{nm}$），这时视线与膜的法线成 30°角，设介质膜的折射率为 1.43。问：

（1）膜的最小厚度；

（2）沿法线方向观察时膜呈现何种颜色？

解：（1）根据薄膜的光程差公式 $\Delta L=2e\sqrt{n_2^2-n_1^2\sin^2 i}+\dfrac{\lambda}{2}$，其中 $n_1=1$，$n_2=1.43$。

若视线与膜的法线成 30°角，观察到透明介质膜的反射光呈现绿色（$\lambda=510\,\text{nm}$），则入射角为 $i=30°$，反射加强的光波波长为 $\lambda=510\,\text{nm}$。

根据亮条纹条件 $\Delta L=2e\sqrt{n_2^2-n_1^2\sin^2 i}+\dfrac{\lambda}{2}=k\lambda$，所以膜的最小厚度取 $k=1$，得

$$e=\frac{\lambda}{4\sqrt{n_2^2-n_1^2\sin^2 i}}=\frac{510\times10^{-9}}{4\times\sqrt{(1.43)^2-\sin^2 30°}}\,(\text{m})=95.2\,(\text{nm})$$

（2）若沿法线方向观察膜时，入射角 $i=0°$，则光程差公式为 $\Delta L=2en_2+\dfrac{\lambda}{2}$。根据亮条纹条件 $\Delta L=2en_2+\dfrac{\lambda}{2}=k\lambda$，得

$$\lambda=\frac{2n_2 e}{k-\dfrac{1}{2}}$$

$$k=1,\quad \lambda=\frac{2n_2 e}{1-\dfrac{1}{2}}=\frac{2\times1.43\times95.2}{\dfrac{1}{2}}=544.5\,(\text{nm})\quad(\text{可见光})$$

$$k=2,\quad \lambda=\frac{2n_2 e}{2-\dfrac{1}{2}}=\frac{2\times1.43\times95.2}{\dfrac{3}{2}}=181.5\,(\text{nm})\quad(\text{非可见光，舍去})$$

故在可见光的范围内波长 $\lambda=544.5\,\text{nm}$ 的光干涉极大，沿法线方向观察时膜呈现黄绿色。

13-14 如图 13-14 所示，为了测量镀在氮化硅上的某种透明薄膜的厚度，将其腐蚀掉一部分而形成劈尖。已知透明薄膜的折射率为 1.76，氮化硅的折射率为 2.35，入射光波长为 589 nm，观察到 6 条暗纹。求透明薄膜的厚度 e。

解：根据劈尖上下的折射率关系，没有附加光程差，反射光对的光程差为 $\Delta L=2en_2$，且劈尖边缘为明条纹。

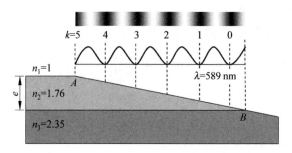

图　13-14

暗纹条件为 $2en_2 = (2k+1)\dfrac{\lambda}{2}$，则

$$e = \frac{(2k+1)\lambda}{4n_2}$$

将 $k=5$ 代入，得透明薄膜的厚度为

$$e = \frac{(2 \times 5 + 1)\lambda}{4n_2} = \frac{11\lambda}{4n_2} = \frac{11 \times 589 \times 10^{-9}}{4 \times 1.76} \ (\text{m}) = 920 \ (\text{nm})$$

13-15　如图 13-15 所示，由 S 点出发的单色光（$\lambda_0 = 550 \text{ nm}$），从空气（$n_1 = 1$）入射到某种透明介质（$n_2 = 1.55$）中，再透射到空气中。如果透明介质上下表面彼此平行，厚度 $e = 1.0 \text{ cm}$，入射角 $i_1 = 30°$，并且 $\overline{SA} = \overline{BC} = 5 \text{ cm}$，求：

（1）折射角 i_2 为多少？

（2）该单色光在这种透明介质中的频率、波长和速度各为多少？

（3）从 S 到 C 的几何路程和相应的光程各为多少？

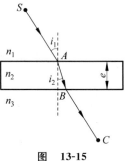

图　13-15

解：（1）根据折射定律 $n_1 \sin i_1 = n_2 \sin i_2$，得折射角 i_2 为

$$i_2 = \arcsin\left(\frac{n_1}{n_2}\sin i_1\right) = \arcsin 0.3225 = 18.8°$$

（2）单色光的频率

$$\nu = \frac{c}{\lambda_0} = \frac{3 \times 10^8}{550 \times 10^{-9}} = 5.45 \times 10^{14} \ (\text{Hz})$$

透明介质中波长

$$\lambda = \frac{\lambda_0}{n} = \frac{550}{1.55} = 355 \ (\text{nm})$$

透明介质中速度

$$v = \frac{c}{n} = 1.94 \times 10^8 \ (\text{m/s})$$

（3）从 S 到 C 的几何路程为

$$\overline{SA} + \overline{BC} + \frac{e}{\cos i_2} = 5 + 5 + \frac{1.0}{\cos 18.8°} = 11.1 \ (\text{cm})$$

从 S 到 C 的光程为

$$n_1(\overline{SA} + \overline{BC}) + n_2\frac{e}{\cos i_2} = 5 + 5 + 1.55 \times \frac{1.0}{\cos 18.8°} = 11.6 \ (\text{cm})$$

13-16 如图 13-16 所示,一颗油滴落在平板玻璃上,形成一上表面近似于球面的油膜,已知油膜的折射率为 $n_2=1.2$,油膜中心处的厚度为 $e_m=1.2~\mu m$,玻璃的折射率为 $n_3=1.5$。若用波长为 $\lambda=550~nm$ 的单色平行光垂直照射油膜,问:

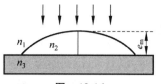

图 13-16

(1) 油膜周边是暗环还是明环?

(2) 整个油膜可以看到几个完整的暗环?

解:(1)油膜上下表面的反射光对没有附加光程差,光程差为 $\Delta L=2en_2$。油膜周边对应的油膜厚度为 0,满足亮条纹的条件,故油膜周边形成零级亮明环。

(2)根据暗条纹的条件

$$\Delta L=2en_2=(2k+1)\frac{\lambda}{2}, \quad k=0,1,2,\cdots$$

油膜中心处的厚度为 $e_m=1.2~\mu m$,代入上式得

$$k=\frac{1}{2}\left(\frac{4e_m n_2}{\lambda}-1\right)=\frac{1}{2}\times\left(\frac{4\times1.2\times10^{-6}\times1.2}{550\times10^{-9}}-1\right)=4.7$$

故 k 的最大取值为 4。整个油膜可以看到 0、1、2、3、4 级,共 5 条暗环。

13-17 在迈克耳孙干涉仪的一臂中放入一片折射率为 $n=1.55$ 的透明介质薄膜,膜厚为 $e=5~\mu m$,已知入射光波长为 $\lambda=550~nm$,求观察到的条纹移动的条数。

解:光程差每改变 $\frac{\lambda}{2}$,观察到的条纹移动一条。当一臂中放入折射率为 $n=1.55$ 的透明介质薄膜时,光程差的改变为 $(n-1)e$,所以观察到的条纹移动的条数为

$$\frac{(n-1)e}{\frac{\lambda}{2}}=\frac{2\times5\times10^{-6}(1.55-1)}{550\times10^{-9}}=10$$

13-18 图 13-17 所示为一 GaAs 发光管,为了提高输出光功率,在其半球形的内表面上镀了一层折射率为 $n_2=1.38$ 的增透膜。已知 GaAs 发射的光波长为 $\lambda=930~nm$,折射率为 $n_1=3.4$,求增透膜的最小厚度 e_0 为多少。

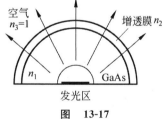

图 13-17

解:由于 $n_1>n_2>n_3$,光在薄膜内外表面的反射光线对之间没有附加光程差,光程差为 $\delta=2n_2e$。

如果薄膜对 $\lambda=930~nm$ 的入射光起消反射、增透射的目的,光程差必须满足干涉相消的条件,即

$$\delta=2n_2e=(2k+1)\frac{\lambda}{2}, \quad k=0,1,2,\cdots$$

取 $k=0$,得到膜的最小厚度

$$e_0=\frac{\lambda}{4n_2}=\frac{930}{4\times1.38}=168.5\,(nm)$$

13-19 用单色光观察牛顿环,测得某一级次的暗环的直径为 4 mm,由此环再往外数第 5 个暗环的直径为 5.2 mm,已知平凸透镜的半径为 1 m,求入射单色光的波长。

解:暗环半径和透镜曲率半径的关系为 $r=\sqrt{kR\lambda}$。

设第 k 级的暗环半径为 r_k，第 $k+5$ 级的暗环半径为 r_{k+5}，则有

$$r_k^2 = kR\lambda \quad 和 \quad r_{k+5}^2 = (k+5)R\lambda$$

解得

$$\lambda = \frac{r_{k+5}^2 - r_k^2}{5R} = \frac{(5.2 \times 10^{-3})^2 - (4 \times 10^{-3})^2}{5 \times 1.0} \text{(m)} = 2208 \text{(nm)}$$

13-20　在玻璃表面镀一层折射率为 1.3 的透明介质薄膜，设玻璃的折射率为 1.5。入射光波垂直于介质膜表面照射，观察反射光的干涉，发现对 $\lambda_1 = 600$ nm 的光波干涉相消，对 $\lambda_2 = 700$ nm 的光波干涉相长。且在 600～700 nm 之间没有别的波长是最大限度相消或相长的情形。求所镀介质膜的厚度 e。

解：由于 $n_1 < n_2 < n_3$，光在薄膜内外表面的反射光线对之间没有附加光程差，光程差为

$$\delta = 2n_2 e$$

其中，$n_2 = 1.3$。反射光的干涉对 $\lambda_1 = 600$ nm 的光波干涉相消，对 $\lambda_2 = 700$ nm 的光波干涉相长，满足

$$2n_2 e = (2k_1 + 1)\frac{\lambda_1}{2} \quad 和 \quad 2n_2 e = k_2 \lambda_2$$

且在 600～700 nm 之间没有别的波长是最大限度相消或相长，故 $k_1 = k_2 = k$，代入上式得

$$k(\lambda_2 - \lambda_1) = \frac{\lambda_1}{2}, \quad k = 3$$

所以

$$e = \frac{k\lambda_2}{2n_2} = \frac{3 \times 700}{2 \times 1.3} = 808 \text{(nm)}$$

四、自　测　题

（一）选择题

1. 光程的大小取决于（　　）。

　　A. 光的传播距离　　　　　　　　　　B. 光的强度和介质对光的吸收

　　C. 介质的折射率　　　　　　　　　　D. 光传播的几何距离和介质折射率

2. 在相干光产生的干涉现象中，空间某点的加强的条件是：两光源到该点的（　　）。

　　A. 几何路程相同　　　　　　　　　　B. 光程差是波长的整数倍

　　C. 光强度相同　　　　　　　　　　　D. 相差恒定

3. 如果将两束强度分别为 I 的平面平行相干光彼此同相地并合在一起，则该合光的强度将变为（　　）。

　　A. I　　　　　　B. $\sqrt{2}I$　　　　　　C. $2I$　　　　　　D. $4I$

4. 杨氏双缝实验中，两条狭缝相距 2 mm，离开光屏 300 cm，用 600 nm 光照射时，干涉图样明线间距为（　　）。

　　A. 4.5 mm　　　　B. 0.9 mm　　　　C. 3.12 nm　　　　D. 4.15 nm

5. 在双缝干涉实验中，两条缝的宽度原来是相等的。若其中一缝的宽度略变窄（缝中

心位置不变），则（　　　）。

  A．干涉条纹的间距变宽

  B．干涉条纹的间距变窄

  C．干涉条纹的间距不变，但原极小处的强度不再为零

  D．不再发生干涉现象

  6．在双缝干涉实验中，屏幕 E 上的 P 点处是明条纹。若将缝 S_2 盖住，并在 S_1S_2 连线的垂直平分面处放一高折射率介质反射面 M，如图 13-18 所示，则此时（　　　）。

  A． P 点处仍为明条纹

  B． P 点处为暗条纹

  C．不能确定 P 点处是明条纹还是暗条纹

  D．无干涉条纹

  7．一束波长为 λ 的单色光由空气垂直入射到折射率为 n 的透明薄膜上，透明薄膜放在空气中，要使反射光得到干涉加强，则薄膜最小的厚度为（　　　）。

  A． $\lambda/4$ B． $\lambda/(4n)$ C． $\lambda/2$ D． $\lambda/(2n)$

  8．如图 13-19（a）所示，一光学平板玻璃 A 与待测工件 B 之间形成空气劈尖，用波长 $\lambda=500$ nm 的单色光垂直照射，看到的反射光的干涉条纹如图 13-19（b）所示。有些条纹弯曲部分的顶点恰好与其右边条纹的直线部分的连线相切。则工件的上表面缺陷是（　　　）。

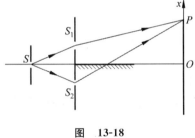

图　13-18

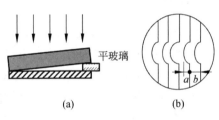

（a）　　　　　　　　（b）

图　13-19

  A．不平处为凸起纹，最大高度为 500 nm

  B．不平处为凸起纹，最大高度为 250 nm

  C．不平处为凹槽，最大深度为 500 nm

  D．不平处为凹槽，最大深度为 250 nm

（二）填空题

  1．如图 13-20 所示，两缝 S_1 和 S_2 之间的距离为 d，介质的折射率为 $n=1$，平行单色光斜入射到双缝上，入射角为 θ，则屏幕上 P 处，两相干光的光程差为_____。

  2．用一定波长的单色光进行双缝干涉实验时，欲使屏上的干涉条纹间距变大，可采用的方法是：

  （1）_____；

  （2）_____。

  3．用波长为 λ 的单色光垂直照射如图 13-21 所示的牛顿环装置，观察从空气膜上、下表面反射的光形成的牛顿环。若使平凸透镜慢慢地垂直向上移动，从透镜顶点与平面玻璃接触到两者距离为 d 的移动过程中，移过视场中某固定观察点的条纹数目等于_____。

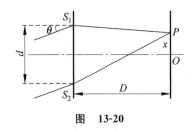

图　13-20

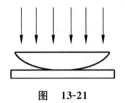

图　13-21

4. 用 $\lambda = 600$ nm 的单色光垂直照射牛顿环装置时,从中央向外数第 4 个(不计中央暗斑)暗环对应的空气膜厚度为_____ μm。

5. 折射率分别为 n_1 和 n_2 的两块平板玻璃构成空气劈尖,用波长为 λ 的单色光垂直照射。如果将该劈尖装置浸入折射率为 n 的透明液体中,且 $n_2 > n > n_1$,则劈尖厚度为 e 的地方两反射光的光程差的改变量是_____。

6. 镉的一条光谱线的波长 $\lambda = 643.8$ nm,谱线宽度 $\Delta\lambda = 1.3 \times 10^{-3}$ nm,则此准单色光的相干长度 $L =$_____。

7. 若在迈克耳孙干涉仪的可动反射镜 M 移动 0.620 mm 过程中,观察到干涉条纹移动了 2300 条,则所用光波的波长为_____。

（三）计算题

1. 在双缝干涉实验中,波长 $\lambda = 550$ nm 的单色平行光垂直入射到缝间距 $d = 2 \times 10^{-4}$ m 的双缝上,屏到双缝的距离 $D = 2$ m。求:

(1) 中央明纹两侧的两条第 10 级明纹中心的间距;

(2) 用一厚度为 $e = 6.6 \times 10^{-6}$ m、折射率为 $n = 1.58$ 的玻璃片覆盖一缝后,零级明纹将移到原来的第几级明纹处?

2. 在牛顿环实验中,平凸透镜的曲率半径为 3.00 m,当用某种单色光照射时,测得第 k 个暗环半径为 4.24 mm,第 $k+10$ 个暗环半径为 6.00 mm。求所用单色光的波长。

3. 用波长为 $\lambda = 600$ nm 的光垂直照射由两块平玻璃板构成的空气劈形膜,劈尖角 $\theta = 2 \times 10^{-4}$ rad。改变劈尖角,相邻两明条纹间距缩小了 $\Delta l = 1.0$ mm,求劈尖角的改变量 $\Delta\theta$。

附：自测题答案

（一）选择题

1. D;　2. B;　3. D;　4. B;　5. C;　6. B;　7. B;　8. D

（二）填空题

1. $d\sin\theta - (r_2 - r_1)$

2. (1) 使两缝间距变小;　(2) 使屏与双缝之间的距离变大

3. $2d/\lambda$

4. 1.2

5. $2(n-1)e \pm \dfrac{\lambda}{2}$

6. 32 cm

7. 539.1 nm

（三）计算题

1. (1) $\Delta x = 0.11$ m；　（2）零级明纹移到原第 7 级明纹处

2. 601 nm

3. $\Delta \theta = \theta_2 - \theta_1 = 4.0 \times 10^{-4}$ (rad)

第十四章

光 的 衍 射

一、主要内容

（一）光的衍射现象

当光波遇到障碍物受到限制时，能绕过障碍物边缘传播，这种现象称为光的衍射。衍射分成两大类：一类是惠更斯-菲涅耳衍射，另一类是夫琅禾费衍射。

（二）惠更斯-菲涅耳原理

惠更斯-菲涅耳原理：衍射波场中任意一点 P 的扰动，可以看作是波前 S 上连续分布的假想的子波源在该点所产生的相干振动的叠加：

$$E(P) = C \int_S \frac{F(\theta)}{r} \cos\left(\omega t - \frac{2\pi}{\lambda} r\right) \mathrm{d}S \tag{14-1}$$

（三）单缝的夫琅禾费衍射

1. 实验装置及光路如图 14-1 所示。

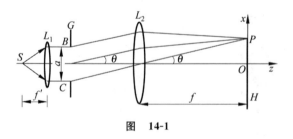

图 14-1

2. 单缝衍射条纹分布特点

当平行光垂直入射时，单缝衍射的明纹、暗纹条件分别为

暗条纹中心

$$a\sin\theta = \pm 2k\frac{\lambda}{2} = \pm k\lambda, \quad k = 1, 2, 3, \cdots \tag{14-2}$$

明条纹中心

$$a\sin\theta = \pm(2k+1)\frac{\lambda}{2}, \quad k = 1, 2, 3, \cdots \tag{14-3}$$

中央明纹中心

$$\theta = 0$$

中央明纹的角宽度

$$\Delta\theta_0 = 2\theta_1 = \frac{2\lambda}{a} \tag{14-4}$$

中央明纹的线宽度

$$2x_1 = f\frac{2\lambda}{a} \tag{14-5}$$

（四）夫琅禾费圆孔衍射和光学仪器的分辨本领

1.夫琅禾费圆孔衍射

（1）圆孔衍射图样：中央是一个很亮的圆斑,称为爱里斑,外面分布着几圈淡淡的亮环。

（2）爱里斑的半角宽度为

$$\Delta\theta = 1.22\frac{\lambda}{D} \tag{14-6}$$

2.光学仪器的分辨本领

$$R = \frac{1}{\delta\theta} = \frac{D}{1.22\lambda} \tag{14-7}$$

（五）衍射光栅

1.光栅衍射的原理是单缝衍射和多缝间的干涉共同作用的结果。

2.光栅常数：$d=a+b$,其中 a 为透光部分的宽度,b 为缝间不透光部分的宽度。

3.光栅方程：波长为 λ 的光垂直入射时谱线主极大位置

$$d\sin\theta = \pm k\lambda, \quad k = 0,1,2,\cdots \tag{14-8}$$

主极大的位置取决于多缝干涉,而其强度则受限于单缝衍射。

（1）缺级问题：单缝衍射暗纹满足 $a\sin\theta = \pm k'\lambda$,如果在同一衍射角 θ 方向上 k 级干涉主极大与 k' 级衍射极小重合,即满足

$$k = \pm\frac{d}{a}k', \quad k = 1,2,3,\cdots \tag{14-9}$$

则第 k 级主极大消失,称为第 k 级缺级。

（2）在 $-\frac{\pi}{2} < \theta < \frac{\pi}{2}$ 范围,可见的最大级次为

$$k = \frac{d}{\lambda}（取整）$$

4.复色光入射时,衍射条纹的特点

（1）零级主级大（$k=0$）,各种波长的光重合,仍为复色光。

（2）$k>0$ 的各级主极大,同一级光谱不同的波长对应不同的衍射角,形成光栅衍射光谱。同一级光谱按波长顺序由紫而红向外排列。

（3）光谱重叠：级次较高时,各级光谱彼此重叠。重叠条件是

$$d\sin\theta = k_1\lambda_1 = k_2\lambda_2 \qquad (14\text{-}10)$$

（六）光栅光谱

光栅的分辨本领为

$$R = \frac{\lambda}{\delta\lambda} = kN \qquad (14\text{-}11)$$

其中 N 是光栅的总缝数。

（七）X 射线衍射

1. X 射线波长范围认定为 $10\sim10^{-2}$ nm。
2. 布拉格条件

$$2d\sin\varphi = k\lambda, \quad k = 1,2,3,\cdots \qquad (14\text{-}12)$$

式中，d 为相应的晶格常数，φ 为掠入射角。

二、解 题 指 导

本章问题涉及的主要方法如下。
1. 半波带法定性处理单缝衍射问题的特点；
2. 光栅衍射中多光束干涉受到单缝衍射的调制问题；
3. 条纹可见数目问题以及光谱的重叠问题。

例 14-1 （衍射现象与波长的关系）在夫琅禾费单缝衍射实验中，如果缝宽 a 与入射光波长 λ 的比值分别为(1)1；(2)10；(3)100,试分别计算中央明条纹边缘的衍射角。并讨论计算结果说明了什么问题。

解：中央明条纹边缘，即对应第 1 级暗条纹，由暗条纹条件 $a\sin\theta = \pm k\lambda$，得

(1) $a = \lambda$, $\sin\theta = \lambda/\lambda = 1$, $\theta = 90°$；

(2) $a = 10\lambda$, $\sin\theta = \lambda/(10\lambda) = 0.1$, $\theta = 5.74° = 5°44'$；

(3) $a = 100\lambda$, $\sin\theta = \lambda/(100\lambda) = 0.01$, $\theta = 0.57° = 34'$。

这说明，比值 $\dfrac{\lambda}{a}$ 变小的时候，所求的衍射角变小，中央明纹变窄（其他明纹也相应地变为更靠近中心点），衍射效应越来越不明显。$\dfrac{\lambda}{a} \to 0$ 的极限情形即几何光学的情形，光线沿直线传播，无衍射效应。

此题的关键是对衍射与物体尺寸的关系的理解，以及对波动光学和几何光学的理解。

例 14-2 （单缝衍射极小条件的应用）在某个单缝衍射实验中，光源发出的光含有两种波长 λ_1 和 λ_2，并垂直入射于单缝上。假如 λ_1 的第 1 级衍射极小与 λ_2 的第 2 级衍射极小相重合,试问：

(1) 这两种波长之间有何关系？

(2) 在这两种波长的光所形成的衍射图样中,是否还有其他极小相重合？

解：（1）由单缝衍射暗纹公式得
$$a\sin\theta_1 = \lambda_1, \quad a\sin\theta_2 = 2\lambda_2$$
由题意可知 $\theta_1 = \theta_2$，$\sin\theta_1 = \sin\theta_2$，代入上式可得
$$\lambda_1 = 2\lambda_2$$

（2）对波长 λ_1 的光有
$$a\sin\theta_1 = k_1\lambda_1 = 2k_1\lambda_2, \quad k_1 = 1,2,3,\cdots$$
$$\sin\theta_1 = 2k_1\lambda_2/a$$

对波长 λ_2 的光有
$$a\sin\theta_2 = k_2\lambda_2, \quad k_2 = 1,2,3,\cdots$$
$$\sin\theta_2 = k_2\lambda_2/a$$

若 $k_2 = 2k_1$，则 $\theta_1 = \theta_2$，即 λ_1 的任一 k_1 级极小都与 λ_2 的 $2k_1$ 级极小重合。

此题着重对单缝衍射极小条件的应用以及对重叠和重叠条件的分析和应用。

例 14-3　（单缝衍射和光栅衍射的明纹公式应用）（1）在单缝夫琅禾费衍射实验中，垂直入射的光有两种波长：$\lambda_1 = 400\ \text{nm}$，$\lambda_2 = 760\ \text{nm}$。已知单缝宽度 $a = 1.0 \times 10^{-2}\ \text{cm}$，透镜焦距 $f = 1\ \text{m}$，求两种光第 1 级衍射明纹中心之间的距离；

（2）若用光栅常数 $d = 1.0 \times 10^{-5}\ \text{cm}$ 的光栅替换单缝，其他条件和上一问相同，求两种光第 1 级主极大之间的距离。

解：（1）由单缝衍射明纹公式可知
$$a\sin\theta_1 = \frac{1}{2}(2k+1)\lambda_1 = \frac{3}{2}\lambda_1, \quad \text{取 } k = 1$$
$$a\sin\theta_2 = \frac{1}{2}(2k+1)\lambda_2 = \frac{3}{2}\lambda_2, \quad \text{取 } k = 1$$
$$\tan\theta_1 = x_1/f, \quad \tan\theta_2 = x_2/f$$
由于
$$\sin\theta_1 \approx \tan\theta_1, \quad \sin\theta_2 \approx \tan\theta_2$$
所以
$$x_1 = \frac{3}{2}f\lambda_1/a, \quad x_2 = \frac{3}{2}f\lambda_2/a$$
则两个第 1 级明纹之间距为
$$\Delta x = x_2 - x_1 = \frac{3}{2}f\Delta\lambda/a = 0.54\ \text{cm}$$

（2）由光栅衍射主极大的公式
$$d\sin\theta_1 = k\lambda_1 = \lambda_1, \quad 得\ \theta_1 = 2.3°$$
$$d\sin\theta_2 = k\lambda_2 = \lambda_2, \quad 得\ \theta_2 = 4.4°$$
所以
$$\Delta x = x_2 - x_1 = f(\tan\theta_2 - \tan\theta_1) = 3.7（\text{cm}）$$

此题通过单缝衍射和光栅衍射的比较，可以看出在一般情况下，光栅的衍射效果比单缝要明显。

例 14-4　（倾斜入射条件下的单缝衍射）如图 14-2 所示，设波长为 λ 的平面波沿与单缝平面法线成 α 角的

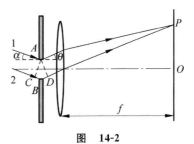

图　14-2

方向入射,单缝 AB 的宽度为 a,观察夫琅禾费衍射。试求出暗纹条件、明纹条件,以及各暗条纹的衍射角 θ。

解:单缝边缘光线 1、2 在 P 点的光程差,在如图情况下为

$$\Delta L = \overline{DB} + \overline{BC} = a\sin\theta + a\sin\alpha$$

有单缝衍射暗纹条件

$$a(\sin\alpha + \sin\theta) = \pm k\lambda, \quad k = 1,2,3,\cdots$$

单缝衍射亮纹条件

$$a(\sin\alpha + \sin\theta) = \pm(2k+1)\frac{\lambda}{2}, \quad k = 1,2,3,\cdots$$

中央明条纹

$$a(\sin\alpha + \sin\theta) = 0$$

衍射角 θ 的取值(如图 14-2):若 P 点在 O 点的上方,则衍射角 $\theta>0$;若 P 点在 O 点的下方,则衍射角 $\theta<0$。所以各极小值(即各暗条纹)的衍射角 $\theta = \arcsin\left(\pm\dfrac{k\lambda}{a} - \sin\alpha\right)$,$k=1$,$2,\cdots(k\neq0)$;中央明条纹的衍射角 $\theta = -\alpha$。

讨论:

若入射光线斜向上入射,单缝衍射的暗纹、明纹和中央明条纹条件中的 α 全部用 $-\alpha$ 代替,其他都不变。

此题着重对单缝衍射中斜入射下,各级暗条纹、明条纹和中央明条纹的特点,衍射角的取值做了讨论。

例 14-5 (光栅方程及缺级条件的应用)波长 $\lambda = 600\ \text{nm}$ 的单色光垂直入射到一光栅上,第 2、第 3 级明条纹分别出现在 $\sin\theta_1 = 0.20$ 和 $\sin\theta_2 = 0.30$ 处,第 4 级是缺级。求:

(1) 光栅常数 d 是多少?

(2) 光栅的透光部分 a 和不透光部分 b 的宽度是多少?

(3) 在选定了上述 d 和 a 之后,求在衍射角 $-\dfrac{1}{2}\pi < \theta < \dfrac{1}{2}\pi$ 范围内可能观察到的全部主极大的级次。

解:(1) 由光栅衍射主极大公式 $d\sin\theta = \pm k\lambda$,有

$$d \times 0.20 = 2\lambda \quad \text{和} \quad d \times 0.30 = 3\lambda$$

得

$$d = a + b = 6.0 \times 10^{-3}(\text{mm})$$

(2) 由光栅公式 $d\sin\theta = k\lambda$,且由于第 4 级缺级($k=4$),则对应于可能的 a 满足

$$a\sin\theta = k'\lambda$$

得 $a = \dfrac{d}{4}k'$。取 $k'=1$,有

$$a = \frac{1}{4}d = 1.5 \times 10^{-3}(\text{mm}), \quad b = 4.5 \times 10^{-3}(\text{mm})$$

$k' \neq 2$,否则第 2 级缺级。

(3) 由光栅衍射主极大公式

$$d\sin\theta = k\lambda$$

衍射角在 $-\dfrac{1}{2}\pi<\theta<\dfrac{1}{2}\pi$ 范围时，

$$k_{max}=\frac{d}{\lambda}=10, \quad k_{min}=-\frac{d}{\lambda}=-10$$

根据缺级条件 $k=\dfrac{d}{a}k'$，有 $k=4,8$ 缺级。所以实际呈现 $k=0,\pm1,\pm2,\pm3,\pm5,\pm6,\pm7,$ ±9 级明纹。$\left(k=\pm10\ 在\ \pm\dfrac{\pi}{2}\ 处看不到\right)$

例 14-6　（光栅方程的应用）一束平行光垂直入射到某个光栅上，该光束有两种波长的光：$\lambda_1=440\ nm,\lambda_2=660\ nm$。实验发现，两种波长的谱线（不计中央明纹）第二次重合于衍射角 $\theta=60°$ 的方向上。求此光栅的光栅常数 d。

解：由光栅衍射主极大公式得

$$d\sin\theta_1=k_1\lambda_1$$
$$d\sin\theta_2=k_2\lambda_2$$

两式比较得

$$\frac{\sin\theta_1}{\sin\theta_2}=\frac{k_1\lambda_1}{k_2\lambda_2}=\frac{k_1\times440}{k_2\times660}=\frac{2k_1}{3k_2}$$

当两谱线重合时有 $\theta_1=\theta_2$，即

$$\frac{k_1}{k_2}=\frac{3}{2}=\frac{6}{4}=\frac{9}{6}=\cdots$$

两谱线第二次重合即是 $\dfrac{k_1}{k_2}=\dfrac{6}{4}$，所以

$$k_1=6, \quad k_2=4$$

由光栅公式可知 $d\sin60°=6\lambda_1$，得

$$d=\frac{6\lambda_1}{\sin60°}=3.05\times10^{-3}(mm)$$

光谱重叠是光栅衍射中经常出现的问题，应会正确地判断重叠的条件（衍射角相同）和级次问题。

例 14-7　（光学成像仪器分辨率的计算）已知天空中两颗星相对于望远镜的角距离为 4.84×10^{-6} rad，它们都发出波长 550 nm 的光。试求望远镜的口径至少要多大，才能分辨出这两颗星。

解：由题意知 $\delta\theta=4.84\times10^{-6}(rad)$，则望远镜的最小分辨角至少满足 $\delta\theta=1.22\dfrac{\lambda}{D}$ 才能分辨出这两颗星，故望远镜的口径

$$D=1.22\frac{\lambda}{\delta\theta}=1.22\times\frac{550\times10^{-9}}{4.84\times10^{-6}}=13.9\ (cm)$$

例 14-8　（X 射线衍射中布拉格公式的应用）以波长为 0.11 nm 的 X 射线束照射岩盐晶体，实验测得 X 射线与晶面夹角为 11.5°时获得第 1 级反射极大。

（1）岩盐晶体原子平面之间的间距 d 为多大？

（2）如以另一束 X 射线照射，测得 X 射线与晶面夹角为 17.5°时，获得第 1 级反射极大，求该 X 射线的波长。

解：(1)布拉格衍射公式为

$$2d\sin\varphi = k\lambda, \quad k=1,2,3,\cdots$$

第 1 级反射极大，即 $k=1$，因此岩盐晶体原子平面之间的间距为

$$d = \frac{\lambda_1}{2\sin\varphi_1} = \frac{0.11\times10^{-9}}{2\times\sin 11.5°} = 0.276\,(\text{nm})$$

(2)同理，由 $2d\sin\varphi_2 = k\lambda_2$，第 1 级反射极大，即 $k=1$，得

$$\lambda_2 = 2d\sin\varphi_2 = 2\times0.276\times10^{-9}\times\sin 17.5° = 0.166\,(\text{nm})$$

通过此题应对 X 射线的衍射以及 X 射线的波长有所了解。

例 14-9　(光栅衍射的综合分析)用一个每毫米有 500 条刻痕、宽为 2 cm 的平面透射光栅观察钠光谱($\lambda = 589$ nm)，设透镜的焦距 $f=1$ m。

(1)光线垂直入射时，最多看到第几级光谱？

(2)光线以 30°入射角入射时，最多看到第几级光谱？

(3)若用白光垂直入射，求第 1 级光谱的线宽度；

(4)在 589 nm 附近第 2 级光谱能分辨的最小波长是多少？

解：(1)光栅常数为

$$d = \frac{1}{500} = 2\times10^{-6}\,(\text{m})$$

光垂直入射时，根据光栅方程 $d\sin\theta = \pm k\lambda$，$k=0,1,2,\cdots$，令 $\sin\theta=1$，可得最大的级次

$$k = \pm\frac{d}{\lambda} = \pm\frac{2\times10^{-6}}{589\times10^{-9}} = \pm3.4$$

取整数 $k_{\max} = 3$。

(2)斜入射时，光栅方程为

$$d(\sin\alpha + \sin\theta) = \pm k\lambda, \quad \alpha = 30°, k = 0,1,2,\cdots$$

可能看到的最高级次分别对应衍射角 $\theta_+ = \dfrac{\pi}{2}$ 和 $\theta_- = -\dfrac{\pi}{2}$，即

$$k_{+,\max} = \frac{d(\sin\alpha + \sin\theta_+)}{\lambda} = \frac{2\times10^{-6}\times\left(\dfrac{1}{2}+1\right)}{589\times10} = 5.09, \quad 取整为 5$$

$$k_{-,\max} = \frac{d(\sin\alpha + \sin\theta_-)}{\lambda} = \frac{2\times10^{-6}\times\left(\dfrac{1}{2}-1\right)}{589\times10} = -1.7, \quad 取整为 -1$$

故在光栅平面法线的两侧能看到的最大级次为正的第 5 级和负的第 1 级。

(3)白光的波长范围为 400~760 nm，由光栅方程 $d\sin\theta = \pm k\lambda$，$k=0,1,2,\cdots$，可得第 1 级($k=1$)光谱在屏上的位置。

$\lambda_1 = 400$ nm：第 1 级的衍射角 $\theta_1 = \arcsin\dfrac{\lambda_1}{d} = 11.5°$

$\lambda_2 = 760$ nm：第 1 级的衍射角 $\theta_2 = \arcsin\dfrac{\lambda_2}{d} = 22.3°$

第 1 级光谱的线宽度为

$$\Delta x = f(\tan\theta_2 - \tan\theta_1) = 0.21\,(\text{m})$$

（4）在 589 nm 附近第 2 级光谱能分辨的最小波长为

$$\delta\lambda = \frac{\lambda}{kN} = \frac{589 \times 10^{-9}}{2 \times 20 \times 500} = 0.03 \ (\text{nm})$$

讨论：由（2）知在斜入射时，两侧能看到的最大级次为正的第 5 级和负的第 1 级，共 7 条谱线。和垂直入射时比较，可以看到的谱线数目是否相同？

垂直入射时，$k_{\max} = \frac{d\sin\theta}{\lambda} = \frac{2 \times 10^{-6}}{589 \times 10} = 3.4$，取整为 3，由于光谱上下对称，故可以看到 $0、\pm1、\pm2、\pm3$ 共 7 条谱线。这一点和斜入射时是相同的。

三、习 题 解 答

14-1　用波长为 $\lambda = 589.3$ nm 的平行光垂直照射一单缝，缝宽为 $a = 0.2$ mm，单缝后放置一焦距为 $f = 50$ cm 的透镜，接收屏位于透镜的后焦面处，求衍射中央明纹的宽度。

解：$\Delta x = 2f\tan\theta_1 \approx 2f\sin\theta_1 = 2f\frac{\lambda}{a} = 2 \times 0.5 \times \frac{589.3 \times 10^{-9}}{0.2 \times 10^{-3}}$

$$= 2.95 \times 10^{-3} \ (\text{m}) = 2.95 \ (\text{mm})$$

14-2　一波长为 $\lambda = 511$ nm 的单色平行光垂直照射在宽度为 $a = 0.1$ mm 的单缝上，单缝后置一焦距为 $f = 20$ cm 的透镜，在其后焦面上观察衍射图样，求屏上最初两个极小的距离。

解：屏上最初两个极小之间的距离，即 $k = 1$ 和 $k = 2$ 的两个极小之间的距离为

$$\Delta x' = \frac{2\lambda}{a}f - \frac{\lambda}{a}f = \frac{\lambda}{a}f = \frac{5.1 \times 10^{-5}}{0.01} \times 20 = 0.102 \ (\text{cm})$$

14-3　如图 14-3 所示，单缝的宽度为 $a = 0.50$ mm，透镜的焦距为 $f = 50$ cm，接收屏位于透镜的后焦面处。现用一单色平行光垂直照射单缝，观察到在接收屏上距离 O 点为 $x = 1.6$ mm 处的 P 点是某一级次的明条纹。求：

（1）入射单色光的波长；

（2）点 P 处明纹的级次。

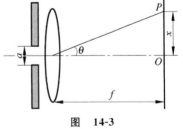

图 14-3

解：（1）根据单缝衍射的明纹条件

$$a\sin\theta = (2k+1)\frac{\lambda}{2},$$

并考虑到在单缝衍射时 $\sin\theta \approx \tan\theta = \frac{x}{f}$，有

$$\frac{ax}{f} = (2k+1)\frac{\lambda}{2}$$

将可见光的波长上、下限代入，得

$$\lambda_{\min} = 400 \ \text{nm}, \quad k_{\max} = 3.5$$
$$\lambda_{\max} = 760 \ \text{nm}, \quad k_{\min} = 1.6$$

取整后，在可见光范围内只允许 $k = 2$ 和 $k = 3$ 的明纹出现，它们所对应的光波长分别是 $\lambda_1 = 640$ nm 和 $\lambda_2 = 457$ nm。

（2）当 $\lambda_1 = 640$ nm 时，$k=2$，即 P 点处是第 2 级明纹；

当 $\lambda_2 = 457$ nm 时，$k=3$，即 P 点处是第 3 级明纹。

14-4 有一单缝，宽度为 $a=0.40$ mm，透镜的焦距为 $f=60$ cm，入射光波长为 $\lambda=589$ nm（图 14-4），求：

（1）如果单色光垂直入射，第 1 级暗纹距中心的距离；

（2）如果单色光以 $\alpha=30°$ 的倾角斜入射，则第 1 级暗纹距中心的距离发生怎样的变化？

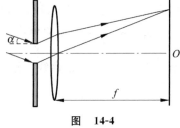

图 14-4

解：（1）单色光垂直入射时，衍射图样关于中心 O 对称，正、负 1 级暗纹到中心的距离相同。由单缝衍射的暗纹条件：$a\sin\theta=k\lambda$，得第 1 级暗纹的角距离为

$$\theta_1 \approx \sin\theta_1 = \frac{\lambda}{a}$$

则第 1 级暗纹到中心的距离为

$$x_1 = f\tan\theta_1 \approx f\theta_1 = f\frac{\lambda}{a} = 0.6 \times \frac{589\times10^{-9}}{0.4\times10^{-3}}$$
$$= 0.88\times10^{-3}\,(\text{m}) = 0.88\,(\text{mm})$$

（2）假设单色光斜向下入射，则两相干光的光程差为 $\delta=a\sin\alpha+a\sin\theta$，零级中央明纹下移，整个衍射图样向下平移，导致衍射图样关于中心不对称，故要分别求解正、负 1 级暗纹到中心的距离。

对于暗纹，$\Delta L=a(\sin\alpha+\sin\theta)=k\lambda$，令 $k=1$，则 $a(\sin\alpha+\sin\theta_1')=\lambda$，得

$$\theta_1' = \arcsin\left(\frac{\lambda}{a}-\sin\alpha\right) = \arcsin\left(\frac{\lambda}{a}-0.5\right)$$

则正 1 级暗纹到中心的坐标为

$$x_1' = f\tan\theta_1' = f\tan\left[\arcsin\left(\frac{\lambda}{a}-0.5\right)\right] = -0.345\,(\text{m})$$

即正 1 级暗纹位于 O 点下方，到中心 O 的距离为 0.345 m。

令 $k=-1$，则 $a(\sin\alpha+\sin\theta_{-1}')=-\lambda$，得

$$\theta_{-1}' = \arcsin\left(-\frac{\lambda}{a}-\sin\alpha\right) = \arcsin\left(-\frac{\lambda}{a}-0.5\right)$$

则负 1 级暗纹到中心的坐标为

$$x_{-1}' = f\tan\theta_{-1}' = f\tan\left[\arcsin\left(-\frac{\lambda}{a}-0.5\right)\right] = -0.348\,(\text{m})$$

即负 1 级暗纹位于 O 点下方，到中心 O 的距离为 0.348 m。

14-5 一单色光垂直入射到一单缝上，其衍射第 3 级明纹的位置恰好与波长为 700 nm 的单色光垂直入射同一单缝时的第 2 级明纹位置重合，求该单色光的波长。

解：单缝衍射的明纹条件 $a\sin\theta=(2k+1)\frac{\lambda}{2}$，根据已知条件，对于未知波长 λ_1，$k=3$，则

$$a\sin\theta = 7\times\frac{\lambda_1}{2}$$

对于已知波长 $\lambda_2=700$ nm，$k=2$，则

$$a\sin\theta = 5 \times \frac{\lambda_2}{2}$$

由于位置重合,即衍射角相同,有

$$7 \times \frac{\lambda_1}{2} = 5 \times \frac{\lambda_2}{2}$$

得

$$\lambda_1 = \frac{5}{7} \times 700 = 500\,(\text{nm})$$

14-6 一测量细丝直径的装置,即将单缝夫琅禾费衍射装置中的单缝换成细丝。今测得一细丝的零级中央明纹的宽度为 1 cm,已知入射光波长为 550 nm,透镜焦距为 50 cm,求细丝的直径 a。

解:细丝的夫琅禾费衍射即为单缝的夫琅禾费衍射,由 $\Delta x_0 = 2\frac{\lambda}{a}f$,有

$$a = \frac{2\lambda f}{\Delta x_0}$$

将 $\lambda = 5.5 \times 10^{-4}$ mm,$f = 500$ mm,$\Delta x_0 = 10$ mm 代入,得

$$a = \frac{2 \times 5.5 \times 10^{-4} \times 500}{10} = 5.5 \times 10^{-2}\,(\text{mm}) = 55\,(\mu\text{m})$$

注意:细丝的零级中央明纹指的是零级主极大,在细丝的情况下,实际上中央主极大是暗条纹。

14-7 用肉眼观察星体时,星光通过瞳孔的衍射在视网膜上形成一个小亮斑。已知人的瞳孔最大直径为 7.0 mm,入射光波长为 550 nm。

(1) 求星体在视网膜上的像的角宽度;

(2) 如果瞳孔到视网膜的距离为 23 mm,那么视网膜上星体的像的直径有多大?

解:(1) 角宽度为

$$2\Delta\theta = 2 \times 1.22\frac{\lambda}{D} = 2 \times 1.22 \times \frac{550 \times 10^{-9}}{7.0 \times 10^{-3}} = 1.9 \times 10^{-4}\,(\text{rad})$$

(2) 像的直径为

$$D' = 2\Delta\theta \cdot l = 1.9 \times 10^{-4} \times 23 = 4.4 \times 10^{-3}\,(\text{mm})$$

14-8 在 120 km 高空飞行的间谍卫星上的照相机恰好能分辨地面上的某两个点,设照相机的孔径为 2 m,光波长为 550 nm,求这两点之间的距离 L。

解:由瑞利公式可得成像仪器在 l 处能分辨的最小线度为

$$L = \delta\theta \cdot l = 1.22\frac{\lambda}{D} \cdot l$$

将 $l = 1.2 \times 10^5$ m,$\lambda = 550 \times 10^{-9}$ m,$D = 2$ m 代入,得

$$L = \frac{1.22 \times 550 \times 10^{-9} \times 1.2 \times 10^5}{2} = 4.0 \times 10^{-2}\,(\text{m}) = 4.0\,(\text{cm})$$

14-9 在通常亮度下,人眼瞳孔直径约为 3 mm,若视觉感受最灵敏的光波长为 550 nm,问:

(1) 人眼最小分辨角是多大?

(2) 在教室的黑板上,画的等号的两横线相距 2 mm,坐在距黑板 10 m 处的同学能否

看清?

解：(1) 已知 $D=3$ mm，$\lambda=550$ nm，人眼的最小分辨角为
$$\delta\theta = 1.22\lambda/D = 2.24\times10^{-4}(\text{rad})$$

(2) 设等号两横线相距 $L=2$ mm 时，人距黑板 l 刚好看清，则
$$l = \frac{L}{\delta\theta} = \frac{2\times10^{-3}}{2.24\times10^{-4}} = 8.9\,(\text{m})$$

能分辨在黑板上相距为 2 mm 的横线的最远距离为 8.9 m，故坐在距黑板 10 m 处的同学不能看清。

14-10 用波长为 589.3 nm 的钠黄光垂直照射在每毫米有 500 条缝的光栅上，求第 1 级主极大的衍射角。

解：已知 $d=1/500$ mm，$\lambda=589.3$ nm，由光栅方程可知第 1 级干涉主极大满足 $d\sin\theta_1=\lambda$，得
$$\sin\theta_1 = \frac{\lambda}{d} = 0.295$$

则
$$\theta_1 = \arcsin 0.295 = 17.2°$$

14-11 某单色光垂直入射到每厘米有 6000 条刻痕的光栅上，其第 2 级谱线的角位置为 45°，求该单色光的波长。

解：已知 $d=1/6000$ cm，$\theta_2=45°$，由光栅方程可知第 2 级谱线满足 $d\sin\theta_2=2\lambda$，得
$$\lambda = \frac{d}{2}\sin\theta_2 = \frac{1\times10^{-2}}{2\times6000}\sin 45° = 5.89\times10^{-7}(\text{m}) = 589\,(\text{nm})$$

14-12 一复色光含有两种波长成分，$\lambda=500$ nm 和 $\lambda'=400$ nm，现将其垂直入射到每毫米有 200 条刻痕的光栅上，光栅后面置一焦距为 $f=50$ cm 的凸透镜，在透镜焦平面处置一接收屏，求屏上 λ 和 λ' 两种波长光的第 1 级谱线之间的距离。

解：对于第 1 级谱线，有
$$x_1 = f\tan\theta_1, \quad \sin\theta_1 = \frac{\lambda}{d} = \frac{500\times10^{-9}}{5\times10^{-6}} = 0.1, \quad \theta_1 = 5.74°$$
$$x_2 = f\tan\theta_2, \quad \sin\theta_2 = \frac{\lambda'}{d} = \frac{400\times10^{-9}}{5\times10^{-6}} = 0.08, \quad \theta_2 = 4.59°$$

λ 和 λ' 两种波长光的第 1 级谱线之间的距离为
$$\Delta x = x_1 - x_2 = f(\tan\theta_1 - \tan\theta_2) = 1\,(\text{m})$$

14-13 波长 $\lambda=550$ nm 的单色光垂直入射到一光栅上，第 2 级主极大的衍射角为 30°，且第 3 级是缺级。求：

(1) 光栅常数 d 等于多少；

(2) 透光缝可能的最小宽度 a 等于多少；

(3) 在选定了上述 d 和 a 之后，在衍射角 $-90°<\theta<90°$ 范围内可能观察到的全部主极大的级次。

解：(1) 由光栅衍射主极大公式得
$$d = \frac{k\lambda}{\sin\theta} = \frac{2\times550\times10^{-9}}{\sin 30°} = 2.2\times10^{-6}(\text{m}) = 2.2\,(\mu\text{m})$$

（2）由缺级公式 $k=\pm\dfrac{d}{a}k'$，令 $k=3$ 得

$$3=\pm\dfrac{d}{a}k'$$

则当 $k'=1$ 时，$a=\dfrac{d}{3}$；当 $k'=2$ 时，$a=\dfrac{2d}{3}$。因此 a 的最小可能值为

$$a=\dfrac{d}{3}=\dfrac{2.2\times10^{-6}}{3}=0.73\times10^{-6}(\mathrm{m})=0.73(\mu\mathrm{m})$$

（3）由光栅方程 $d\sin\theta=k\lambda$，令 $\theta=90°$ 得

$$k_{\max}=\dfrac{d}{\lambda}=\dfrac{2.2}{0.55}=4$$

又因为 $a=\dfrac{d}{3}$，故 $k=3,6,\cdots$ 缺级，所以实际呈现 $k=0,\pm1,\pm2$ 级明纹。注意，$k=\pm4$ 在 $\pi/2$ 处看不到。

14-14　如图 14-5 所示，一光栅每厘米有 3000 条缝，一波长为 550 nm 的单色光以 30° 角倾斜入射。

（1）屏中心位置是光栅光谱的几级谱线？

（2）求屏上能观察到的谱线的最大级次。

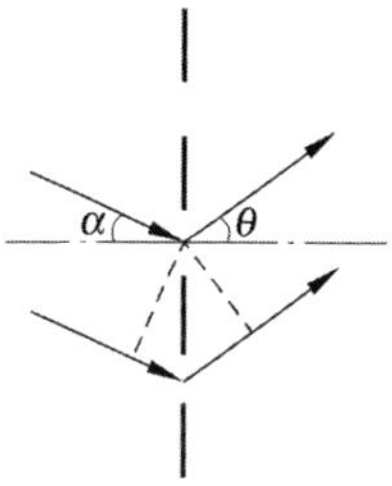

解：（1）如图 14-5 所示，平行光斜向下入射到光栅上，则光栅方程变为

$$d(\sin\alpha+\sin\theta)=k\lambda \qquad\qquad (1)$$

对于屏中心位置，即 $\theta=0$，则

图　14-5

$$k=\dfrac{d\sin\alpha}{\lambda}=\dfrac{10^{-2}\times\sin30°}{3000\times550\times10^{-9}}=3$$

（2）令 $\theta=90°$，代入式（1）得

$$d(\sin\alpha+1)=k\lambda$$

则

$$k=\dfrac{d(\sin\alpha+1)}{\lambda}=\dfrac{10^{-2}\times(\sin30°+1)}{3000\times550\times10^{-9}}=9.1$$

取整得 $k_{\max}=9$，即最多能观察到第 9 级谱线。

14-15　一块每毫米 500 条缝的光栅，用钠黄光垂直入射，观察衍射光谱。钠黄光包含两条谱线，其波长分别为 589.6 nm 和 589.0 nm。求在第 2 级光谱中这两条谱线的角间距。

解：已知 $d=\dfrac{1}{500}$ mm，$\lambda_1=589.6$ nm，$\lambda_2=589.0$ nm，$k=2$，由光栅方程 $d\sin\theta=k\lambda$，得

$$\sin\theta_1=\dfrac{k\lambda_1}{d}=0.5896,\quad \theta_1=36.129°$$

$$\sin\theta_2=\dfrac{k\lambda_1}{d}=0.589,\quad \theta_2=36.086°$$

则两条 2 级谱线的角间距为

$$\delta\theta=\theta_1-\theta_2=0.043°$$

14-16　一衍射光栅宽度为 10 cm，每厘米有 12000 条缝。求此光栅在波长 $\lambda=550$ nm 的第 2 级谱线附近可以分辨的最小波长差 $\Delta\lambda$。

解：光栅总缝数为

$$N = 10 \times 12000 = 1.2 \times 10^5$$

由光栅的分辨本领 $R = \lambda/\delta\lambda = kN$，令 $k = 2$，则可分辨的最小波长差为

$$\delta\lambda = \frac{\lambda}{kN} = \frac{550}{2 \times 1.2 \times 10^5} = 2.3 \times 10^{-3}\,(\text{nm})$$

14-17　一双缝，缝间距 $d = 0.10$ mm，两缝宽度都是 $a = 0.02$ mm，用波长为 $\lambda = 480$ nm 的平行光垂直照射双缝，在双缝后放一焦距 $f = 2.0$ m 的透镜。求：

（1）在透镜焦平面处的屏上，双缝干涉条纹的间距；

（2）在单缝衍射中央亮纹范围内的双缝干涉亮纹数目 N 和相应的级数。

解：（1）干涉条纹间距为

$$\Delta x = f\frac{\lambda}{d} = \frac{2 \times 480 \times 10^{-9}}{0.1 \times 10^{-3}} = 9.6 \times 10^{-3}\,(\text{m})$$

（2）衍射中央明纹的宽度为

$$\Delta x_0 = 2f\frac{\lambda}{a} = 2 \times 2 \times \frac{480 \times 10^{-9}}{0.02 \times 10^{-3}} = 9.6 \times 10^{-2}\,(\text{m})$$

则中央明纹内干涉主极大的数目为

$$N = \frac{\Delta x_0}{\Delta x} - 1 = \frac{9.6 \times 10^{-2}}{9.6 \times 10^{-3}} - 1 = 9$$

分别为 $k = 0, \pm1, \pm2, \pm3, \pm4$ 级干涉明纹。

或由 $\dfrac{d}{a} = \dfrac{0.1}{0.02} = 5$ 可知，$k = \pm5$ 级缺失（对应 ±1 级衍射极小值），也可进行同样的判断。

14-18　一光源发出的红双线在波长 $\lambda = 656.3$ nm 处，两条谱线的波长差为 $\Delta\lambda = 0.18$ nm。现有一光栅，恰能在第 3 级光谱中分辨得出这两条谱线，求光栅至少需要多少条刻线。

解：由光栅的分辨本领 $\dfrac{\lambda}{\delta\lambda} = kN$，可知

$$N = \frac{\lambda}{k\delta\lambda} = \frac{656.3}{3 \times 0.18} = 1215$$

即光栅至少需要 1215 条刻线。

14-19　如图 14-6 所示，入射 X 射线束不是单色的，而是含有 $0.095 \sim 0.130$ nm 这一波段中的各种波长。已知晶体常数 $d = 0.275$ nm，$\varphi = 60°$，问波段中哪些波长能产生干涉加强？

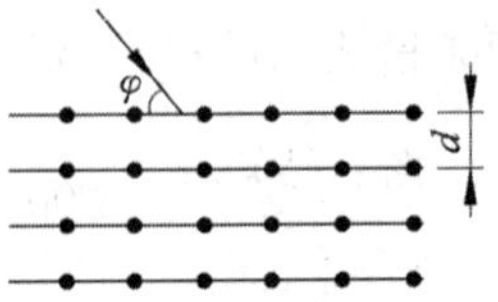

解：由布拉格公式 $2d\sin\varphi = k\lambda$，可得

$$\lambda = \frac{2d\sin\varphi}{k} = \frac{2 \times 0.275 \times \sin 60°}{k} = \frac{0.476}{k}\,(\text{nm})$$

图 14-6

则在所给的波长范围内能干涉加强的波长为

$$\lambda_1 = \frac{0.476}{4} = 0.1190\,(\text{nm})$$

$$\lambda_2 = \frac{0.476}{5} = 0.0952\,(\text{nm})$$

四、自测题

(一) 选择题

1. 在单缝夫琅禾费衍射实验中,波长为 λ 的单色光垂直入射在宽度为 $a=4\lambda$ 的单缝上,对应于衍射角为 30°的方向,单缝处波阵面可分成的半波带数目为(　　)。

  A. 2 个   B. 4 个   C. 6 个   D. 8 个

2. 单缝夫琅禾费衍射实验中,若减小缝宽,其他条件不变,则中央明条纹(　　)。

  A. 宽度变小   B. 宽度变大

  C. 宽度不变,且中心强度也不变 D. 宽度不变,但中心强度变小

3. 波长 $\lambda=500$ nm 的单色光垂直照射到宽度 $a=0.25$ mm 的单缝上,单缝后面放置一凸透镜,在凸透镜的焦平面上放置一屏幕,用以观测衍射条纹。今测得屏幕上中央明条纹一侧第 3 个暗条纹和另一侧第 3 个暗条纹之间的距离为 $d=12$ mm,则凸透镜的焦距 f 为(　　)。

  A. 2 m   B. 1 m   C. 0.5 m   D. 0.2 m

  E. 0.1 m

4. 在光栅光谱中,假如所有偶数级次的主极大都恰好在单缝衍射的暗纹方向上,因而实际上不出现,那么此光栅每个透光缝宽度 a 和相邻两缝间不透光部分宽度 b 的关系为(　　)。

  A. $a=\dfrac{1}{2}b$ B. $a=b$ C. $a=2b$ D. $a=3b$

5. 某元素的特征光谱中含有波长分别为 $\lambda_1=450$ nm 和 $\lambda_2=750$ nm 的光谱线。在光栅光谱中,这两种波长的谱线有重叠现象,重叠处 λ_2 的谱线的级数将是(　　)。

  A. 2,3,4,5,… B. 2,5,8,11,… C. 2,4,6,8,… D. 3,6,9,12,…

6. 波长 $\lambda=550$ nm 的单色光垂直入射于光栅常数 $d=2\times10^{-4}$ cm 的平面衍射光栅上,可能观察到的光谱线的最大级次为(　　)。

  A. 2   B. 3   C. 4   D. 5

7. 设星光的有效波长为 550 nm,用一台物镜直径为 1.20 m 的望远镜观察双星时能分辨的双星的最小角间隔 $\delta\theta$ 是(　　)。

  A. 3.2×10^{-3} rad   B. 5.4×10^{-5} rad

  C. 1.8×10^{-5} rad   D. 5.6×10^{-7} rad

  E. 4.3×10^{-8} rad

8. 波长为 0.168 nm 的 X 射线以掠射角 θ 射向某晶体表面时,在反射方向出现第 1 级极大,已知晶体的晶格常数为 0.168 nm,则 θ 角为(　　)。

  A. 30°   B. 45°   C. 60°   D. 90°

(二) 填空题

1. 波长为 600 nm 的单色平行光,垂直入射到缝宽为 $a=0.60$ mm 的单缝上,缝后有一

焦距 $f＝60$ cm 的透镜,在透镜焦平面上观察衍射图样。则:中央明纹的宽度为_____,两个第 3 级暗纹之间的距离为_____。

2. 波长为 λ 的单色光垂直入射在缝宽 $a＝4\lambda$ 的单缝上。对应于衍射角 $\varphi＝30°$,单缝处的波面可划分为_____个半波带。

3. 惠更斯-菲涅耳原理的基本内容是:波阵面上各面积元所发出的子波在观察点 P 的_____,决定了 P 点的合振动及光强。

4. 若光栅的光栅常数 d、缝宽 a 和入射光波长 λ 都保持不变,而使其缝数 N 增加,则光栅光谱的同级光谱线将变得_____。

5. 用平行的白光垂直入射在平面透射光栅上时,波长为 $\lambda_1＝440$ nm 的第 3 级光谱线将与波长为 $\lambda_2＝$_____ nm 的第 2 级光谱线重叠。

6. 一会聚透镜,直径为 3 cm,焦距为 20 cm,照射光波长 550 nm。为了可以分辨,两个远处的点状物体对透镜中心的张角必须不小于_____ rad。这时在透镜焦平面上两个衍射图样的中心间的距离不小于_____ μm。

7. 一长度为 10 cm,每厘米有 2000 线的平面衍射光栅,在第 1 级光谱中,在波长 500 nm 附近,能够分辨出来的两谱线的波长差至少应是_____ nm。

(三)计算题

1. 今用钠光灯($\lambda＝589.3$ nm)垂直照射单缝,在焦距为 80 cm 的透镜的焦平面处观察到中央明纹的宽度为 2 mm,求该单缝的宽度。

2. 一宽度为 2.0 cm 的光栅上共有 6000 条刻痕。用波长 $\lambda＝589.3$ nm 的钠黄光垂直照射,问在哪些衍射角位置上出现主极大? 可以看到多少条钠光的谱线?

3. 在一单缝的夫琅禾费衍射实验中,缝宽 $a＝5\lambda$,缝后透镜的焦距 $f＝40$ cm,求中央明纹和第 1 级亮条纹的宽度。

4. 为了测定光栅常数,用氦-氖激光器(632.8 nm)垂直照射光栅。测得第 1 级亮条纹出现在 38°的方向,问:

(1) 这个光栅的光栅常数为多少?

(2) 1 cm 内有多少条缝?

(3) 第 2 级亮条纹是否出现? 出现在什么角度?

5. 假如卫星上的照相机能清楚地识别地面上的汽车号牌。问:

(1) 如果需要识别的号牌上字划间的距离是 5 cm,在 160 km 高空的卫星上的照相机的角分辨率是多少?

(2) 此照相机的孔径需要多大?

附:自测题答案

(一)选择题

1. B;　　2. B;　　3. B;　　4. B;　　5. D;　　6. B;　　7. D;　　8. A

（二）填空题

1. 1.2 nm,3.6 nm

2. 4

3. 相干叠加

4. 更窄、更亮

5. 660

6. 2.24×10^{-5},4.47

7. 0.025

（三）计算题

1. $a = 0.471$ mm

2. $\theta = \arcsin(\pm 0.177k)$,$k = 0,1,2,3,4,5$;可以看到 11 条谱线

3. $\Delta x_0 = 16$ cm,$\Delta x_1 = 18$ cm

4. (1) 1.028×10^{-3} mm; (2) $N = 9728$; (3) 第 2 级不存在

5. (1) 3.13×10^{-7} rad; (2) $D = 1.97$ m

第十五章

光 的 偏 振

一、主要内容

（一）自然光和偏振光

偏振：光矢量的振动方向对传播方向的不对称性。

1. 线偏振光：光的振动方向始终在一个平面内,称这种光为线偏振光或平面偏振光。线偏振光的表示如图 15-1 所示。

2. 自然光：如图 15-2(a)所示,由一系列的波列组成,波列之间没有固定的相位关系,各波列的振动无方向优势,光矢量的振动在各向的分布是均匀的。

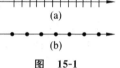

图 15-1

自然光的分解：振动方向相互垂直、强度相等的、没有固定相位关系的两束线偏振光的合成,如图 15-2(b)所示。

自然光的表示如图 15-2(c)所示。

3. 部分偏振光：偏振状态介于线偏振光和自然光之间,如图 15-3(a)所示。

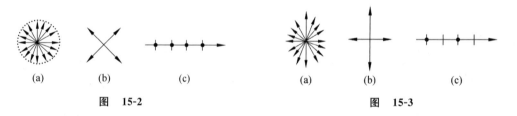

图 15-2   图 15-3

部分偏振光的分解：振动方向相互垂直、强度不等的、没有固定相位关系的两束线偏振光的合成,如图 15-3(b)所示。

部分偏振光表示如图 15-3(b)所示。

4. 偏振度 P

$$P = \frac{I_P}{I_n + I_P} \tag{15-1}$$

式中 I_P 和 I_n 分别是与线偏振光和自然光成分相应的光强。对于线偏振光,$I_n = 0$,则偏振度 $P = 1$;对于自然光,$I_P = 0$,偏振度 $P = 0$;部分偏振光的偏振度则介于 0 和 1 之间。

5. 圆偏振光和椭圆偏振光

迎着光传播方向看去,光矢量随时间匀速旋转,端点描绘出一个椭圆或圆。

分解：同频率、振动方向垂直且具有固定相位差的两束线偏振光的合成。

（二）马吕斯定律

不考虑吸收时，光强 I_0 的线偏振光入射到偏振片上，透过线偏振光的强度为

$$I = I_0 \cos^2 \theta \tag{15-2}$$

式中，θ 为入射线偏振光的振动方向与偏振化方向之间的夹角，如图 15-4 所示。

偏振片：能将自然光变为线偏振光的光学器件，出射线偏振光的振动方向为偏振片的偏振化方向。

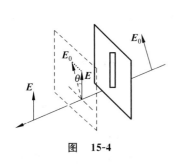

图 15-4

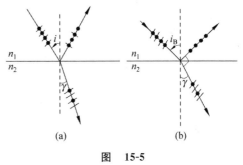

(a)   (b)

图 15-5

（三）布儒斯特定律

当自然光来到两种透明介质的分界面时会发生反射和折射现象。一般情况下，反射光和折射光均为部分偏振光，如图 15-5(a) 所示。

研究表明，反射光的偏振化程度，取决于入射角，当 $i = i_B$，i_B 满足

$$\tan i_B = \frac{n_2}{n_1} \tag{15-3}$$

时，反射光为振动面与入射面垂直的线偏振光，折射光为部分偏振光，如图 15-5(b) 所示。设折射角为 γ，则有

$$i_B + \gamma = \frac{\pi}{2} \tag{15-4}$$

表明在布儒斯特入射条件下，反射线和折射线相互垂直。

（四）光的双折射

1. 双折射现象：一束光射向各向异性的晶体时，在晶体中产生两条折射光线的现象。其中一条遵守折射定律，称为寻常光线（o 光）；另一条不遵守折射定律，称为非寻常光线（e 光）。

2. o 光和 e 光都是线偏振光

产生双折射的原因：由于晶体的各向异性，使得在晶体内 o 光和 e 光具有不同的传播速度，对应不同的折射率。

3. 晶体光学中的几个概念

（1）光轴：晶体中存在某些特定的方向，光线沿这些方向传播时，不同振动方向的光的传播速度相同，不产生双折射现象，这一方向称为光轴。仅有一个光轴方向的晶体为单轴晶体；具有两个光轴方向的晶体为双轴晶体。

（2）主截面：晶体表面法线与光轴构成的平面。

（3）主平面：晶体中 o 光与光轴构成的平面为 o 光的主平面；晶体中 e 光与光轴构成的平面为 e 光的主平面。

4．晶体中双折射的规律

（1）沿光轴方向入射到晶体表面的光，在晶体内部不产生双折射，折射光线的方向遵守折射定律。

（2）不沿光轴方向入射到晶体表面的光，在晶体内部产生双折射，形成 o 光和 e 光两条线偏振光。

其中 o 光的振动方向垂直于 o 光的主平面，在晶体中的传播速度 v_o 和折射率 n_o 为定值且 $n_o = \dfrac{C}{v_o}$，o 光遵守折射定律；e 光的振动方向在 e 光主平面内，其传播速度 v 和折射率 n 随传播方向的不同而不同，一般不遵守折射定律。

对于 e 光，沿光轴方向传播时，$v = v_o, n = n_o$；垂直光轴传播时，传播速度为 v_e、折射率为 n_e，与 v_o、n_o 差别最大且 $n_e = \dfrac{C}{v_e}$；n_o、n_e 分别为 o 光和 e 光的主折射率。其他方向的折射率介于两者之间。

5．惠更斯原理在双折射中的应用

利用惠更斯原理，可以说明光线在晶体中发生双折射的基本规律，并可利用惠更斯波面作图法，得出 o 光和 e 光在晶体中的传播方向。o 光的波面为球面，而 e 光由于各个方向的传播速度不同，故 e 光的波面为旋转椭球面。

6．波晶片

线偏振光垂直入射到晶片上，晶片光轴平行于晶体表面。设入射光的强度为 I，振幅为 A，入射线偏振光的振动方向与晶片光轴的夹角为 θ，晶片厚度为 d。

（1）在晶体中，o 光和 e 光同方向传播，但传播速度不同：
$$A_o = A\sin\theta, \quad I_o = I\sin^2\theta; \quad A_e = A\cos\theta, \quad I_e = I\cos^2\theta$$

（2）射出晶片后，o 光和 e 光产生光程差为
$$\Delta L = (n_o - n_e)d$$

（3）o 光和 e 光满足同频率垂直振动合成条件。

全波片：$\Delta L = (n_o - n_e)d = k\lambda$，出射时偏振态不发生改变。

半波片：$\Delta L = (n_o - n_e)d = (2k+1)\dfrac{\lambda}{2}$，出射仍是线偏振光，振动方向相对于入射光的振动方向转 2θ。

四分之一波片：$\Delta L = (n_o - n_e)d = (2k+1)\dfrac{\lambda}{4}$，出射形成椭圆偏振光，当 $\theta = 45°$ 时，形成圆偏振光。

7．人为双折射现象

光透过各向同性的介质时，不发生双折射。但在外力（机械力、电场、磁场等）的作用下，可使各向同性的介质变得各向异性，因此产生双折射现象，称为人为双折射现象。

二、解　题　指　导

本章问题涉及的主要方法：各种偏振光的定义、描述。反射折射的偏振特点。晶体中双折射现象的理解，以及偏振光的合成分解问题。

例 15-1 （马吕斯定律的应用）平行放置两偏振片，使它们的偏振化方向成 $60°$ 的夹角。问：

（1）如果让自然光垂直入射后，其透射光强与入射光强之比是多少？

（2）今在两偏振片间平行地插入另一偏振片，使它的偏振化方向与前两个偏振片的偏振化方向均成 $30°$ 角，其透射光强与入射光强之比是多少？若偏振片对光振动平行于偏振化方向的光有 10% 的吸收，则其透射光强与入射光强之比是多少？

解：（1）由自然光的分解及马吕斯定律得

$$I = \frac{1}{2} I_0 \cos^2 60°$$

所以

$$\frac{I}{I_0} = \frac{1}{2} \cos^2 60° = \frac{1}{8}$$

（2）通过第一个偏振片的光强为

$$I = \frac{1}{2} I_0$$

通过第二个偏振片的光强为

$$I = \frac{1}{2} I_0 \cos^2 30°$$

通过第三个偏振片的光强为

$$I = \frac{1}{2} I_0 \cos^2 30° \cos^2 30° = \frac{9}{32} I_0$$

故 $\dfrac{I}{I_0} = \dfrac{9}{32}$。

有吸收时通过第一个偏振片的光强为

$$I = \frac{1}{2} I_0 (1 - 10\%)$$

通过第二个偏振片的光强为

$$I = \frac{1}{2} I_0 \cos^2 30° (1 - 10\%)^2$$

通过第三个偏振片的光强为

$$I = \frac{1}{2} I_0 \cos^2 30° \cos^2 30° (1 - 10\%)^3 = 0.205 I_0$$

故 $\dfrac{I}{I_0} = 0.205$。

例 15-2 （布儒斯特定律的应用）一束自然光，以 $58°$ 角从空气入射到某一平面玻璃表面上，反射光是完全偏振光。问：

（1）折射光的折射角是多少？

（2）玻璃的折射率是多少？

解：设入射角为 i，折射角为 γ。

（1）因为反射光是完全偏振光，所以入射角为布儒斯特角，则

$$\gamma = \frac{\pi}{2} - i = 32°$$

（2）由布儒斯特定律 $\tan i_B = \dfrac{n_2}{n_1}$，且 $n_1 = 1$，得玻璃的折射率为

$$n_2 = \tan i_B = \tan 58° = 1.60$$

例 15-3 （光的双折射现象的理解）如图 15-6 所示，一束自然光入射到方解石晶体的表面上，入射光与光轴成一定的角度，问：将有几条光线从方解石透射出来？ 如果把方解石切割成等厚的 A、B 两块，并平行的移开很短的一段距离，此时光线通过这两块方解石后有几条光线透射出来？ 如果把 B 块绕光线方向转过一个小角度，此时有几条光线从 B 块透射出来？

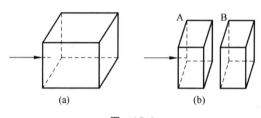

图　15-6

解：（1）若入射光为自然光，入射光与光轴成一定的角度，则透射光线有两条，即一条是寻常光线（o 光），另一条是非常光线（e 光）。

（2）如果把方解石切割成等厚的 A、B 两块并移开很短的一段距离，由于两块的主截面完全平行，所以透过 A 后的两条光线，再透过 B 时都不产生双折射，故有 2 条光线从 B 块透射出来。

（3）当其中一块 B 转过一个小角度后，则两块的主截面不再平行，所以通过 A 后的两条光线再通过 B 块都要产生双折射。故有 4 条光线从 B 块透射出来。

例 15-4 （反射光、折射光的偏振态）图 15-7 中所示光线的入射角均是布儒斯特角，画出反射光线和折射光线及其偏振状态。

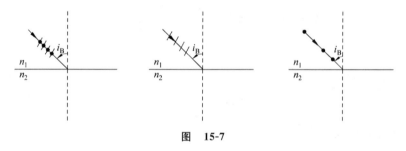

图　15-7

解：反射光线和折射光线及其偏振状态如图 15-8 所示。

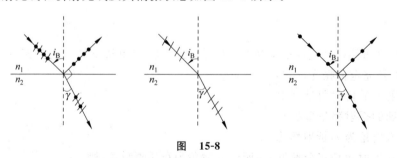

图　15-8

例 15-5 （区别自然光、圆偏振光与线偏振光）对于自然光、圆偏振光、线偏振光，你如何通过实验作出判别？

解：可以通过偏振片和四分之一波片做检验。

旋转偏振片，观察通过偏振片的光强。对于上述三种光，若光强有变化，且有消光现象的为线偏振光；若光强无变化则为自然光或圆偏振光。

进一步区分自然光或圆偏振光，可在偏振片前置一四分之一波片，此时再旋转偏振片。由于四分之一波片可将圆偏振光变为线偏振光，而对自然光不起作用，因此，当旋转偏振片时，若无光强的变化，则为自然光；若光强有变化，且有消光现象的则为圆偏振光。

三、习 题 解 答

15-1　4个偏振片依次前后排列，每个偏振片的透振方向均相对前一偏振片的透振方向沿顺时针方向转过 $45°$ 角。若入射自然光的光强为 I_0，不考虑吸收、散射和反射等因素引起的光强损失，则出射此偏振片系统的光强多大？

解：通过第一偏振片的光强为 $\frac{1}{2}I_0$，由马吕斯定律，得通过第二偏振片的光强为

$$I = \frac{1}{2}I_0\cos^2\theta = \frac{1}{4}I_0$$

则通过第四偏振片的光强为

$$I = \frac{1}{4}I_0\cos^2\theta\cos^2\theta = \frac{1}{16}I_0$$

15-2　让入射光连续通过两个偏振片，前者称为起偏片，后者称为检偏片，通过改变二者之间的夹角可调节出射光的光强。设入射光为自然光，通过起偏片后的光强为1，要使出射光强减弱为 $1/2$、$1/4$、$1/8$，试问二偏振片的透振方向夹角各为多少？

解：入射光为自然光，通过起偏片后变为线偏振光，其光强为1，由马吕斯定律得

$$I = \cos^2\theta = \frac{1}{2}, \quad \theta = 45°$$

$$I = \cos^2\theta = \frac{1}{4}, \quad \theta = 60°$$

$$I = \cos^2\theta = \frac{1}{8}, \quad \theta = 69.29°$$

15-3　在两个透振方向正交的偏振片之间有一个偏振片，该偏振片以匀角速度 ω 以光线传播方向为轴旋转，试证明：自然光通过此装置后出射的光强为

$$I = \frac{I_0}{16}(1 - \cos 4\omega t)$$

式中 I_0 为入射光强。

证明：自然光通过第一个偏振片后的强度为

$$I_1 = \frac{1}{2}I_0$$

设 $t=0$ 时，第二个偏振片的偏振化方向和第一个偏振片平行，则 t 时刻 $\theta=\omega t$。故通过第二个偏振片的光强为

$$I_2 = \frac{I_0}{2}\cos^2\omega t$$

第二个偏振片和第三个偏振片偏振化方向的夹角为 $\frac{\pi}{2}-\omega t$，故从第三个偏振片出射的光强为

$$I_3 = \frac{I_0}{2}\cos^2\omega t\cos^2\left(\frac{\pi}{2}-\omega t\right) = \frac{I_0}{16}(1-\cos 4\omega t)$$

证毕。

15-4　一束部分偏振光通过旋转的理想偏振片时，出射光强的最大值是最小值的 7 倍，试求光束中两成分光强之比。

解：设构成部分偏振光的自然光的强度为 I_n，线偏振光的强度为 I_p，则光强的最大值 $I_{max}=\frac{I_n}{2}+I_p$，光强的最小值 $I_{min}=\frac{I_n}{2}$，有

$$\frac{I_{max}}{I_{min}} = \frac{\dfrac{I_n}{2}+I_p}{\dfrac{I_n}{2}} = 7，\quad 得\quad \frac{I_p}{I_n}=3$$

即构成部分偏振光的线偏振光强度是自然光的强度的 3 倍。

15-5　如果已经测出光在某种介质中的全反射临界角为 45°，试求光从空气射向这种介质界面时的布儒斯特角。

解：设介质的折射率为 n，空气折射率为 n_0，则

$$\sin 45° = \frac{n_0}{n}$$

空气射向这种介质界面时的布儒斯特角为 $\tan i_B = \dfrac{n}{n_0} = \sqrt{2}$，则解得

$$i_B = 54.7°$$

15-6　证明：当光线以布儒斯特角入射时，折射光线与反射光线互相垂直。

证明：设入射角为 i_B，折射角为 γ，由布儒斯特定律 $\tan i_B = \dfrac{n_2}{n_1}$，得

$$\sin i_B = \frac{n_2}{n_1}\cos i_B$$

代入折射定律公式 $n_1\sin i_B = n_2\sin\gamma$，得

$$\cos i_B = \sin\gamma = \cos\left(\frac{\pi}{2}-\gamma\right)$$

即

$$i_B + \gamma = \frac{\pi}{2}$$

折射光线与反射光线互相垂直。证毕。

15-7　一束线偏振光正入射一块方解石晶体，其振动面与晶体主截面成 20° 角。求透过晶体后 o 光和 e 光的振幅与强度之比。

解：一束线偏振光射入晶体后，由于双折射，形成 o 光和 e 光。o 光振动方向垂直于主截面，e 光振动方向平行于主截面，如图 15-9 所示。

o 光的振幅 $A_o = A\sin 20°$，o 光的强度 $I_o = I\sin^2 20°$；

e 光的振幅 $A_e = A\cos 20°$，e 光的强度 $I_e = I\cos^2 20°$。

图 15-9

o 光和 e 光的振幅之比为

$$\tan 20° = 0.364$$

o 光和 e 光的强度之比为

$$\tan^2 20° = 0.132$$

15-8　一束钠黄光以 $60°$ 角入射到方解石($n_o=1.6584,n_e=1.4864$)平板上,设光轴与平板平行且垂直于入射面,试求晶体中 o 光与 e 光的夹角是多少?若方解石平板的厚度为 1 cm,试求在板出射面量细光束之间分开的距离是多少?

解:当光轴与平板平行且垂直于入射面,晶体中 o 光与 e 光的折射率均为常数,$n_o=1.6584,n_e=1.4864$,因此可以根据折射定律求出 o 光与 e 光的折射角。由

$$n_o\sin\gamma_o = \sin 60°, \quad n_e\sin\gamma_e = \sin 60°$$

得

$$\gamma_o = \arcsin\left(\frac{\sqrt{3}}{2n_o}\right) = \arcsin 0.522 = 31.48°$$

$$\gamma_e = \arcsin\left(\frac{\sqrt{3}}{2n_e}\right) = \arcsin 0.583 = 35.64°$$

o 光与 e 光的夹角是:$35.64°-31.48°=4.16°$。

在板出射面量细光束之间分开的距离为

$$\Delta l = d(\tan 35.64° - \tan 31.48°) = 1.05 \text{ (mm)}$$

15-9　设方解石(主折射率 $n_o=1.6584,n_e=1.4864$)和石英(主折射率 $n_o=1.5442,n_e=1.5533$)薄板的光轴都平行于其表面,并用它们制作钠黄光(589.3 nm)的 $\lambda/4$ 片,薄板的最小厚度分别为多少?

解:由 $\lambda/4$ 片对应的光程差 $\Delta L = (n_o-n_e)d = (2k+1)\dfrac{\lambda}{4}$ 得最小厚度:

对方解石,

$$d = \frac{\lambda}{4(n_o-n_e)} = \frac{589.3}{4\times(1.6584-1.4864)} = 857 \text{ (nm)} = 0.857 \text{ (}\mu\text{m)}$$

对石英,

$$d = \frac{\lambda}{4(n_e-n_o)} = \frac{589.3}{4\times(1.5533-1.5442)} = 16\ 190 \text{ (nm)} = 16.19 \text{ (}\mu\text{m)}$$

*15-10　两块偏振片透振方向夹角为 $60°$,中央插入一块 1/4 波片,波片主截面平分上述夹角(图 15-10)。用光强为 I 的自然光入射,求通过第二个偏振片的光强。

解:光强为 I 的自然光入射,通过第一块偏振片后,变为强度为 $A^2 = \dfrac{I}{2}$ 的线偏振光。经过 $\lambda/4$ 片,o 光与 e 光产生光程差 $\lambda/4$。

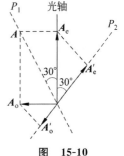

图　**15-10**

再通过第二块偏振片时,分解得

$$A'_o = A_o\cos 60°, \quad A_o = A\sin 30°, \quad I'_o = (A'_o)^2 = \frac{1}{32}I$$

$$A'_e = A_e\cos 30°, \quad A_e = A\cos 30°, \quad I'_e = (A'_e)^2 = \frac{9}{32}I$$

通过第二块偏振片后,两束光产生干涉。

由于分解产生附加位相差 π,经过 $\lambda/4$ 片,产生位相差,总的位相差为 $\Delta\varphi = \dfrac{3}{2}\pi$,故干涉

强度为

$$I'_\text{o}+I'_\text{e}+2\sqrt{I'_\text{o}I'_\text{e}}\cos\Delta\varphi=I'_\text{o}+I'_\text{e}=\frac{10}{32}I=\frac{5}{16}I$$

15-11 两偏振片之间有一 $\lambda/2$ 片,波片由负晶体制成,其 e 光振动方向与 P_1 的透振方向成 38°。设波长为 $\lambda=632.8$ nm 的光垂直射到 P_1 上,要使透射光有最大振幅,P_2 应如何放置? 若晶片的折射率 $n_\text{o}=1.52, n_\text{e}=1.48$,试计算此晶片的最小厚度。

解:光线经过第一块偏振片后,变为线偏振光,再经过 $\lambda/2$ 片,线偏振光的振动面旋转 $2\theta=76°$。因此要使透射光有最大振幅,则第二块偏振片的偏振化方向与第一块应成 76°角。且 $\lambda/2$ 位于 P_1、P_2 偏振化方向的平分线上。

$\lambda/2$ 片的最小厚度为

$$d=\frac{\lambda}{2(n_\text{o}-n_\text{e})}=\frac{632.8\times10^{-9}}{\alpha(1.52-1.48)}=7.91\times10^{-3}(\text{mm})$$

15-12 如图 15-11 所示,已知一束自然光入射到折射率 $n_2=\dfrac{4}{3}$ 的水面上时反射光是线偏振的,一块折射率 $n_3=\dfrac{3}{2}$ 的平面玻璃浸在水面下,若要使玻璃表面的反射光 $O'N'$ 也是线偏振的,则玻璃表面与水平面的夹角 φ 应为多大?

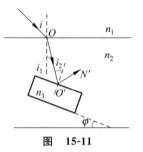

图   **15-11**

解:由于反射光是线偏振的,则入射角为布儒斯特角,即

$$\tan i=\frac{n_2}{n_1}=\frac{4}{3},\quad\text{得}\quad i=53.13°$$

若要使玻璃表面的反射光 $O'N'$ 也是线偏振的,则 i_2 也是布儒斯特角,即

$$\tan i_2=\frac{n_3}{n_2}=1.125,\quad\text{得}\quad i_2=48.37°$$

设自然光在空气和水的分界面的折射角为 i_1,根据折射定律 $n_1\sin i=n_2\sin i_1$,得

$$\sin i_1=\frac{n_1}{n_2}\sin i=0.600,\quad i_1=36.87°$$

从图中可知

$$\varphi=i_2-i_1=48.37°-36.87°=11.5°$$

四、自 测 题

(一) 选择题

1. 使一光强为 I_0 的平面偏振光先后通过两个偏振片 P_1 和 P_2,P_1 和 P_2 的偏振化方向与原入射光光矢量振动方向的夹角分别是 α 和 90°,则通过这两个偏振片后的光强 I 是(　　)。

    A. $\dfrac{1}{2}I_0\cos^2\alpha$ B. 0   C. $\dfrac{1}{4}I_0\sin^2(2\alpha)$ D. $\dfrac{1}{4}I_0\sin^2\alpha$

    E. $I_0\cos^4\alpha$

2. 两偏振片堆叠在一起,一束自然光垂直入射其上时没有光线通过。当其中一偏振片慢慢转动 180°时,透射光强度发生的变化为(　　)。

A. 光强单调增加

B. 光强先增加,后又减小至零

C. 光强先增加,后减小,再增加

D. 光强先增加,然后减小,再增加,再减小至零

3. 自然光以 60°的入射角照射到某两介质交界面时,反射光为完全线偏振光,则知折射光为(　　)。

A. 完全线偏振光且折射角是 30°

B. 部分偏振光且只是在该光由真空入射到折射率为 $\sqrt{3}$ 的介质时,折射角是 30°

C. 部分偏振光,但须知两种介质的折射率才能确定折射角

D. 部分偏振光且折射角是 30°

4. 一束单色线偏振光,其振动方向与 1/4 波片的光轴夹角 $\alpha=\pi/4$。则此偏振光经过 1/4 波片后(　　)。

A. 仍为线偏振光 　　　　　　　　　B. 振动面旋转了 $\pi/2$

C. 振动面旋转了 $\pi/4$ 　　　　　　　D. 变为圆偏振光

5. ABCD 为一块方解石的一个截面,AB 为垂直于纸面的晶体平面与纸面的交线。光轴方向在纸面内且与 AB 成一锐角,如图 15-12 所示。一束平行的单色自然光垂直于 AB 端面入射。在方解石内折射光分解为 o 光和 e 光,o 光和 e 光的(　　)。

A. 传播方向相同,光矢量的振动方向互相垂直

B. 传播方向相同,光矢量的振动方向不互相垂直

C. 传播方向不同,光矢量的振动方向互相垂直

D. 传播方向不同,光矢量的振动方向不互相垂直

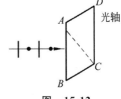

图　15-12

（二）填空题

1. 两个偏振片叠放在一起,强度为 I_0 的自然光垂直入射其上,若通过两个偏振片后的光强为 $I_0/8$,则此两偏振片的偏振化方向间的夹角(取锐角)是_____;

若在两片之间再插入一块偏振片,其偏振化方向与前后两片的偏振化方向的夹角(取锐角)相等,则通过 3 个偏振片后的透射光强度为_____。

2. 一束汞灯的自然绿光自空气($n=1$)以 45°的入射角入射到水晶平板上,设光轴与板面平行,并垂直于入射面,对于该绿光水晶的主折射率 $n_0=1.5642$,$n_e=1.5554$。则晶体中 o 光线与 e 光线的夹角为_____。

3. 一束光垂直入射在偏振片 P 上,以入射光线为轴转动 P,观察通过 P 的光强的变化过程。若入射光是_____,则将看到光强不变;若入射光是_____,则将看到明暗交替变化,有时出现全暗;若入射光是_____,则将看到明暗交替变化,但不出现全暗。

4. 一束自然光从空气投射到玻璃表面上(空气折射率为 1),当折射角为 30°时,反射光是完全偏振光,则此玻璃板的折射率等于_____。

5. 一束自然光($\lambda=589.3$ nm)自空气(设 $n=1$)垂直入射到方解石晶片上,光轴平行于晶片的表面,晶片厚度为 0.05 mm,对钠黄光方解石的主折射率 $n_0=1.6584$,$n_e=1.4864$,则

o、e 两光透过晶片后的光程差为 _____ μm，o、e 两光透过晶片后的相位差为 _____ rad。

6. 线偏振光通过一个 1/2 波片后，出射的光是 _____ 偏振光。

（三）计算题

1. 将三个偏振片叠放在一起，第二个与第三个的偏振化方向分别与第一个的偏振化方向成 45°和 90°角。

（1）强度为 I_0 的自然光垂直入射到这一堆偏振片上，试求经每一偏振片后的光强和偏振状态。

（2）如果将第二个偏振片抽走，情况又如何？

2. 由强度为 I_a 的自然光和强度为 I_b 的线偏振光混合而成的一束入射光，垂直入射在一偏振片上，当以入射光方向为转轴旋转偏振片时，出射光将出现最大值和最小值，其比值为 n。试求出 I_a/I_b 与 n 的关系。

3. 一束自然绿光以 $i=45°$ 的入射角射到石英平板上，设光轴与板表面平行，并垂直于入射面（如图 15-13 所示），石英对该绿光的主折射率 $n_o=1.5462$，$n_e=1.5554$。求晶体中 o 光与 e 光的夹角。

4. 一束自然光以起偏角 $i_0=48.09°$ 自某透明液体入射到玻璃表面上，若玻璃的折射率为 1.56，求：

（1）该液体的折射率是多少？

（2）折射角多大？

5. 用方解石割成一个正三角形棱镜，其光轴与棱边平行（如图 15-14 所示）。今有一束自然光入射于棱镜，为使棱镜内的 e 光折射光线平行于棱镜的底边，该入射光的入射角 i 是多少？棱镜内 o 光的折射角是多少？

图 15-13   图 15-14

附：自测题答案

（一）选择题

1. C；   2. B；   3. D；   4. D；   5. C

（二）填空题

1. 60°；$\dfrac{9}{32}I_0$

2. $0.174°$

3. 自然光或(和)圆偏振光;线偏振光;部分偏振光或椭圆偏振光

4. $\sqrt{3}$

5. $8.6, 91.7$

6. 线偏振光

（三）计算题

1. (1) $\frac{1}{2}I_0, \frac{1}{4}I_0, \frac{1}{8}I_0$,均是线偏振光； (2) $\frac{1}{2}I_0, 0$

2. $\dfrac{I_a}{I_b} = \dfrac{2}{n-1}$

3. $0.17°$

4. (1) 1.4； (2) $41.91°$

5. $48.16°, 26.67°$

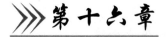

第十六章

狭义相对论基础

一、主要内容

（一）爱因斯坦的假设与洛伦兹变换

1. 爱因斯坦的假设

爱因斯坦的两条基本假设。

（1）狭义相对论原理：物理定律在一切惯性系中都取相同形式。

（2）光速不变原理：光在真空中的传播速度 c 是一个普适恒量，与光源的运动速度无关。电磁波的传播速度对所有惯性系都是光速 c。

2. 洛伦兹变换

事件在两个惯性系 S 和 S' 中的时空坐标分别为 (x,y,z,t) 和 (x',y',z',t')，如图 16-1 所示。

从 S 系到 S' 系，时空坐标的洛伦兹变换为

$$\begin{cases} x' = \dfrac{x - vt}{\sqrt{1-\beta^2}} \\ y' = y \\ z' = z \\ t' = \dfrac{t - \dfrac{v}{c^2}x}{\sqrt{1-\beta^2}} \end{cases} \tag{16-1}$$

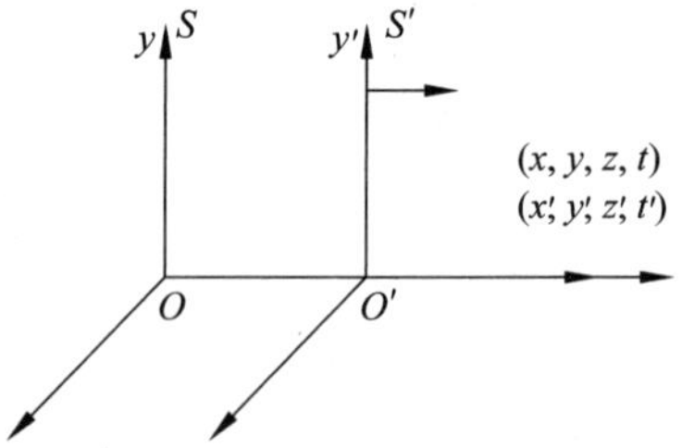

图 16-1

从 S' 系到 S 系的逆变换为

$$\begin{cases} x = \dfrac{x' + vt'}{\sqrt{1-\beta^2}} \\ y = y' \\ z = z' \\ t = \dfrac{t' + \dfrac{v}{c^2}x'}{\sqrt{1-\beta^2}} \end{cases} \tag{16-2}$$

其中 $\beta = \dfrac{v}{c}$。

（二）相对论时空观

1. 同时的相对性

$$t'_2 - t'_1 = \frac{(t_2 - t_1) - \dfrac{v}{c^2}(x_2 - x_1)}{\sqrt{1 - \beta^2}} \tag{16-3}$$

异地同时的事件在另一参考系中不是同时的。

2. 长度的相对性

即不同惯性系中的空间尺度具有相对性，在运动方向上的长度测量值将缩短，称为洛伦兹收缩。公式为

$$l = l_0 \sqrt{1 - \beta^2} \tag{16-4}$$

式中 l_0 为固有长度。

3. 时间的相对性

根据狭义相对论，运动的时钟变慢，或者也叫做时间膨胀、时间延缓。公式为

$$\Delta t = \frac{\tau}{\sqrt{1 - \beta^2}} \tag{16-5}$$

式中 τ 为固有时。

（三）相对论速度变换公式

当参考系 S' 相对于参考系 S 的运动速度为 v 时，事件在 S 系和 S' 系中的运动速度分别为 (u_x, u_y, u_z) 和 (u'_x, u'_y, u'_z)。相对论速度变换公式为

$$\begin{cases} u'_x = \dfrac{u_x - v}{1 - \dfrac{v}{c^2}u_x} \\[3mm] u'_y = \dfrac{u_y \sqrt{1 - \beta^2}}{1 - \dfrac{v}{c^2}u_x} \\[3mm] u'_z = \dfrac{u_z \sqrt{1 - \beta^2}}{1 - \dfrac{v}{c^2}u_x} \end{cases} \tag{16-6}$$

相应的逆变换公式为

$$\begin{cases} u_x = \dfrac{u'_x + v}{1 + \dfrac{v}{c^2}u'_x} \\[3mm] u_y = \dfrac{u'_y \sqrt{1 - \beta^2}}{1 + \dfrac{v}{c^2}u'_x} \\[3mm] u_z = \dfrac{u'_z \sqrt{1 - \beta^2}}{1 + \dfrac{v}{c^2}u'_x} \end{cases} \tag{16-7}$$

（四）相对论多普勒效应

当光源向着接收器运动时，接收频率增高，

$$\nu = \sqrt{\frac{1+\beta}{1-\beta}}\nu_0 \qquad (16\text{-}8)$$

当光源背着接收器运动时，接收频率降低，

$$\nu = \sqrt{\frac{1-\beta}{1+\beta}}\nu_0 \qquad (16\text{-}9)$$

当光源的运动速度不在光源和接收器的连线方向上，速度与连线成 θ 角时，如图 16-2 所示，S 系中观测到的光波长为

$$\lambda = cT - v\cos\theta T \qquad (16\text{-}10)$$

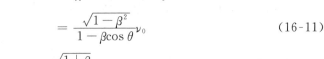

图 16-2

在 S 系中观测到的光波频率——普遍情形下相对论多普勒效应的频移公式

$$\nu = \frac{c}{\lambda} = \frac{c}{c - v\cos\theta}\frac{\sqrt{1-\beta^2}}{T'}$$

$$= \frac{\sqrt{1-\beta^2}}{1-\beta\cos\theta}\nu_0 \qquad (16\text{-}11)$$

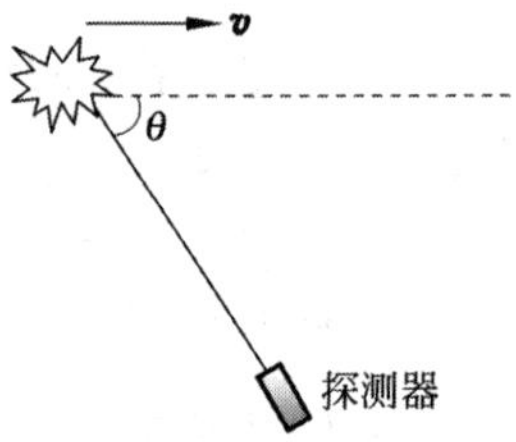

当 $\theta = 0$，$\nu = \dfrac{\sqrt{1+\beta}}{\sqrt{1-\beta}}\nu_0$，为一级多普勒效应，光源靠近接收器。

当 $\theta = \pi$，$\nu = \dfrac{\sqrt{1-\beta}}{\sqrt{1+\beta}}\nu_0$，为一级多普勒效应，光源远离接收器。

当 $\theta = \dfrac{\pi}{2}$，$\nu = \sqrt{1-\beta^2}\nu_0$，为横向多普勒效应，是与 $\left(\dfrac{v}{c}\right)^2$ 有关的二级多普勒效应。它完全是时间膨胀的结果，是相对论效应。声波中不会出现横向多普勒效应。

（五）狭义相对论中的动量、质量和能量

1. 狭义相对论中的动量

相对论情形下的动量守恒：

$$\boldsymbol{p} = \sum_i \boldsymbol{p}_i = \sum_i m_i \boldsymbol{v}_i = \text{恒矢量} \qquad (16\text{-}12)$$

力学的基本定律为

$$\boldsymbol{F} = \frac{\mathrm{d}\boldsymbol{p}}{\mathrm{d}t} = \frac{\mathrm{d}(m\boldsymbol{v})}{\mathrm{d}t} \qquad (16\text{-}13)$$

相对论动力学的基本定律形式，具有洛伦兹变换不变性。

2. 狭义相对论中的质量

物体质量与运动速度的关系：

$$m = \frac{m_0}{\sqrt{1-\dfrac{v^2}{c^2}}} \qquad (16\text{-}14)$$

相对论的动量表达式：

$$p = \frac{m_0 \, \boldsymbol{v}}{\sqrt{1 - \left(\dfrac{v}{c}\right)^2}} \qquad (16\text{-}15)$$

3. 狭义相对论中的能量

相对论的动能

$$E_k = mc^2 - m_0 c^2 \qquad (16\text{-}16)$$

式中 m_0 为静质量，m 为相对论质量。

相对论的质能关系表达式为

$$E = mc^2 = \frac{m_0 c^2}{\sqrt{1 - \beta^2}} \qquad (16\text{-}17)$$

4. 狭义相对论中的能量和动量的关系

$$E^2 = p^2 c^2 + m_0^2 c^4$$

或

$$E = \sqrt{p^2 c^2 + m_0^2 c^4} \qquad (16\text{-}18)$$

此关系如图 16-3 的动质能三角形所示。

静止质量为零的粒子以光速运动，能量动量关系为

$$p = \frac{E}{c} \qquad (16\text{-}19)$$

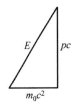

图　16-3

二、解题指导

本章问题涉及的主要方法如下。

1. 狭义相对论的运动学问题，主要涉及问题为长度（或空间位置坐标）和时间（时间坐标）在不同惯性系中的测量。故首先分清楚每次测量所居立场（参考系），同时给定参考系间相对运动的速度。对一个事件的时空测量值在不同参考系中有不同的量值；不同参考系间对同一事件的时间或空间测量值满足洛伦兹变换。

2. 在参考系间作时空坐标和速度变换时，注意参考系间相对运动速度及其正负。

3. 在洛伦兹尺缩和时间膨胀问题中，首先了解物体（事件）的固有长度和固有时，尺缩和膨胀都是相对固有长度和固有时而言的。

4. 狭义相对论动力学问题中，注意了解质量与速度的关系、质量与动量的关系以及质量与能量和动能的关系。

例 16-1　（测量的相对性　洛伦兹变换）在惯性系 S 中，有两事件发生于同一地点，且第二事件比第一事件晚发生 $\Delta t = 2$ s；而在另一惯性系 S' 中，观测第二事件比第一事件晚发生 $\Delta t' = 3$ s。那么在 S' 系中发生两事件的地点之间的距离是多少？

解：已知 $x_1 = x_2$，$t_2 - t_1 = 2$ s，$t'_2 - t'_1 = 3$ s。假设 S' 系对 S 系的相对速度为 v，由洛伦兹

变换，有

$$\Delta t' = \frac{\Delta t}{\sqrt{1-(v/c)^2}}, \quad (\Delta t/\Delta t')^2 = 1-(v/c)^2$$

则

$$v = c(1-(\Delta t/\Delta t')^2)^{1/2} = 2.24 \times 10^8 (\text{m/s})$$

那么根据洛伦兹变换，得在 S' 系中测得两事件之间坐标差为

$$x'_2 - x'_1 = \frac{x_2-x_1-v(t_2-t_1)}{\sqrt{1-\left(\dfrac{v}{c}\right)^2}} = \frac{-v(t_2-t_1)}{\sqrt{1-\left(\dfrac{v}{c}\right)^2}} = -6.72 \times 10^8 (\text{m})$$

两事件在 S' 系中观察者的测量距离为 6.72×10^8 m。负号表示在 S' 系中，事件一的坐标值大于事件二的坐标值。

例 16-2 （洛伦兹尺缩）地球的半径约为 $R_0 = 6376$ km，它绕太阳运动的速率约为 $v = 30$ km/s，在太阳参考系中测量地球的半径在哪个方向上缩短得最多？缩短了多少？（假设相对于地球来说，太阳系近似于惯性系）

解： 在太阳参考系中测量地球的半径在它绕太阳公转的方向上缩短得最多，有

$$R = R_0 \sqrt{1-(v/c)^2}$$

其缩短的尺寸为

$$\Delta R = R_0 - R = R_0(1-\sqrt{1-(v/c)^2}) \approx \frac{1}{2}R_0 v^2/c^2$$

$$\Delta R = 3.2 (\text{cm})$$

例 16-3 （测量的相对性　洛伦兹尺缩）设有宇宙飞船 A 和 B，其固有长度均为 $l_0 = 100$ m，沿同一方向匀速飞行，在飞船 B 上观测到飞船 A 的船头、船尾经过飞船 B 船头的时间间隔为 $\Delta t = (5/3) \times 10^{-7}$ s，求飞船 B 相对于飞船 A 的速度的大小。

解： 设飞船 A 相对于飞船 B 的速度大小为 v，这也就是飞船 B 相对于飞船 A 的速度大小。在飞船 B 上测得飞船 A 的长度为

$$l = l_0 \sqrt{1-(v/c)^2}$$

故在飞船 B 上测得飞船 A 相对于飞船 B 的速度为

$$v = l/\Delta t = (l_0/\Delta t) \sqrt{1-(v/c)^2}$$

解得

$$v = \frac{l_0/\Delta t}{\sqrt{1+(l_0/c\Delta t)^2}} = 2.68 \times 10^8 (\text{m/s})$$

所以飞船 B 相对于飞船 A 的速度大小也为 2.68×10^8 m/s。

例 16-4 （测量的相对性　洛伦兹尺缩）一艘宇宙飞船的船身固有长度为 $L_0 = 90$ m，相对于地面以 $v = 0.8c$（c 为真空中光速）的匀速度在地面观测站的上空飞过。问：

（1）观测站测得飞船的船身通过观测站的时间间隔是多少？

（2）宇航员测得船身通过观测站的时间间隔是多少？

解： （1）观测站测得飞船船身的长度为

$$L = L_0 \sqrt{1-(v/c)^2} = 54 (\text{m})$$

则

$$\Delta t_1 = L/v = 2.25 \times 10^{-7} \, (\text{s})$$

(2) 宇航员测得飞船船身的长度为 L_0,则

$$\Delta t_2 = L_0/v = 3.75 \times 10^{-7} \, (\text{s})$$

例 16-5 (测量的相对性 洛伦兹尺缩)一隧道长为 L,宽为 d,高为 h,拱顶为半圆,如图 16-4 所示。设想一列车以极高的速度 v 沿隧道长度方向通过隧道,若从列车上观测:

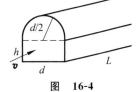

图 16-4

(1) 隧道的尺寸如何?

(2) 设列车的长度为 l_0,它全部通过隧道的时间是多少?

解:(1) 从列车上观察,隧道的长度缩短,其他尺寸均不变。隧道长度为

$$L' = L \sqrt{1 - \frac{v^2}{c^2}}$$

(2) 从列车上观察,隧道以速度 v 经过列车,它经过列车全长所需时间为

$$t' = \frac{L'}{v} + \frac{l_0}{v} = \frac{L \sqrt{1 - (v/c)^2} + l_0}{v}$$

这也即列车全部通过隧道的时间。

例 16-6 (时间膨胀)假定在实验室中测得静止在实验室中的 μ^+ 子(不稳定的粒子)的寿命为 2.2×10^{-6} s,而当它相对于实验室运动时在实验室中测得它的寿命为 1.63×10^{-5} s。试问:这两个测量结果符合相对论的什么结论? μ^+ 子相对于实验室的速度是真空中光速 c 的多少倍?

解:它符合相对论的时间膨胀(或运动时钟变慢)的结论。

设 μ^+ 子相对于实验室的速度为 v,与 μ^+ 保持静止的参考系测得 μ^+ 子的固有寿命 $\tau_0 = 2.2 \times 10^{-6}$ s, μ^+ 子在实验室作匀速运动的寿命 $\tau_0 = 1.63 \times 10^{-5}$ s(实验室中测量的寿命)。在实验室系看来,按时间膨胀公式

$$\tau = \tau_0 / \sqrt{1 - (v/c)^2}$$

有

$$v = (c/\tau) \sqrt{\tau^2 - \tau_0^2} = c \sqrt{1 - (\tau_0/\tau)^2} = 0.99c$$

例 16-7 (时间膨胀)半人马星座 α 星是距离太阳系最近的恒星,它距离地球 $s = 4.3 \times 10^{16}$ m。设有一宇宙飞船自地球飞到半人马星座 α 星,若宇宙飞船相对于地球的速度为 $v = 0.999c$,按地球上的时钟计算要用多少年时间? 如以飞船上的时钟计算,所需时间又为多少年?

解:以地球上的时钟计算得

$$\Delta t = \frac{s}{v} = \frac{4.3 \times 10^{16}}{0.999 \times 3 \times 10^8} = 1.43 \times 10^8 \, (\text{s}) \approx 4.5 \, (\text{年})$$

以飞船上的时钟计算得

$$\Delta t' = \Delta t \sqrt{1 - \frac{v^2}{c^2}} \approx 0.20 \, (\text{年})$$

例 16-8 (洛伦兹尺缩、质速关系)一体积为 V_0、质量为 m_0 的立方体沿其一棱的方向相对于观察者 A 以速度 v 运动。求观察者 A 测得其密度是多少。

解:设立方体的长、宽、高分别以 x_0、y_0、z_0 表示,立方体沿 x 方向运动,观察者 A 测得立方体的长、宽、高分别为

$$x = x_0 \sqrt{1 - \frac{v^2}{c^2}}, \quad y = y_0, z = z_0$$

相应体积为

$$V = xyz = V_0 \sqrt{1 - \frac{v^2}{c^2}}$$

观察者 A 测得立方体的质量

$$m = \frac{m_0}{\sqrt{1 - \frac{v^2}{c^2}}}$$

故相应密度为

$$\rho = m/V = \frac{m_0 \left/ \sqrt{1 - \frac{v^2}{c^2}}\right.}{V_0 \sqrt{1 - \frac{v^2}{c^2}}} = \frac{m_0}{V_0 \left(1 - \frac{v^2}{c^2}\right)}$$

例 16-9　（相对论能量、动能）一电子以 $v = 0.99c$（c 为真空中光速）的速率运动。试求：

（1）电子的总能量是多少？

（2）电子的经典力学的动能与相对论动能之比是多少？（电子静止质量 $m_e = 9.11 \times 10^{-31}$ kg）

解：（1）$E = mc^2 = m_e c^2 / \sqrt{1 - (v/c)^2} = 5.8 \times 10^{-13}$（J）

（2）$E_{k0} = \frac{1}{2} m_e v^2 = 4.01 \times 10^{-14}$（J）

$$E_k = mc^2 - m_e c^2 = \left[(1/\sqrt{1 - (v/c)^2}) - 1\right] m_e c^2 = 4.99 \times 10^{-13} \text{（J）}$$

则

$$E_{k0}/E_k = 8.04 \times 10^{-2}$$

三、习 题 解 答

16-1　S' 系相对于 S 系以速度 $v = 0.600c$ 沿 x 轴方向运动，当两坐标原点重合时作为计时起点。事件在两参照系中分别以坐标 (x, t) 和 (x', t') 表示。在 S 系中的两事件分别为 $(45.0 \text{ m}, 3.00 \times 10^{-7} \text{ s})$ 和 $(25.0 \text{ m}, 5.00 \times 10^{-7} \text{ s})$。两事件在 S' 系中分别发生在何时？ 在 S' 系中测得两事件的时间间隔是多少？

解：建立坐标如图 16-5 所示，已知 S 系中两事件为：$P_1(45.0 \text{ m}, 3.00 \times 10^{-7} \text{ s})$，$P_2(25.0 \text{ m}, 5.00 \times 10^{-7} \text{ s})$，由洛伦兹变换

$$t' = \frac{t - \frac{v}{c^2}x}{\sqrt{1 - v^2/c^2}},$$

可得 S' 系中两事件的时间坐标分别为

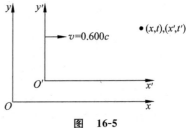

图 16-5

$$t'_1 = \frac{t_1 - \frac{v}{c^2}x_1}{\sqrt{1-v^2/c^2}} = \frac{3.00 \times 10^{-7} - \frac{0.600c \times 45}{c^2}}{\sqrt{1-0.600^2}} = 2.685 \times 10^{-7}(\text{s})$$

$$t'_2 = \frac{t_2 - \frac{v}{c^2}x_2}{\sqrt{1-v^2/c^2}} = \frac{5.00 \times 10^{-7} - \frac{0.600c \times 25}{c^2}}{\sqrt{1-0.600^2}} = 5.625 \times 10^{-7}(\text{s})$$

$$\Delta t = t'_2 - t'_1 = 3 \times 10^{-7}(\text{s})$$

16-2　在 S 系中测得的两事件 $(x_0, x_0/c)$ 和 $(2x_0, x_0/2c)$ 在 S' 系中同时发生。求 S' 系相对于 S 系的速度。

解：由洛伦兹变换，可知

$$t'_1 = \frac{t_1 - \frac{v}{c^2}x_1}{\sqrt{1-\beta^2}} = \frac{x_0/c - \frac{\beta}{c}x_0}{\sqrt{1-\beta^2}} = \frac{x_0/c}{\sqrt{1-\beta^2}}(1-\beta) \qquad (1)$$

$$t'_2 = \frac{t_2 - \frac{v}{c^2}x_2}{\sqrt{1-\beta^2}} = \frac{x_0/(2c) - \frac{\beta}{c}2x_0}{\sqrt{1-\beta^2}} = \frac{x_0/c}{\sqrt{1-\beta^2}}(0.5-2\beta) \qquad (2)$$

由于两事件在 S' 系中同时，即 $t'_1 = t'_2$，也即式(1)=式(2)，则

$$\beta = -0.5, \quad v = -0.5c$$

16-3　在某个惯性系中，两事件发生在同一地点而时间相隔 4.00 s，那么在另一个惯性系中，假如这两个事件的时间间隔为 6.00 s，该两事件的空间间隔是多少？

解：在 S 系中，$t_2 - t_1 = 4.00$ s，$x_2 = x_1$，且在 S' 系中 $t'_2 - t'_1 = 6.00$ s，根据洛伦兹变换，$t'_2 - t'_1 = \frac{t_2 - t_1}{\sqrt{1-\beta^2}}$，可得 $\beta = \frac{\sqrt{5}}{3}$，$v = \frac{\sqrt{5}}{3}c$，在 S' 系中事件的距离为

$$x'_2 - x'_1 = \frac{(x_2 - x_1) - v(t_2 - t_1)}{\sqrt{1-\beta^2}} = -\frac{v(t_2 - t_1)}{\sqrt{1-\beta^2}} = 1.34 \times 10^9 (\text{m})$$

16-4　在惯性系 S 中，两事件同时发生，两事件沿 x 轴相距为 20.00 km，在以恒定速度沿 x 轴运动的惯性系 S' 中测得该两事件的空间间隔（沿 x' 方向）为 40.00 km。那么，S' 系中两事件的时间差是多少？

解：在 S 系中，$x_2 - x_1 = 20$ km，$t_2 = t_2$，在 S' 系中，$x'_2 - x'_1 = 40$ km，根据洛伦兹变换，有 $x'_2 - x'_1 = \frac{x_2 - x_1}{\sqrt{1-\beta^2}}$，可得 $\sqrt{1-\beta^2} = 0.5$，$\beta = \frac{\sqrt{3}}{2}$，$v = \beta c = \frac{\sqrt{3}}{2}c$。同样由洛伦兹变换，可得

$$t'_2 - t'_1 = \frac{-\frac{v}{c^2}(x_2 - x_1)}{\sqrt{1-\beta^2}} = \frac{-\frac{\sqrt{3}c/2}{c^2} \times 20 \times 10^3}{0.5} = -11.5 \times 10^{-5}(\text{s})$$

16-5　两地 B 和 A 相距 120 km。在 A 地于某日上午 9 时正有一工厂因过载而断电，同日在 B 地于 9 时 0 分 0.0003 秒有一自行车与卡车相撞。试问在以 $u = 0.8c$ 的速率沿 A 到 B 方向飞行的飞船中，观察到的这两个事件的时间间隔，哪一事件发生在前？

解：设 A 地事件为 1，B 地事件为 2，由洛伦兹变换，得

$$t'_2 - t'_1 = \frac{t_2 - t_1 - \frac{v}{c^2}(x_2 - x_1)}{\sqrt{1-\left(\frac{v}{c}\right)^2}} = -3.3 \times 10^{-5}(\text{s})$$

可见 S' 系,即事件 2 先发生。

16-6 一观测者测到 10 m 的杆运动时的长度为 8 m,那么该杆以多大的速度相对观测者运动?

解:由 $l = l_0 \sqrt{1 - v^2/c^2}$,$l_0 = 10$ m,$l = 8$ m,可得

$$v = 0.6c$$

16-7 假设宇宙飞船从地球射出,沿直线到达月球,距离是 3.84×10^8 m,飞船的速率在地球上测得为 $0.40c$。根据地球上的测量,这次旅行花费多长时间? 由飞船上的测量,地球与月亮的距离是多少? 飞船上测算的旅行时间是多少?

解:在地球测量的地月距离

$$l_0 = 3.84 \times 10^8 \text{ m}$$

地球测量的旅行时间

$$\Delta t = \frac{l_0}{v} = 3.2 \text{ (s)}$$

以 $0.4c$ 运动的飞船测量的地月距离

$$l' = l_0 \sqrt{1 - \frac{v^2}{c^2}} = 3.52 \times 10^8 \text{ (m)}$$

飞船测量的旅行时间是固有时 $\Delta t'$,有

$$\Delta t = \Delta t' / \sqrt{1 - v^2/c^2}, \quad \Delta t' = 2.93 \text{ (s)}$$

16-8 π^+ 介子是一种不稳定的粒子,平均寿命是 2.6×10^{-8} s(π^+ 介子参考系中的测量值)。(1)如果此粒子相对于实验室以 $0.9c$ 的速度运动,实验室坐标系中测量的 π^+ 介子寿命为多少? (2)π^+ 在衰变前运动了多长的距离?

解:π^+ 介子的参考系中测得的寿命 $\Delta t' = 2.6 \times 10^{-8}$ s,为固有时。地面测得 π^+ 的寿命

$$\Delta t = \frac{\Delta t'}{\sqrt{1 - \beta^2}} = \frac{2.6 \times 10^{-8}}{\sqrt{1 - 0.9^2}} = 5.91 \times 10^{-8} \text{ (s)}$$

地面上看 π^+ 衰变前运动的距离

$$l = v\Delta t = 0.9c \times 5.91 \times 10^{-8} = 15.95 \text{ (m)}$$

16-9 从恒星上看,两艘宇宙飞船相对于恒星以 $0.8c$ 的速率向相反方向离开。以其中一艘飞船来看,另一艘飞船的相对速度是多少?

解:如图 16-6 所示建立坐标。S 系固定在 A 船上,S' 系为恒星参考系,则 S' 系相对 S 系以速度 $v = 0.8c$ 沿 x 轴正向运动。

在 S 系中:

$$v_{Ax} = 0$$

在 S' 系中:

$$v'_{Ax} = -0.8c, \quad v'_{Bx} = 0.8c$$

由洛伦兹速度逆变换式,有

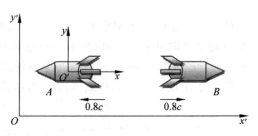

图 **16-6**

$$v_{Br} = \frac{v'_{Br} + v}{1 + \dfrac{v}{c^2} v'_{Br}} = \frac{0.8c + 0.8c}{1 + \dfrac{0.8c}{c^2} \times 0.8c} = 0.98c$$

即以其中一飞船来看,另一飞船的速度为 $0.98c$。

16-10　当测得电子的质量为其静止质量的 2 倍时,该电子的运动速度为多少?

解:由相对论质速公式 $m = \dfrac{m_0}{\sqrt{1 - \dfrac{v^2}{c^2}}}$,又 $m = 2m_0$,解得

$$v = \frac{\sqrt{3}}{2} c = 0.866c$$

16-11　在实验室中测得电子的运动速度为 $0.6c$,设一观察者沿与电子运动相同的方向,以相对于实验室 $0.8c$ 的速度运动。求:该观察者测得电子的动能和动量。(电子的静止质量 $m_e = 9.11 \times 10^{-31}$ kg)

解:实验室系中,电子的速度和观测者的速度分别为 $u = 0.6c$, $v = 0.8c$,由洛伦兹速度变换公式,得观察者看到粒子的速度为

$$u' = \frac{u - v}{1 - \dfrac{v}{c^2} u} = \frac{0.6c - 0.8c}{1 - \dfrac{0.8c}{c^2} \times 0.6c} = -0.385c$$

则

$$\gamma = \frac{1}{\sqrt{1 - \dfrac{u'^2}{c^2}}} = 1.083$$

观察者看到的粒子质量为

$$m = \gamma m_0 = \frac{m_0}{\sqrt{1 - \dfrac{u'^2}{c^2}}} = 1.083 \times 9.11 \times 10^{-31} = 9.9 \times 10^{-31} (\text{kg})$$

观察者测得的动量为

$$p = mu' = \frac{m_0 u'}{\sqrt{1 - u'^2/c^2}} = -1.14 \times 10^{-22} (\text{kg} \cdot \text{m/s})$$

观察者测得的动能为

$$E = mc^2 - m_0 c^2 = \frac{m_0 c^2}{\sqrt{1 - \dfrac{u'^2}{c^2}}} - m_0 c^2 = (\gamma - 1) m_0 c^2 = 6.84 \times 10^{-15} (\text{J})$$

16-12　一粒子分别按以下两种情况加速,求各需要外力做多少功:

(1) 从静止加速到 $0.1c$;

(2) 从 $0.9c$ 加速到 $0.98c$。

解:(1) $A_1 = mc^2 - m_0 c^2 = \left(\dfrac{m_0}{\sqrt{1 - \dfrac{(0.1c)^2}{c^2}}} - m_0 \right) c^2 = 5.03 \times 10^{-3} m_0 c^2$

（2）$A_2 = m_2 c^2 - m_1 c^2 = \left(\dfrac{m_0}{\sqrt{1 - \dfrac{(0.98c)^2}{c^2}}} - \dfrac{m_0}{\sqrt{1 - \dfrac{(0.9c)^2}{c^2}}} \right) c^2 = 2.73 m_0 c^2$

16-13　在 S 系上，若一静止的棒长为 l，质量为 m，该棒的质量线密度为 $\rho = \dfrac{m}{l}$，当此棒以速度 v 沿棒的方向运动时，静止于 S' 系中。再在 S 系中测量该棒的密度应为多少？若棒在垂直于棒长方向运动，它的线密度又为多少？

解：

$$\beta = v/c$$

当棒沿长度方向运动时，由洛伦兹尺缩，$l' = l\sqrt{1-\beta^2}$，且 $m' = \dfrac{m}{\sqrt{1-\beta^2}}$，则

$$\rho' = \frac{m'}{l'} = \frac{m}{l(\sqrt{1-\beta^2})^2} = \frac{\rho}{1 - \dfrac{v^2}{c^2}}$$

当棒在垂直于棒长方向运动时，$l'' = l$，$m'' = \dfrac{m}{\sqrt{1-\beta^2}}$，

则

$$\rho'' = \frac{m''}{l''} = \frac{m}{l\sqrt{1-\beta^2}} = \frac{\rho}{\sqrt{1 - \dfrac{v^2}{c^2}}}$$

16-14　一物体的速度使其质量增加 8%，此物体在运动方向上缩短了多少？

解：由 $m = \dfrac{m_0}{\sqrt{1 - \dfrac{v^2}{c^2}}}$，$l = l_0 \sqrt{1 - \dfrac{v^2}{c^2}}$，可得

$$l = \frac{m_0}{m} l_0$$

$$\frac{l_0 - l}{l_0} = 1 - \frac{m_0}{m} = 1 - \frac{1}{1.08} = 0.074$$

即在运动方向上，物体缩短了 7.4%。

16-15　在什么速度下粒子的动量比非相对论动量大两倍？在什么速度下的动能等于它的静止能量？

解：由 $\dfrac{m_0 v}{\sqrt{1 - \dfrac{v^2}{c^2}}} - m_0 v = 2 m_0 v$，解得

$$v = \frac{2}{3}\sqrt{2}\, c = 2.83 \times 10^8 \,(\text{m/s})$$

当动能为非相对论动能的两倍，则

$$m c^2 - m_0 c^2 = m_0 c^2, \quad 即 \quad \frac{m_0 c^2}{\sqrt{1 - \dfrac{v^2}{c^2}}} - m_0 c^2 = m_0 c^2$$

解得，$v = \dfrac{\sqrt{3}}{2} c = 2.6 \times 10^8 \,(\text{m/s})$。

16-16　静止质量为 m_0 的粒子受到 x 方向的恒力 F 的作用,沿 x 轴运动。在 $t=0$ 时粒子位于 $x=0$ 处,初速度 $u_0=0$,求在任意时刻 t 粒子的速度、加速度和位置。

解：由 $F=\dfrac{\mathrm{d}p}{\mathrm{d}t}$,$\mathrm{d}p=F\mathrm{d}t$,积分得 $p=Ft+C$。当 $t=0,u_0=0,p_0=0$ 时,得 $C=0$,$p=mu=Ft$,则

$$u=\frac{Ft}{m}=\frac{Ft}{E/c^2}=\frac{Ftc^2}{\sqrt{m_0^2c^4+c^2p^2}}=\frac{Fct}{\sqrt{m_0^2c^2+F^2t^2}}$$

$$a=\frac{\mathrm{d}u}{\mathrm{d}t}=\frac{Fc\sqrt{m_0^2c^2+F^2t^2}-Fct\dfrac{F^2t}{\sqrt{m_0^2c^2+F^2t^2}}}{m_0^2c^2+F^2t^2}$$

$$=\frac{Fm_0^2c^3}{(\sqrt{m_0^2c^2+F^2t^2})^3}$$

$$x=\int_0^t u\mathrm{d}t=\int_0^t\frac{Fct}{\sqrt{m_0^2c^2+F^2t^2}}\mathrm{d}t=\frac{c}{F}\sqrt{m_0^2c^2+F^2t^2}\Big|_0^t$$

$$=\frac{m_0c^2}{F}\left(\sqrt{1+\frac{F^2t^2}{m_0^2c^2}}-1\right)$$

四、自　测　题

(一) 选择题

1. 一火箭的固有长度为 L,相对于地面作匀速直线运动的速度为 v_1,火箭上有一个人从火箭的后端向火箭前端上的一个靶子发射一颗相对于火箭的速度为 v_2 的子弹。在火箭上测得子弹从射出到击中靶的时间间隔是(　　)。(c 表示真空中光速)

　　A. $\dfrac{L}{v_1+v_2}$　　　　B. $\dfrac{L}{v_2}$　　　　C. $\dfrac{L}{v_2-v_1}$　　　　D. $\dfrac{L}{v_1\sqrt{1-(v_1/c)^2}}$

2. (1) 对某观察者来说,发生在某惯性系中同一地点、同一时刻的两个事件,对于相对该惯性系作匀速直线运动的其他惯性系中的观察者来说,它们是否同时发生?

(2) 在某惯性系中发生于同一时刻、不同地点的两个事件,它们在其他惯性系中是否同时发生?

关于上述两个问题的正确答案是(　　)。

　　A. (1)同时,(2)不同时　　　　B. (1)不同时,(2)同时

　　C. (1)同时,(2)同时　　　　D. (1)不同时,(2)不同时

3. 在狭义相对论中,下列说法中哪些是正确的?(　　)

(1) 一切运动物体相对于观察者的速度都不能大于真空中的光速。

(2) 质量、长度、时间的测量结果都是随物体与观察者的相对运动状态而改变的。

(3) 在一惯性系中发生于同一时刻、不同地点的两个事件在其他一切惯性系中也是同时发生的。

(4) 惯性系中的观察者观察一个与他作匀速相对运动的时钟时,会看到这时钟比与他

相对静止的相同的时钟走得慢些。

    A. (1),(3),(4)   B. (1),(2),(4)

    C. (1),(2),(3)   D. (2),(3),(4)

4. 在某地发生两件事,静止位于该地的甲测得时间间隔为 4 s,若相对于甲作匀速直线运动的乙测得时间间隔为 5 s,则乙相对于甲的运动速度是(   )。(c 表示真空中光速)

    A. $(4/5)c$ B. $(3/5)c$ C. $(2/5)c$ D. $(1/5)c$

5. 一宇航员要到离地球为 5 光年的星球去旅行。如果宇航员希望把这路程缩短为 3 光年,则他所乘的火箭相对于地球的速度应是(   )。(c 表示真空中光速)

    A. $v=(1/2)c$ B. $v=(3/5)c$ C. $v=(4/5)c$ D. $v=(9/10)c$

6. 设某微观粒子的总能量是它的静止能量的 K 倍,则其运动速度的大小为(   )。(c 表示真空中光速)

    A. $\dfrac{c}{K-1}$ B. $\dfrac{c}{K}\sqrt{1-K^2}$

    C. $\dfrac{c}{K}\sqrt{K^2-1}$ D. $\dfrac{c}{K+1}\sqrt{K(K+2)}$

7. 某核电站年发电量为 100 亿度,等于 36×10^{15} J 的能量,如果这是由核材料的全部静止能转化产生的,则需要消耗的核材料的质量为(   )。

    A. 0.4 kg   B. 0.8 kg

    C. $(1/12)\times10^7$ kg   D. 12×10^7 kg

(二) 填空题

1. π^+ 介子是不稳定的粒子,在它自己的参照系中测得平均寿命是 2.6×10^{-8} s,如果它相对于实验室以 $0.8c$(c 为真空中光速)的速率运动,那么实验室坐标系中测得的 π^+ 介子的寿命是_____ s。

2. 一观察者测得一沿米尺长度方向匀速运动着的米尺的长度为 0.5 m,则此米尺以速度 $v=$_____ m/s 接近观察者。

3. 两个惯性系中的观察者 O 和 O' 以 $0.6c$(c 表示真空中光速)的相对速度互相接近。如果 O 测得两者的初始距离是 20 m,则 O' 测得两者经过时间 $\Delta t'=$_____ s 后相遇。

4. 设电子的静止质量为 m_e,将一个电子从静止加速到速率为 $0.6c$(c 为真空中光速),需做功_____。

5. 当粒子的动能等于它的静止能量时,它的运动速度为_____。

6. 一电子以 $0.99c$ 的速率运动(电子静止质量为 9.11×10^{-31} kg),则电子的总能量是_____ J,电子的经典力学动能与相对论动能之比是_____。

(三) 计算题

1. 观察者 A 测得与他相对静止的 Oxy 平面上一个圆的面积是 12 cm²,另一观察者 B 相对于 A 以 $0.8c$(c 为真空中光速)平行于 Oxy 平面作匀速直线运动,B 测得这一图形为一椭圆,其面积是多少?

2. 假设某人乘坐一艘宇宙飞船到距离地球 16 光年的牛郎星并返回地球,若飞船以恒

定的速度 $v=\sqrt{0.9999}c$ 飞行,试问飞船中的乘客将在这次旅行中花费多长的时间?

3. 一列车以 $0.6c$ 的恒定速度运动,经过地面上 A、B 两点所用的时间为 40 s(用列车上静止的钟计时)。求:

(1) 列车上的人测得的 A、B 两点之间的距离;

(2) 地面上的人测得的 A、B 两点之间的距离。

4. 在惯性系 S' 中,两个事件在同一地点发生,且时间间隔为 $\Delta t'=3$ s,在另一个惯性系 S 中测得这两个事件的时间间隔为 $\Delta t=5$ s。求在惯性系 S 中测得的这两个事件发生的地点相距多少?

5. 一束光通过折射率为 n 的玻璃块,如果玻璃块以恒定的速率 v 沿入射光方向运动。求在玻璃块中的光相对于实验室参考系的速度是多少?

6. 要使电子的速度从 $v_1=1.2\times10^8$ m/s 增加到 $v_2=2.4\times10^8$ m/s 必须对它做多少功?(电子的静止质量 $m_e=9.11\times10^{-31}$ kg)

7. 当电子的德布罗意波长与可见光波长($\lambda=550$ nm)相同时,它的动能是多少电子伏特?(电子质量 $m_e=9.11\times10^{-31}$ kg,普朗克常量 $h=6.63\times10^{-34}$ J·s,1 eV$=1.60\times10^{-19}$ J)

附:自测题答案

(一)选择题

1. B; 　　2. A; 　　3. B; 　　4. B; 　　5. C; 　　6. C; 　　7. A

(二)填空题

1. 4.33×10^{-8}

2. 2.60×10^8

3. 8.89×10^{-8}

4. $0.25m_ec^2$

5. $\dfrac{1}{2}\sqrt{3}c$

6. 5.8×10^{-13} , 8.04×10^{-2}

(三)计算题

1. 7.2 cm^2

2. $\Delta t'=\Delta t\sqrt{1-\dfrac{v^2}{c^2}}=32\times0.01=0.32$ 年$=116.8$ 天

3. (1) $L'=v\Delta t'=7.2\times10^9$ m; 　　(2) $L=\dfrac{L'}{\sqrt{1-\dfrac{v^2}{c^2}}}=\dfrac{7.2\times10^9}{0.8}=9\times10^9$ m

4. 1.2×10^9 m

5. $u = \dfrac{u' + v}{1 + \dfrac{v}{c^2}u'} = \dfrac{\dfrac{c}{n} + v}{1 + \dfrac{v}{c^2}\dfrac{c}{n}} = \dfrac{c(c + nv)}{nc + v}$

6. 2.95×10^5 eV

7. 5.0×10^{-6} eV

第十七章

量子物理基础

一、主要内容

量子物理是在原子尺度的微观领域中研究微观粒子运动规律的理论,它和相对论共同构成了近代物理学的两大理论支柱。

(一)量子概念的提出

1. 黑体辐射

普朗克为了解释黑体辐射实验,引入能量子假说。

黑体是一种理想化的模型,指能够完全吸收照射到它表面的各种波段电磁波能量的物体。

（1）基尔霍夫辐射定律

在同一温度下,各种不同材料对相同波长的单色辐出度 $M_{\lambda i}(T)$ 与单色吸收比 $a_i(\lambda, T)$ 的比值都相等,与材料无关,即

$$\frac{M_{\lambda 1}(T)}{a_1(\lambda, T)} = \frac{M_{\lambda 2}(T)}{a_2(\lambda, T)} \cdots = \frac{M_{\lambda i}(T)}{a_i(\lambda, T)} = \cdots = M_{\lambda 0}(T) \qquad (17\text{-}1)$$

式中 $M_{\lambda 0}(T)$ 是一个普适函数。

单色吸收比 $a(\lambda, T) = 1$ 的完全吸收体称为黑体。于是,黑体的单色辐出度即为 $M_{\lambda 0}(T)$。

（2）黑体热辐射的实验规律

黑体的经典实验模型是用不透明材料制成的带有小孔的空腔。加热空腔至不同温度,小孔就相当于不同温度下的黑体。

黑体热辐射的实验规律如图 17-1 所示。实验结果可总结为两条基本定律。

① 斯特藩-玻耳兹曼定律

黑体总的辐射本领 $M_0(T)$ 与热力学温度 T 的四次方成正比,即

$$M_0(T) = \sigma T^4 \qquad (17\text{-}2)$$

式中 $\sigma = 5.670 \times 10^{-8}$ W/(m² · K⁴) 为斯特藩-玻耳兹曼常数。

② 维恩位移定律

在任何温度下,黑体辐射本领的峰值波长 λ_m 与

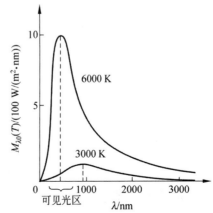

图 17-1

热力学温度 T 成反比,即

$$\lambda_{\mathrm{m}} T = b \tag{17-3}$$

式中 $b = 2.897 \times 10^{-3}$ m·K 是维恩常量。

（3）普朗克能量子假设

对于频率为 ν 的谐振子,其辐射的能量是不连续的,只能取基本能量单元 $h\nu$ 的整数倍,即 $E = nh\nu$。最小能量值称为能量子,即

$$E_1 = h\nu \tag{17-4}$$

其中 $h = 6.63 \times 10^{-34}$ J·s 是普朗克常量。

2. 光电效应

爱因斯坦发展了普朗克能量子的假说,引入光子概念,成功地解释了光电效应。

当频率合适的光照射在金属表面时,有电子从金属表面逸出的现象称为光电效应。

（1）光电效应的实验规律

饱和电流随光强的增加而增大;光电子的最大初动能与光强无关,随入射光频率 ν 线性地增加;光电效应存在截止频率 ν_0,入射光频率 $\nu > \nu_0$ 才会有光电子逸出;光电子的逸出是瞬时的。

（2）光子的能量、质量和动量

爱因斯坦提出,光是由一个个的、以光速 c 运动的粒子组成的流。这些粒子称为光子。

光子的能量 $E = h\nu$,光子的动量为

$$p = \frac{h}{\lambda}$$

光子的静质量 $m_0 = 0$,光子的动质量

$$m = \frac{E}{c^2} = \frac{h}{\lambda c}$$

（3）爱因斯坦的光子理论对光电效应的解释

当光照射到金属板上,金属中的自由电子吸收一个光子而获得能量 $h\nu$,其中一部分能量用来克服金属表面对电子的束缚,剩下的就是电子逸出表面后的初动能,即

$$\frac{1}{2} m v_{\mathrm{m}}^2 = h\nu - A_0 = h\nu - h\nu_0 \tag{17-5}$$

上式即为爱因斯坦光电效应方程,式中 A_0 为金属的逸出功。对于某一确定的金属,光电子的最大初动能只取决于入射光的频率 ν。

截止电压 U_a 与最大初动能的关系:

$$E_{\mathrm{k}} = \frac{1}{2} m v_{\mathrm{m}}^2 = e U_a \tag{17-6}$$

截止频率

$$\nu_0 = \frac{A_0}{h} \tag{17-7}$$

3. 康普顿效应

康普顿效应有力地证明了光的粒子性,及能量守恒和动量守恒两大定律在微观粒子相

互作用的过程中仍然严格成立。

X 射线照射到石墨上会产生散射现象。在散射光中除了有和入射光 λ_0 相同的波长成分以外,还有波长 $\lambda > \lambda_0$ 的散射线,这种散射就是康普顿散射。

(1)康普顿效应的实验规律

对于同一种散射物质,波长的改变量 $\Delta\lambda = \lambda - \lambda_0$ 随散射角 φ 的增加而增大;而在同一散射角 φ 下,对于所有的散射物质,波长的改变量 $\Delta\lambda$ 都相同。

(2)光子理论解释康普顿效应

理论模型:一个光子与一个静止的自由电子的弹性碰撞。利用能量守恒和动量守恒及相对论公式可得

$$\Delta\lambda = \lambda - \lambda_0 = \frac{h}{m_e c}(1 - \cos\varphi) = \lambda_C(1 - \cos\varphi) \tag{17-8}$$

式中 $\lambda_C = \dfrac{h}{m_e c} = 2.43 \times 10^{-12}$ m 称为康普顿波长,是一个常量,故散射波长的改变量只与散射角 φ 有关。

(二)玻尔的氢原子模型

1. 氢原子光谱 里德伯方程

氢原子光谱的实验规律总结为里德伯方程:

$$\sigma = R\left(\frac{1}{m^2} - \frac{1}{n^2}\right), \quad m = 1, 2, 3, \cdots, n = m+1, m+2, m+3, \cdots \tag{17-9}$$

式中 $\sigma = \dfrac{1}{\lambda}$,$R = 1.097 \times 10^7$ m^{-1} 称为里德伯常量。不同的 m 值对应氢原子光谱中不同的谱线系。在同一谱线系中,不同的 n 对应不同的谱线。

$m = 1$ 时,$n = 2, 3, 4, \cdots$,莱曼系;

$m = 2$ 时,$n = 3, 4, 5, \cdots$,巴耳末系;

$m = 3$ 时,$n = 4, 5, 6, \cdots$,帕邢系;

$m = 4$ 时,$n = 5, 6, 7, \cdots$,布拉开系;

$m = 5$ 时,$n = 6, 7, 8, \cdots$,普丰德系。

2. 卢瑟福的原子行星模型

卢瑟福以 α 粒子的散射实验为基础,提出了原子的行星模型,即占原子质量 99.9% 以上的正电荷集中在原子中心很小的体积内,称为原子核,电子围绕原子核旋转。但是行星模型最大的问题是无法解释原子的稳定性,其次无法解释原子光谱的线状谱线。

3. 玻尔的氢原子理论

该理论的基础是三条基本假设。

(1)定态条件

电子只能沿某些分立的轨道围绕原子核转动而对外不辐射能量,称原子处于定态,且具有特定的能量值。

（2）频率条件

当电子从能量为 E_n 的定态轨道跃迁到能量为 E_m 的定态轨道时，会发出或吸收光子。光子所携带的能量满足

$$h\nu = | E_n - E_m | \tag{17-10}$$

（3）角动量量子化条件

电子的轨道角动量 L 应等于 $\dfrac{h}{2\pi}$ 的整数倍，即

$$L = mvr_n = n\frac{h}{2\pi} = n\hbar, \quad n = 1,2,3,\cdots \tag{17-11}$$

式中 n 称为量子数，$\hbar$ 为约化普朗克常量。

利用三条假设并结合牛顿运动定律、库仑定律，得到氢原子中电子的定态轨道半径和定态能量公式：

$$r_n = \frac{\varepsilon_0 h^2}{\pi m_e e^2} n^2, \quad n = 1,2,3,\cdots$$

$$E_n = -\frac{e^4 m_e}{8\varepsilon_0^2 h^2} \cdot \frac{1}{n^2} = \frac{E_1}{n^2}, \quad n = 1,2,3,\cdots$$

氢原子的定态能量是量子化的，称为能级。

当 $n=1$ 时，$r_1 = \dfrac{\varepsilon_0 h^2}{\pi m_e e^2} = a_0$，称为玻尔半径；$E_1 = -\dfrac{e^4 m_e}{8\varepsilon_0^2 h^2} = -13.6 \text{ eV}$，为能量最小值，相应的原子状态称为基态。于是定态轨道和能量公式可简化为

$$r_n = n^2 a_0, \quad n = 1,2,3,\cdots \tag{17-12}$$

$$E_n = \frac{E_1}{n^2}, \quad n = 1,2,3,\cdots \tag{17-13}$$

结合频率条件，可得氢原子光谱的波长公式

$$\frac{1}{\lambda} = \frac{1}{hc}(E_n - E_m)$$

$$= \frac{e^4 m_e}{8\varepsilon_0^2 h^3 c}\left(\frac{1}{m^2} - \frac{1}{n^2}\right) \tag{17-14}$$

式中 $\dfrac{e^4 m_e}{8\varepsilon_0^2 h^3 c} = R$，即里德伯常量。

由此可知，实验中获得的氢原子的发射光谱是氢原子从能级较高的激发态跃迁到能级较低的激发态或基态时产生的谱线，如图 17-2 所示。

玻尔理论的内在矛盾：把微观粒子看成经典力学中的粒子，用经典力学的规律来分析微观粒子，同时又赋予其量子化的特征。因此，玻尔理论是经典物理向量子物理发展的一个过渡理论。

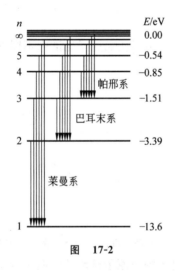

图 17-2

（三）物质波 波粒二象性

1. 光的波粒二象性

光具有波粒二象性，光电效应和康普顿效应显示光是粒子流，光的干涉和衍射实验显示

光是波动。但在任何一个特定的事件中,光只能显示出其中的一个特性,两者绝不可能同时出现。

2. 物质波

德布罗意提出实物粒子具有波动性。一个动量为 $p=mv$、能量为 $E=mc^2$ 的粒子,它的行为相当于一个沿动量方向传播的单色波,其频率与波长分别为

$$\nu = \frac{E}{h} = \frac{mc^2}{h}, \quad \lambda = \frac{h}{p} = \frac{h}{mv} \tag{17-15}$$

上式称为德布罗意公式。这种和实物粒子相联系的波称为德布罗意波,或物质波。

3. 波粒二象性的统计解释 概率波

(1)统计解释:粒子在某处出现的概率与该粒子的德布罗意波在该处的强度(幅度的平方)成正比。因此,德布罗意波是概率波,它描述粒子在空间出现的概率分布。

(2)物质波的波函数 概率密度

在某一时刻 t、在空间某一位置 (x,y,z) 附近单位体积内,粒子出现的概率为

$$P(x,y,z,t) = |\Psi(x,y,z,t)|^2 = \Psi\Psi^* \tag{17-16}$$

上式称为粒子的概率密度,波函数 Ψ 称为概率幅。

波函数满足归一化条件,即

$$\int_V |\Psi(x,y,z,t)|^2 \mathrm{d}V = \iiint |\Psi(x,y,z,t)|^2 \mathrm{d}x\mathrm{d}y\mathrm{d}z = 1 \tag{17-17}$$

注意上式应该对全空间积分。同时波函数 Ψ 必须满足标准条件,即单值、有限和连续。

注意:对于微观粒子,这里讲的"波",或者"粒子",与经典物理的相应概念是截然不同的。

4. 不确定性原理

不确定性原理反映了微观粒子运动的基本规律,是微观粒子具有波粒二象性的必然结果。

不确定原理的两个重要的关系式为

$$\Delta x \Delta p_x \geqslant \frac{\hbar}{2} \tag{17-18}$$

$$\Delta E \Delta t \geqslant \frac{\hbar}{2} \tag{17-19}$$

式(17-18)为坐标与动量的不确定关系,它表明,如果一个粒子的位置坐标具有一个不确定量 Δx,则同一时刻其相应的动量分量也有一个不确定量 Δp_x,两者的乘积满足 $\Delta x \Delta p_x \geqslant \frac{\hbar}{2}$。也就是说,微观粒子不能同时具有确定的坐标位置和相应的动量。

式(17-19)为能量和时间的不确定关系。它表明,若粒子在能量为 E 的状态的寿命为 Δt,则在这段时间内粒子的能量不能完全确定,它有一个不确定量 $\Delta E \geqslant \frac{\hbar}{2\Delta t}$。

(四)薛定谔方程

薛定谔方程是量子力学的基本方程,不能从更基本的假设中推导出来,其正确性只能靠

实验来验证。

1. 非自由粒子的薛定谔方程

$$i\hbar \frac{\partial \Psi}{\partial t} = -\frac{\hbar^2}{2m}\nabla^2\Psi + U\Psi \tag{17-20}$$

式中 $U(x,y,z,t)$ 为粒子所处的势场,其解即为在势场中运动的粒子的波函数。

2. 一维薛定谔方程

处在恒定势场 $U(x)$ 中沿 x 轴方向运动的粒子,其波函数可表示为

$$\Psi(x,t) = \psi(x)e^{-\frac{i}{\hbar}Et}$$

其中 $\psi(x)$ 为一维定态波函数,其满足一维定态薛定谔方程:

$$-\frac{\hbar^2}{2m} \cdot \frac{\partial^2 \psi}{\partial x^2} + U\psi = E\psi \tag{17-21}$$

式中 $E = \frac{1}{2m}p^2 + U$ 为粒子的能量值。E 为粒子的能量,p 为粒子的动量大小。

利用一维定态薛定谔方程可以分析粒子在一维无限深方势阱和一维势垒中的运动特征。

（五）激光

激光:受激辐射的光放大。

1. 激光的原理

具有亚稳态的物质才能实现粒子数布居反转分布,从而实现受激辐射光放大。

2. 激光器的结构

激光器包括三个主要部分:工作物质、激励源和谐振腔。

3. 激光的特点:方向性好、相干性好、亮度高。

4. 常见的激光器(按照工作物质来分):固体激光器、气体激光器、半导体激光器和液体激光器。

*（六）半导体

1. 半导体具有晶体结构,例如硅、锗等半导体材料具有类似于金刚石的正四面体结构。

2. 半导体的能带结构:价带是满带,且禁带宽度窄,电子在较小能量的激发下就能从满带跃迁至空带而参与导电。满带中由于电子被激发而留下空的能态,称为空穴。空穴也起导电作用。

3. 本征半导体、杂质半导体和 PN 结

(1) 本征半导体:不含杂质元素,在外场作用下电子和空穴都参与导电。

(2) 杂质半导体:在本征半导体中掺入微量的特定杂质元素,使其导电性能发生很大改变。按掺杂元素的不同,分为 N 型半导体和 P 型半导体。

(3) PN 结:当 P 型半导体和 N 型半导体接触时,在它们的交界处形成一层电偶层,称为 PN 结。PN 结具有单向导电性。

二、解题指导

本章问题涉及的主要方法如下。

1. 利用维恩位移定律 $\lambda_m T = b$ 和斯特藩-玻耳兹曼定律 $M_0(T) = \sigma T^4$ 分析与黑体辐射有关的问题。

2. 利用爱因斯坦光电效应方程 $h\nu = \frac{1}{2} m v_m^2 + A_0$ $(A_0 = h\nu_0)$ 或 $\frac{1}{2} m v_m^2 = h\nu - h\nu_0$，结合 $\frac{1}{2} m v_m^2 = eU_a$ 分析光电效应，包括求解截止频率 ν_0、光电子最大初动能 $\frac{1}{2} m v_m^2$、截止电压 U_a，等等。

3. 利用康普顿散射公式 $\Delta\lambda = \lambda - \lambda_0 = \frac{h}{m_e c}(1 - \cos\varphi)$ 计算散射波长 λ，注意 $\frac{h}{m_e c} = \lambda_C = 2.43 \times 10^{-12}$ m。此外，结合相对论的能量公式 $\frac{hc}{\lambda_0} + m_0 c^2 = \frac{hc}{\lambda} + mc^2$，求解反冲电子的动能：

$$E_k = mc^2 - mc_0^2 = \frac{hc}{\lambda_0} - \frac{hc}{\lambda}$$

4. 利用氢原子的能级公式 $E_n = \frac{E_1}{n^2}$ $(E_1 = -13.6 \text{ eV})$ 和频率条件 $h\nu = E_n - E_m$ 分析电子的运动情况和跃迁时产生的谱线。此外，对于电离能、激发能等概念要有一定的了解。某一状态的电离能 E 是氢原子从该状态被电离（电子变为自由电子）所需的最小能量，其值就等于该状态的定态能量的绝对值，即 $E = |E_n|$；某一状态的激发能 ΔE 是氢原子从基态跃迁至该状态所需要的能量，即 $\Delta E = E_n - E_1$。

5. 利用德布罗意公式 $\lambda = h/p$ 求解实物粒子的德布罗意波长。求解时要注意是否需要考虑相对论效应：若速度远小于光速，例如 $v \sim 10^5$ m/s，则 $\lambda = \frac{h}{m_e v}$，式中 m_e 为电子的静质量；若速度接近于光速，例如 $v \sim 10^7$ m/s，则 $\lambda = \frac{h}{mv}$，式中 $m = \frac{m_e}{\sqrt{1-(v/c)^2}}$ 为电子的相对论质量。此外，当电子的运动是用能量表述时，则需要判断其能量与静能之间的数量级关系，从而选择是采用公式 $\lambda = \frac{h}{\sqrt{2m_e E_k}}$（非相对论效应），还是 $\lambda = \frac{h}{\sqrt{2m_e E_k \left(1 + \frac{E_k}{2m_e c^2}\right)}}$。

6. 利用不确定关系式计算实物粒子和光子的坐标、动量或者波长的不确定量。注意，对于光子，其动量的不确定量与波长的不确定量之间满足：$|\Delta p| = \frac{h}{\lambda^2}\Delta\lambda$。

7. 利用波函数的归一化条件求解归一化波函数；利用归一化波函数求解一维无限深方势阱中粒子的概率分布。

例 17-1　（黑体辐射规律在工业生产中的应用）炼钢工人可以通过观察炼钢炉内的颜色来估计炉内的温度，试分析其原理。

答：将被加热的钢铁视为黑体，由维恩位移定律 $\lambda_m T = b$ 可知，随着温度的升高，钢铁发出的峰值波长向短波方向移动，即波长变短了，颜色将由暗红变为鲜红，再变成橙色，最后变成黄白色。钢铁的颜色与温度之间存在对应关系。所以炼钢工人可以通过观察炉内的颜色来判断炉内的温度。

例 17-2　（斯特藩-玻耳兹曼定律的应用）在天文学上，常利用斯特藩-玻耳兹曼定律确定恒星的半径。已知某恒星到达地球的每单位面积上的辐射功率（即辐出度）为 $1.2 \times 10^{-8}\,\mathrm{W/m^2}$，恒星离地球的距离为 $4.3 \times 10^{17}\,\mathrm{m}$，表面温度为 $5200\,\mathrm{K}$。若恒星辐射与黑体类似，求恒星的半径。

解：设恒星的半径为 R，温度为 T，则其辐射的总功率为 $M_0 4\pi R^2$。考虑到斯特藩-玻耳兹曼定律 $M_0(T) = \sigma T^4$，故辐射的总功率为 $\sigma T^4 4\pi R^2$。在地球上接收到的总功率为 $M' 4\pi R'^2$，其中 R' 是恒星到地球的距离。

上述两个总功率相等，即 $\sigma T^4 4\pi R^2 = M' 4\pi R'^2$，故

$$R = \sqrt{\frac{M'R'^2}{\sigma T^4}}$$

代入数据得

$$R = \sqrt{\frac{1.2 \times 10^{-8} \times (4.3 \times 10^{17})^2}{5.67 \times 10^{-8} \times 5200^4}} = 7.26 \times 10^9\,(\mathrm{m})$$

例 17-3　（光电效应的计算）

（1）已知铯的逸出功是 $1.94\,\mathrm{eV}$，今用 $400\,\mathrm{nm}$ 的紫光照射，能否产生光电效应？（普朗克常量 $h = 6.63 \times 10^{-34}\,\mathrm{J \cdot s}$）

（2）若用波长为 $350\,\mathrm{nm}$ 的紫外光照射某金属表面，产生的电子的最大速度为 $5.2 \times 10^5\,\mathrm{m/s}$，求光电效应的截止频率。（电子静质量 $m_e = 9.11 \times 10^{-31}\,\mathrm{kg}$）

解：（1）入射光子的能量为

$$E = h\nu = 6.63 \times 10^{-34} \times \frac{3 \times 10^8}{400 \times 10^{-9}} = 4.97 \times 10^{-19}\,(\mathrm{J}) = 3.11\,(\mathrm{eV})$$

由于 $3.11\,\mathrm{eV} > 1.94\,\mathrm{eV}$，即该入射光子能量大于铯的逸出功，故能够发生光电效应。

（2）$\nu_0 = \dfrac{A_0}{h} = \dfrac{h\nu - \dfrac{1}{2}mv_m^2}{h}$，故

$$\nu_0 = \nu - \frac{mv_m^2}{2h} = \frac{3 \times 10^8}{350 \times 10^{-9}} - \frac{9.11 \times 10^{-31} \times (5.2 \times 10^5)^2}{2 \times 6.63 \times 10^{-34}}$$

$$= 8.57 \times 10^{14} - 1.86 \times 10^{14}$$

$$= 6.71 \times 10^{14}\,(\mathrm{Hz})$$

例 17-4　（康普顿效应的计算）康普顿散射中，入射光子的波长分别为：（1）$500\,\mathrm{nm}$；（2）$0.05\,\mathrm{nm}$。计算：当散射角为 $90°$ 时，电子获得的反冲动能占入射光子能量的百分比。

解：设入射前光子的波长为 λ_0，散射后波长为 λ，则电子获得的反冲动能为 $E_k = \dfrac{hc}{\lambda_0} - \dfrac{hc}{\lambda}$，于是其占入射光子能量的百分比 η 为

$$\eta = \frac{\dfrac{hc}{\lambda_0} - \dfrac{hc}{\lambda}}{\dfrac{hc}{\lambda_0}} = \frac{\dfrac{1}{\lambda_0} - \dfrac{1}{\lambda}}{\dfrac{1}{\lambda_0}} = \frac{\lambda - \lambda_0}{\lambda} = \frac{\Delta\lambda}{\lambda_0 + \Delta\lambda}$$

当散射角 $\varphi = 90°$ 时,由康普顿公式可得

$$\Delta\lambda = \lambda - \lambda_0 = \frac{h}{m_e c}(1 - \cos\varphi) = \frac{h}{m_e c} = 2.43 \times 10^{-12}\,(\text{m})$$

故

$$\eta = \frac{\Delta\lambda}{\lambda_0 + \Delta\lambda} = \frac{2.43 \times 10^{-12}}{\lambda_0 + 2.43 \times 10^{-12}}$$

(1) $\lambda_0 = 500\,\text{nm} = 5 \times 10^{-7}\,\text{m}$,则 $\eta = 4.8 \times 10^{-4}\,\%$;

(2) $\lambda_0 = 0.05\,\text{nm} = 5 \times 10^{-11}\,\text{m}$,则 $\eta = 4.6\%$。

可以看到,随着入射光子波长的减小,能量的增加,电子获得的反冲动能,即光子散射时损失的能量相应增加;同时波长的改变量与入射光波长相比越明显,即康普顿效应越显著。

例 17-5　(玻尔氢原子理论的应用)对一氢原子系统,当氢原子从某初始状态跃迁到激发能为 $\Delta E = 10.19\,\text{eV}$ 的状态时,发出光子的波长是 $\lambda = 486\,\text{nm}$,试求该初始状态的能量 E_n 和主量子数 n。

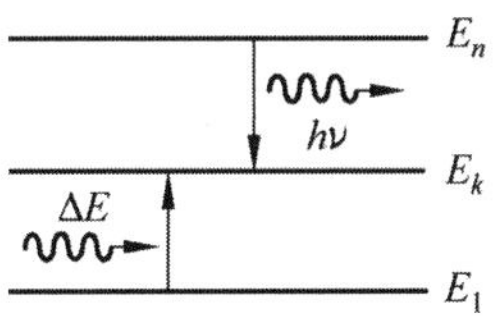

解:跃迁情况如图 17-3 所示。氢原子在激发能为 10.19 eV 的能级时,其能量为

$$E_k = E_1 + \Delta E = -13.6 + 10.19 = -3.41\,(\text{eV})$$

图　17-3

跃迁发射的光子能量为

$$E = h\nu = 6.63 \times 10^{-34} \times \frac{3 \times 10^8}{486 \times 10^{-9} \times 1.6 \times 10^{-19}} = 2.56\,(\text{eV})$$

故初始状态的能量为

$$E_n = E_k + E = -3.41 + 2.56 = -0.85\,(\text{eV})$$

由于 $E_n = \dfrac{E_1}{n^2}$,故

$$n = \sqrt{\frac{E_1}{E_n}} = \sqrt{\frac{-13.6}{-0.85}} = 4$$

例 17-6　(玻尔氢原子理论的应用与电离能)处于基态的氢原子吸收了一个能量为 $h\nu = 15\,\text{eV}$ 的光子,其电子成为自由电子,求该自由电子的速度 v。

解:氢原子中的电子变为自由电子,即意味着氢原子被电离了。把一个基态氢原子电离所需的最小能量为

$$E_{\min} = |E_1| = 13.6\,(\text{eV})$$

于是满足 $h\nu = E_{\min} + \dfrac{1}{2}m_e v^2$,则

$$v = \sqrt{2(h\nu - E_{\min})/m_e} = 7.0 \times 10^5\,(\text{m/s})$$

例 17-7　(电子的德布罗意波长)电子被电势差为 $U = 100\,\text{kV}$ 的电场加速。

(1) 如果考虑相对应效应,试计算其德布罗意波长;

(2) 如果不用相对论计算,其德布罗意波长为多少?

解:(1) 考虑相对论效应,电子的动量为

$$p = mv = \frac{m_0 v}{\sqrt{1 - (v/c)^2}}$$

由能量守恒定律可知

$$eU = E_k = mc^2 - mc_0^2 = m_0 c^2 \left[\frac{1}{\sqrt{1-(v/c)^2}} - 1 \right]$$

得

$$m = \frac{m_0}{\sqrt{1-(v/c)^2}} = \frac{eU + m_0 c^2}{c^2}, \quad v = \frac{c\sqrt{eU(eU+2m_0 c^2)}}{eU + m_0 c^2}$$

则电子的德布罗意波长为

$$\lambda = \frac{h}{p} = \frac{hc}{\sqrt{eU(eU+2m_0 c^2)}}$$

代入数据得

$$\lambda = \frac{6.63 \times 10^{-34} \times 3 \times 10^8}{\sqrt{1.60 \times 10^{-19} \times 10^5 \times (1.60 \times 10^{-19} \times 10^5 + 2 \times 9.11 \times 10^{-31} \times 3 \times 10^8 \times 3 \times 10^8)}}$$
$$= 3.71 \times 10^{-12} (\text{m})$$

（2）不考虑相对论效应，则

$$p = m_0 v$$

$$eU = \frac{1}{2} m_0 v^2$$

得电子的德布罗意波长为

$$\lambda = \frac{h}{p} = \frac{h}{\sqrt{2m_0 eU}}$$

代入数据得

$$\lambda = \frac{6.63 \times 10^{-34}}{\sqrt{2 \times 9.11 \times 10^{-31} \times 1.60 \times 10^{-19} \times 10^5}} = 3.88 \times 10^{-12} (\text{m})$$

例 17-8 （不确定关系的应用）粒子 a、b 的波函数分别如图 17-4（a）、（b）所示，若用位置和动量描述它们的运动状态，两者中哪一粒子的位置不确定量较大？哪一粒子的动量不确定量较大？为什么？

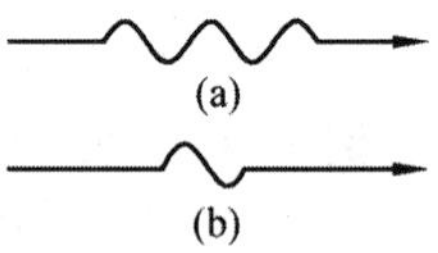

答：由图 17-4 可知，a 粒子的波列长度大，其位置的不确定量较大。由不确定关系式 $\Delta x \Delta p_x \geqslant \dfrac{\hbar}{2}$ 可知，a 粒子的动量的不确定量较小。

图 17-4

b 粒子的波列长度小，则其位置的不确定量较小，而动量的不确定量较大。

例 17-9 （不确定关系的计算）一维运动的粒子，设其动量的不确定量等于它的动量，试求此粒子的位置不确定量与它的德布罗意波长的关系。（选不确定关系式 $\Delta p_x \cdot \Delta x \geqslant h$）

解：根据题意有 $p = \Delta p_x$，结合德布罗意波公式 $\lambda = h/p$ 得

$$\lambda = \frac{h}{\Delta p_x}$$

即 $\Delta p_x = \dfrac{h}{\lambda}$，代入不确定关系 $\Delta p_x \cdot \Delta x \geqslant h$ 可得

$$\frac{h}{\lambda} \cdot \Delta x \geqslant h$$

即

$$\Delta x \geqslant \lambda$$

例 17-10 （利用波函数分析粒子在势阱中的概率分布）在长度为 a 的一维无限深方势阱中，粒子的波函数为

$$\psi_n(x) = \sqrt{2/a}\sin(n\pi x/a), \quad 0 < x < a$$

（1）求粒子在势阱中 $\dfrac{a}{4} \sim \dfrac{3a}{4}$ 区间内的概率。

（2）若粒子处于 $n=2$ 的状态，则该概率值为多少？

$$\left(提示：\int \sin^2 x \, \mathrm{d}x = \frac{1}{2}x - \frac{1}{4}\sin 2x + C\right)$$

解：（1）粒子位于 $\dfrac{a}{4} \sim \dfrac{3a}{4}$ 内的概率为

$$
\begin{aligned}
P(n) &= \int_{\frac{a}{4}}^{\frac{3a}{4}} |\psi_n(x)|^2 \, \mathrm{d}x = \int_{\frac{a}{4}}^{\frac{3a}{4}} \frac{2}{a}\sin^2\left(\frac{n\pi x}{a}\right)\mathrm{d}x \\
&= \frac{2}{a} \cdot \frac{a}{n\pi} \int_{\frac{a}{4}}^{\frac{3a}{4}} \sin^2\left(\frac{n\pi x}{a}\right)\mathrm{d}\left(\frac{n\pi x}{a}\right) \\
&= \frac{2}{n\pi}\left[\frac{n\pi x}{2a} - \frac{1}{4}\sin\left(\frac{2n\pi x}{a}\right)\right]\Bigg|_{a/4}^{3a/4} \\
&= \frac{2}{n\pi}\left[\frac{n\pi}{4} - \frac{1}{4}\left(\sin\frac{3}{2}n\pi - \sin\frac{1}{2}n\pi\right)\right]
\end{aligned}
$$

（2）当 $n=2$ 时，概率为

$$P(2) = \frac{1}{\pi}\left[\frac{\pi}{2} - \frac{1}{4}(\sin 3\pi - \sin \pi)\right] = \frac{1}{2} = 0.5$$

三、习题解答

17-1 宇宙大爆炸遗留在空间的各向同性的、均匀的背景热辐射相当于 3 K 黑体辐射，求此辐射光谱的峰值波长。

解：由 $\lambda_m T = b$ 可得

$$\lambda_m = \frac{b}{T} = \frac{2.897\,768\,5 \times 10^{-3}}{3} = 9.66 \times 10^{-4}\,(\mathrm{m})$$

17-2 铝的逸出功是 $4.2\,\mathrm{eV}$，钡的逸出功是 $2.5\,\mathrm{eV}$，分别计算铝和钡的截止频率。并分析哪一种金属可以作为可见光范围内的光电管的阴极材料。

解：由逸出功 $A_0 = h\nu_0$ 可知铝的截止频率为

$$\nu_{01} = \frac{A_{01}}{h} = \frac{4.2 \times 1.6 \times 10^{-19}}{6.63 \times 10^{-34}} = 1.01 \times 10^{15}\,(\mathrm{Hz})$$

钡的截止频率

$$\nu_{02} = \frac{A_{02}}{h} = \frac{2.5 \times 1.6 \times 10^{-19}}{6.63 \times 10^{-34}} = 0.603 \times 10^{15}\,(\mathrm{Hz})$$

由于可见光的频率范围在 $0.39 \times 10^{15} \sim 0.77 \times 10^{15}\,\mathrm{Hz}$ 之间，对照可知，钡的截止频率正好处于该范围之内，而铝的截止频率超出了该范围，因此钡可以作为可见光范围内的光电管的阴极材料。

17-3 钾的截止频率为 0.462×10^{15} Hz，今以波长为 433 nm 的光照射，求：

(1) 钾放出的光电子的初速度；

(2) 截止电压；

(3) 钾的红限波长。

解：(1) 根据光电效应方程 $\frac{1}{2}mv^2 = h\nu - h\nu_0$，可得光电子的初动能为

$$E_{k,m} = \frac{1}{2}mv^2 = h(\nu - \nu_0) = h\left(\frac{c}{\lambda} - \nu_0\right)$$

$$= 6.63 \times 10^{-34} \times \left(\frac{3 \times 10^8}{0.433 \times 10^{-6}} - 0.462 \times 10^{15}\right)$$

$$= 1.53 \times 10^{-19} (\text{J})$$

则光电子的初速度为

$$v = \sqrt{\frac{2E_{k,m}}{m}} = \sqrt{\frac{2 \times 1.53 \times 10^{-19}}{9.11 \times 10^{-31}}} = 5.80 \times 10^5 (\text{m/s})$$

(2) 由 $E_{k,m} = eU_a$ 可得截止电压为

$$U_a = \frac{1}{e}E_{k,m} = \frac{1.53 \times 10^{-19}}{1.6 \times 10^{-19}} = 0.96 (\text{V})$$

(3) 红限波长为

$$\lambda_0 = \frac{c}{\nu_0} = \frac{3 \times 10^8}{0.462 \times 10^{15}} = 0.649 \times 10^{-6} (\text{m})$$

17-4 图 17-5 中所示为在一次光电效应实验中得到的曲线。

(1) 求证：对不同材料的金属，AB 线的斜率相同。

(2) 由图上数据求出普朗克常量 h。

解：(1) 由 $\frac{1}{2}mv_m^2 = eU_a = h\nu - A_0$，得 $U_a = \frac{h\nu}{e} - \frac{A_0}{e}$，故

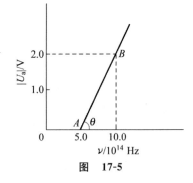

图 17-5

$$\frac{dU_a}{d\nu} = \frac{h}{e} = 常量$$

由此可知，对不同金属，AB 线的斜率相同。

(2) 由斜率可知

$$h = e\tan\theta = 1.6 \times 10^{-19} \times \frac{2.0 - 0}{(10.0 - 5.0) \times 10^{14}} = 6.4 \times 10^{-34} (\text{J} \cdot \text{s})$$

17-5 在康普顿效应中，入射的 X 射线光子的能量为 0.7 MeV，反冲电子的速度为光速的 60%，求散射光子的波长。

解：由能量守恒关系 $E_0 = E + E_e$，其中 E_e 为电子的反冲动能，得

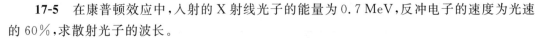

$$= 0.7 \times 10^6 \text{ eV} - \left(\frac{1}{\sqrt{1 - 0.6^2}} - 1\right)$$

$$\times \frac{9.11 \times 10^{-31} \times (3 \times 10^{8})^{2}}{1.6 \times 10^{-19}} \ (\mathrm{eV})$$

$$= 0.7 - 0.13 \ (\mathrm{MeV}) = 0.57 \ (\mathrm{MeV})$$

又 $E = \dfrac{hc}{\lambda}$，得散射光子的波长为

$$\lambda = \frac{hc}{E} = \frac{6.63 \times 10^{-34} \times 3 \times 10^{8}}{0.57 \times 10^{6} \times 1.6 \times 10^{-19}} = 2.2 \times 10^{-12} \ (\mathrm{m}) = 2.2 \times 10^{-3} \ (\mathrm{nm})$$

17-6　在康普顿散射中，已知入射 X 射线光子的能量为 $0.60 \ \mathrm{MeV}$，若散射光子的波长为入射光子的 1.3 倍，试求反冲电子的动能。

解：设散射前电子为静止自由电子，则反冲电子的动能

$$E_{e} = E_{0} - E$$

入射 X 射线光子的能量

$$E_{0} = \frac{hc}{\lambda_{0}}$$

散射光子的能量

$$E = \frac{hc}{\lambda} = \frac{hc}{1.3\lambda_{0}} = \frac{1}{1.3} E_{0}$$

于是反冲电子的动能为

$$E_{e} = E_{0} - E = \left(1 - \frac{1}{1.3}\right) E_{0} = 0.14 \ (\mathrm{MeV})$$

17-7　用波长 $\lambda_{0} = 0.15 \ \mathrm{nm}$ 的光子做康普顿实验。求：

（1）散射角 $\varphi = 90°$ 的康普顿散射波长是多少？

（2）反冲电子获得的动能有多大？

解：（1）康普顿散射光子波长改变量为

$$\Delta\lambda = \frac{h}{m_{e}c}(1 - \cos\varphi) = 2.43 \times 10^{-12} \times (1 - \cos 90°)$$

$$= 0.0024 \times 10^{-9} \ (\mathrm{m}) = 0.0024 \ (\mathrm{nm})$$

故康普顿散射波长为

$$\lambda = \lambda_{0} + \Delta\lambda = 0.1524 \ (\mathrm{nm})$$

（2）根据能量守恒的关系，反冲电子的动能为

$$E_{e} = h\nu_{0} - h\nu = h\left(\frac{c}{\lambda_{0}} - \frac{c}{\lambda_{0} + \Delta\lambda}\right) = \frac{hc}{\lambda_{0}} \cdot \frac{\Delta\lambda}{\lambda_{0} + \Delta\lambda}$$

$$= \frac{6.63 \times 10^{-34} \times 3 \times 10^{8} \times 0.0024}{0.15 \times 10^{-9} \times 0.1524 \times 1.6 \times 10^{-19}} = 131 \ (\mathrm{eV})$$

17-8　在玻尔氢原子理论中，求：

（1）当电子由量子数 $n_{m} = 4$ 的轨道跃迁到 $n_{l} = 2$ 的轨道上时，对外辐射的光波长为多少？

（2）若该电子从 $n_{l} = 2$ 的轨道跃迁到自由状态，外界需要提供多少能量？

解：（1）根据频率条件

$$\frac{1}{\lambda} = R\left(\frac{1}{n_{l}^{2}} - \frac{1}{n_{m}^{2}}\right) = 1.097 \times 10^{7} \times \left(\frac{1}{2^{2}} - \frac{1}{4^{2}}\right) (\mathrm{m}^{-1})$$

则
$$\lambda = 4.85 \times 10^{-7} (\mathrm{m}) = 485 (\mathrm{nm})$$

（2）电子从 $n_l = 2$ 的轨道跃迁到自由状态 $n \to \infty$，需要的能量为

$$\Delta E = E_\infty - E_2 = E_1 \left(\frac{1}{\infty} - \frac{1}{2^2} \right) = 13.6 \times \frac{1}{4} = 3.4 (\mathrm{eV})$$

即电子吸收 3.4 eV 的能量即可处于自由状态，此即该状态的电离能。

17-9 实验中，用能量为 12.75 eV 的电子轰击处于基态的氢原子。问：

（1）氢原子吸收该光子后将被激发到哪个能级？

（2）受激发的氢原子向低能级跃迁时，可能发出哪几条谱线？

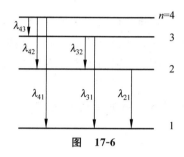

图 17-6

解：（1） $\Delta E = E_1 \left(\frac{1}{1^2} - \frac{1}{n^2} \right) = -13.6 \times \left(1 - \frac{1}{n^2} \right)$

$$= -12.75 (\mathrm{eV})$$

于是有 $n = 4$。

（2）由图 17-6 可以看出，跃迁时发出 λ_{41}、λ_{31}、λ_{21}、λ_{43}、λ_{42}、λ_{32} 共 6 条谱线。

17-10 处于基态的氢原子被外来单色光激发后发出的光仅有三条谱线，问外来光的频率为多少？

解：由于发出的光线仅有三条谱线，按

$$\frac{1}{\lambda} = R \left(\frac{1}{m^2} - \frac{1}{n^2} \right)$$

$$n = 3, \quad m = 2$$

$$n = 3, \quad m = 1$$

$$n = 2, \quad m = 1$$

共三条谱线。可见氢原子吸收外来光子后，处于 $n = 3$ 的激发态。

以上三条光谱线中，频率最大的一条是

$$\nu = \frac{c}{\lambda} = cR \left(\frac{1}{1^2} - \frac{1}{3^2} \right) = 3 \times 10^8 \times 1.097 \times 10^7 \times \left(1 - \frac{1}{9} \right)$$

$$= 2.92 \times 10^{15} (\mathrm{Hz})$$

这也就是外来光的频率。

17-11 试计算氢原子光谱莱曼系的最短和最长波长。

解：由氢原子光谱规律 $\frac{1}{\lambda} = R \left(\frac{1}{m^2} - \frac{1}{n^2} \right)$，可知莱曼系的谱线满足

$$\frac{1}{\lambda} = R \left(\frac{1}{1^2} - \frac{1}{n^2} \right), \quad n = 2, 3, 4, \cdots$$

令 $n = 2$，得莱曼系最长波长 $\lambda_{\max} = 121.5$ nm；

令 $n = \infty$，得莱曼系最短波长 $\lambda_{\min} = 91.2$ nm。

可知莱曼系所有谱线均处在紫外线区域，不是可见光。

17-12 已知氢原子中电子的最小轨道半径（即玻尔半径）为 0.529×10^{-10} m，求：

（1）该电子绕核运动的速度是多少？

（2）该电子运动时的等效电流是多少？

（3）在氢原子核处，该等效电流的磁感应强度有多大？

解：（1）根据玻尔氢原子理论的角动量量子化条件 $m_e vr = n\dfrac{h}{2\pi}$，$n = 1, 2, 3, \cdots$，则

$$v = \frac{nh}{2\pi m_e r}$$

当 $n = 1$ 时，有最小半径，即 $r_1 = 0.529 \times 10^{-10}$ m，则

$$v_1 = \frac{h}{2\pi m_e r_1} = \frac{6.63 \times 10^{-34}}{2 \times 3.14 \times 9.11 \times 10^{-31} \times 0.529 \times 10^{-10}}$$

$$= 2.19 \times 10^6 \,(\text{m/s})$$

（2）电子绕核运动的等效电流为

$$I = \frac{e}{T} = \frac{ev_1}{2\pi r_1} = \frac{1.6 \times 10^{-19} \times 2.19 \times 10^6}{2 \times 3.14 \times 0.529 \times 10^{-10}} = 1.05 \times 10^{-3} \,(\text{A})$$

（3）该等效电流为一圆电流，其在核处的磁感应强度为

$$B = \frac{\mu_0 I}{2r_1} = \frac{4\pi \times 10^{-7} \times 1.05 \times 10^{-3}}{2 \times 0.529 \times 10^{-10}} = 12.5 \,(\text{T})$$

注意，在求解过程中，电子的速度 $v \ll c$，故不考虑相对论效应，电子的质量取静质量。

17-13　在磁感应强度为 $B = 0.025$ T 的均匀磁场中，α 粒子沿半径为 $R = 0.83$ cm 的圆形轨道运动。（α 粒子的质量 $m_\alpha = 6.64 \times 10^{-27}$ kg）

（1）计算其德布罗意波长；

（2）若使质量 $m = 0.1$ g 的小球以与 α 粒子相同的速率运动，则其波长为多少？

解：（1）德布罗意公式为

$$\lambda = h/(mv)$$

由题可知 α 粒子受磁场力作用作圆周运动，有

$$qvB = m_\alpha v^2/R, \quad m_\alpha v = qRB$$

又 $q = 2e$，则

$$m_\alpha v = 2eRB$$

故

$$\lambda_\alpha = \frac{h}{2eRB} = \frac{6.63 \times 10^{-34}}{2 \times 1.6 \times 10^{-19} \times 0.83 \times 10^{-2} \times 0.025}$$

$$= 0.1 \times 10^{-10} \,(\text{m}) = 0.01 \,(\text{nm})$$

（2）由（1）可得

$$v = 2eRB/m_\alpha$$

对于质量为 m 的小球，

$$\lambda = \frac{h}{mv} = \frac{h}{2eRB} \cdot \frac{m_\alpha}{m} = \frac{m_\alpha}{m} \cdot \lambda_\alpha = \frac{6.64 \times 10^{-27}}{0.1 \times 10^{-3}} \times 0.1 \times 10^{-10}$$

$$= 6.64 \times 10^{-34} \,(\text{m})$$

17-14　求温度为 27℃时的中子（即热中子）的德布罗意波长。

解：温度为 27℃，即 300 K 时的中子的平均动能为

$$E_k = \frac{3}{2}kT = \frac{3}{2} \times 1.38 \times 10^{-23} \times 300 = 6.21 \times 10^{-21} \,(\text{J})$$

中子的静能为

$$E_0 = m_n c^2 = 1.67 \times 10^{-27} \times 9 \times 10^{16} = 1.50 \times 10^{-10} \, (\text{J})$$

由于 $E_k \ll E_0$,故不考虑相对论效应,中子的德布罗意波长为

$$\lambda = \frac{h}{\sqrt{2m_n E_k}} = \frac{6.63 \times 10^{-34}}{\sqrt{2 \times 1.67 \times 10^{-27} \times 6.21 \times 10^{-21}}}$$

$$= 1.46 \times 10^{-10} \, (\text{m}) = 0.146 \, (\text{nm})$$

17-15 不考虑相对论效应,波长为 550 nm 的电子的动能是多少?

解:由于不考虑相对论效应,则

$$E_k = \frac{p^2}{2m_e} = \frac{h^2}{2m_e \lambda^2} = \frac{(6.63 \times 10^{-34})^2}{2 \times 9.11 \times 10^{-31} \times (550 \times 10^{-9})^2}$$

$$= 7.98 \times 10^{-25} \, (\text{J})$$

即

$$E_k = \frac{7.98 \times 10^{-25}}{1.6 \times 10^{-19}} = 5.0 \times 10^{-6} \, (\text{eV})$$

17-16 若已知电子位置的不确定量为 1.0×10^{-11} m,那么它速度的不确定量为多少?(选不确定关系 $\Delta p_x \cdot \Delta x \geqslant h$)

解:由坐标与动量的不确定关系及 $\Delta p = m \Delta v_x$ 可知

$$\Delta v_x \geqslant \frac{h}{m \Delta x} = \frac{6.63 \times 10^{-34}}{9.11 \times 10^{-31} \times 1.0 \times 10^{-11}} = 7.28 \times 10^7 \, (\text{m/s})$$

17-17 一颗质量为 30 g 的子弹,若它的位置不确定量为 0.5 mm,求该子弹速率的不确定量。(选不确定关系 $\Delta p_x \cdot \Delta x \geqslant h$)

解:由坐标与动量的不确定关系及 $\Delta p = m \Delta v_x$ 可知

$$\Delta v_x \geqslant \frac{h}{m \Delta x} = \frac{6.63 \times 10^{-34}}{30 \times 10^{-3} \times 0.5 \times 10^{-3}} = 4.42 \times 10^{-29} \, (\text{m/s})$$

17-18 能量为 1 keV 的电子在作一维运动,若位置的不确定值为 0.2 nm,则动量的不确定值的百分比 $\Delta p / p$ 至少为何值?(选不确定关系 $\Delta p_x \cdot \Delta x \geqslant h$)

解:1 keV 的电子,其动量为

$$p = \sqrt{2m E_k} = \sqrt{2 \times 9.11 \times 10^{-31} \times 1 \times 10^3 \times 1.6 \times 10^{-19}}$$

$$= 1.71 \times 10^{-23} \, (\text{kg} \cdot \text{m/s})$$

据不确定关系式 $\Delta p_x \cdot \Delta x \geqslant h$,得

$$\Delta p \geqslant \frac{h}{\Delta x} = \frac{6.63 \times 10^{-34}}{0.2 \times 10^{-9}} = 3.32 \times 10^{-24} \, (\text{kg} \cdot \text{m/s})$$

故

$$\frac{\Delta p}{p} \geqslant \frac{3.32 \times 10^{-24}}{1.71 \times 10^{-23}} = 19.4\%$$

注意,若不确定关系式写成 $\Delta p_x \cdot \Delta x \geqslant \hbar$,则 $\dfrac{\Delta p}{p} \geqslant 3.1\%$;或写成 $\Delta p_x \cdot \Delta x \geqslant \dfrac{\hbar}{2}$,则 $\dfrac{\Delta p}{p} \geqslant$ 1.55%。

17-19 已知光子的波长为 $\lambda = 300$ nm,如果确定此波长的精确度 $\Delta\lambda/\lambda = 10^{-6}$,则此光子位置的不确定量为多少?(选不确定关系 $\Delta p_x \cdot \Delta x \geqslant h$)

解：光子动量为 $p = h/\lambda$，于是动量的不确定量为

$$| \Delta p | = \frac{h}{\lambda^2} \Delta \lambda = \frac{h}{\lambda} \cdot \frac{\Delta \lambda}{\lambda}$$

根据不确定关系得

$$\Delta x \geqslant \frac{h}{\Delta p} = \frac{h\lambda}{h(\Delta\lambda/\lambda)} = \frac{\lambda}{\Delta\lambda/\lambda} = \frac{300 \times 10^{-9}}{10^{-6}} = 0.3 \text{ (m)}$$

17-20　粒子在一维矩形无限深势阱中运动，其波函数为

$$\psi_n(x) = \sqrt{2/a}\sin(n\pi x/a)，\quad 0 < x < a$$

若粒子处于 $n = 2$ 的状态，它在 $0 \rightarrow a/4$ 区间内的概率是多少？

$$\left(\text{提示：} \int \sin^2 x\,\mathrm{d}x = \frac{1}{2}x - \frac{1}{4}\sin 2x + C\right)$$

解：粒子处于 $n = 2$ 的状态，故

$$\psi_2(x) = \sqrt{2/a}\sin(2\pi x/a)$$

则粒子位于 $0 \rightarrow a/4$ 内的概率为

$$P(2) = \int_0^{\frac{a}{4}} | \psi_2(x) |^2 \mathrm{d}x = \int_0^{\frac{a}{4}} \frac{2}{a}\sin^2\left(\frac{2\pi x}{a}\right)\mathrm{d}x$$

$$= \frac{2}{a} \cdot \frac{a}{2\pi}\int_0^{\frac{a}{4}} \sin^2\left(\frac{2\pi x}{a}\right)\mathrm{d}\left(\frac{2\pi x}{a}\right)$$

$$= \frac{1}{\pi}\left[\frac{\pi x}{a} - \frac{1}{4}\sin\left(\frac{4\pi x}{a}\right)\right]_0^{a/4}$$

$$= \frac{1}{\pi}\left[\frac{\pi}{4} - \frac{1}{4}(\sin\pi - \sin 0)\right]$$

$$= \frac{1}{4} = 0.25$$

17-21　粒子处于一个一维盒子中，盒子长度为 L，若粒子处于能量本征值为 E_n 的本征态中，求粒子对盒子的壁的作用力有多大。

解：由于 $E_n = \dfrac{n^2 h^2}{8mL^2}$，所以由势能与保守力之间的关系式可知

$$F = -\frac{\mathrm{d}E_n}{\mathrm{d}L} = \frac{n^2 h^2}{4mL^3}$$

17-22　已知一维无限深方势阱中粒子运动的波函数为

$$\psi_n(x) = A\sin(n\pi x/a)，\quad n = 1,2,3,\cdots$$

式中 a 为势阱宽度，求该波函数的归一化形式。

解：由归一化条件 $\displaystyle\int_{-\infty}^{\infty} \psi(x)\psi^*(x)\mathrm{d}x = 1$，有

$$\int_0^a A^2\sin^2\left(\frac{n\pi x}{a}\right)\mathrm{d}x = 1$$

即

$$\frac{aA^2}{n\pi}\left[\frac{n\pi x}{2a} - \frac{1}{4}\sin\left(\frac{2n\pi x}{a}\right)\right]_0^a = 1$$

$$\frac{aA^2}{n\pi} \times \frac{1}{2}n\pi = 1$$

得

$$A = \sqrt{2/a}$$

于是得到归一化的波函数

$$\psi_n(x) = \sqrt{2/a}\sin(n\pi x/a), \quad n = 1,2,3,\cdots$$

17-23 一粒子被限制在相距为 l 的两个不可穿透的壁之间,如图 17-7 所示。描写粒子状态的波函数为 $\psi = cx(l-x)$,其中 c 为待定常量。求在 $0 \rightarrow \frac{1}{3}l$ 区间发现该粒子的概率。

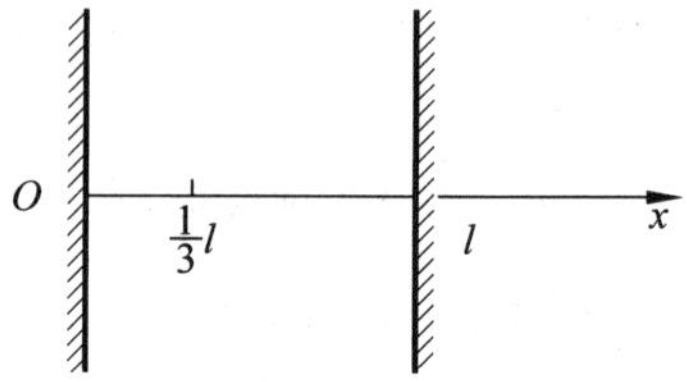

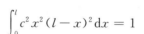

图 17-7

解: 由波函数的归一化条件得

$$\int_0^l |\psi|^2 dx = 1$$

即

$$\int_0^l c^2 x^2 (l-x)^2 dx = 1$$

由此解得 $c^2 = \dfrac{30}{l^5}$,则

$$c = \frac{1}{l^2}\sqrt{\frac{30}{l}}$$

设在 $0 \rightarrow \frac{1}{3}l$ 区间内发现该粒子的概率为 p,则

$$p = \int_0^{l/3} |\psi|^2 dx = \int_0^{l/3} \frac{30x^2(l-x)^2}{l^5} dx = \frac{17}{81}$$

四、自 测 题

(一) 选择题

1. 所谓"黑体"是指( )。

    A. 不能反射任何可见光的物体

    B. 不能发射任何电磁辐射的物体

    C. 能够全部吸收外来的任何电磁辐射的物体

    D. 完全不透明的物体

2. 用频率为 ν_1 的单色光照射某一种金属时,测得光电子的最大初动能为 E_{k1};用频率为 ν_2 的单色光照射另一种金属时,测得光电子的最大初动能为 E_{k2}。如果 $E_{k1} < E_{k2}$,那么( )。

    A. ν_1 一定大于 ν_2 B. ν_1 一定小于 ν_2

    C. ν_1 一定等于 ν_2 D. ν_1 可能大于也可能小于 ν_2

3. 用波长 λ 和强度均相同的 X 射线分别照射碳($Z=6$)和铁($Z=26$),若在同一散射角下测得的康普顿波长分别为 λ_1 和 λ_2($\lambda_1 > \lambda, \lambda_2 > \lambda$),则( )。

    A. $\lambda_1 > \lambda_2$ B. $\lambda_1 = \lambda_2$

C. $\lambda_1 < \lambda_2$ 　　　　　　　　　　D. 无法比较 λ_1 和 λ_2

4. 根据玻尔的理论,氢原子在 $n=3$ 轨道上的角动量与在第一激发态的轨道角动量之比为(　　)。

A. 3/2　　　　　B. 3　　　　　C. 2/3　　　　　D. 2

5. 氢原子光谱的巴耳末线系中谱线最小波长与最大波长之比为(　　)。

A. 7/9　　　　　B. 5/9　　　　　C. 4/9　　　　　D. 2/9

6. 电子显微镜中的电子经过电势差为 3770 V 的静电场加速后,其德布罗意波长是(　　)。

A. 0.04 nm　　　　B. 0.03 nm　　　　C. 0.05 nm　　　　D. 0.02 nm

7. 关于不确定关系 $\Delta x \Delta p_x \geqslant \dfrac{\hbar}{2}$,有以下几种理解:

(1) 粒子的动量不可能确定。

(2) 粒子的坐标不可能确定。

(3) 粒子的动量和坐标不可能同时准确地确定。

(4) 不确定关系不仅适用于电子和光子,也适用于其他粒子。

其中正确的是(　　)。

A. (1),(2)　　　　B. (2),(4)　　　　C. (3),(4)　　　　D. (4),(1)

8. 将波函数在空间各点的振幅同时增大 D 倍,则粒子在空间的分布概率将(　　)。

A. 增大 D^2 倍　　　B. 增大 $2D$ 倍　　　C. 增大 D 倍　　　D. 不变

9. 已知粒子在一维无限深方势阱中运动,其波函数为

$$\psi_n(x) = \frac{1}{\sqrt{a}}\cos\frac{3\pi x}{2a}, \quad -a \leqslant x \leqslant a$$

那么粒子在 $x = a/6$ 处出现的概率密度为(　　)。

A. $1/(2a)$　　　B. $1/a$　　　C. $1/\sqrt{2a}$　　　D. $1/\sqrt{a}$

10. 粒子在一维无限深方势阱中运动。图 17-8 为粒子处于某一能态上的波函数 $\psi(x)$ 的曲线,则粒子出现概率最大的位置为(　　)。

A. $a/2$　　　　　　　　B. $a/6, 5a/6$

C. $a/6, a/2, 5a/6$　　　D. $0, a/3, 2a/3, a$

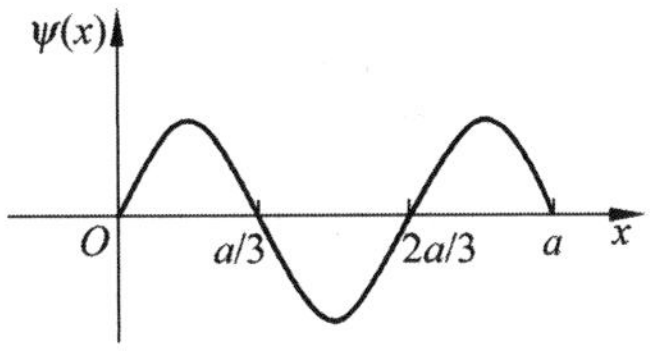

图　17-8

(二) 填空题

1. 光子波长为 λ,则其能量 $E=$ _____;动量的大小 $p=$ _____;质量 $m=$ _____。

2. 普朗克的量子假说是为了解释 _____ 的实验规律而提出来的,它的基本思想是 _____。

3. 某光电管阴极,对于 $\lambda=491$ nm 的入射光,其发射光电子的遏止电压为 0.71 V。当入射光的波长为 _____ nm 时,其遏止电压变为 1.43 V。

4. 在康普顿散射实验中,散射角为 $\varphi_1=45°$ 和 $\varphi_2=60°$ 的散射光波长改变量之比 $\Delta\lambda_1 : \Delta\lambda_2=$ _____。

5. 在氢原子发射光谱的巴耳末线系中有一频率为 6.15×10^{14} Hz 的谱线,它是氢原子

从能级 $E_n =$ _____ eV 跃迁到能级 $E_k =$ _____ eV 而发出的。

6. 氢原子的运动速率等于它在 300 K 时的方均根速率时,它的德布罗意波长是 _____。质量为 $m = 1$ g,以速度 $v = 1$ cm/s 运动的小球的德布罗意波长是 _____。(玻耳兹曼常量 $k = 1.38 \times 10^{-23}$ J/K,氢原子质量 $m = 1.67 \times 10^{-27}$ kg)

7. 如果电子被限制在边界 x 与 $x + \Delta x$ 之间,$x = 0.03$ nm,则电子动量 x 分量的不确定量近似地为 _____ kg·m/s。(不确定关系式为 $\Delta x \Delta p_x \geqslant h$)

8. 已知一维有限深势阱为

$$U(x) = \begin{cases} 0, & 0 < x < a \\ U_0, & x \leqslant 0, x \geqslant a \end{cases}$$

若粒子的能量为 E,质量为 m,则在 $x \leqslant 0$ 和 $x \geqslant a$ 区域内,粒子的定态薛定谔方程为 _____;在 $0 < x < a$ 区域内,其定态薛定谔方程为 _____。

9. 量子力学中的隧道效应是指 _____。这种效应是微观粒子 _____ 的表现。

(三) 计算题

1. 钾的逸出功是 2.25 eV,今用波长为 400 nm 的光照射钾金属表面,求:
(1) 光电子的最大速度;
(2) 遏止电压。

2. 用波长 $\lambda = 0.1$ nm 的光子做康普顿散射实验。在散射角 $\varphi = 90°$ 的方向观察散射线,求:
(1) 波长的改变量 $\Delta\lambda$;
(2) 波长改变量与原波长的比值。

3. 处于基态的氢原子吸收了一个能量为 14.7 eV 的光子,试分析氢原子中的电子的运动情况。

4. 计算巴耳末系中四条可见光谱线的波长。(里德伯常量 $R = 1.097 \times 10^7$ m^{-1})

5. 若质子的德布罗意波长为 1×10^{-13} m,求:
(1) 质子的速度是多少?
(2) 质子通过电势差为多少的电场才能从静止被加速到上述速度值?

6. 一台直线加速器用能量为 22 GeV 的电子轰击质子,问:
(1) 电子的德布罗意波长是多少?
(2) 质子的线度为 10^{-15} m,这样的电子能够用于探测质子内部的结构吗?

附: 自测题答案

(一) 选择题

1. C;　　2. D;　　3. B;　　4. A;　　5. B;　　6. D;
7. C;　　8. D;　　9. A;　　10. C

（二）填空题

1. hc/λ；h/λ；$h/(c\lambda)$

2. 黑体辐射；认为黑体腔壁由许多带电简谐振子组成，每个振子辐射和吸收的能量值是不连续的，是能量子 $h\nu$ 的整数倍

3. 382

4. 0.146

5. -0.85；-3.4

6. 0.145 nm；6.63×10^{-20} nm

7. 2.21×10^{-23}

8. $\dfrac{\mathrm{d}^2\psi}{\mathrm{d}x^2}=-\dfrac{2m}{\hbar^2}E\psi$；$\dfrac{\mathrm{d}^2\psi}{\mathrm{d}x^2}=\dfrac{2m}{\hbar^2}(U_0-E)\psi$

9. 微观粒子能量 E 小于势垒 U_0 时，粒子有一定的概率穿透势垒的现象；波动性

（三）计算题

1. (1) 5.48×10^5 m/s；　(2) 0.86 V

2. (1) 0.00243 nm；(2) 0.0243

3. 氢原子将发生电离，即电子脱离原子核的束缚而成为自由电子，其速率为 $v=6.2\times10^5$ m/s（由于电子的速率远小于光速，故无须考虑相对论效应）。

4. $n=3$，$\lambda=0.656$ nm；$n=4$，$\lambda=0.486$ nm；$n=5$，$\lambda=0.434$ nm；$n=6$，$\lambda=0.410$ nm

5. (1) 3.97×10^6 m/s；(2) 8.23×10^4 V

6. (1) 5.7×10^{-17} m；

(2) 由于 $\lambda\ll10^{-15}$ m，故这种电子能够用于探测质子内部的结构情况。提示：由于电子的能量 22 GeV 远大于电子的静能 0.51 MeV，$v\rightarrow c$，所以要考虑相对论效应，$p\approx\dfrac{E}{c}$，则电子的德布罗意波长为 $\lambda=\dfrac{h}{p}=\dfrac{hc}{E}$。